Applied Technology for Seismic Design
of Tall Buildings Beyond the Scope of Design Codes

超限高层建筑抗震设计应用技术

钱国桢　孙宗光　倪一清

中国建筑工业出版社

图书在版编目（CIP）数据

超限高层建筑抗震设计应用技术/钱国桢等. —北
京：中国建筑工业出版社，2015.6
ISBN 978-7-112-17933-6

Ⅰ.①超… Ⅱ.①钱… Ⅲ.①高层建筑-防震设
计 Ⅳ.①TU973

中国版本图书馆 CIP 数据核字(2015)第 053697 号

本书包括七个方面内容：(1)介绍了超限高层建筑的范围和管理规章，并且强调了加强管理的必要性；(2)按照现行规范内容，依次论述了各类超限高层建筑的问题判别与处理建议；(3)与常规设计方法对比，阐述了性能设计的内容、种类、参数、标准、性能目标的细化综合及具体操作建议；(4)在介绍有关基本知识的基础上，分别对静力、动力弹塑性分析方法做了简介，包括：假定、原理、分析模型、计算方法、操作建议、适用范围、地震波选择、结果分析评估等；(5)对各种结构控制方法与适用性做了介绍，并且给出有关实例；(6)较系统地介绍了有关结构健康监测的知识和广州电视塔的结构健康监测实例；(7)给出了六个有关静力、动力弹塑性分析的算例与设计实例，供建筑结构工程师设计参考。

本书出版期间，住房和城乡建设部最新发布了：关于印发《超限高层建筑工程抗震设防专项审查技术要点》的通知建质［2015］67 号文，原建质［2010］109 号文件同时废止。故本书中已将新文件编入附录三，书中相关内容或有矛盾之处请以附录三为准。

责任编辑：赵梦梅　李东禧
责任设计：张　虹
责任校对：张　颖　赵　颖

超限高层建筑抗震设计应用技术

钱国桢　孙宗光　倪一清

*

中国建筑工业出版社出版、发行(北京西郊百万庄)

各地新华书店、建筑书店经销

北京红光制版公司制版

北京云浩印刷有限责任公司印刷

*

开本：787×1092 毫米　1/16　印张：26　字数：633 千字
2015 年 7 月第一版　　2015 年 7 月第一次印刷
定价：**59.00** 元
ISBN 978-7-112-17933-6
(27186)

序　一

超限高层建筑工程，是指超出国家现行规范、规程所规定的适用高度和适用结构类型的高层建筑工程，体型特别不规则的高层建筑工程，以及有关规范、规程规定需要进行抗震专项审查的高层建筑工程。随着经济的发展和现代建筑技术的日渐成熟，我国涌现出许多超高或体型复杂的新型建筑，其中多数都属于超限高层建筑工程。为了加强超限高层建筑工程的抗震设防管理，提高超限高层建筑工程抗震设计的可靠性和安全性，保证超限高层建筑工程抗震设防的质量，我国规定应根据 2002 年颁布的《超限高层建筑工程抗震设防管理规定》（建设部令第 111 号）和现行的《超限高层建筑工程抗震设防专项审查技术要点》，对超限高层建筑工程进行抗震设防专项审查。

我国高层建筑的抗震设计都是基于规范中的分析方法和构造措施。而规范是对较成熟工程实践经验的总结，各种方法如反应谱法与时程分析法等，均采用了一系列的假定。如果规则性方面超出规范限值太多时，无法满足这些假定条件，若仍完全按照规范的方法进行设计，将影响计算结果的可靠性。其次，我们选用的结构类型都有一定的适用范围，超过了这个范围，我们采取的构造措施可能会因为缺乏实践的经验而造成经济和技术的不合理。如何进行超限高层建筑结构抗震设计，确保工程的安全可靠，是结构工程师所必须面对的问题。

本书针对以上问题，强调了对超限高层建筑结构设计强化管理的必要性，突出了概念设计的重要性；较全面地阐述了各种超限类型的判别方法及相应设计措施；通过与常规设计方法的比较阐述了基于性能设计的要点和方法、性能目标的细化；介绍了静力弹塑性分析和动力弹塑性分析的基本知识、分析原理和操作步骤；此外还涉及振动控制和健康监测等新技术，深入浅出地介绍了超限高层建筑结构设计的有关内容，同时还列举了部分工程实例，可作为结构工程师从事超限高层建筑结构设计时的参考。

钱国桢教授级高工曾长期从事和负责杭州市抗震办的技术管理工作，具有扎实的抗震理论知识和丰富的工程实践经验。虽然他现已退休，并 75 岁高龄，仍保持着孜孜不倦的学习热情。此次他与两位曾在杭州市城建设计院共事过的同事，香港理工大学的倪一清教授和大连海事大学的孙宗光教授合作，为普及推广超限高层建筑结构抗震设计的应用技术而编著此书，其精神难能可贵。这本书内容丰富，具有通俗性、系统性、针对性、实用性和启发性等特点，可以开阔结构工程师的思路，相信不管是初学者还是具有一定经验的结构工程师，都将会从该书获益。

中国工程设计大师　益德清

2014 年 11 月 26 日

序　二

本书主要作者钱国桢教授多次邀我为本书写序，却之不恭，勉力为之。通读本书后，把我对本书的一些体会写在下面，供读者参考。

本书是一本专门介绍超限高层建筑抗震设计的著作，是当前抗震设计界很需要的内容，概括来说本书有以下三个特点：

第一，内容全面。它涉及了有关超限高层建筑结构设计的各个方面：从超限高层建筑结构的定义、有关政府管理规章到为什么要对它严加管理的理由；从有关规范的规定，到对这些规定的理解与设计经验介绍；从对抗震性能设计概念的介绍、与以往设计方法的对比到如何进行性能设计目标的细化；从静力动力弹塑性分析的方法、各种相关概念知识的论述到具体软件应用实例；考虑到一般工程师对于弹塑性抗震结构知识的渴求，它还详细介绍了有关弹塑性分析的相关基本知识，包括结构分析模型、非线性杆件模型、剪力墙模型、塑性铰问题、恢复力模型、计算方法、地震波选择、一些软件的应用体会等；书中还介绍了结构控制与结构健康监测的知识与实例。

第二，作者从多方面论述了从严控制超限高层建筑结构的必要性。世界上多数发达国家对此都是从严控制，像美日等国都有相应的审查制度。我国在北京建了像鸟巢、中央电视台大楼等超限高层后，全国各地大有猛增之势。其中原因之一是有些业主和设计师们对此还缺乏充分的，对于结构可行性与经济性方面的认识，有的认为现在的软件可以解决任何不规则结构的设计计算，其实问题没有这样简单。书中对反应谱方法（CQC法）、时程分析法以及有关结构控制的方法，都提出了适用性范围问题。对抗震设计来说，首先必须考虑的是要符合概念设计的要求，这应该值得大家重视。另外超限高层必然涉及增加造价问题，在我们这样的发展中国家，如果超限高层建筑建造太多必然会增加经济投入，特别是国家投资的工程，应该引起有关方面负责人的注意。

第三，书中包括了不少作者多年来的研究成果。例如对索网与膜结构的自振频率控制问题，作者通过坐标变换，推导了应用贝塞尔函数零点的自振频率简化求解公式，方便设计人员在方案阶段，就可通过合理地施加预应力来控制索网与膜结构的自振频率；作者还提出了设置转换层的新思路，一般转换层都设置在大跨度层的上一层，但是根据作者以往的工作，比较了对转换层设置的最优位置问题，给建筑和结构的合理布局开阔了思路；作者还对高层建筑抗震设计研究主要问题之一的扭转问题给予了很多关注；作者还根据自己的经验，提出了对穿层柱、斜柱稳定的计算机输入注意点与抗震问题的要害之处和一些可供今后规范修订参考的问题。书中还详细介绍了作者倪一清教授与孙宗光教授在结构健康监测方面的工作，倪一清教授是我国开展结构健康监测最早的专家，开始大多应用在桥梁方面，现在已经在一些高层建筑上应用，广州电视塔就是他们亲自主持的一个结构健康监测的样板案例。

如上所述，本书是一本可供读者较全面了解、学习和掌握超限高层建筑结构设计相关知识的有益读物，由于作者是长期亲身从事结构和抗震设计实践的工程师，他们对结构工程师的实际需求有更深切的了解，因此本书行文表述深入浅出，通俗易懂，使读者读来更感亲切。

本书对国内从事结构设计研究的工程师们有较好的参考价值。

魏　琏

2014 年 11 月 30 日

前　言

38年前我在当时的建设部东北建筑设计院工作期间，亲身感受了海城和唐山两次大地震。虽然海城地震是有预报的，但是由于城市建筑没有抗震设防，还是造成1328人死亡，4292人受伤，111.35万间房屋倒塌（约为唐山地震倒塌房数量的1/3）。而现在大地震前虽然都未预报，但是地震的伤亡人数和房屋倒塌数已经大大减少，这主要是依靠我国在工程抗震设防方面所做的工作。特别是建设部抗震办与中国建筑科学研究院抗震所，以及全国各地的工程抗震科研、设计、施工和管理人员的工作。单就抗震设计规范，从1974年的《工业与民用建筑抗震设计规范》TJ 11—74薄薄的几十页，到现行的近500页的《建筑抗震设计规范》GB 50011—2010，已经先后修订了五次，而且现在几乎每种构筑物都有了抗震设计规范。事实证明减少地震灾害最有效的办法，就是建筑物、构筑物的抗震设防。可以说现在一般完全按照抗震规范建造的房屋，基本上不会在设防烈度的地震作用下倒塌。但是，现在还有三类工程属于抗震的薄弱环节。第一类是农村没有按抗震规范建造的农居。可以说绝大多数农村建筑都是农民自己建造的，而且大多没有抗震设防，所以每次地震的重灾区都在农村。现在国家在农村的抗震救灾方面投入很多，但是对农房建造的抗震设防管理仍然无能为力，可能要靠城镇化来解决；第二类是一些存在次生灾害隐患的构筑物，如核电站、石化公司等类似的构筑物，这类构筑物有的还没有抗震规范，如制氧机厂的空分塔等。有的规范落后于工艺的发展，如核电站，所以是一个抗震薄弱环节；第三类是超出规范限定标准的高层建筑。这类建筑因为不符合抗震概念设计要求，而且超出抗震规范的限定标准，因此也存在隐患。住房和城乡建设部对此十分重视，近几年连续颁布了多个规章、文件和细则，强化了管理程序与组织。但是有关超限高层建筑的技术因素较复杂，涉及的面较广，理论有一定深度，技术操作有一定难度。而且现在百花齐放，缺少一种大家公认的、统一的、规范的方法与程序，因此一般设计工程师较难找到一个入门的台阶。另外，现在我国高层建筑设计中，还很少应用结构控制与健康监测这样的新技术，事实证明这些新技术对超限高层建筑的安全保障与经济效益等方面是有益的；同时，还可以获得已建工程的实际应用中技术数据的反馈信息，这有利于我国高层建筑设计技术的提高。鉴于上述原因，我们希望能够在这个方面也做一点工作。因此，决定与孙宗光、倪一清二位教授合作，写一本有关超限高层建筑设计应用技术方面的书，供设计工程师们阅读和参考。

孙宗光、倪一清二位教授是我以前在杭州市城建设计院的同事，我们一直在学术上保持着联系，本书的大纲内容与目录是我们共同商定的。全书共8章，其中第1至5章主要由钱国桢执笔，第6章由钱国桢、孙宗光、王金昌执笔，第7、8两章由孙宗光、倪一清执笔，第9章由钱国桢组稿。全书由孙宗光负责统稿，倪一清负责最终稿全面校核。第1章主要介绍了超限高层建筑的范围和有关的管理规章；第2章从计算方法和结构类型的适用性、设计的合理性与经济性、震害教训等方面，来说明对超限高层建筑从严审查的必要性，并介绍了有关超限高层上报审查的范围与内容；第3章按规范内容依次介绍了常见问题与处理办法，其中特别强调了产生扭转问题的原因与影响，并且建议采用五种参数来控制扭转效应，即：位移比、周期比、前几个振型转动因子与平动因子的数值、底部最大地震作用剪力产生在第几振型和它的收敛规律与速度等。还建议限制三种周期比来控制扭转不规则，另外还介绍了其他多方面的若干设计经验体会；第4章从抗震性能设计方法与常规设计方法的对比着手，介绍了性能设计方法的内容、种类、参数的确定、性能目标的细化综合以及性能设计的操作步骤与建议，使初学者较易理解和应用；第5章主要介绍了以Pushover方法为基础的能力谱方法的假定、原理、有关公式的由来、操作步骤、适用范围，以及应用静力弹塑性分析结果，对结构进行抗震性能设计评估的要点。还简介了我国学术界、工程界对此方法的研究与应用概况；第6章在介绍了有关动力弹塑性分析基本知识的基础上，简单介绍了各种分析模型、计算方法、适用范围、地震波选择、结果分析评估以及有关软件的应用问题；第7章对各种结构控制方法与适用性作了介绍，并且给出了用被动控制方法实施房屋加层，以及风振控制的例题；第8章较系统地介绍了有关结构健康监测的知识，还较详细地介绍了倪一清负责的广州电视塔结构健康监测系统的设计与实施概况。第9章介绍了6个有关静力、动力弹塑性分析的算例与设计实例，以供工程师们参考。

　　本书第9章的算例与实例，分别由杭州天元建筑设计研究院高涛高工、中建西北建筑研究院王伟峰高工、杭州城建设计研究院金天德总工、杭州汉嘉建筑设计研究院楼东浩总工、上海中建建筑设计院刘萦棣高工提供。池毓蔚博士、段元锋副教授分别参与了第7章被动控制加层与风振控制课题的计算分析，王金昌副教授负责了第6章6.2.6节的编写工作，谨此致谢。本书写作有幸得到魏琏老师和益德清大师指教与关心并为之作序。还得到中建西北建筑设计研究院顾问总工沈励操、中建西南建筑设计研究院顾问总工陈正祥、杭州天元建筑设计研究院总工屠忠尧、杭州城建设计研究院总工金天德的关心和帮助。此外，许刚教授级高工、金咸清总工、李智伟高工、滕国明硕士、顾建飞硕士、许哲硕士等为本书写作提供了诸多帮助，在此表示衷心的感谢。

　　超限高层建筑结构的抗震设计，涉及很多基础理论和应用技术问题，考虑到我们理论知识有限，实践经验不多，书中一定存在不少问题与错漏，真诚地欢迎有关专家、学者、工程师们对本书提出宝贵意见。

作者之一　钱国桢

2014年12月

目　　录

第1章　绪论·· 1

1.1　何谓超限高层建筑 ·· 1

1.2　对超限高层建筑工程抗震设防专项审查的规定 ······················ 1

1.3　超限高层建筑的具体标准 ·· 2

　　　参考文献 ··· 4

第2章　超限高层建筑工程的审查·· 5

2.1　对超限高层建筑工程严格审查的理由 ··· 5

2.1.1　考虑结构抗震计算方法假定的适用性 ······························· 5

2.1.2　考虑结构类型与一般力学分析方法的适用性 ····················· 7

2.1.3　考虑设计的合理性与经济性 ··· 7

2.1.4　吸取地震灾害的教训 ·· 7

2.2　超限高层建筑工程的有关专项审查规定 ······································ 8

2.2.1　建议报住建部组织专家审查的超限高层建筑 ····················· 8

2.2.2　建议报省建设厅组织专家审查的超限高层建筑 ·················· 8

2.2.3　不应采用的超限高层建筑 ·· 8

2.2.4　有关专项申报与审查的事项介绍 ······································· 8

第3章　超限高层建筑结构抗震设计中的常见问题与处理 ················· 10

3.1　高度超限问题·· 10

3.1.1　高度超限标准的有关修正 ·· 10

3.1.2　高度超限问题的一般处理办法 ·· 10

3.1.3　高度超限结构抗震设计应注意的问题 ································ 11

3.2　扭转效应的控制与处理··· 14

3.2.1　高层建筑产生扭转效应的原因与影响 ································ 14

3.2.2　扭转效应的控制指标 ·· 14

3.2.3　减少扭转效应的措施 ·· 15

3.2.4　结构设计计算方面的要求 ·· 16

3.3　竖向不规则的控制与处理··· 16

3.3.1　竖向不规则的种类与影响 ·· 16

3.3.2　侧向刚度不规则的控制 ··· 17

3.3.3　楼层抗剪承载力突变的控制 ··· 18

3.3.4　竖向抗侧力构件不连续的问题 ·· 18

3.3.5　具体设计计算规定与措施 ·· 18

3.4　平面不规则的控制与处理··· 20

3.4.1 平面不规则的种类与影响 ·· 20

3.4.2 楼面局部不连续的判别与处理 ······································ 20

3.4.3 凹凸不规则的判别与处理 ·· 21

3.4.4 扭转不规则的控制与处理 ·· 22

3.5 带转换层的高层结构问题与设计处理方法 ···················· 23

3.5.1 带转换层的高层结构的一般设计问题 ···························· 23

3.5.2 转换层结构的几种形式与适用性 ···································· 24

3.5.3 转换层结构的设置位置 ·· 24

3.5.4 转换层结构的一般设计计算规定 ···································· 25

3.5.5 有关转换层结构的强制性条文 ·· 29

3.6 加强层结构问题与设计处理方法 ································· 30

3.6.1 加强层结构的一般设计问题 ··· 30

3.6.2 加强层结构的设计要求与措施 ·· 31

3.6.3 加强层结构的有关强制性条文 ·· 33

3.7 错层结构问题与设计处理方法 ··································· 34

3.7.1 错层结构的一般设计问题 ·· 34

3.7.2 错层结构的设计计算要求与措施 ···································· 34

3.7.3 错层结构的有关强制性条文 ··· 35

3.8 连体结构问题与设计处理方法 ··································· 35

3.8.1 连体结构的分类与适用条件 ··· 35

3.8.2 连体结构的计算问题 ·· 36

3.8.3 连体结构的设计构造措施 ·· 37

3.8.4 连体结构的有关强制性条文 ··· 37

3.9 多塔结构问题与设计处理方法 ··································· 38

3.9.1 多塔结构的一般设计计算规定与建议 ···························· 38

3.9.2 多塔结构的设计要求与措施 ··· 39

3.10 悬挑结构问题与设计处理方法 ·································· 39

3.10.1 悬挑结构的一般设计计算问题 ······································· 39

3.10.2 悬挑结构的一般设计措施建议 ······································· 40

3.11 超限大跨空间结构问题与设计处理方法 ····················· 40

3.11.1 超限大跨空间结构设计中的抗震问题 ···························· 40

3.11.2 超限大跨空间结构的抗震设计计算与措施 ···················· 41

3.12 超限高层结构设计的计算要求 ·································· 45

3.12.1 规范相应的设计计算规定 ··· 45

3.12.2 使用软件和设计时需要注意的若干问题 ························ 48

参考文献 ·· 53

第4章 抗震性能化设计介绍 ··· 55

4.1 何谓抗震性能化设计 ·· 55

4.2 抗震性能化设计与常规设计对比 ································· 55

4.2.1　我国抗震规范对性能化设计的考虑 ·································· 55

4.2.2　基于性能的抗震设计方法要点 ····································· 57

4.2.3　性能设计方法与常规设计方法的比较 ····························· 58

4.3　性能设计的各类方法简介 ··· 59

4.3.1　概述 ··· 59

4.3.2　基于承载力的设计方法 ·· 59

4.3.3　基于可靠度的设计方法 ·· 59

4.3.4　基于能量的设计方法 ·· 61

4.3.5　基于损伤性能的设计方法 ·· 63

4.3.6　基于位移的设计方法 ·· 64

4.4　结构抗震性能控制目标制定 ·· 66

4.4.1　结构抗震性能化设计的目的 ······································ 66

4.4.2　地震动水准的确定 ·· 66

4.4.3　结构抗震性能的控制目标 ·· 67

4.4.4　判别五种结构抗震水平的准则 ···································· 71

4.5　各种抗震性能水平的结构设计定量控制指标 ······························ 73

4.5.1　五种抗震性能水平的结构设计承载力计算 ·························· 73

4.5.2　不同抗震性能水平位移控制指标 ·································· 75

4.5.3　美国有关规范的抗震性能水平定量控制指标 ························ 77

4.6　抗震性能设计的实施与结构弹塑性分析问题 ······························ 78

4.6.1　抗震性能设计实施步骤与操作建议 ································ 78

4.6.2　抗震性能设计目标的细化和综合 ·································· 80

4.6.3　规范对结构弹塑性分析的有关规定 ································ 83

4.6.4　中震弹性和中震不屈服设计的概念与参数 ·························· 84

4.6.5　结构弹塑性分析的要求与目的 ···································· 85

参考文献 ·· 86

第5章　静力弹塑性分析方法简介 ··· 88

5.1　Pushover 分析方法的基本原理和实现步骤 ······························ 88

5.1.1　基本原理和假定 ·· 88

5.1.2　多自由度体系转换为等效单自由度体系 ···························· 89

5.1.3　推复具体实现步骤 ·· 90

5.1.4　水平加载模式 ·· 91

5.1.5　基于 Pushover 分析的各种抗震评估方法简介 ······················ 95

5.2　能力谱方法介绍 ·· 100

5.2.1　能力谱方法的原理和实现步骤 ···································· 100

5.2.2　拟反应谱以及谱位移和谱加速度的关系 ···························· 101

5.2.3　能力谱曲线的求得 ·· 103

5.2.4　结构等效阻尼比的计算 ·· 104

5.2.5　构造需求谱的方法简介 ·· 105

　　5.2.6 能力谱的性能分析方法 ……………………………………… 109
　5.3 静力弹塑性分析结果的评估与说明 ……………………………… 110
　　5.3.1 对静力弹塑性分析结果的评估 ……………………………… 110
　　5.3.2 有关说明 …………………………………………………… 111
　　参考文献 …………………………………………………………… 112

第6章　动力弹塑性分析方法简介 ……………………………………… 114
　6.1 概述 ……………………………………………………………… 114
　6.2 动力弹塑性分析模型 …………………………………………… 117
　　6.2.1 结构动力分析模型 …………………………………………… 117
　　6.2.2 非线性杆系模型 ……………………………………………… 122
　　6.2.3 剪力墙模型 …………………………………………………… 127
　　6.2.4 恢复力模型问题 ……………………………………………… 133
　　6.2.5 塑性铰模型问题 ……………………………………………… 137
　　6.2.6 ABAQUS 与纤维模型简介 …………………………………… 143
　6.3 结构动力分析的数值方法简介 ………………………………… 158
　　6.3.1 中心差分法（Central of difference method） ……………… 159
　　6.3.2 纽马克法（Newmark method） ……………………………… 160
　　6.3.3 威尔逊-θ 法（Wilson-θ method） …………………… 162
　6.4 地震波的选用 …………………………………………………… 164
　　6.4.1 选波的一般原则 ……………………………………………… 164
　　6.4.2 实用选波方法介绍 …………………………………………… 166
　6.5 结构动力分析的结果与安全性评估 …………………………… 167
　　6.5.1 一般软件输出的基本数据资料 ……………………………… 167
　　6.5.2 结构性能的判别与安全性评估 ……………………………… 168
　　参考文献 …………………………………………………………… 169

第7章　建筑结构振动控制简介 ………………………………………… 172
　7.1 概述 ……………………………………………………………… 172
　7.2 被动控制 ………………………………………………………… 173
　　7.2.1 基础隔振 ……………………………………………………… 173
　　7.2.2 耗能吸能减振 ………………………………………………… 176
　7.3 主动控制 ………………………………………………………… 181
　　7.3.1 主动施力控制 ………………………………………………… 182
　　7.3.2 结构性能可变控制 …………………………………………… 183
　　7.3.3 结构智能控制 ………………………………………………… 184
　　7.3.4 主动控制的优点与问题 ……………………………………… 184
　7.4 混合控制 ………………………………………………………… 185
　7.5 加层结构的被动控制 …………………………………………… 187
　　7.5.1 地震波激励下加层结构被动控制 …………………………… 187
　　7.5.2 谐波激励下加层结构被动控制试验研究 …………………… 190

7.6　带鞭梢效应的塔式结构 TMD 抗风设计 ········· 194
　　7.6.1　面向性能的 TMD 设计 ········· 194
　　7.6.2　案例研究 ········· 196
　　参考文献 ········· 208

第8章　建筑结构的健康监测 ········· 211

8.1　结构健康监测系统 ········· 211
　　8.1.1　结构健康监测系统及其发展 ········· 211
　　8.1.2　健康监测系统的功能与目的 ········· 212
　　8.1.3　结构健康监测的内容 ········· 213
　　8.1.4　系统的组成与结构 ········· 215
　　8.1.5　系统设计原则与方法 ········· 219

8.2　监测信号处理 ········· 221
　　8.2.1　信号采样 ········· 221
　　8.2.2　信噪比与滤波 ········· 222
　　8.2.3　信号的变换 ········· 223
　　8.2.4　非平稳信号 ········· 224
　　8.2.5　Hilbert-Huang 变换 ········· 227

8.3　结构识别与评价 ········· 231
　　8.3.1　结构损伤概述 ········· 231
　　8.3.2　模型修正法 ········· 232
　　8.3.3　动力指纹法 ········· 237
　　8.3.4　神经网络法 ········· 240

8.4　混凝土耐久性监测技术 ········· 245
　　8.4.1　腐蚀原理 ········· 245
　　8.4.2　耐久性监测技术 ········· 246

8.5　实例：广州电视塔结构健康监测 ········· 249
　　8.5.1　工程概况 ········· 249
　　8.5.2　监测系统总体设计 ········· 249
　　8.5.3　施工监控与运营监测一体化 ········· 253
　　8.5.4　振动控制与健康监测整合 ········· 254
　　8.5.5　可视化信息查询 ········· 254
　　8.5.6　部分监测结果与分析：台风 ········· 255
　　8.5.7　部分监测结果与分析：地震 ········· 263
　　参考文献 ········· 267

第9章　静力动力弹塑性分析例题 ········· 269

9.1　静力和动力弹塑性分析算例：某虚拟工程 ········· 269
　　9.1.1　工程概况与有关参数 ········· 269
　　9.1.2　性能目标与荷载组合 ········· 269
　　9.1.3　静力弹塑性分析结果 ········· 271

9.1.4 动力弹塑性分析结果 ·················· 278

9.1.5 总结 ·················· 285

9.2 动力弹塑性分析实例一：西安绿地中心 ·················· 285

9.2.1 工程概况 ·················· 285

9.2.2 结构基本设计参数 ·················· 286

9.2.3 地震作用与风荷载 ·················· 287

9.2.4 工程设计性能指标 ·················· 294

9.2.5 基础设计 ·················· 295

9.2.6 结构体系说明 ·················· 296

9.2.7 超限情况与设计存在的问题 ·················· 298

9.2.8 超限与设计问题的应对措施 ·················· 299

9.2.9 性能设计 ·················· 302

9.2.10 弹性分析结果 ·················· 302

9.2.11 罕遇地震动力弹塑性时程分析 ·················· 306

9.2.12 总结 ·················· 307

9.3 动力静力弹塑性分析实例二：珠海横琴国贸大厦 ·················· 308

9.3.1 工程概况 ·················· 308

9.3.2 风荷载与地震作用 ·················· 308

9.3.3 地基与基础 ·················· 311

9.3.4 结构体系与控制参数 ·················· 313

9.3.5 超限情况与应对措施 ·················· 315

9.3.6 结构弹性分析 ·················· 317

9.3.7 静力弹塑性分析 ·················· 324

9.3.8 动力弹塑性分析 ·················· 327

9.3.9 转换桁架节点分析 ·················· 331

9.3.10 总结 ·················· 334

9.4 静力弹塑性分析实例三：杭州市［2012］5 号地块项目 ·················· 334

9.4.1 工程概况 ·················· 334

9.4.2 设计资料参数 ·················· 335

9.4.3 抗侧移结构体系与楼面布置 ·················· 338

9.4.4 超限情况及抗震性能目标 ·················· 339

9.4.5 静力弹性分析参数与结果 ·················· 341

9.4.6 静力弹塑性分析 ·················· 347

9.4.7 设计超限应对措施 ·················· 348

9.4.8 总结 ·················· 349

9.5 静力弹塑性分析实例四：香格国际广场二期 ·················· 350

9.5.1 工程概况 ·················· 350

9.5.2 结构体系说明 ·················· 350

9.5.3 超限的类型和程度 ·················· 353

9.5.4 性能设计与超限应对措施 ·· 354

9.5.5 弹性计算结果及分析 ··· 356

9.5.6 弹性时程分析 ··· 361

9.5.7 重要构件验算 ··· 364

9.5.8 静力弹塑性分析结果 ··· 364

9.5.9 总结 ··· 369

9.6 静力弹塑性分析实例五：上海恒大府邸、恒大大厦住宅 1 号楼 ·············· 370

9.6.1 工程概况 ··· 370

9.6.2 超限情况 ··· 370

9.6.3 性能设计目标 ··· 373

9.6.4 静力弹塑性分析结果 ·· 373

附录一 超限高层建筑工程抗震设防管理规定 中华人民共和国建设部令 第 111 号 ··· 378

附录二 房屋建筑工程抗震设防管理规定 中华人民共和国建设部令第 148 号········ 381

附录三 关于印发《超限高层建筑工程抗震设防专项审查技术要点》的通知

建质〔2015〕67 号 ·· 384

第1章 绪 论

1.1 何谓超限高层建筑

所谓超限高层建筑是有专门界定标准的，它和超高层建筑的含义不同，后者仅仅指高度超高的高层建筑，而且还缺少明确的规范定义；而超限高层建筑是有法定的含义的，它一般是指建筑结构的技术指标超出现行技术规范规程所规定的若干技术限制性条件的高层建筑。根据《行政许可法》和《超限高层建筑工程抗震设防管理规定》（建设部令第 111 号）（附录一），建设部建质［2015］67 号文所颁布的《超限高层建筑工程抗震设防专项审查技术要点》（附录三）中明确规定了超限高层建筑的定义，它一般指以下三类高层建筑：

一、房屋高度超过规定，包括超过《建筑抗震设计规范》GB 50011—2010[1]（以下简称《抗规》）第 6 章钢筋混凝土结构和第 8 章钢结构最大适用高度、超过《高层建筑混凝土结构技术规程》JGJ 3—2010[2]（以下简称《高规》）第 7 章中有较多短肢墙的剪力墙结构、第 10 章中错层结构和第 11 章混合结构最大适用高度的高层建筑工程，即高度超限的高层建筑（详见表 1.3.1）。

二、房屋高度不超过规定，但建筑结构布置属于《抗规》、《高规》规定的特别不规则的高层建筑工程，即规则性超限的高层建筑（详见表 1.3.2，表 1.3.3）。

三、特殊类型高层建筑，以及超限大跨屋盖结构（详见表 1.3.4）。

凡是属于以上三类的高层建筑，都应该归类于超限高层建筑。

1.2 对超限高层建筑工程抗震设防专项审查的规定

在改革开放前，全国高层建筑屈指可数。但是在改革开放以后全国各地的高层建筑如雨后春笋般地迅速发展，特别到 21 世纪，各地高层建筑大量涌现，同时也出现了不少超过规范限值规定的高层建筑。为了规范建筑设计，保障公众安全，建设部及时地颁布了111 号建设部令《超限高层建筑工程抗震设防管理规定》（详见附录一），后又颁布了 148 号建设部令（详见附录二），以及建质［2003］46 号文、建质［2006］220 号文、建质［2010］109 号文和《超限高层建筑工程抗震设防专项审查技术要点》，一再强调超限高层建筑工程的抗震设防管理工作，后又再次颁布了建质［2015］67 号文和新的《超限高层建筑工程抗震设防专项审查技术要点》（详见附录三），其中详细规定了超限高层建筑工程（包括大跨度空间结构）抗震设防专项审查的程序、标准、内容、要求、控制条件、审查意见的内容等等，以及专项审查申报书的基本内容、论证报告的基本格式、正文的内容要求、图纸计算书要求等等。以此进一步加强对高层建筑设计、施工建造的管理。其中明确了在各省、自治区、直辖市对此类工程的管理机构、办法与责职。规定凡是建造超限高层建筑，应由建设单位，向相应的省级建设行政主管部门提出专项报告，由省级建设行政主管部门组织相应的专家进行审查，并且根据情况报送建设部组织有关专家进行审查。据悉，国外像日本和美国等国家也有类似审查规定，可见各国政府对此工作的重视程度。但是很多设计人员，特别是不少建筑师们对此方面的规定还不十分熟悉，为此我们专门就此进行阐述，以强调其重要性，并将在书中较详细地介绍，涉及有关超限高层建筑结构设计的多方面应用技术问题。这些问题大多是我们的学习心得，因为它涉及到各方面的基础理论问题，和不断更新发展的应用技术，由于我们知识水平有限，实践经验不多，所以书中难免存在错误，欢迎各位学者和工程师提出宝贵意见。

1.3 超限高层建筑的具体标准

在建设部发布的《超限高层建筑工程抗震设防专项审查技术要点》附录中，由五个表来确定超限高层建筑的范围。

房屋高度（m）超过下列规定的高层建筑工程　　　　　　　表 1.3.1

	结构类型	6 度 (0.05g)	7 度 (0.10g)	7 度 (0.15g)	8 度 (0.20g)	8 度 (0.30g)	9 度 (0.40g)
混凝土结构	框架	60	50	50	40	35	24
	框架-抗震墙	130	120	120	100	80	50
	抗震墙	140	120	120	100	80	60
	部分框支抗震墙	120	100	100	80	50	不应采用
	框架-核心筒	150	130	130	100	90	70
	筒中筒	180	150	150	120	100	80
	板柱-抗震墙	80	70	70	55	40	不应采用
	较多短肢墙	140	100	100	80	60	不应采用
	错层的抗震墙	140	80	80	60	60	不应采用
	错层框架-抗震墙	130	80	80	60	60	不应采用
混合结构	钢框架-钢筋混凝土筒	200	160	160	120	100	70
	型钢（钢管）混凝土框架-钢筋混凝土筒	220	190	190	150	130	70
	钢外筒-钢筋混凝土内筒	260	210	210	160	140	80
	型钢（钢管）混凝土外筒-钢筋混凝土内筒	280	230	230	170	150	90
钢结构	框架	110	110	110	90	70	50
	框架-中心支撑	220	220	200	180	150	120
	框架-偏心支撑（延性墙板）	240	240	220	200	180	160
	各类筒体和巨型结构	300	300	280	260	240	180

注：当平面和竖向均不规则（部分框支结构指框支层以上的楼层不规则）时，其高度应比表内数值降低至少 10%。

同时具有下列三项及三项以上不规则的高层建筑工程

（不论高度是否大于表 1.3.1 规定）　　　　　　　表 1.3.2

序号	不规则类型	简　要　涵　义	备注
1a	扭转不规则	考虑偶然偏心的扭转位移比大于 1.2	GB 50011—2010，3.4.3
1b	偏心布置	偏心率大于 0.15 或相邻层质心相差大于相应边长 15%	JGJ 99—3.2.2

序号	不规则类型	简 要 涵 义	备注
2a	凹凸不规则	平面凹凸尺寸大于相应边长30%等	GB 50011—2010，3.4.3
2b	组合平面	细腰形或角部重叠形	JGJ 3—2010，3.4.3
3	楼板不连续	有效宽度小于50%，开洞面积大于30%，错层大于梁高	GB 50011—2010，3.4.3
4a	刚度突变	相邻层刚度变化大于70%或连续三层变化大于80%	GB 50011—2010，3.4.3
4b	尺寸突变	竖向构件收进位置高于结构高度20%，且收进大于25%，或外挑大于10%和4m，多塔	JGJ 3—2010，3.5.5
5	构件间断	上下墙、柱、支撑不连续，含加强层、连体类	GB 50011—2010，3.4.3
6	承载力突变	相邻层受剪承载力变化大于80%	GB 50011—2010，3.4.3
7	其它不规则	如局部的穿层柱、斜柱、夹层、个别构件错层或转换	已计入1~6项除外

注：深凹平面在凹口设置连梁，当连梁刚度较小不足以协调两侧变形时，仍视为凹凸不规则，不按楼板不连续中的开洞对待；序号a、b不重复计算不规则项；局部的不规则，视其位置、数量等对整个结构影响的大小判断是否计入不规则的一项。

具有下列 2 项或同时具有下表和表 1.3.2 中某项不规则的高层建筑工程

（不论高度是否大于表 1.3.1） 表 1.3.3

序号	不规则类型	简 要 涵 义	备注
1	扭转偏大	裙房以上的较多楼层，考虑偶然偏心的扭转位移比大于1.4	表2-1项不重复计算
2	抗扭刚度弱	扭转周期比大于0.9，超过A级高度的结构扭转周期比大于0.85	
3	层刚度偏小	本层侧向刚度小于相邻上层的50%	表2-4a项不重复计算
4	塔楼偏置	单塔或多塔与大底盘的质心偏心距大于底盘相应边长20%	表2-4b项不重复计算

具有下列某一项不规则的高层建筑工程（不论高度是否大于表 1.3.1） 表 1.3.4

序号	不规则类型	简 要 涵 义
1	高位转换	框支墙体的转换构件位置：7度超过5层，8度超过3层
2	厚板转换	7~9度设防的厚板转换结构
3	复杂连接	各部分层数、刚度、布置不同的错层；连体两端塔楼高度、体型或者沿大底盘某个主轴方向的振动周期显著不同的结构
4	多重复杂	结构同时具有转换层、加强层、错层、连体和多塔等复杂类型的3种

注：仅前后错层或左右错层属于表 1.3.2 中的一项不规则，多数楼层同时前后、左右错层属于本表的复杂连接。

其他高层建筑工程 表 1.3.5

序号	简称	简 要 涵 义
1	特殊类型高层建筑	抗震规范、高层混凝土结构规程和高层钢结构规程暂未列入的其他高层建筑结构，特殊形式的大型公共建筑及超长悬挑结构，特大跨度连体结构等
2	大跨度屋盖结构	空间网格结构或索结构跨度大于120m或悬挑长度大于40m，钢筋混凝土薄壳跨度大于60m，整体张拉式膜结构跨度大于60m，屋盖结构单元长度大于300m，屋盖结构形式为常用空间结构形式的多重组合、杂交组合以及特别复杂的大型公共建筑

注：表中大型建筑工程的范围，参见《建筑工程抗震设防分类标准》GB 50223—2008。

有时具体设计也会遇到比较难定性的情况，文献[4]中给出了一些分类实例，可供参考。

参考文献

[1] 《建筑抗震设计规范》GB 50011—2010［S］，北京：中国建筑工业出版社
[2] 《高层建筑混凝土结构技术规程》JGJ 3—2010［S］，北京：中国建筑工业出版社
[3] 《空间网格结构技术规程》JGJ 7—2010［S］，北京：中国建筑工业出版社
[4] 杨学林，复杂超限高层建筑抗震设计指南及工程实例［M］，北京：中国建筑工业出版社，2014

第 2 章　超限高层建筑工程的审查

2.1　对超限高层建筑工程严格审查的理由

众所周知，在目前结构设计的科技水平基础上，还没有完全解决有关抗震设计的普适性理论问题。很多抗震技术问题不是通过计算来解决的，而是要依靠概念设计。所有抗震设计方法都是建立在一系列假定的基础上的。为了使设计能够符合这些假定的要求，就必须重视概念设计。在《抗规》中的第 3.5 节中，强调了结构体系的一系列抗震概念设计原则。首先要求应具有明确的计算简图和合理的地震作用传递途径；其次应避免部分结构的破坏而导致整个结构的倒塌；第三应有必要的承载力、良好的变形能力和耗能能力；第四应避免刚度与承载力分布不均，导致应力与塑性变形过分集中，而产生薄弱部位；第五是多道设防，防止局部构件破坏而倒塌；第六是两个主轴方向动力特性宜相近，以减少扭转振动影响等。为了保证在抗震设计中不违反这些概念设计原则，《抗规》与《高规》对建筑结构的平面立面布局的规则性、高度、复杂高层建筑结构的复杂程度等方面都做了限制性规定。高层建筑结构设计如果超出了规范有关的限制性规定，就是超限高层建筑。表 1.3.1～1.3.4 就是从定性定量上规定了判别超限高层建筑的具体标准。考虑到在现在市场经济的条件下，以及有关设计技术人员对规范的理解与把握程度的差距，以及建筑产品具有社会性，它的破坏与倒塌将会造成社会群体性的公共安全问题，因此政府有责任对它进行严格管理，并且组织专门的技术审查。下面我们将从计算方法假定的适用性、结构类型的适用性、设计的合理性与经济性、地震灾害的教训几方面，来说明对超限高层建筑结构进行严格审查管理的必要性。

2.1.1　考虑结构抗震计算方法假定的适用性

首先，我们应该澄清一个设计指导思想的误区。有人认为，现在计算机软件十分先进，因此任何复杂的结构，都能够进行设计计算。事实并不是这样简单。所有的抗震计算方法都是建立在一系列假定的基础上的，如果实际情况与假定相差太大，就会产生方法本身的适用性问题，这时计算结果无论多么精确，也失去了可信度。以下简单地讨论一些抗震计算方法的适用性问题。

1. 反应谱法的适用性问题。因为反应谱是在一个自由度的模型前提下推导出来的，现在借助集中质量块法，假定把一个楼层的质量都集中到节点处，应用振型遇合方法，将一个具有很多自由度的 n 层高层建筑，简化为 n 个集中质量块串，前提是假定它们的质心都在一条垂线上。因此要求设计十分规则，不能有偏心（即质心和刚度中心不重合）。如果有偏心，就会产生三个问题：其一，反应谱是在一个自由度的简单情况下求得的，振动没有任何耦联问题，现在有包括转动的三个自由度的质量块的反应谱，能够无条件的等同于只有一向平移的反应谱吗？对反应谱自身数值的适用性就产生了问题；其二，这时结构

5

会产生扭转振动，而且每一层都可能不同。因此，就会产生平移振动和扭转振动的耦联，计算自由度将成倍增加，会造成计算的困难。虽然规范中提出了采用完全平方根组合的CQC法来简化求解，我们后面将谈到这个方法也是建立在一些假定的基础上的，因此也会产生适用性问题；其三，这里还必须强调一点，对于动力问题，将有限自由度简化为一个自由度的集中质量块法，其适用性有一个前提，就是两个体系间的动能等效，当没有扭转时基本上能够满足这个条件，但是产生扭转振动后，有时扭转动能会超过平移振动的动能，显然集中质量块法的假定前提就会产生问题。

2. CQC法的适用性问题。《抗规》中第5.2.3条规定，对存在扭转耦联的建筑结构，应采用完全平方根组合的CQC法来求解。这个方法是基于随机振动分析理论和反应谱理论推导而来的近似方法，因为它计算简单方便，又考虑到平移扭转振动耦联，因此大家喜欢应用。这里产生了一个误解，以为它既然考虑了耦联问题，那就是万能的，不管偏心多大，不规则程度多大，它适用于任何超限程度的高层建筑结构的计算。其实不然，它也有局限性。例如：其一，地震三要素中的持续时间就没有考虑；其二，虽然理论上它考虑了振型数和自由度可以一样多，但是应用时要截取前面若干个有限的振型数来进行遇合计算，对不规则高层结构有时高振型的影响不能忽视，如果未截取到若干带有高振动能量的高阶振型，就会使结果偏不安全；其三，CQC法采用了很多假定，如假定地震动激励为涵盖结构自振频率的宽频带高斯平稳随机过程的一个样本，而且结构各模态的响应也是平稳的。但是实际上，地震地面运动和结构地震反应都是非平稳过程，但是为了求得一个简单易懂的结果，必须这样简化才行；其四，它采用白噪声来模拟地震动，即假定地震动过程的频率分布是均匀的，方差为无限大，这与实际地震动记录有较大差异，因此也会带来误差；其五，它采用质量参与系数法，来确定组合模态个数，但是已经有很多不规则高层结构和大跨度结构计算分析结果证实，有时在高频区还具有很大的响应，因为地震作用与参与质量及加速度两者成正比，有时高频区的振动虽然参与质量不大，但是加速度很大，仍然会产生较大的响应；其六，它假定各模态响应的峰值系数和总响应的峰值系数近似相等，由计算分析可知对不规则的结构，也存在很大的误差。如此种种可以说明它也存在适用性范围，如果超过适用范围，计算结果的可信度就会产生问题，所以它不是万能的。

3. 时程分析法的问题。我们知道，它比反应谱法采用了更加符合实际的假定，直接利用实际记录的地震波来求解结构的地震响应，应该有更大的适用性范围。但是考虑到采用的地震波是已发生的，大多是别处的，很难代表设计结构所处的场地将来可能发生的地震。实际上因为每次地震震源不同，地质条件不同，发震机制不同，地震波传播的路径不同，因此衰减规律都不同，所以不可能附近的两次地震，会对同一建筑物产生一样的影响。可以说每次地震都是不可复制的。而且真实的地震波存在6个自由度，而鉴于目前的科技水平，我们只能记录3个轴向振动的地震波，不能反映地震的全部影响。因此，这个方法只能作为一种参照比较，不能作为设计安全的唯一依据。

正因为以上设计计算方法都建立在很多假定的基础上，所以国家的有关规范就要求建筑必须符合以上假定的规则性条件。如果超出规则性限值太多时，实际上规范的计算方法已不再适用，那软件输出结果的可靠性就成了问题。而一般设计人员常常认为只要计算满足就可以了，忽略了计算方法本身的适用范围。当然对超限高层控制的主要目的之一，就是要保证在现有的设计水平前提下，使被审查的工程都能在现有计算方法的适用范围之内，以保证其计算结果的可靠、可信。

2.1.2 考虑结构类型与一般力学分析方法的适用性

我们选用的结构类型都有一定的适用范围。超过了这个范围，我们采取的计算假定和构造措施也许会缺乏理论依据和实践的经验，而不适用，并且会给经济性、技术合理性、可行性带来问题。因此对各种类型的结构，规范都限定了它的适用高度，如果设计人员一味要超过某种结构的限值高度，就会带来技术上的可行性与可靠性问题。另外超限高层结构还会带来一般力学分析方法假定与考虑因素的适用性问题。比如，高度超限就会加大混凝土收缩徐变对竖向结构的影响、横向风振的影响、朝阳面与背阳面的温差影响、扭转对整体失稳的影响等，而这类影响一般设计中是不考虑的。又如，平面不规则、楼板局部不连续、设置转换层等就会使平面刚性假定不适用，这涉及结构分析的整体模型问题，如此等等。我们将在第 3 章中较详细地说明有关问题。

2.1.3 考虑设计的合理性与经济性

我们知道，对设计的概念性的宏观控制可以使结构更合理，也就是我们常说的概念设计。一个力学概念合理的设计，一定会符合经济性原则。比如传力路径越短肯定越经济；规则的结构肯定比不规则的结构经济；悬挑结构悬挑小肯定比悬挑大的经济；轴力传力结构肯定比弯矩传力结构经济；又比如 A 级高层建筑超过了限值高度，那么就要按 B 级高度的高层建筑进行设计，其实质即是要提高其结构的抗震等级，加强构造措施，这就意味着增加造价，如此等等。当然凭借现在科技发达的程度，对绝大多数超限的高层结构的技术问题，都有办法处理解决，但是要浪费很多资源，对我们这样的发展中的人口大国，这种浪费应尽量减少，因此必须从严把握。

2.1.4 吸取地震灾害的教训

每次地震后，很多工程抗震专家都会去地震区，调查工程结构的震害情况，同时也会去验证以往的设计标准与措施是否安全可靠。调查发现，以下的一些建筑地震时破坏最严重：侧向刚度突变的建筑，特别是底层特别小的上大下小的鸡腿式建筑、上刚下柔的底层为大开间商场的底商住宅，往往整体倒塌；下部墙柱缺失的带转换构件的建筑，往往支承转换结构的柱产生破坏；平面布局不规则造成偏心太大的，往往在地震中很多墙柱产生剪切破坏，因为这时产生了较大的平移扭转耦联振动，在边角区产生较大的剪力使结构产生脆性破坏；还有一些大悬挑结构、铰支结构都是一次性设防，一旦破坏就局部倒塌，如此等等。每次大地震调查以后都会推出对抗震规范的增补修改规定，对超限结构当然更严格。由以上分析可知，结构抗震不能完全依赖定量计算结果，更要重视来自实践第一线的震害调查，以及由此分析得出的概念设计原则与一系列抗震构造措施。规范中规定的很多超限高层结构的设计原则与构造措施，实际上也是用鲜血与生命换来的，所以我们应该遵守。

2.2 超限高层建筑工程的有关专项审查规定

2.2.1 建议报住建部组织专家审查的超限高层建筑

下列超限高层建筑，建议委托全国超限高层建筑工程抗震设防审查专家委员会进行抗震设防专项审查：（附录三）

1. 高度超过《高规》B级高度的混凝土结构，高度超过《高规》第11章最大适用高度的混合结构；

2. 高度超过规定的错层结构，塔体显著不同或跨度大于24m的连体结构，同时具有转换层、加强层、错层、连体四种类型中三种的复杂结构，高度超过《抗规》规定且转换层位置超过《高规》规定层数的混凝土结构，高度超过《抗规》规定且水平和竖向均特别不规则的建筑结构；

3. 超过《抗规》第8章适用范围的钢结构；

4. 各地认为审查难度较大的其他超限高层建筑工程。

2.2.2 建议报省建设厅组织专家审查的超限高层建筑

考虑到现在有关超限高层建筑工程的数量很多，以及有关设计技术人员对规范的理解与把握程度的差距，各省区市也加强了对超限高层建筑审查管理的力度，对拟上报的工程项目，根据建设部的有关规章与文件，先组织省级工程抗震技术委员会专家进行专项审查，认为有必要从严审查的项目，再上报全国超限高层建筑工程抗震设防审查专家委员会进行专项审查。一般包括下列超限高层建筑工程：（附录一、二、三）

1. 高度超过表1.3.1的高层建筑；

2. 表1.3.2中有三项（含）不规则的高层建筑；

3. 表1.3.3中有一项不规则的高层建筑；

4. 表1.3.4中的其他特殊类型超限高层与超限空间大跨建筑。

2.2.3 不应采用的超限高层建筑

1. 同时具有四种类型及以上的复杂高层建筑；（附录三）

2. 为《抗规》第3.4.3条中的平面、竖向六种不规则都存在的高层建筑，或者其中一项超限特别大的高层建筑（《抗规》第3.4.3条说明）。

2.2.4 有关专项申报与审查的事项介绍

1. 建设单位申报超限高层建筑工程的抗震设防专项审查时，应当提供以下材料（附录一）：

（1）超限高层建筑工程抗震设防专项审查表；

（2）设计的主要内容、技术依据、可行性论证及主要抗震措施；

（3）工程勘察报告；

（4）结构设计计算的主要结果；

（5）结构抗震薄弱部位的分析和相应措施；

（6）初步设计文件；

（7）设计时参照使用的国外有关抗震设计标准、工程和震害资料及计算机程序；

（8）对要求进行模型抗震性能试验研究的，应当提供抗震试验研究报告。

2. 超限高层建筑工程的抗震设防专项审查内容（附录一、三）：

应包括：建筑的抗震设防分类、抗震设防烈度（或者设计地震动参数）、场地抗震性能评价、抗震概念设计、主要结构布置、建筑与结构的协调、使用的计算程序、结构计算结果、地基基础和上部结构抗震性能评估等，具体包括下列内容：

（1）基本情况（包括：建设单位，工程名称，建设地点，建筑面积，申报日期，勘察单位及资质，设计单位及资质，联系人和方式等）；

（2）抗震设防标准（包括：设防烈度或设计地震动参数，抗震设防分类等）；

（3）勘察报告基本数据（包括：场地类别，等效剪切波速和覆盖层厚度，液化判别，持力层名称和埋深，地基承载力和基础方案，不利地段评价等）；

（4）基础设计概况（包括：主楼和裙房的基础类型，基础埋深，地下室底板和顶板的厚度，桩型和单桩承载力，承台的主要截面等）；

（5）建筑结构布置和选型（包括：主楼高度和层数，出屋面高度和层数，裙房高度和层数，特大型屋盖的尺寸；防震缝设置；建筑平面和竖向的规则性；结构类型是否属于复杂类型；特大型屋盖结构的形式；混凝土结构抗震等级等）；

（6）结构分析主要结果（包括：计算软件；总剪力和周期调整系数，结构总重力和地震剪力系数，竖向地震取值；纵横扭方向的基本周期；最大层位移角和位置、扭转位移比；框架柱、墙体最大轴压比；构件最大剪压比和钢结构应力比；楼层刚度比；框架部分承担的地震作用；时程法的波形和数量，时程法与反应谱法结果比较，隔震支座的位移；大型空间结构屋盖稳定性等）；

（7）超限设计的抗震构造（包括：结构构件的混凝土、钢筋、钢材的最高和最低材料强度；关键部位梁柱的最大和最小截面，关键墙体和筒体的最大和最小厚度；短柱和穿层柱的分布范围；错层、连体、转换梁、转换桁架和加强层的主要构造；关键钢结构构件的截面形式、基本的连接构造；型钢混凝土构件的含钢率和构造等）；

（8）需要重点说明的问题（包括：性能设计目标简述；超限工程设计的主要加强措施，有待解决的问题，试验结果等）。

申报表格由填表人根据工程项目的具体情况增减，自行制表。

第3章 超限高层建筑结构抗震设计中的常见问题与处理

3.1 高度超限问题

3.1.1 高度超限标准的有关修正

表1.3.1~1.3.4中已经综合了多个规范对高层建筑高度限值的规定。但是有关规范中还规定了对下列情况时高度限值的修正：

1. 将钢筋混凝土高层结构分为A、B两级，其中B级高层虽然在适用高度上有所放宽，但在抗震等级和计算控制参数方面采用了更为严格的标准（详见《高规》的有关条文）；

2. 错层剪力墙结构、错层框剪结构、具有较多短肢剪力墙的结构，其最大适用高度应适当降低（详见《高规》第10.1.3条、7.1.8条），参见表3.1.1；

有关特殊结构的修正高度限值（不应或不宜大于下表值）　　　表3.1.1

结构类型	6度（0.05g建议）	7度	8度（0.2g）	8度（0.3g）
具有较多短肢剪力墙的结构（不应）	120m	100m	80m	60m
错层剪力墙结构（不宜）	100m	80m	60m	60m
错层框剪结构（不应）	90m	80m	60m	60m

3. 当平面和竖向均不规则（部分框支结构指框支层以上的楼层不规则）时，其高度应比表内数值降低至少10%（参见附录三）；

4. 少墙框剪结构，当框架承担的倾覆力矩80%≥M>50%时，可比框架结构适当增加；当承担的倾覆力矩M>80%时，宜按框架结构采用（《高规》第8.1.3条）；

5. B级高度高层建筑，底部带转换层的筒中筒结构，当外筒框支层以上采用由剪力墙构成的壁式框架时，其最大适用高度应比《高规》中第3.3.1条规定的数值适当降低（《高规》第10.1.3条）。

3.1.2 高度超限问题的一般处理办法

当高层建筑的高度超过上述表3.1.1的规定时，就属于高度超限。按规定属于必须进行抗震设计专项审查。对具体的设计项目也可按以下方法来处理，使它高度不超限，或者使超限出现的一些宏观技术控制指标，在比较经济的基础上得到满足。

1. 改变结构体系

考虑到各种结构体系的容许高度限值不同，因此常规的处理办法是改变结构的受力体系，例如，可按下列次序改变结构体系：框架结构体系→框剪结构体系→剪力墙结构体系→框筒结构体系→筒中筒结构体系。因为后者的容许高度限值按序高于前者。这里必须说明，对板柱-剪力墙结构体系、带较多短肢剪力墙的剪力墙结构体系、框架结构体系的高度超高时，改变受力结构体系是唯一的办法。当结构体系高度超限很多时，采用常规的结构体系无法满足位移条件时，或者很不经济时，只能采用较少采用的束筒体系、巨型结构体系等受力体系。

2. 改变结构材料

有时改变结构材料也是一个可行的办法。因为混合结构、组合型钢混凝土结构、钢结构等的容许高度限值都比钢筋混凝土结构高，所以当采用钢筋混凝土结构超过限值时可以改变结构材料，使其不超限。但是这样要增加工程的造价。

由表 1.3.1 可知，如果采用钢筋混凝土结构已经超限时，就可以改用混合结构；在混合结构的框筒结构和筒中筒结构中还可有多种选择，它们的容许高度限值按下列次序增加：钢外框-钢筋混凝土筒→型钢混凝土外框-钢筋混凝土筒→钢外框筒-钢筋混凝土筒→型钢混凝土外框筒-钢筋混凝土筒。另外如改用钢结构，同样也有多种选择，它们的容许高度限值按下列次序增加：钢框架→钢框架-中心支撑→钢框架-偏心支撑→各类筒体和巨型结构。

3. 增加竖向刚度

这种办法实施比较简单，但是对一些被限制在 B 级高度不能使用的结构体系，不能采用这种办法，如框架体系、板柱-剪力墙体系等；对框筒结构与筒中筒结构，采用设置加强层的办法还是有效的；对框架体系也可以改变结构材料；对于其他结构体系可采用加大截面，加大高宽比，增加剪力墙，增加支撑等处理办法。

4. 设置加强层

对于 B 级高度的框筒结构与筒中筒结构的高层建筑，常常因为不能满足位移或者舒适度要求，而采取设置加强层的办法，因为这时再采取增加剪力墙或者加大截面的办法就会不经济。设置加强层可采取设置伸臂桁架、水平环向腰桁架、帽桁架的办法，根据设计需要可以在适当高度设置一个或者多个加强层。但是加强层会造成刚度突变，因此我们也可以只设置水平环向腰桁架、帽桁架，而不设置伸臂桁架的办法，这样可改善刚度突变的情况。在计算时必须注意，凡是设置加强层或支撑的楼层都会产生轴向力，因此平面刚性假定不再适用，以下将对此做专门介绍。

5. 设置结构控制系统

对超限高层的钢结构，采用结构控制的办法是比较经济而可靠的。对设置阻尼器，设置被动控制系统（如 TMD），国内外已有不少应用实例，美国原来的国际贸易中心双子塔楼，就采用了两万多个阻尼器，台北的 101 大楼和广州新电视塔也采用了带阻尼的 TMD 控制技术，都取得良好效果。但是主动控制系统（如 TAD）还处在试验研究阶段，日本曾经在 21 栋建筑中试用了主动控制技术，但是地震时除了鹿儿岛技术研究所的第 21 号楼，在地震时启动了控制装置，其他几乎都失效，由此看来这种技术要实际应用还有较长的路。现在阻尼器技术已经比较成熟，特别对以风振为主的高层建筑已经积累很多成功的经验，我们将在第 7 章中做介绍。

3.1.3 高度超限结构抗震设计应注意的问题

1. 风荷载问题

（1）根据《高规》第 4.2.7 条规定，以下四种情况宜做风洞试验：高度大于 200m；

平面形状或者立面形状复杂；立面开洞或连体建筑；周边地形和环境较复杂的建筑场地。并且对比较重要的高层建筑，建议在风洞试验中考虑周围建筑物的干扰因素。

（2）在东南沿海地区，风荷载影响常常比地震作用大，根据高层建筑混凝土结构设计规范 JGJ 3—2010 第 3.7.6 条、第 3.7.7 条规定，高度不小于 150m 的高层混凝土建筑结构还应该进行风振舒适度验算：包括验算结构顶点的顺风向和横风向振动最大加速度、楼盖竖向振动频率和竖向振动加速度。计算时结构阻尼比宜取 0.01～0.02。

（3）对 L 形与方形平面的建筑，如为风荷载控制时，宜补充 45 度与 135 度方向的风荷载作用验算，因为这时风荷载的受荷面更大，而结构整体侧向刚度比正面迎风时小，因此对角柱最不利。

2. A 级和 B 级高度高层建筑的划分与设计计算规定

（1）区分 A 级高度和 B 级高度高层建筑。在《高规》第 3.3.1 条中，对钢筋混凝土高层建筑结构的最大适用高度，区分为 A 级高度和 B 级高度。对高度超限的高层建筑结构，常常属于 B 级高度的高层建筑，这时的结构抗震等级就需要提高，详见 JGJ 3—2010 第 3.9.4 条的有关图表。

（2）应考虑平扭耦联计算扭转效应。根据《高规》第 5.1.13 条，对 B 级高度高层建筑结构、混合结构与复杂高层建筑结构的设计计算做了如下规定：应考虑平扭耦联计算扭转效应，而且振型数不应小于 15，多塔结构的转型数不应小于塔楼数 9 倍，振型参与质量之和不小于总质量的 90%。

（3）应采用弹性时程分析方法进行补充计算。根据《高规》第 3.7.4 条、4.3.4 条，高度大于 150m 的高层建筑、甲类高层建筑应进行弹塑性分析；对 8 度Ⅰ、Ⅱ类场地和 7 度区大于 100m，对 8 度Ⅲ、Ⅳ类场地大于 80m，9 度区大于 60m 的乙类丙类高层建筑，以及《高规》3.5.2～3.5.6 条规定的，竖向不规则和属于复杂高层建筑的都应采用弹性时程分析方法进行多遇地震下补充计算。《高规》第 5.1.13 条又规定，对 B 级高度高层建筑结构、混合结构与复杂高层建筑结构，应采用弹性时程分析方法。

（4）进行弹塑性分析和变形验算。根据《抗规》[2] 第 5.5.2 条，高度大于 150m 的高层建筑应进行弹塑性变形验算；对 8 度Ⅰ、Ⅱ类场地和 7 度区大于 100m，对 8 度Ⅲ、Ⅳ类场地大于 80m，9 度区大于 60m 的高层建筑，以及竖向不规则的高层建筑宜进行弹塑性变形验算；对高层钢结构都宜进行弹塑性变形验算；对一般 B 级高度高层建筑结构、混合结构与复杂高层建筑结构的设计，宜采用弹塑性静力或动力分析方法补充计算（《高规》第 5.1.13 条）。

（5）应进行两个独立的动力弹塑性分析。根据《高规》第 3.11.4 条和住建部建质 [2010] 109 号文《超限高层建筑工程抗震设防专项审查技术要点》第 13 条，当高度大于 200m 时应采用动力弹塑性分析；高度大于 300m 时应做两个独立的动力弹塑性分析。

3. 应考虑施工过程与混凝土徐变收缩影响

《高规》第 5.1.9 条中规定，复杂高层建筑及高度大于 150m 的其他高层建筑，应考虑施工过程的影响。实际结构是一层层建造的，相应的竖向荷载与刚度也是逐层形成的，和一次加载于一个最终设定的结构相比，二者计算结果是有差别的，层数越多两者之间误差越大，特别对竖向不规则的结构、悬挑结构、连体结构、加强层的伸臂结构、局部预应力的结构等，施工方案和次序对结构内力影响较大，因此建议小于 150m 时，也宜考虑施工过程的影响，特别是对墙、柱、斜撑等轴向变形宜采用适当的计算模型考虑施工过程的影响。

还有当外柱采用型钢混凝土或者钢框架柱，而核心筒为混凝土时，考虑到二者的徐变收缩值不一样，当高度大时，影响内力重分配的数值不可忽视，因此还应考虑二者的徐变收缩差异的影响。

4. 计算阻尼比的取值

我们知道由于阻尼的存在，所有振动都会产生衰减。有关阻尼的理论很多，我们在结构抗震计算中常常应用的是粘滞阻尼理论，这种阻尼理论认为阻尼力和变形速度成正比，在一般振动方程中的阻尼力项，就是位移的一次导数项。方程推导中为了计算方便，常常用阻尼比来表示阻尼的大小。这样阻尼比大小就不仅仅与材料有关，而且还与结构的振动特性有关，阻尼比 ξ 为体系阻尼系数 C 与结构的临界阻尼 $2\omega M$ 之比，临界阻尼也可表达为 $2\sqrt{KM}$，则阻尼比可由下式所示：

$$\xi = \frac{C}{2\sqrt{KM}} \tag{3.1.1}$$

我们从上式可知，阻尼比不但与材料的阻尼系数 C 有关，而且还与结构的刚度、质量有关。因为钢材比钢筋混凝土阻尼小，因此同样条件下，钢结构的阻尼比就应该比钢筋混凝土结构小一些；对同样的建筑材料，则相对刚度大质量大的结构，临界阻尼就大，因此阻尼比相对就小。因此可知，因为超高层建筑必须满足有关位移条件，相对刚度较大，而且质量也大，所以比一般高层建筑临界阻尼就大，因此阻尼比相对较小。另外因风荷载作用下结构的塑性变形比设防烈度下的地震作用时小，所以抗风设计时阻尼比取值应比抗震设计时要小。

《抗规》第 5.1.5、8.2.2 条对此作了如下规定：

(1) 多遇地震计算时，钢筋混凝土结构的阻尼比取 0.05；混合结构的阻尼比取 0.04；钢结构的阻尼比取 0.02~0.04（当 $H \leqslant 50m$ 时，取 0.04；当 $50m < H < 200m$ 时，取 0.03；当 $H \geqslant 200m$ 时，取 0.02）。风振舒适度验算时，阻尼比可取 0.01~0.02。

(2) 罕遇地震下分析时，钢结构阻尼比可取 0.05；对混合结构与钢筋混凝土结构，因为缺少有关研究资料，现在也取 0.05，这是偏安全的。因为大震时结构出现塑性与裂缝，刚度降低，而且增加了滞回耗能，从以上（3.1.1）式可知，随着结构刚度 K 减少，会使临界阻尼减少，而结构阻尼耗能增加，反映在 C 值增大上，这样当然会使结构的阻尼比增大。

《抗规》第 8.2.2 条与《高规》第 3.7.6 条，以及《钢管混凝土结构技术规程》CECS28：2012 的第 4.3.6 条中都做了这样的规定。但是，现在已有不少作者发表论文，对大震时，阻尼比一律取 0.05 提出了不同看法，特别是砌体结构与钢筋混凝土结构，这是明显偏安全。

5. 加强位移与层间位移角控制

随着高度的增加，结构安全适用的重点将由承载力转到位移，因此规范特别关注对位移的控制，主要考虑以下几方面因素：其一，是防止产生过大的位移和风振加速度，而影响使用人的舒适度；其二，控制位移和层间位移角是一种预警，防止抗侧力结构过早产生裂缝直至出现塑性铰，特别是层间位移角的突变会导致薄弱层的产生，因此控制它们的大小，保证结构在正常使用范围内处于弹性状态，从而使它能够耐久适用；其三，为保证幕墙等非结构构件的安全。因为过大的位移，有时虽然对主结构的安全影响不大，但是对很多非结构构件，往往会产生破坏，如玻璃幕墙、填充墙等；其四，为保证建筑设备的正常使用。因为建筑设备的正常运转有时比建筑结构还要敏感。例如高速电梯在侧向位移过大，或者横向振动过大时，会产生运行故障，从而引发事故。还有一些脆性接头的竖向排水管，也会因为层间位移太大而破坏。因此对于高度超限的高层建筑，必须更加注意对位移与层间位移角的控制。具体的控制规定与数值详见第 3.12 节介绍。

3.2　扭转效应的控制与处理

3.2.1　高层建筑产生扭转效应的原因与影响

可以说高层建筑抗震设计研究的主要问题之一是解决扭转问题。其中包括：扭转原因的探讨、扭转机理的研究、扭转破坏的调查、扭转影响的计算、扭转效应的防治、减少扭转的方法等等。高层建筑产生扭转效应的原因很多，在地震作用下，扭转主要是建筑结构平面的刚度中心与质量中心不重合而导致的，由于地震作用是与质量成正比的，不对称的结构布局使两个中心间产生更大的偏心，地震作用水平合力的作用点在质心，它对刚度中心产生偏心距，就会对结构产生扭矩。但是对于超高层结构，扭转刚度太弱也会导致扭转效应，即扭转第一周期与平移第一周期相近，甚至倒置，这时扭转效应的影响可能比偏心产生的更大。另外很多因素都会产生扭转效应，如：塔楼偏置、穿层柱偏置、楼板开大孔偏置、转换构件偏置、两向刚度相差过大、平面凹凸不对称、连体结构两边塔楼刚度相差过大、建筑平面两向尺寸相差过大、地基基础刚度差别过大等等。对于扭转效应影响的大小，有的从设计图中直观可以判别，如塔楼偏置、平面凹凸不规则、抗侧力结构不对称、不对称的连体结构与转换结构等等。但是，大多数情况还是要有计算参数来判别。

扭转效应对高层建筑安全和经济性的影响很大，首先扭转会产生平移振动与扭转振动耦联，从而产生计算的困难和计算的不确定性；其次，扭转会产生薄弱构件与薄弱层，使一部分构件先破坏，因为扭转时剪力随着与扭转中心的距离而增大，所以会造成抗侧力结构受力不均，使边角柱剪力大增，造成薄弱构件先破坏，从而导致整个结构破坏；再从构件的承载力与破坏形式来看，扭转产生剪应力，一般构件的破坏准则通常是由剪切决定的，而且剪切是脆性破坏，更具突发性和危险性。而且，考虑到一般材料的剪切强度都要低于弯曲拉压强度，而且设计安全系数剪切比弯曲拉压大，因此对于扭转效应大的结构，其整体造价往往要比承受竖向载荷为主的结构大得多。所以我们说，减少扭转效应就是减少设计的不确定性，就能够减少工程的造价。

3.2.2　扭转效应的控制指标

1. 检查扭转位移比与周期比

这里先解释一下，所谓位移比（或层间位移比）是指楼层最大弹性水平位移（或层间位移）与该楼层两端弹性位移（或层间位移）平均值之比，它是在楼板刚性假定基础上求得的，也就是假定楼板只有位移，没有板平面内应变。这时的位移比才有物理意义。

所谓周期比是指扭转振动的第一周期 T_3 与平移振动第一周期 T_1 的比，即 T_3/T_1。

《抗规》与《高规》中主要通过这两个直观的指标来定量控制扭转效应，即：对扭转位移比与周期比的限值。这两个控制指标的作用不完全一样，位移比是用来限制结构平面布置的不规则性，避免产生过大的偏心而导致结构产生较大的扭转效应；而周期比是用来限制结构的抗扭刚度不能太弱，否则会导致扭转振动第一周期太长，从而使它和第一第二平移振动周期相近，甚至倒置，因而产生振动耦联。因为振动耦联会使结构的扭转效应明显增大。所以位移比和周期比必须同时控制，对于平面规则而抗扭刚度很小的结构，以及两个主轴方向刚度相差较大的结构，可能位移比很小，但是周期比很大；同样对于平面很不规则、但是抗扭刚度较大的结构，可能位移比很大，而周期比却不大。我们认为，因为位移比采用了平面刚性假定，而且只计算两个主轴方向，因此对特别不规则的结构，也许控制周期比更可信有效。

2. 看底部最大地震作用剪力产生在哪一阶振型

另外还要看底部最大地震作用剪力有否产生在高振型区，如果出现以上情况，表示扭转与平移振动产生了耦联；导致高振型区存在较大的振动能。

3. 分析转动因子和平动因子的数值

一般来说，正常情况下它们最好是第三个振型的转动因子为 1.0，X、Y 两个方向平动因子都是 0.0；当转动因子为 0.65 左右时，其实已经产生耦联；如果当转动因子小于 0.50 左右时，不论哪一个方向的平动因子是否为 0.0，都会存在严重的耦联。应该对设计布局做一些调整。

4. 看底部地震作用剪力收敛的规律与速度

正常规则的结构，其底部地震作用剪力，呈单边递减趋势，最大值常常产生在第一、第二振型。如果最大值产生在较高的振型区；或者在某个高频段底部剪力突然放大，或在高频区普遍衰减缓慢，甚至保持在最大值的 $1/2 \sim 1/3$，这说明平移与扭转振动之间存在耦联。

3.2.3 减少扭转效应的措施

1. 调整 XY 两个方向的质量与侧向刚度分布：可增加或者减少剪力墙，改变剪力墙厚度与位置；如果只想增加侧向刚度而不希望增加相应的地震作用时，或者不希望增加质心的偏心距时，可用支撑代替剪力墙；有时对于连肢剪力墙，调整连肢梁的高度能够较方便地调整剪力墙的侧向刚度，会取得较经济而且施工方便的效果。

2. 增加抗扭刚度：如周期比超限或者倒置，说明抗扭刚度太小，因此周期就长了，甚至变成第一或第二周期，这时必须增加抗扭刚度，或者减少平移刚度。可以加大周边剪力墙、减少中部剪力墙，或者在周边加设支撑系统效果较好。

3. 设置阻尼器：在周边加设阻尼器，或者屈曲约束支撑能够得到显著效果。

4. 设置抗震缝：对于平面十分不规则、又无法调整布局时，可以采用设置抗震缝的办法，把一个不规则不对称的结构，分割成两个比较规则的结构，有时这是一个有效而可行的办法。

5. 把刚接改为铰接：这种做法常常在连体结构中被采用，它将连接廊，一边与主体结构用不动铰连接，另一边采用滑动铰。这样使它不传递水平力，可以把连体作为单体考虑，这样可大大简化设计计算。这种处理方法已在很多连体结构设计中被采用。

6. 增设室外构件：有时在平面凹凸不规则的凹进的缺口外沿，每层或者隔一层增设室外连杆，也可以减少扭转效应，因为它使外沿的剪力流畅通，减少了对楼板内凹角处的拉应力，而且也会增加一些抗扭刚度，但是它提供的刚度有限，不能改变平面不规则的属性。还有在室外加设支撑的办法，但是要有室外的利用空间，一般较少采用。

3.2.4　结构设计计算方面的要求

1. 应该采用两种不同软件来进行计算校核。
2. 计算振型组合时要采用 CQC 法。
3. 对下表所列的房屋结构应进行时程分析（详见《抗规》第 5.1.2 条）。

采用时程分析法的房屋高度范围　　　　　　　表 3.2.1

烈度、场地类别	房屋高度范围（m）
8 度 Ⅰ、Ⅱ 类场地和 7 度	＞100
8 度 Ⅲ、Ⅳ 类场地	＞80
9 度	＞60

4. 应该采用抗震性能设计分析方法。它实际上是量化了抗震设防目标，以前是三个水准两阶段设计，现在是三阶段设计，并把破坏等级分为 5 级，每级都规定相应的控制指标，用变形来定量，而且对可使用性进行定义，可对不同部位、重要性不同的结构构件设定不同的抗震设防目标。因此，可以更细致、更恰当、量化地把握工程抗震设防水准。

5. 《抗规》第 5.5.2 条规定：高度大于 150m 时应该验算罕遇地震作用下薄弱层的弹塑性变形，需采用弹塑性静力或者动力分析方法来复核，是否达到了设定的抗震性能设计目标。对于《抗规》中表 5.1.2-1（即为本书中的表 3.2.1）所列的高度范围的高层建筑，并且为《抗规》中表 3.4.3-2 所列的竖向不规则高层建筑结构，宜进行薄弱层的弹塑性变形验算。

3.3　竖向不规则的控制与处理

3.3.1　竖向不规则的种类与影响

竖向不规则一般由以下一些结构不规则的形式造成的：

1. 侧向刚度不规则。一个受力合理的结构，楼层侧向刚度应该随着受力而变化，一般都是下一层受力大于上一层，因此侧向刚度也应该相应增大；如产生反向变化，侧向变形就会集中到刚度小的软弱层，使它层间位移角超限，进一步产生破坏，所以对此必须控制。《抗规》3.4.3 条中对侧向刚度不规则做了以下定义：即某层的侧向刚度小于相邻上一层的 70%，或者小于其上相邻三个楼层侧向刚度平均值的 80%；还有建筑局部收进的尺寸大于相邻下一层的 25%，这在底部有大裙房、高层结构上部平面比下部小得多时，或者是多塔结构，常常会产生这种情况；还有在顶层存在大跨度的空旷房间时，或者存在单跨框架时，也会造成侧向刚度不规则。这些有关《抗规》的规定，前者是数值控制指标，需要等计算结果得到后才知道；但是后者取决于平立面尺寸布局，在建筑方案图中就可以看出，因此在方案阶段就可以对侧向不规则的情况进行有效调控。侧向刚度不规则还会使地震作用时产生扭转与平移振动耦联，从而使设计计算结果产生不确定性；并且会使同一层中的抗侧力构件受力不均，导致产生薄弱构件，从而使一些构件先破坏，也影响到整个结构的安全。

2. 楼层抗剪承载力突变。《抗规》3.4.3 条中规定：当抗侧力结构的层间受剪承载力小于相邻上一层的 80% 时，就属于楼层抗剪承载力突变。这种情况常常发生在楼层刚度突变的附近层，如：转换层上下层、加强层上下层、多塔结构的裙房上层、竖向收进的收进层上下层、连体结构在连接体的上下层、结构截面、材料改变或强度等级改变的楼层等等。因为剪切破坏是脆性破坏，所以必须控制，抗剪承载力突变会产生薄弱层，导致结构在大震时倒塌，可见此项控制的重要性。《高规》第 3.5.7 条还特别规定，不宜采用同一楼层刚度和承载力变化同时不满足它们的限值。因为在实际设计中常常会产生这两种限值在某一个楼层同时超限的情况。我们在设计时应该进行调控，不使这种情况产生。

3. 竖向抗侧力结构不连续。即作为抗侧力结构，包括柱、抗震墙、抗震支撑等竖向产生间断，需要通过水平转换构件再传到下一层的情况。本来抗侧力结构的作用，主要是将上部的地震水平作用力，一层层的传递到基础，一旦某一层缺失一些竖向抗侧力结构，就会对整个结构产生不利影响。其一，会增加其他抗侧力结构的负担，而且会影响层间竖向结构的水平力分配；其二，会造成传力途径的不合理；其三，会引起侧向刚度与抗剪承载力的突变；其四，往往会造成强梁弱柱，使其下部产生薄弱层；其五，会影响质心与刚心间的偏心，激化扭转效应；其六，将与反应谱方法的质量串假定产生矛盾，使计算结果的可信度降低。因此在设计中应该尽量避免，竖向抗侧力结构发生间断的情况。

3.3.2　侧向刚度不规则的控制

《高规》第 3.5.2 条对侧向刚度变化做了如下规定：

1. 对框架结构，楼层与其相邻上层的侧向刚度比 γ_1 可按式（3.3.1）计算，且本层与相邻上层的比值不宜小于 0.7，与相邻上部三层刚度平均值的比值不宜小于 0.8。

$$\gamma_1 = \frac{V_i \cdot \Delta_{i+1}}{V_{i+1} \cdot \Delta_i} \tag{3.3.1}$$

式中　γ_1——楼层侧向刚度比；

V_i、V_{i+1}——第 i 层和第 $i+1$ 层的地震剪力标准值（kN）；

Δ_i、Δ_{i+1}——第 i 层和第 $i+1$ 层在地震作用标准值作用下的层间位移（m）。

2. 对框架-剪力墙结构、板柱-剪力墙结构、剪力墙结构、框架-核心筒结构、筒中筒结构，楼层与其相邻上层的侧向刚度比 γ_2 可按式（3.3.2）计算，且本层与相邻上层的比值不宜小于 0.9；当本层层高大于相邻上层层高的 1.5 倍时，该比值不宜小于 1.1；对结构底部嵌固层，该比值不宜小于 1.5。

$$\gamma_2 = \frac{V_i \cdot \Delta_{i+1}}{V_{i+1} \cdot \Delta_i} \cdot \frac{h_i}{h_{i+1}} \tag{3.3.2}$$

式中　γ_2——考虑层高修正的楼层侧向刚度比。

3.3.3 楼层抗剪承载力突变的控制

《高规》第3.5.3条和3.5.5条对控制楼层抗剪承载力突变做了如下规定：

1. A级高度高层建筑的楼层抗侧力结构的层间受剪承载力，不宜小于其相邻上一层受剪承载力的80%，不应小于其相邻上一层受剪承载力的65%；B级高度高层建筑的楼层抗侧力结构的层间受剪承载力，不应小于其相邻上一层受剪承载力的75%。

2. 抗震设计时，当结构上部楼层收进部位到室外地面的高度 H_1 与房屋高度 H 之比大于0.2时，上部楼层收进后的水平尺寸 B_1 不宜小于下部楼层水平尺寸 B 的75%（图 3.3.1a、b）；当上部结构楼层相对于下部楼层外挑时，上部楼层水平尺寸 B_1 不宜大于下部楼层的水平尺寸 B 的1.1倍，且水平外挑尺寸 a 不宜大于4m（图 3.3.1c、d）。

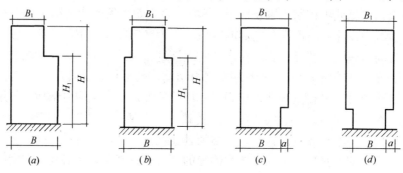

图 3.3.1 结构竖向收进和外挑限值尺寸示意

上述第一部分是从计算结果分析的数值控制指标，需要等计算结果得到后才知道；但是第二部分有关立面尺寸的规定，是一种宏观控制，因为从国内外震害研究表明，上部收进会使高振型影响增大，上部悬挑会使扭转效应和竖向地震作用效应增大，所以必须控制。立面尺寸超限在建筑方案图中就可以看出，因此在方案阶段就可以对竖向不规则的情况进行有效调控。并且《高规》第3.5.6条还规定了楼层质量沿高度宜均匀分布，上层质量不宜大于相邻下层质量的1.5倍。因为质量大小和地震作用成正比，控制质量的均布就是控制了地震作用的均布。

3.3.4 竖向抗侧力构件不连续的问题

竖向抗侧力结构不连续的问题对结构抗震安全关系很大，因此在《高规》第3.5.4条特别提出，抗震设计时，结构竖向抗侧力构件宜上、下连续贯通。但是常常因为使用要求，某一层或者几层需要设置大空间，不得不造成抗侧力结构不连续。并且因为设计要求不同，所以转换构件有很多种类，有关规范对这种设计都作了详细规定。我们将在转换层结构一节对此作介绍。

3.3.5 具体设计计算规定与措施

1. 竖向不规则的限制性规定

我们知道虽然竖向不规则问题在抗震设计中无法回避，但是由于它对结构安全的影响，我们必须对它采取定量和定性的限制，有关规范对此做了很多规定，介绍如下：

（1）本层与相邻上层侧向刚度比值限制（《高规》第 3.5.2 条）；

（2）本层与相邻上层楼层层间受剪承载力比限制（《高规》第 3.5.3 条）；

（3）竖向抗侧力构件竖向连续贯通的限制（《高规》第 3.5.4 条）；

（4）不宜在同一层楼层刚度与承载力同时不满足规范限值的限制（《高规》第 3.5.7 条）；

（5）楼层质量不宜大于相邻下一层楼层质量的 1.5 倍的限制（《高规》第 3.5.6 条）。

2. 调整结构布局与结构截面

对侧刚不规则的结构，采用调整结构布局是一个最经济的办法。例如：

（1）在刚度偏弱的一侧增加剪力墙、支撑，或者加大剪力墙的面积，同时可减少刚度偏大一侧的剪力墙面积，或者调整连肢剪力墙的连肢梁高度，尽量减少质心与刚心之间的偏心距；

（2）在收进较大的楼层增设过渡层，使它不要突变；设过渡层不可能时，可在收进的下层室外增设斜杆支撑；

（3）尽量避免转换构件设置到边缘区和二次转换；

（4）尽量推荐采用斜杆转换，来代替受弯构件转换，避免厚板转换；

（5）避免采用上大下小、上重下轻的结构等等。

3. 采用更科学的计算方法

（1）采用弹性楼板假定：考虑到不少软件都采用平面刚性假定，因此楼面梁板中的轴向力无法求得，我们在设计中采用梁转换、桁架转换、斜杆转换时，其中转换梁、桁架、斜杆中都存在轴向力；如果采用了支撑结构也会在相关梁中产生轴向力，而且与它相连的梁中也存在轴向力。如果不在计算时考虑将产生隐患，这时可采用 [12×12] 的梁单元或者杆单元来计算轴向力，有关楼板就应该采用弹性楼板假定。

（2）应用反应谱法时的参数控制：《高规》第 5.1.13 条规定：对于 B 级高度的高层建筑结构、混合结构和复杂高层结构等，特别不规则的超限高层，在采用反应谱法时须考虑平扭耦联，振型数不应少于 15，参振质量比应大于 90%。

（3）补充时程分析与弹塑性分析：还应该进行弹性时程分析，以及宜进行静力或者动力弹塑性补充计算，以确定在大震时的安全性。这个将在后面几章中介绍。

4. 设置增大系数，增加验算项目

（1）加大地震作用标准值剪力，在薄弱层乘增大系数 1.25（《高规》第 3.5.8 条），但是《抗规》取 1.15，比高规小；

（2）对特一、一、二级结构的转换构件的水平地震作用计算内力时，要分别乘增大系数 1.9、1.6、1.3（《高规》第 10.2.4 条）；

（3）跨度大于 8m 的转换结构按 7 度（0.15g）、8 度抗震设计时，要考虑竖向地震作用（《高规》第 10.2.4 条、4.3.2 条与说明）；

（4）当采用框支梁承托剪力墙或柱，或承托转换次梁及其上的剪力墙时，应进行应力分析，按应力校核配筋，并加强构造措施；

（5）转换层上下结构的侧向刚度比控制（《高规》第 3.5.2 条、10.2.3 条与附录 E）；

（6）要复核框支层楼板剪力设计值和验算框支层楼板与落地剪力墙交接截面的受剪承载力（《抗规》附录 E 第 E.1.2、E.1.3 条）；

（7）特别不规则的须验算楼板平面内受弯、受剪承载力（《抗规》附录 E 第 E.1.5 条）。（有关转换层的相关资料详见带有转换层结构的章节）。

5. 提高结构抗震等级和抗震性能设计指标

对以上介绍的因为竖向不规则而可能成为薄弱构件和薄弱层的结构，可以采用两种办法来提高抗震能力，一种办法是增加抗震措施，就是提高有关构件的抗震等级，如转换构件的框支柱，上部收进层的上下层墙柱，塔楼偏置的刚度偏弱侧墙柱，抗剪承载力偏弱层的墙柱等。另一种办法是提高这些关键构件的抗震性能设计指标，从设计计算上来验算，定量保证这类构件的安全。实践证明后一种办法更可靠，但是花费更大。

6. 增设阻尼器

在薄弱构件、薄弱层设置阻尼器是一个经济有效的办法。我们将在第 7 章对此作介绍。

3.4 平面不规则的控制与处理

3.4.1 平面不规则的种类与影响

《抗规》第 3.4.3 条规定了平面不规则的三种情况，其定义和相关指标如下：

1. 扭转不规则：指在规定的水平力作用下，楼层最大弹性水平位移（或层间位移），大于该楼层两端弹性水平位移（或层间位移）平均值的 1.2 倍。

2. 凹凸不规则：平面凹进的尺寸，大于相应投影方向总尺寸的 30%。

3. 楼板局部不连续：楼板的尺寸和平面刚度急剧变化，例如：有效宽度小于该楼板典型宽度的 50%，或开洞面积大于该楼层面积的 30%，或者有较大的楼层错层。

以上限值仅仅是平面不规则的定性指标，由它来判别是否属于平面不规则，而不是不应值。我们首先应该说明，在扭转效应这一节中，已经充分说明了平面不规则和扭转效应的关系；其二，平面楼板局部不连续、和凹凸不规则还会使楼板平面内产生应力集中的现象，造成楼板变形过大或者局部破坏，而进一步使刚性楼板假定无法满足，从而影响水平力无法按刚度分配，而造成竖向薄弱构件的产生；其三，会使结构的质量分布不均，增大它与刚度中心间的偏心距，而造成竖向载荷下的弯矩增大，地震作用下的扭矩增大。

3.4.2 楼面局部不连续的判别与处理

楼面局部不连续问题，不但影响楼面内应力的分布，而且会影响整个结构的地震作用水平力的分配。我们在设计计算中通常采用刚性楼板假定，而当楼板不连续的程度比较严重时，这个刚性楼板假定不再适用；那么，按此假定计算的结果可信度就产生了问题，所以它不只是一个局部楼板问题，而是涉及到整个结构的安全。

1. 楼面局部不连续的判别

除了《抗规》对此作了定性规定外，《高规》第 3.4.6 条也详细列出以下四种楼面局部不连续的情况：

（1）有效楼板宽度小于该层楼板宽度 50%；

（2）开洞面积大于楼面面积的 30%；

（3）楼板任一方向净宽小于5m，开洞后每边净宽小于2m；

（4）错层结构。

2. 楼面局部不连续的加强措施与计算要求

（1）应采用弹性楼面假定计算楼面应力，再与楼面荷载下的楼板内力叠加。如果楼面尺寸较大，还应该同时计算混凝土温度收缩应力，以上三者叠加来验算配筋，或者局部加强应力集中区，应力集中区通常出现在洞口角区和较细长的板带；

（2）加厚洞口附近楼板，采用双层配筋；

（3）大洞口需边沿设置边梁、暗梁；

（4）洞口角部集中配置斜向钢筋；

（5）错层结构的墙柱应加强抗震措施：有关柱箍筋要全高加密，抗震等级应提高一级；有关剪力墙不宜采用单肢墙，不应采用短肢墙，应设置翼墙或者增加扶壁柱，抗震等级应提高一级；

（6）当楼板不连续程度比较严重时，我们应该在采用楼板弹性假定的基础上，补充验算整个结构的内力与截面。例如对一个有缺口的环形平面结构，采用刚性楼板假定与采用弹性楼板假定，就会产生很大差异与影响，这时我们就要考虑采用更加合理的模型。

3.4.3 凹凸不规则的判别与处理

1. 凹凸不规则的判别

除了《抗规》对此做了定性规定外，《高规》第3.4.3条也详细列出以下多种凹凸不规则的情况（图3.4.1）。

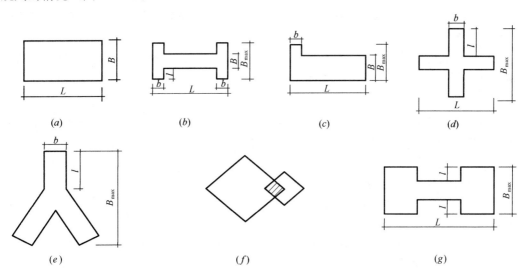

图 3.4.1 凹凸不规则的建筑平面示意

平面尺寸及突出部位尺寸的比值限值　　　　　　　　　　　　表 3.4.1

烈度	L/B	l/B_{max}	l/b
6、7	≤6.0	≤0.35	≤2.0
8、9	≤5.0	≤0.30	≤1.5

（1）平面长度过长（图 3.4.1a、b、c），L/B 超过表 3.4.1 的限值；

（2）平面突出部分的长度 l 过大、宽度 b 过小（图 3.4.1b、c、d），l/B_{max}、l/b 超过表 3.4.1 的限值；

（3）平面为 Y 形、十字形（图 3.4.1d、e），l/B_{max}、l/b 超过表 3.4.1 的限值；

（4）建筑平面存在角部重叠或细腰形平面布置（图 3.4.1f、g）。

2. 凹凸不规则结构的加强措施与计算要求

（1）突出部分的楼板根部应加强抗震措施，适当增加板厚，宜采用双层双向配筋；

（2）Y 形、十字形、细腰形的楼板中心区，在扭转时会产生较大拉应力，因此宜楼板适当加厚，采用双层双向配筋；

（3）这类建筑常常会产生较大的扭转效应，因此宜适当增加抗扭刚度，加强边沿抗侧力构件构造措施，采用 CQC 方法计算地震作用；

（4）对长度过长、和 Y 形、十字形、细腰形的楼板宜采用弹性楼板假定，补充验算板内应力集中情况。

3.4.4 扭转不规则的控制与处理

除了《抗规》对此做了定性规定外，《高规》第 3.4.5 条也详细地列出以下两种控制条件：

1. 位移比控制

在考虑偶然偏心影响的规定水平地震力作用下，楼层最大弹性水平位移（或层间位移）与该楼层两端弹性位移（或层间位移）平均值之比不能超出以下限值：

（1）A 级高度钢筋混凝土高层建筑不宜大于该楼层平均值的 1.2 倍，不应大于该楼层平均值的 1.5 倍；

（2）B 级高度钢筋混凝土高层建筑、超过 A 级高度的混合结构及《高规》第 10 章所指的复杂高层建筑，不宜大于该楼层平均值的 1.2 倍，不应大于该楼层平均值的 1.4 倍；高层钢结构不宜大于该楼层平均值的 1.5 倍。

当楼层最大层间位移角不大于本书表 3.12.1 中限值的 40% 时，该楼层的位移比可适当放松，但不应大于 1.6（《高规》第 3.4.5 条附注）。

2. 周期比控制

（1）A 级高度钢筋混凝土高层建筑不应大于 0.9；

（2）B 级高度钢筋混凝土高层建筑、超过 A 级高度的混合结构及《高规》第 10 章所指的复杂高层建筑不应大于 0.85。

3. 扭转不规则有关计算的若干问题

有关减少扭转效应的设计措施与一般计算要求，已经在第 3.2 节中做了详细介绍。这里要说明的是若干具体计算问题。

（1）有关位移比计算时的假定

位移比是在楼板刚性假定基础上求得的，也就是假定楼板只有弹性位移，没有板平面内应变。这时的位移比才有物理意义。现在我们常用的一些软件如 SATWE、MIDAS 都采用了这种假定。但是有时因为楼板不连续和存在斜柱、支撑等情况，需要采用弹性楼板假定来计算，这时求得的位移比就没有物理意义了。因此，需要再应用刚性楼板假定，重新计算一次，才能求得原来意义上的位移比。

（2）有关周期比规定的补充建议

《高规》中规定了周期比为扭转振动的第一周期 T_3 与平移振动第一周期 T_1 的比，即 T_3/T_1。但是我们设计中会遇到这样的情况：就是由于 X 向与 Y 向的侧向刚度相差很大，这时 T_3/T_2 甚至接近于 1.0，或者更有 T_2 小于 T_3，造成扭转振型与平移振型倒置。这时实际上已经产生较大的平移扭转耦联，我们从底部最大剪力产生在高频区的反常情况，可以看出这种平移扭转耦联问题，但是按现在《高规》的判别方法，它还是容许的，因此我们建议最好能够控制三个周期比：即 T_3/T_1、T_3/T_2、和 T_2/T_1。这样一方面可防止周期比倒置，另一方面还可控制 X、Y 两个方向刚度相差范围。规范对此只有定性说明，没有定量限值，因此设计师不容易把握。

（3）对静力弹塑性分析方法的应用范围限制

在抗震性能设计时，常常要进行验算大震下的弹塑性层间位移角，因此要进行弹塑性分析。由于静力弹塑性分析方法比较简单而且直观，设计人员乐于采用。但是，静力弹塑性分析方法在简化为等效单自由度以及等效阻尼比的求解中，都采用了以第一振型为依据的假定，又不能考虑扭转影响，因此对于存在较大平动与扭转耦联的不规则高层结构，特别是底部最大剪力产生在高振型区时该方法是不适用的。这时采用动力弹塑性分析更可靠。

（4）建议控制扭转影响的有关参数

我们在设计实践中体会到，除了采用位移比、周期比来定量控制扭转影响外，建议还可进一步观察底部最大地震作用剪力是否产生在高振型区；观察底部地震作用剪力收敛的规律与速度；以及查看转动因子和平动因子的数值等参数来分析扭转振动的影响。以上请参见第 3.2 节。

3.5 带转换层的高层结构问题与设计处理方法

3.5.1 带转换层的高层结构的一般设计问题

转换层在设计中常常遇到，由于它不符合概念设计原则，因此会产生以下的问题：

1. 竖向传力结构间断，使传力途径复杂化而不合理；
2. 造成侧向刚度突变与抗剪承载力突变；
3. 转换层造成强梁弱柱，使其下部容易产生薄弱层，在地震时造成整体倒塌；
4. 如果转换构件布置不对称，会造成上下偏心，激化扭转效应；
5. 由于转换层的存在，使实际结构与反应谱方法的假定之间产生差异，因此常常会使计算结果反常，如底部最大剪力产生在高频区，位移比、周期比超限，甚至出现平移第一第二周期和扭转第一周期位置倒置，使反应谱方法的适用性产生问题，并且使分析产生困难。

因为存在以上问题，所以《高规》在带转换层的高层建筑结构这一节中做了大量的规定。我们根据《抗规》与《高规》的规定，结合自己体会按以下分类进行叙述。

3.5.2 转换层结构的几种形式与适用性

1. 斜杆转换。它通过斜撑将上一层柱的载荷，转换到下一层不同轴线位置的柱上。这种转换结构比较经济，较少影响刚度突变，受力直接，是一种较好形式的转换结构。采用框架-核心筒、筒中筒结构的上部密柱转换为下部稀柱时，常采用转换桁架，如果桁架所有斜杆上部交点都为上部密柱的支点、下部稀柱为斜杆的下部支点时，就属于斜杆转换；但是它将部分竖向力转换为水平力，因此在连接转换斜撑的梁板中产生轴向力，设计计算时需要考虑。

2. 空腹桁架转换。有时对转换层有使用要求，在走道等位置设置结构会影响使用，所以只能采用空腹桁架转换。这时腹杆的剪力较大，设计中要特别注意加强，设计时需要乘以抗震增大系数，性能设计时应该考虑中震弹性。当转换构件较多，布置又不规则，采用独立的转换构件会造成上下较大偏心，使平面布置复杂不合理。这时可将上下层楼板和空腹桁架一起做成箱型结构，作为一个整体式转换构件。这种结构重量轻，受力性能和刚度突变比厚板好，但是设计施工较复杂。

3. 实腹梁转换。它是一种常用的转换构件，可用于托墙转换的框支剪力墙结构，这类结构称为部分框支剪力墙结构。还有托柱转换的转换梁结构，这类结构常用于筒体结构和部分转换框支柱。前者大多用于将剪力墙的荷载，转换到下一层柱上；后者是把上一层柱的荷载转换到下一层另外的柱上。因此它们的计算与设计要求是不同的。它一般采用钢筋混凝土结构、预应力混凝土结构，也有采用钢梁结构的。但是型钢混凝土梁结构因为设计构造、施工操作复杂，所以较少采用。

4. 桁架转换。当转换构件跨度很大时，常常采用转换桁架更经济。按使用条件不同可分为带斜腹杆的桁架、空腹桁架及带斜杆的空腹桁架三种。第一种是常用的；第二种用于需要设置走道的转换层，前面已经做过介绍；第三种也可在中间设置走道，受力性能介于两者之间，但是与空腹桁架一样竖杆受剪力较大，所以设计可参照空腹桁架。一般桁架都采用钢结构制作，因此支座连接节点设计须加强。

5. 厚板转换。它采用几乎有一层楼厚的板来转换上一层墙柱的荷载。这种结构对上下结构布局要求不高，给建筑设计减少约束条件，因此在早先刚刚采用高层结构时，这类形式的转换结构用得较多。但是由于它不符合概念设计的理念，而且十分浪费，不但减少了一层使用面积，又造成材料浪费。而且受力不合理，也增加了设计难度，所以《高规》第10.2.4条规定，只有在6度抗震及非抗震设计，以及7、8度区地下室方可采用。因此这种形式的转换结构现在已经很少采用。

3.5.3 转换层结构的设置位置

转换层的转换结构的位置，常规做法都是设置在大开间的上一层，大家认为这是理所当然的。我们在文献[3]中，曾经对转换层的转换结构的最佳位置做过探讨。我们考虑到传到转换层结构上的不仅仅是荷载，而且本身也是一个承力结构，无非是在以往设计中只把它当荷载而已。如果每一层的荷载，都在本层就直接传到了大开间两边的竖向承力结构；那么，在大开间的上一层，就不需要集中设置转换结构了。根据这个思路，文献[3]中提出了转换层结构可以有以下四种位置的做法：

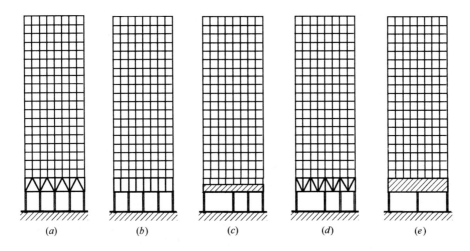

图 3.5.1 转换层结构的几种形式

(a) 斜杆转换；(b) 空腹桁架转换；(c) 实腹梁转换；(d) 桁架转换；(e) 厚板转换

1. 按常规将转换层结构设置在大开间的上一层；
2. 由大开间以上的每一层自承，不专门集中设置转换结构；
3. 将转换结构设置到顶层；
4. 将转换结构设置到任意一层或者任意几层。

从文献[3]的计算分析可知：转换结构由底层移到顶层后，第一周期延长，地震相应减少，底部地震剪力相应减小，转换梁弯矩剪力减小，边柱弯矩剪力明显减小；每层自承后底部大梁与边柱内力都明显减少，以上二者都能较好满足"强柱弱梁"的受力要求；与常规的转换结构相比，具有非常明显的优点，相关转换构件与框支柱的内力都成倍减少；对于框支剪力墙的墙体，每层都改为桁架或者暗桁架结构，这样完全可以避免在转换层出现"强梁弱柱"的情况。可见这种转换层结构的做法是值得探讨的。

3.5.4 转换层结构的一般设计计算规定

以下我们主要依据《抗规》与《高规》的规定做分类介绍。

1. 侧向刚度比要求。《高规》附录 E 中对此做了如下规定：

（1）当转换层设置在 1、2 层时，可近似采用转换层与其相邻上层结构的等效剪切刚度比 γ_{e1} 表示转换层上、下层结构刚度的变化，γ_{e1} 宜接近 1，非抗震设计时 γ_{e1} 不应小于 0.4，抗震设计时 γ_{e1} 不应小于 0.5。γ_{e1} 可按下列公式计算：

$$\gamma_{e1} = \frac{G_1 A_1}{G_2 A_2} \times \frac{h_2}{h_1} \tag{3.5.1}$$

$$A_i = A_{w,i} + \sum_j C_{i,j} A_{ci,j} \quad (i = 1, 2) \tag{3.5.2}$$

$$C_{i,j} = 2.5 \left(\frac{h_{ci,j}}{h_i} \right)^2 \quad (i = 1, 2) \tag{3.5.3}$$

式中　G_1、G_2——分别为转换层和转换层上层的混凝土剪变模量；

　　　　A_1、A_2——分别为转换层和转换层上层的折算抗剪截面面积，可按式（3.5.2）计算；

　　　　$A_{w,i}$——第 i 层全部剪力墙在计算方向的有效截面面积（不包括翼缘面积）；

$A_{ci,j}$——第 i 层第 j 根柱的截面面积；

h_i——第 i 层的层高；

$h_{ci,j}$——第 i 层第 j 根柱沿计算方向的截面高度；

$C_{i,j}$——第 i 层第 j 根柱截面面积折算系数，当计算值大于 1 时取 1。

（2）当转换层设置在第 2 层以上时，按 3.3.2 节式（3.3.1）计算的转换层与其相邻上层的侧向刚度比不应小于 0.6。

（3）当转换层设置在第 2 层以上时，尚宜采用图 3.5.2 所示的计算模型按公式（3.5.4）计算转换层下部结构与上部结构的等效侧向刚度比 γ_{e2}。γ_{e2} 宜接近 1，非抗震设计时 γ_{e2} 不应小于 0.5，抗震设计时 γ_{e2} 不应小于 0.8。

$$\gamma_{e2} = \frac{\Delta_2 H_1}{\Delta_1 H_2} \tag{3.5.4}$$

式中　γ_{e2}——转换层下部结构与上部结构的等效侧向刚度比；

H_1——转换层及其下部结构（计算模型 1）的高度；

Δ_1——转换层及其下部结构（计算模型 1）顶部在单位水平力作用下的侧向位移；

H_2——转换层上部若干层结构（计算模型 2）高度，其值应等于或接近计算模型 1 的高度 H_1，且不大于 H_1；

Δ_2——转换层上部若干层结构（计算模型 2）顶部在单位水平力作用下的侧向位移。

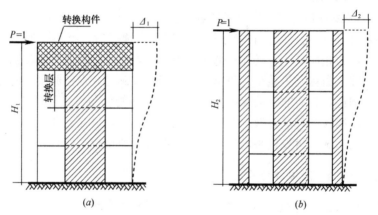

图 3.5.2　转换层上、下等效侧向刚度计算模型

（a）计算模型 1：转换层及下部结构；（b）计算模型 2：转换层上部结构

2. 带转换层结构布局要求

（1）转换层位置规定：《高规》第 10.2.5 条规定，部分框支剪力墙在地面以上的转换层位置，8 度时不宜超过 3 层，7 度时不宜超过 5 层，6 度时可适当提高。超过时，宜控制相邻下一层与转换层的层间位移角比不小于 1.0，并应对结构的抗震安全性作充分的论证。《高规》第 10.2.6 条，又规定对部分框支剪力墙结构，当转换层的位置设置在 3 层及 3 层以上时，其框支柱、剪力墙底部加强部位的抗震等级尚宜按《高规》的相关规定提高一级采用，已为特一级时可不提高。超过时，抗震性能会发生变化，高振型的影响会加大，薄弱层不一定产生在底层，在转换层上下都可能产生破坏，因此宜从严控制（参考[4]《浙江省高层建筑结构设计技术规程》DB 33/1088—2013 第 9.2.3 条）。

（2）落地剪力墙布置：抗震结构落地剪力墙间距，底部框支层为 1～2 层时，L 不宜大于 $2B$ 和 24m；底部框支层为 3 层及 3 层以上时，L 不宜大于 $1.5B$ 和 20m；框支柱与相邻落地剪力墙的距离，底部框支层为 1～2 层时，L 不宜大于 12m；底部框支层为 3 层及 3 层以上时，L 不宜大于 10m；框支层框架承担的地震倾覆弯矩应小于结构总地震倾覆弯矩的 50%。

（3）底部加强部位规定：《高规》第 10.2.2 条规定，带转换层的高层建筑结构，其剪力墙底部加强部位的高度应从地下室顶板算起，宜取至转换层以上两层且不宜小于房屋高度的 1/10。

3. 转换构件的布置（参见《高规》第 10.2 节）

（1）不应采用多次转换的结构，转换层上部的竖向抗侧力构件（墙、柱）宜直接落在转换层的主结构上。当结构竖向布置复杂、框支主梁承托剪力墙并承托转换次梁及其上剪力墙时，应进行应力分析，按应力校核配筋，并加强配筋构造措施；

（2）转换梁与转换柱截面中线宜重合；

（3）托柱转换梁在转换层宜在托柱位置设置正交方向的框架梁或楼面梁；

（4）当框架-剪力墙或筒体结构仅少量剪力墙不连续、需转换的剪力墙面积不大于剪力墙总面积的 10% 时，可仅加大水平力转换路径范围内的板厚、加强此部分板的配筋，并提高转换结构的抗震等级。框支框架的抗震等级应提高一级，特一级时不再提高；

（5）转换结构宜布置在建筑平面中部，或者尽量对称布局，否则应适当调整转换层结构布局，以减少质心与刚心间的偏心距；

（6）采用斜腹杆桁架和空腹桁架宜整层布置，转换桁架的斜腹杆交点、空腹桁架的竖腹杆宜与上部密柱位置重合。

4. 部分框支剪力墙结构框支柱承受的水平地震剪力标准值取值（《高规》10.2.17 条）

（1）每层框支柱的数目不多于 10 根时，当底部框支层为 1～2 层时，每根柱所受的剪力应至少取结构基底剪力的 2%；当底部框支层为 3 层及 3 层以上时，每根柱所受的剪力应至少取结构基底剪力的 3%；

（2）每层框支柱的数目多于 10 根时，当底部框支层为 1～2 层时，每层框支柱承受剪力之和应取结构基底剪力的 20%；当框支层为 3 层及 3 层以上时，每层框支柱承受剪力之和应至少取结构基底剪力的 30%。

框支柱剪力调整后，应相应调整框支柱的弯矩及柱端框架梁的剪力、弯矩，但框支梁的剪力、弯矩、框支柱的轴力可不调整。

5. 带转换层结构的计算要求

（1）应采用至少两个不同力学模型的结构分析软件进行整体计算；

（2）应采用考虑平扭耦联的 CQC 法进行计算，验算结构的扭转效应；

（3）应采用弹性时程分析法进行补充验算；

（4）宜采用弹塑性静力或者动力分析法补充验算；

（5）对转换构件以及有关节点宜进行应力分析；

（6）对跨度大于 12m 的转换结构和相关连接结构，竖向地震作用效应标准值，宜按时程分析法或振型分解反应谱法进行计算。其值不宜小于结构承受的重力荷载代表值与下表所列竖向地震作用系数的乘积（《高规》第 4.3.15 条）。

设防烈度	7 度	8 度		9 度
设计基本地震加速度	0.15g	0.20g	0.30g	0.40g
竖向地震作用系数	0.08	0.10	0.15	0.20

6. 构件截面尺寸与开洞规定(《高规》第 10.2.8、10.2.11 条)

(1) 转换梁:转换梁截面高度不宜小于计算跨度的 1/8。托柱转换梁截面宽度不应小于其上所托柱在梁宽方向的截面宽度。框支梁截面宽度不宜大于框支柱相应方向的截面宽度,且不宜小于其上墙体截面厚度的 2 倍和 400mm 的较大值。

转换梁不宜开洞。若必须开洞时,洞口边离开支座柱边的距离不宜小于梁截面高度;被洞口削弱的截面应进行承载力计算,并且按规程要求加强构造措施;

(2) 转换柱:柱截面宽度,非抗震设计时不宜小于 400mm,抗震设计时不应小于 450mm;柱截面高度,非抗震设计时不宜小于转换梁跨度的 1/15,抗震设计时不宜小于转换梁跨度的 1/12;

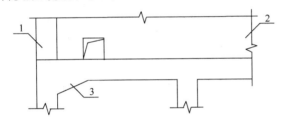

图 3.5.3 框支梁上墙体有边门洞时洞边
墙体的构造措施

1—翼墙或端柱;2—剪力墙;3—框支梁加腋

(3) 框支梁上部剪力墙:框支梁上一层墙体内不宜设置边门洞,也不宜在框支中柱上方设置门洞。当框支梁上部的墙体必须开有边门洞时(图 3.5.3),洞边墙体应设置翼墙、端柱或加厚,并应按《高规》规定的约束边缘构件的要求进行配筋设计。当洞口靠近梁端部且梁的受剪承载力不满足要求时,可采取框支梁加腋或增大框支墙洞口连梁刚度等措施(《高规》第 10.2.16、10.2.22 条);

(4) 转换层楼板:部分框支剪力墙结构转换层楼板厚度不宜小于 180mm,应双层双向配筋,且每层每方向的配筋率不宜小于 0.25%,楼板中钢筋应锚固在边梁或墙体内;落地剪力墙和筒体外围的楼板不宜开洞。楼板边缘和较大洞口周边应设置边梁,其宽度不宜小于板厚的 2 倍,全截面纵向钢筋配筋率不应小于 1.0%。与转换层相邻楼层的楼板也应适当加强(《高规》第 10.2.23 条);

(5) 箱形转换结构上、下楼板:其厚度均不宜小于 180mm,应根据转换柱的布置和建筑功能要求设置双向横隔板;上、下板配筋设计应同时考虑板局部弯曲和箱形转换层整体弯曲的影响,横隔板宜按深梁设计(《高规》第 10.2.13 条);

(6) 厚板转换层的厚板:转换厚板的厚度由抗弯、抗剪、抗冲切计算确定;转换厚板可局部做成薄板,薄板与厚板交界处可加腋;转换厚板亦可局部做成夹心板;

(7) 转换厚板上下楼板:转换厚板上、下一层的楼板应适当加强,楼板厚度不宜小于 150mm(《高规》第 10.2.14 条);

(8) 落地剪力墙:部分框支剪力墙结构的落地剪力墙和筒体底部墙体应加厚,洞口不宜布置在墙的一端。

7. 转换构件的剪力设计值要求(《高规》第 10.2.8、10.2.11、10.2.24 条)

（1）转换梁截面组合的剪力设计值应符合下列要求：

持久、短暂设计状况

$$V \leqslant 0.20\beta_c f_c b h_0 \qquad (3.5.5)$$

地震设计状况

$$V \leqslant \frac{1}{\gamma_{RE}}(0.15\beta_c f_c b h_0) \qquad (3.5.6)$$

（2）转换柱截面的组合剪力设计值应符合下列要求：

持久、短暂设计状况

$$V \leqslant 0.20\beta_c f_c b h_0 \qquad (3.5.7)$$

地震设计状况

$$V \leqslant \frac{1}{\gamma_{RE}}(0.15\beta_c f_c b h_0) \qquad (3.5.8)$$

（3）部分框支剪力墙结构矩形平面的转换层楼板，截面剪力设计值应符合下列要求：

$$V_f \leqslant \frac{1}{\gamma_{RE}}(0.1\beta_c f_c b_f t_f) \qquad (3.5.9)$$

$$V_f \leqslant \frac{1}{\gamma_{RE}}(f_y A_s) \qquad (3.5.10)$$

式中 b_f、t_f——分别为框支层楼板的验算截面宽度和厚度；

V_f——由不落地剪力墙传到落地剪力墙处按刚性楼板计算的框支层楼板组合的剪力设计值，8度时应乘以增大系数 2.0，7 度时应乘以增大系数 1.5；验算落地剪力墙时不考虑此增大系数；

A_s——穿过落地剪力墙的框支层楼盖（包括梁和板）的全部钢筋的截面面积；

γ_{RE}——承载力抗震调整系数，可取 0.85。

8. 截面验算增大系数（除上述第 7 小节外）（《高规》第 10.2.11 条）

（1）对侧向刚度变化、承载力变化、竖向抗侧力构件不连续的楼层，其对应于地震作用标准值的剪力应乘以 1.25 的增大系数；

（2）一、二级转换柱由地震作用产生的轴力应分别乘以增大系数 1.5、1.2，但是轴压比可不考虑；

（3）与转换构件相连的一、二级转换柱的上端和底层柱的下端截面的组合弯矩值应分别乘以增大系数 1.5、1.3；剪力设计值与其他按《高规》框架结构的一般设计要求；转换角柱的弯矩、剪力设计值在上述基础上再乘以增大系数 1.1；

（4）部分框支剪力墙结构中，特一、一、二、三级落地剪力墙底部加强部位的弯矩设计值应按有地震组合的弯矩值分别乘以增大系数 1.8、1.5、1.3、1.1 采用，剪力设计值同规范一般要求（《高规》第 10.2.18 条）；

（5）转换斜腹杆桁架与空腹桁架：因斜腹杆桁架为静定结构，所以应该提高腹杆与下弦杆的抗震等级，适当考虑增大系数，特别是两端部腹杆。空腹桁架的竖杆为剪力控制，应按强剪弱弯设计，考虑增大系数。

3.5.5 有关转换层结构的强制性条文

《高规》中对此类钢筋混凝土结构的配筋情况规定了多项强制性条文，抄录如下：

1. 转换梁设计应符合下列要求(《高规》10.2.7条)

(1) 梁上、下部纵向钢筋的最小配筋率,非抗震设计时均不应小于0.30%;抗震设计时,特一、一、二分别不应小于0.60%、0.50%和0.40%;

(2) 离柱边1.5倍梁截面高度范围内梁箍筋应加密,加密区箍筋直径不应小于10mm,间距不应大于100mm。加密区箍筋的最小面积配筋率,非抗震设计时不应小于$0.9f_t/f_{yv}$;抗震设计时,特一、一和二级分别不应小于$1.3f_t/f_{yv}$、$1.2f_t/f_{yv}$和$1.1f_t/f_{yv}$;

(3) 偏心受拉的转换梁的支座上部纵向钢筋至少应有50%沿梁全长贯通,下部纵向钢筋应全部直通到柱(含墙端柱)内;沿梁腹板高度应配置间距不大于200mm、直径不小于16mm的腰筋。

2. 转换柱设计应符合下列要求(《高规》第10.2.10条)

(1) 抗震设计时,转换柱箍筋应采用复合螺旋箍或井字复合箍,并应沿柱全高加密,箍筋直径不应小于10mm,箍筋间距不应大于100mm和6倍纵向钢筋直径的较小值;

(2) 抗震设计时,转换柱的箍筋配箍特征值应比普通框架柱要求的数值增加0.02采用,且箍筋体积配箍率不应小于1.5%。

3. 部分框支剪力墙结构(《高规》10.2.19条)

剪力墙底部加强部位墙体的水平和竖向分布钢筋最小配筋率,抗震设计时不应小于0.3%,非抗震设计时不应小于0.25%;抗震设计时钢筋间距不应大于200mm,钢筋直径不应小于8mm。

3.6 加强层结构问题与设计处理方法

3.6.1 加强层结构的一般设计问题

对于采用框筒结构与筒中筒结构的建筑,有时由于高度超高,很难满足按规范要求的位移条件,可利用建筑避难层、设备层空间,在高层结构的某个楼层,或者数个楼层设置加强层。加强层一般由伸臂桁架与环形桁架组成,以及在顶层设置的帽桁架。它们的作用是使在伸臂桁架端部产生一对与倾覆力矩方向相反的力偶,使顶点侧向位移和最大层间位移有效地减小,以满足规范的要求。设计经验表明,设置加强层的方法比增加主结构侧向刚度具有更经济的效果。但是也带来下列的设计问题[5~9]:

1. 造成核心筒的地震剪力和弯矩突变。有分析研究得知在加强层附近地震剪力造成集中分布,有时要超过一倍,同样弯矩也产突变。大家知道核心筒是高层结构抗震的第一道防线,为保证整个结构的安全度,就必须对核心筒采取更多的抗震加强措施。

2. 造成加强层与其上下层之间产生刚度突变。因为加强层本身刚度很大,常常比相关的柱刚度大很多,其构件又存在较大剪力,很难满足"强柱弱梁""强剪弱弯"的要求,所以常常在其上下容易产生薄弱层,使有关框架柱与剪力墙在地震时率先破坏,从而引起整个建筑的破坏。

3. 使有关外柱内力变化加剧。在伸臂桁架端部产生竖向力,使与其连接的外柱内力增加或者减少,使柱内力变化加剧,而且造成外柱受力不均,按最不利条件设计时会影响

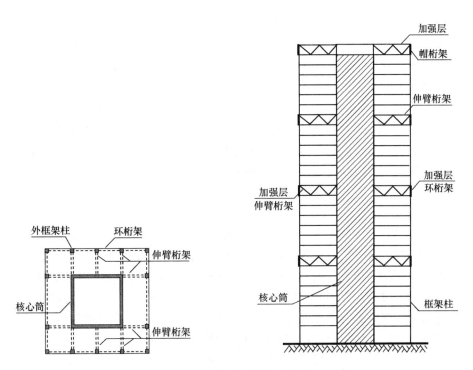

图 3.6.1　加强层结构示意图

经济性。

4. 造成设计施工都增加工作量与困难。一般伸臂桁架与环形桁架都是钢结构，而且具有较大的轴力，与之相连的上下柱和核心筒一般都为钢筋混凝土结构。为了使二者间有效连接传递内力，常常需要在相关的混凝土结构中设置型钢构架，这样会使设计与施工都增加工作量与难度。使造价增加、工期延长。

5. 会增加地震响应。由于刚度增加会使第一周期减短，因而使地震响应增加，虽然在长周期段影响不显著，但有时也会达到 2% 左右。

3.6.2　加强层结构的设计要求与措施

1. 加强层设置的宏观考虑因素

在实际设计中情况千变万化，常常无法按照某种规定的要求来设置加强层。加强层的合理设置，应该以对主结构刚度突变影响最小、减少位移最有效、而增加造价最少为前提。加强层对主结构刚度变化的影响与很多因素有关，如：伸臂桁架的刚度及位置、框架柱的刚度、环形桁架的刚度、上下楼板的刚度、水平荷载的性质（是主要承受风荷载还是地震作用）等等，其实还应该考虑主结构的刚度，以及主结构与伸臂桁架的刚度比等等。我们首先应该注意主结构的相对刚度，因为超高层的建筑设计不一定会因为相对侧向刚度偏小而不能满足规范要求；相反有的未超高的高层结构反而相对侧向刚度偏小而无法满足位移要求。只有当刚度相对偏小而承受侧向载荷较大时，才会出现位移不能满足规范要求而需要设置加强层。我们常常对这些因素无法预先判别，但是可以通过对侧向变形性质与大小来做宏观判别。

比如，比较一个具体的设计，在未设置加强层时看它的位移曲线图与顶点位移大小，只有当位移通过其他结构调整都无法满足要求时，才最后考虑设置加强层。一般比较低的框架结构都呈现剪切型曲线，即下部变化大上部慢慢减少，曲线呈正高斯曲率；一般比较高的剪力墙结构呈现弯曲型曲线，即下部侧向变形小，上部慢慢增大，曲线呈负高斯曲率；对框筒结构一般都会出现一个反弯点，下部呈弯曲型上部呈剪切型。对于这三种情况布置加强层位置应该有不同考虑：对弯曲型为主的结构，加强层宜布置在偏上部，帽桁架应该更有效；对剪切型为主的结构，加强层宜布置在偏下部，帽桁架可能作用不大；对弯剪型的结构宜布置在反弯点的下方，如果刚度偏弱，反弯点较高时，可设置帽桁架，或者布置多个加强层。这仅仅从宏观来判别，因为具体设计有多种变化，因此必须具体情况具体分析。

2. 加强层设置的位置与数量

（1）《高规》10.3节建议。当布置1个加强层时，可设置在0.6倍房屋高度附近；当布置2个加强层时，可分别设置在顶层和0.5倍房屋高度附近；当布置多个加强层时，宜沿竖向从顶层向下均匀布置。我们从一些设计资料介绍知道，设计中要不要设置加强层？设置在哪一层？要设置几个加强层等，都需要进行试算优化确定。

（2）设置加强层数量与刚度匹配。文献[6]曾经对此做过计算比较与调研。认为：当加强层数量为一道时，加强层对控制房屋顶点侧移效果非常显著；当加强层超过三道后，增设的加强层对高层建筑的侧移影响不明显。因此，一般情况下，选择1～3道加强层较为合理。但是如果采用单独设置环形桁架，那么多设置几层，如果经济有效，也是可以考虑的。

（3）设置加强层的位置。上面我们谈到首先要依据侧向位移图，从宏观上判别如何设置加强层。文献[6]指出，为使带加强层的框筒结构受力合理，刚臂、筒体和框架柱的线刚度匹配很重要。计算结果表明：随着刚臂刚度特征系数的增大，加强层最佳位置不断下移。当水平荷载从风载为主的均布荷载、到地震作用的倒三角形荷载，以及向顶部集中荷载变化时，加强层最佳位置不断上移。该研究给出了如下的设置1～3层加强层时的建议最佳位置，供大家参考：

文献[6]中建议的加强层设置位置　　　　　　表3.6.1

设置加强层个数	建议位置在总高 L 的倍数		
	第一个加强层位置	第二个加强层位置	第三个加强层位置
一个加强层	0.455L		
二个加强层	0.312L	0.686L	
三个加强层	0.243L	0.534L	0.779L

但是我们必须指出，以上位置是在该文所设定的刚度比与荷载工况下得出的，如果条件不同，也许有关比例也会不同，所以以上表中建议，仅仅是一个参考。

3. 加强层结构的形式与组成

（1）由水平伸臂桁架与环形桁架，联合组成的刚性加强层结构。这类加强层结构刚度很大，对减少位移效果显著，但是造成刚度突变，容易在加强层附近产生薄弱层。这类结构常采用钢结构。

（2）环形桁架结构，单独成为加强层结构。它对主结构刚度突变影响较小，也能使侧向位移减少。它的作用与伸臂桁架不完全相同，它主要是外部框架柱间侧向刚度大增，并且能够有效传递水平力，使框架柱与核心筒实际形成了一个局部的筒中筒结构，因此有效增加了高层结构的侧向刚度。这种环形桁架结构也可以连层设置，即在一定高度位置在连续几层都采用环形桁架作加强层，再可以采取环形桁架自身刚度的逐渐变化，使对主结构刚度、受力突变的影响减少到最低。这种结构还有一个很大的优点，就是它不影响室内空间的使用，因此作者建议大家不妨多采用。

（3）帽桁架结构。它可在采用伸臂桁架与环形桁架作加强层时应用，但是对于不高的弯曲型高层结构，也可以单独应用，因为设在顶层，所以影响建筑使用功能不大。

（4）伸臂桁架的结构形式。可采用斜腹杆桁架、实体梁、箱形梁、空腹桁架等形式。如采用实体梁、箱形梁、空腹桁架时也可采用钢筋混凝土结构。这样虽然构造较简单，但是会使自重增加

4. 加强层的设计计算要求

（1）宜对带加强层的高层结构进行抗震性能分析，并且宜将加强层上下层的抗侧结构抗震性能提高到第二性能水平，若为甲类建筑宜再相应提高。

（2）对加强层的伸臂桁架建议采用交叉腹杆的超静定结构，以满足多道设防的要求。

（3）对伸臂桁架与相关节点进行剪力验算时应乘以相应的剪力增大系数，以满足强剪弱弯的要求。

（4）宜进行施工模拟验算，以确定最不利的受力工况。

（5）当框架柱和核心筒采用不同建筑材料时，宜考虑温度、徐变、收缩对内力重分配产生的影响。

（6）加强层上下楼板，应采用弹性楼板假定，以计算梁板中的轴力，及其对整体内力分配的影响；或者不计楼板刚度，只考虑其荷载，这样对架与桁架计算结果偏安全。

5. 加强层的有关构造措施（参考《高规》第 10.3 节）

（1）伸臂桁架与核心筒应有可靠的连接，以保证轴力、剪力和弯矩的传递。《高规》规定水平伸臂构件宜贯通核心筒，其平面布置宜位于核心筒的转角、T 形节点处。

（2）水平伸臂构件与周边框架的连接宜采用铰接或半刚接，以减少次弯矩对伸臂构件的不利影响。

（3）加强层及其相邻层的框架柱、核心筒内应设置型钢构架，以方便加强连接，以及应对内力与刚度突变。型钢构架宜延伸到加强层上下二层。

（4）加强层及其相邻层楼板宜适当加厚，并且设置双层配筋。

（5）应采取有效施工措施，以减小结构竖向温度、徐变与收缩变形对内力重分配影响。

3.6.3　加强层结构的有关强制性条文

《高规》第 10.3.3 条给出了若干项强制性条文，这是必须遵守的，现在抄录如下：

抗震设计时，带加强层的高层建筑结构应符合下列要求：

1. 加强层及其相邻层的框架柱和核心筒剪力墙的抗震等级应提高一级采用，一级提高至特一级，但抗震等级已经为特一级时，允许不再提高；

2. 加强层及其上下相邻层的框架柱，箍筋应全柱段加密，轴压比限值应按其他楼层

的数值减小 0.05 采用；

　　3. 加强层及其相邻层的核心筒剪力墙，应设置约束边缘构件。

3.7　错层结构问题与设计处理方法

3.7.1　错层结构的一般设计问题

　　错层结构为楼层两侧楼面高差大于高差处梁高的结构，它一般存在以下问题：

　　1. 在错层处的墙和柱将承受较大的剪力，特别是柱子容易成为短柱，易受剪切破坏，导致薄弱构件与薄弱层产生；

　　2. 具有错层的楼层导致侧向刚度变化，因此造成层间侧向刚度不规则；

　　3. 一层中存在不同无支长度的柱，造成层间剪力分配不合理；

　　4. 错层的楼面相当于在一层楼面开了一个大孔，因此也产生了局部楼面不连续问题，这时应该采用弹性楼板假定，对楼面进行应力分析；

　　5. 对有夹层或跃层的建筑，错层面积超过 1/3 时，如将错层楼层分为两层来计算，将存在楼板不连续问题，这时再采用刚性楼板假定会产生较大误差；又错层处的柱成为短柱，其余非夹层的柱皆成为穿层柱，这将增加设计难度；

　　6. 由于错层使楼板荷载分布不均匀而产生偏心，因而使扭转效应加重。

　　因此可知错层结构是一种复杂的高层建筑，一般应该尽量避免错层。

3.7.2　错层结构的设计计算要求与措施

　　1. 错层结构的两侧错开的楼层计算时不能归并为一个刚性楼层（《高规》第10.4.3）；

　　2. 如错开的两侧楼层面积相当时，应按两个刚性楼层考虑，这时无楼板处的柱，要按穿层柱考虑，其他柱应注意短柱问题，有楼板的柱楼层要按楼板局部不连续考虑；

　　3. 如错开的一侧楼层面积很小时，或者是局部夹层造成的错层，仍可按一层考虑，但是夹层处的柱要按短柱处理，计算总刚度时要按实际无支长度折算（短柱刚度增加，穿层柱刚度减少）；

　　4. 错层结构如果造成结构整体受力不合理、易产生安全隐患时，应将错层结构在错层处设置抗震缝，将它划分为两个独立的结构单元；

　　5. 在抗震性能分析时，错层处柱截面承载力在设防烈度地震作用下须满足第二性能水平设计要求（《高规》第10.4.5条）；

　　6. 错层分层计算时，按穿层柱计算的柱，应该按实际长度验算稳定；按局部楼板不连续计算的楼板，应按平面不规则规定，相应加强抗震措施，并且宜按弹性楼板假定对楼板进行应力分析；

　　7. 错层处平面外受力的剪力墙的截面厚度，抗震设计时不应小于 250mm，并均应设置与之垂直的墙肢或扶壁柱；抗震设计时，其抗震等级应提高一级采用。错层处剪力墙的混凝土强度等级不应低于 C30，水平和竖向分布钢筋的配筋率，不应小于 0.5%。（参见《高规》第10.4.6条）；

　　8. 当错层的尺寸较小时，采用在上层的梁下加腋，使上层梁的水平力直接传到下层梁上，可以有效减轻错层的影响；

9. 当错层的尺寸较大时，可采用在错层两侧垂直方向设置剪力墙或者支撑，以减少错层处柱承受的剪力；

10. 错层柱的截面、配筋与抗震措施，必须满足强制性条文的最低要求。

3.7.3 错层结构的有关强制性条文

错层处的框架柱应满足《高规》的强制性条文要求，这是必须遵守的，抄录如下（《高规》第 10.4.4 条）：

1. 截面高度不应小于 600mm，混凝土强度等级不应低于 C30；箍筋应全柱段加密配置；

2. 抗震等级应提高一级采用，一级应提高至特一级，但抗震等级已经为特一级时，允许不再提高。

3.8 连体结构问题与设计处理方法

3.8.1 连体结构的分类与适用条件

连体结构为两栋高层间有连廊相通的结构。《高规》第 10.5.1 条规定：连体结构两边塔楼宜采用相同或者相近的结构，其平面、刚度宜双轴对称，使扭转效应影响最小。7 度及以上的地区，不宜在两边层数、刚度相差很大的建筑间采用连体连接。

根据连体的连廊结构和主体塔楼连接方法的不同，可分为：刚性连接、铰支连接；按连接体结构不同可分为：桁架连接体、梁式连接体、悬拉索连接体、悬挑梁连接体等四种方案。

1. 不同的连接方法适用情况如下：

（1）刚性连接。适用于两边的高层结构基本对称的情况，它扭转效应较小，设计构造、施工技术难度、使用维护费用相对比较低，因此成本也较低。对满足《高规》第 10.5.1 条规定连体结构，在《高规》第 10.5.4 中推荐优先考虑这种方案。

（2）铰支连接。适用于两边的高层结构存在较大的不对称，如果连在一起将会产生较大扭转效应，设计时常常采用，一端为固定铰，另一端为滑动铰的连体结构。这时两个塔楼间，理论上不会传递水平力，因此可以作为单体进行设计计算。它虽然设计计算难度不高，但是支座构造、施工技术难度、使用维护费用相对较高，特别是支座应考虑满足多向位移要求以及大震位移条件，因此成本也较高。

2. 连接体结构的不同适用情况如下：

（1）桁架连接体结构。适用于跨度较大、又是两端铰支的情况（一端为固定铰，一端为滑动铰，或者采用叠层橡胶隔震垫），一般都采用钢结构。

（2）梁式连接体结构。适用于跨度较小、又是两端刚接的情况，一般都采用钢筋混凝土结构，这样便于刚接设计施工。

（3）斜拉索连接体结构。就是把连廊结构做成柔性的悬挂结构，这种结构虽然自身的重量还要传到塔楼，但是对地震作用的水平力传递，可以做到影响很小。适用于跨度较大，而且两边塔楼刚度差别较大的情况，但是这种形式的连廊结构还很少被采用。它也可作为二道设防的保险措施。

（4）两端悬挑梁结构。如果两边塔楼距离不大，那么采用两端悬挑是最简单的办法。这样设计和一般单栋塔楼设计基本相同。但是要考虑两者间的抗震缝宽度，应该满足大震时的弹塑性位移要求。如果距离更小甚至可以采用单侧悬挑的方案。

3.8.2 连体结构的计算问题

1. 6度、7度（0.1.g）时，高位连体结构的连接体宜考虑竖向地震作用，7度（0.15g）及以上应考虑竖向地震作用（《高规》第10.5.2条、第10.5.3条），后者为强制性条文。跨度大于12m的连体结构，结构竖向地震作用宜采用振型分解反应谱法或时程分析法进行计算，竖向地震标准值的最小值控制与上一节转换结构相同。

2. 连体为刚性连接时连接体楼板应进行受剪截面和承载力验算，以及分塔计算，其中计算剪力时可取连体楼板承担的两侧塔楼楼层地震作用力之和的较小值。（《高规》第10.5.7条与说明）

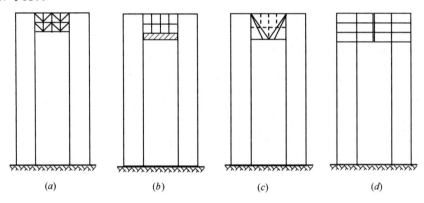

图 3.8.1　连体结构的分类

(a) 桁架连接体；(b) 梁式连接体；(c) 斜拉索连接体；(d) 悬挑梁连接体

3. 分塔计算时可不考虑连体，或者把连体梁一端作为固定铰考虑。前者可验算当连体破坏时，分塔主体的可靠性，后者可验算连体梁的最不利轴向力，以及二塔体相向扭转与摆动时的分塔受力情况。

4. 刚性连接的连体结构，宜采用两种不同模型的三维计算软件进行分析计算。

5. 当两边塔楼较近时，连体结构宜按《高规》第4.2.4条规定考虑风力相互干扰的群体效应，其风力干扰增大系数，可参照类似条件的试验资料确定，必要时通过风洞试验确定。

6. 连体结构宜按实际情况进行施工模拟分析。

7. 性能分析时，连体结构的连接体及其支座，以及支承连接体的相关承力构件宜按关键构件考虑。

8. 连体支座为滑动铰接时，两个方向的支座滑移量，都必须满足大震下弹塑性分析的最大弹塑性位移要求（《高规》第10.5.4条）。采用叠层橡胶隔震垫时，还必须满足大震下的位移、隔震垫与连接螺栓的强度要求以及防火处理。

9. 连体结构的连接体跨度较大、中间设置柱传力时，应按转换结构考虑，需计算梁中轴向力，并且应验算风振舒适度。

10. 连接体本身高度较大时，还应考虑连接体自身在风载、地震作用下的水平力对塔楼的影响，根据不同的连体结构，把它作为外力施加到主体结构上。在作为单体计算时更不应该忽略。

11. 两端悬挑的连体结构，除了考虑以上相应的计算外，还要考虑悬挑梁自身的挠度与裂缝；验算抗震缝的宽度是否满足大震时弹塑性位移要求。

12. 两端悬挂的连体结构，要考虑初始张力对主体结构影响，同时应满足大震时其悬索中预应力不能完全损失。

13. 连接体结构的中轴线宜和两边塔楼的刚心连线重合，如不重合应考虑偏心影响。

3.8.3 连体结构的设计构造措施

1. 当采用刚性连接时，《高规》第10.5.4条规定，连接体结构的主要结构构件应至少伸入主体结构一跨并可靠连接；必要时可延伸至主体部分的内筒，并与内筒可靠连接。

2. 当采用非刚性连接时，《高规》第10.5.4条规定，应采取防坠落、撞击措施。应满足罕遇地震作用下的位移要求。

3. 《高规》第10.5.5条规定，刚性连接的连接体结构可设置钢梁、钢桁架和型钢混凝土梁，型钢应伸入主体结构至少一跨并可靠锚固。连接体结构的边梁截面宜加大；楼板厚度不宜小于150mm，宜采用双层双向钢筋网，每层每方向钢筋网的配筋率不宜小于0.25%。当连接体结构包含多个楼层时，应特别加强其最下面一个楼层及顶层的构造设计。

4. 连接体除满足竖向刚度要求外，还应该适当加强侧向刚度和抗扭刚度。

5. 对钢结构连接体应在楼板平面内设置水平支撑，并且宜在两侧设置竖向支撑。

6. 连体结构设计，建议在连接体支座处设置阻尼器，特别是悬挑结构、悬挂结构与铰接的结构，这样可以由阻尼器消耗掉大部分振动能量，使两个塔楼间互相影响大幅减少，而且可以减少连接体自身的内力与变形，从而增加安全度和适用性。

3.8.4 连体结构的有关强制性条文

连体结构在《高规》的第10.5.6条中对其构造措施做了下列强制性规定：

1. 连接体及与连接体相连的结构构件在连接体高度范围及其上、下层，抗震等级应提高一级采用，一级提高至特一级，但抗震等级已经为特一级时应允许不再提高；

2. 与连接体相连的框架柱在连接体高度范围及其上、下层，箍筋应全柱段加密配置，轴压比限值应按其他楼层框架柱的数值减小0.05采用；

3. 与连接体相连的剪力墙在连接体高度范围及其上、下层应设置约束边缘构件。

在《高规》第10.5.2条、第10.5.3条还规定：

7度（0.15g）和8度抗震设计时，连体结构的连接体应考虑竖向地震的影响。

3.9 多塔结构问题与设计处理方法

3.9.1 多塔结构的一般设计计算规定与建议

多塔结构由于塔楼在大底盘裙房上突然收进，一方面使竖向刚度与抗剪承载力产生突变；另一方面又使塔楼质心与大底盘裙房质心之间产生偏心，因此会加剧扭转效应；第三方面，研究表明因为存在多个塔楼，它们之间通过大底盘裙房而互相影响，所以实际振动很复杂，其中高阶振型的影响将大大增加。《高规》将多塔结构归入竖向不规则类型，因此凡是有关竖向不规则的设计规定，它都应遵守。还有因为它存在多个质心与刚心，平移与扭转振动耦联问题比较复杂，高阶振型对多塔结构内力影响很大，所以又将多塔结构列入复杂高层结构，因此有关复杂高层结构的有关设计规定它也须满足，综合有关规范的规定如下：

1. 判别竖向不规则的标准：裙房与塔楼高度比大于 0.2 时，又塔楼收进尺寸大于相邻下一层尺寸的 0.25；或上部外挑尺寸大于 4m、或外挑后总尺寸大于下部尺寸 1.1 倍（《高规》3.5.5 条）。前者适用于多塔结构。

2. 上部塔楼结构的综合质心与底盘结构质心距不宜大于下部底盘相应边长的 20%（《高规》第 10.6.3，下同）。注意以上规定的是关于上下质心间的偏心距，而不是同一层质心与刚心的偏心距；因为上下质心存在偏心，如果这个质心间的偏心距和裙房自身质心与刚心偏心距方向相同时，将使得上面塔楼的全部地震作用，都会对下部裙房产生扭矩，这样裙房结构的扭转效应将会放大很多倍。当然如果二者方向相反，就会抵消部分扭转效应，所以我们应该从宏观上来控制大底盘的多塔结构上下质心偏心的大小和方向。因此《高规》要求，各塔楼的层数、平面、刚度相近；塔楼对称布置，这样可以把二者质心间偏心控制到最小。

3. 控制周期比。因为无法准确计算位移比，因此控制周期比是一个控制扭转效应的有效办法。即扭转第一周期 T_3 和平移第一周期 T_1 比，不应大于 0.85，（$T_3/T_1 \not> 0.85$）。如果包括所有塔楼与裙房的周期比整体计算有困难，可以假定裙房刚度无限大来分别验算每栋塔楼的周期比，再将塔楼的地震作用（包括扭矩）和自重都作用在裙房上，来单独验算裙房的周期比。

4. 计算振型数。因为多塔结构高阶振型影响较大，应适当增加计算振型数，抗震计算时振型数不少于 18 个，且不应小于塔楼数的 9 倍。

5. 控制位移角比值。因为地震时，塔楼在裙房上的最底一层是最容易成为薄弱层，所以控制该层与相邻下一层的层间位移比值是一个有效的办法。因此要求，塔楼底层层间位移角不宜大于相邻下层最大层间位移角的 1.15 倍。

6. 计算风荷载的干扰增大系数。多塔结构的抗风验算，当塔楼较高时，应考虑塔楼间互相影响的干扰增大系数。

7. 抗震性能分析。多塔结构一般应该进行抗震性能分析，这时应将塔楼在裙房上最底层的抗侧力结构确定为关键构件。

8. 分塔计算处理。多塔结构宜进行整体模型和分塔楼单独模型计算，二者比较取最不利数值验算设计，单塔计算时宜至少附带两跨裙房结构；验算整体稳定时，宜按分塔模型验算刚重比；验算框架部分剪力分担比时，也宜按分塔模型验算，裙房部分可作为安全储备。

3.9.2 多塔结构的设计要求与措施

1. 裙房上的各塔楼的层数、刚度、平面应该相近；各塔楼的总质量质心与裙房质心之间偏心越小越好；裙房屋面不宜开大洞、错层、凹凸不规则超限，应有较好的整体性。

2. 塔楼如存在转换层时，转换层不宜设置在裙房屋面上层塔楼内。因为无数震害调查与分析可知，裙房上塔楼的一、二层，由于侧向刚度突变，在地震时常常成为薄弱层而率先破坏，进一步造成塔楼整体倒塌。如果再在此设置转换层，必然又加重了突变的程度，更容易在地震时倒塌。

3. 收进部位上下各二层周边竖向构件的抗震等级宜提高一级。

4. 竖向体型突变部位的楼板宜加强，楼板厚度不宜小于 150mm，宜双层双向配筋，每层每方向最小配筋率不宜小于 0.25%。体型突变部位上、下层结构的楼板也应加强构造措施。（《高规》第 10.6.2 条）

5. 塔楼中与裙房连接体相连的外围柱、剪力墙，从底部固定端至裙房屋面上一层的高度范围内，柱纵向钢筋的最小配筋率宜适当提高，柱箍筋宜在裙房屋面上、下层的范围内全高加密，剪力墙宜按《高规》第 7.2.15 条的规定设置约束边缘构件；当塔楼结构与底盘结构偏心收进时，应加强底盘周边竖向构件的配筋构造措施。（《高规》10.6.3 条）

6. 塔楼布置不对称时，宜加强裙房侧向刚度偏弱一侧的刚度，以减小多塔结构整体质心与裙房刚心间的偏心。并且加强侧向位移较大一侧的抗侧力结构的抗震构造，在抗震性能分析时，适当提高抗震性能标准。

7. 对十分不规则布置的多塔结构，宜在裙房适当位置设置抗震缝，使其能够划分为比较规则的单体。

3.10 悬挑结构问题与设计处理方法

3.10.1 悬挑结构的一般设计计算问题

1. 应考虑多道设防。因为悬臂梁是静定结构，是一次设防。所以宜在梁端加斜柱，或者斜拉杆。使它成为超静定结构，以满足多道设防要求。

2. 考虑竖向地震作用。7 度（0.15g）、8 度、9 度抗震设计时，应考虑竖向地震影响；6、7 度（0.10g）抗震设计时宜考虑竖向地震影响。当悬挑长度大于 5m 时，考虑竖向地震作用，宜采用时程分析法或振型分解反应谱法进行计算，竖向地震标准值的最小值控制与转换结构相同。

3. 宜考虑高振型影响。悬挑结构当刚度较大时，易产生竖向鞭梢效应引起的高频振动，宜按一端固定的悬挑梁单独验算竖向地震响应。

4. 应进行施工模拟分析。按施工程序验算对结构内力与变形的影响。

5. 补充计算实际位移与挠度。如悬臂端没有设置计算节点，程序给出的计算结果如位移、位移比等，不是指悬臂端的，而是悬臂根部的梁柱边的位移与位移比，因此还要通过手算才能确定悬臂端的实际位移，如轴向位移、侧向位移、挠度等。钢筋混凝土结构应验算裂缝宽度。

6. 舒适度验算。对大跨度的悬挑结构楼板宜进行竖向振动的舒适度验算。

7. 采用弹性楼板假定。当采用悬挑桁架结构和拉杆结构时，应采用弹性楼板假定计算相关楼层内楼板的轴向力。

8. 抗震性能设计。抗震性能设计时，悬挑构件应作为关键构件处理，因为它一旦产生塑性铰就会造成局部倒塌。

9. 整体稳定验算。当悬挑结构跨度特别大时，应该验算最不利条件下的整体稳定，并且不能导致柱或者桩基产生拉应力。

3.10.2 悬挑结构的一般设计措施建议

1. 应加宽抗震缝宽度。当抗震缝处为悬臂梁板时，必须加宽抗震缝宽度。特别是抗震缝设置在高位楼层时，考虑结构的扭转影响更大。

2. 悬挑结构端部宜设置通长立柱。由实践经验得知，当每一层都以悬挑梁作为围护结构的承重构件时，因为各层的使用荷载变化不同，容易在围护墙上产生水平裂缝造成渗水。所以必须在每一层悬挑梁端部设置一个通长立柱，使其协调每一层悬挑梁挠度，使围护墙不产生裂缝。

3. 提高结构抗震等级。悬挑结构为静定结构，应提高一级结构抗震等级。

4. 加强侧向刚度。宜加强悬挑构件间的连接，以加强侧向刚度；对钢结构的悬挑构件，应在楼面内设置水平支撑。

5. 与主结构的连接。悬挑梁不宜支承在二柱间的梁上，小跨度的悬挑梁必须支承在梁上时，应延伸一个开间；悬挑跨度较大的悬挑梁应支承在框架柱上，不应支承在梁上，不宜支承在非框架柱上；拉杆悬挑结构的拉杆，应至少延伸一个开间。

6. 减少偏心造成的扭转效应。悬挑结构会增加结构质量偏心，使扭转效应增加，因此宜加强悬挑一侧的抗侧刚度，以减少质心与刚心间的偏心距。

7. 与多塔结构一样，有关楼板宜加强，楼板厚度不宜小于 150mm，宜双层双向配筋，每层每方向最小配筋率不宜小于 0.25%。体型突变部位上、下层结构的楼板也应加强构造措施。（《高规》第 10.6.2 条）

3.11 超限大跨空间结构问题与设计处理方法

3.11.1 超限大跨空间结构设计中的抗震问题

对超限大跨度结构的抗震设计常常会遇到以下问题。

1. 行波效应、部分相干效应与局部场地效应的影响加大。大跨度结构抗震分析之所以比普通跨度结构困难得多，主要是因为必须考虑以上因素的影响增大。① 行波效应：考虑到一般地震波波长为百余米至数百米，而大跨度结构的跨长常常达百米乃至千米以上。大量研究表明，当结构的跨度达到或超过地震波长的 1/4 时，就必须考虑各个与地面连接的节点之间的相位差。而且各节点间，不同频率的谐波分量之间的相位差也不同，从而使计算复杂化；② 相干效应：振动频率相同、相差恒定的叫做相干性。两个波彼此相互干涉时，因为相位的差异，会造成建设性干涉或摧毁性干涉；以及由于从震源的不同位置，传到不同支座的波叠加方式不同，各支座所受到的激励之间并不完全相干，导致结构的地震激励变化；③ 局部场地效应：由于场地不同，支承处土壤条件不同（包括自然的和人工的），以及它们影响基岩振幅和频率成分的方式不同，会导致局部土层对基岩激励放大作用的突变。以上三种情况中行波效应影响最大，相干效应影响最小，当下卧层地质条件比较均匀时局部场地效应也可不考虑。因此我们一般只考虑行波效应。

2. 屋面蓄热效应与温差应力。考虑大面积屋面都采用隔热材料，它们都具有较大的热容量，使屋面温度常常高出气温很多，因此计算温差时必须考虑具体材料的蓄热效应。还有对大面积屋顶结构的温度应力分析，宜考虑三种工况，即一个是结构建造封顶时的平均温度，与将来使用时的最高、最低温度差；二是使用期间室外最高温而室内有空调的温差；三是使用期间室外最低温而室内有空调的温差。结果取其包络值。

3. 施工程序影响。大跨度结构有时最不利情况不是发生在正常使用时，而是施工阶段。因此设计应该考虑施工整个过程，进行模拟计算。

4. 地基基础变形影响。大跨结构常常使地基受到和一般建筑不一样的力，如：有推力的结构，有地锚的结构，常常使地基基础受到水平力、或者拔力，这一类的力，很容易使地基变形，因此应该考虑地基变形与沉降对上部结构的影响。

5. 考虑竖向地震作用。《抗规》第5.3.3条、5.3.4规定，对大跨度的空间结构应该考虑竖向地震作用。

6. 风荷载作用。考虑大跨度结构屋面常常形状比较复杂，而且重量轻，因此风荷载对大跨度结构影响较大，有时甚至占控制作用。其一是风压分布、体型系数等应该做风洞试验确定，如果屋顶开口还宜考虑最不利的倾斜风的作用；其二要考虑屋面吸力影响，使屋面构件内力变号，或者压力增加造成失稳问题；其三，对复杂的大跨屋面结构，还应该专门考虑竖向风振问题。

7. 积雪效应。考虑冬天积雪不化，导致雪荷载分布不均，使局部屋面超载的情况，以往已有大雪造成大跨度结构倒塌的先例。

8. 下部钢筋混凝土结构温度收缩影响。一般大跨度钢筋混凝土结构都存在较大的温度收缩应力，特别当下部支承结构设置抗震缝时，上部屋面结构一般都为整体结构，这样在抗震缝处就存在较大的温度收缩应力，应该采取相关措施。

9. 设置叠层橡胶隔震垫的影响。现在不少大跨度结构，为了释放温度应力，在支座处设置了叠层橡胶隔震垫，但是并没有按照隔震建筑要求来进行一系列验算。这样会带来隐患，如果不是为了隔震，但是隔震支座本身还必须满足大震时的变形与强度要求，特别是隔震垫上下部的连接螺栓，必须进行大震时的抗剪强度验算。还应对隔震垫进行防火处理。

3.11.2 超限大跨空间结构的抗震设计计算与措施

1. 考虑地震行波效应的计算[10~15]

《抗规》的条文说明第5.1.2条中规定，跨度大于120m、或长度大于300m、或悬臂大于 40m 的结构。并且为 7 度Ⅲ、Ⅳ类场地和 8、9 度区应按下列情况分别考虑不同的地震作用输入。

各类结构地震验算时在不同支承条件采取的地震作用输入方式 表 3.11.1

序号	结构形式	支承条件	地震作用输入方式
1	周边支承的空间结构（上部为网架、网壳、索穹顶、弦支穹顶）	下部支承结构为一整体结构，且上下侧向刚度比大于 2	可采用 XYZ 三向单点一致输入
2		下部支承结构结构间有抗震缝，且每个独立单元与上部侧向刚度比小于 2	应采用三向多点输入
3	两边线支承的空间结构（拱、拱架、门架、门式桁架、柱面网壳）	下部支承于独立基础	应采用三向多点输入
4	长悬臂空间结构	应看支承结构特点采用	多向单点一致输入、或多向多点输入

单点一致输入，为仅对基础底部输入一致的加速度反应谱，或加速度时程进行结构计算。

多向单点输入，为沿基础底部，三向同时输入，其地震动参数比例取水平主方向：水平次方向：竖向 ＝1.00：0.85：0.65。

多点输入，为对个独立基础或支承结构输入不同的反应谱或加速度时程进行计算。

对于 6 度和 7 度Ⅰ、Ⅱ类场地，多点输入对结果影响不明显，因此可以采用简化方法计算方法，乘以附加地震作用效应系数，其数值与跨度、长度、场地条件有关，一般其短边构件可取附加地震作用效应系数 1.15 至 1.30。具体取值考虑，跨度越大、场地条件越差，附加地震作用效应系数取较大值，反之就取较小值。

对于 7 度Ⅲ、Ⅳ类场地和 8、9 度区，多点输入下的地震效应比较明显，应考虑行波和局部场地响应，对输入加速度进行修正，采用结构时程分析法进行多点输入下的抗震验算。

行波效应对大跨度结构各个支座处的地震加速度峰值、相位不同，因此使其反应谱或者加速度时程都不同，造成计算复杂和困难。由于它还与很多因素有关，如潜在震源、传播路径、场地性质等，所以应作专门研究。这里我们推荐一下，我国学者林家浩等提出的结构随机响应分析的虚拟激励法，该方法将随机激励转化为简谐激励，而不必寻求各种转换函数的显示表达，因此十分便于应用，而现在虚拟激励法已经被有效地推广到非平稳随机振动分析领域，将非平稳的随机激励转化为确定性的瞬态激励，从而将原来相当复杂的随机微分方程转化为简单的时间域内的逐步积分问题。不但避免巨大复杂的计算工作，而且可以方便、精确地考虑多点激励的双重非平稳性。采用这个方法来进行多点输入分析无疑是一种可行的选择。王亚勇设计大师在文献[16]中，专门提到这个方法为抗震规范中应用随机振动理论和方法进行设计计算提供了可能性。应用于大跨度结构的多点不同相位激励的地震响应计算，已是十分现实的事。在香港青马悬索大桥的分析中已经应用了虚拟激励法做了计算，并且将地震激励由平稳改变成非平稳非均匀调制，取得了理想的效果。在我国很多工程中都应用了这个方法来进行地震作用多点输入的设计计算，如：南京长江二桥、岳阳洞庭湖斜拉桥、丰满水坝以及某复杂大跨框架结构等等[17, 18]。应该指出，反应谱方法的 CQC 法是在将地震的非平稳随机过程，简化为平稳的随机过程的基础上进行求解的，但是一般地震的强震段持续时间最多不过 20 秒左右，所以还应该考虑地面激励的非平稳效应，而《虚拟激励法》适用于非平稳随机振动的情况，因此它比反应谱法的CQC法具有更普遍的适用性。

2. 确保两个方向的侧向刚度相近

一般大跨空间结构有双向传力体系和单向传力体系，前者如：扁壳、球壳、网架、网壳、索网、弦支穹顶、交叉梁系、交叉桁架、交叉拱等等；后者如：拱、桁架、门架、排架、柱壳、折板、张弦梁等等。对前者，一般双向侧刚相差不大，但是在出入口处常常有大开口，侧向刚度削弱较大，对洞口两侧的支承结构应该采取加强措施。对后者双向刚度相差较大，应在屋面与非传力一边设置支撑结构，以增加侧向刚度。

3. 屋面与支承结构要进行整体分析

现在很多钢结构公司，设计力量很强，常常承担屋面结构的设计计算与施工，但有时将下部支承结构与屋面体系分开计算，这样就无法考虑它们间的共同工作，对内力影响较大，特别是下部设置抗震缝、而上部是一个整体结构时影响更大。有时为了减少温度应力影响，在屋盖支座处设置了叠层橡胶隔振垫，这时虽然可以消除部分温度收缩应力，并且减少上下结构共同作用影响，但是会改变抗震设计的计算简图，如果不是为了隔震可按上节介绍的方法处理。

4. 抗震性能分析

在进行性能分析时应该注意下列各项技术条件：

（1）应将所有支座连接及其附近的杆件、大开口处支承大门的桁架支座附近的杆件与立柱作为关键构件。

（2）对有关网壳结构应进行整体稳定分析。

（3）对有关悬索结构与张力结构，应考虑在大震时还具有足够的最小预应力值，保证结构不解体。

（4）对关键部位的压杆、剪切杆件与节点连接件应该考虑抗震增大系数。

（5）对局部关键构件可采用缺杆设计，以验算抗倒塌设计的安全度。

5. 竖向地震作用计算

《抗规》第5.3.4条规定，大跨度空间结构的竖向地震作用，尚可按竖向振型分解反应谱方法计算。其竖向地震影响系数可取相应水平地震影响系数的65%，特征周期均按第一组采用。计算应考虑以竖向地震作用为主的设计内力组合。

对一般尺度的规则的平板型网架、跨度大于24m的屋架、屋盖横梁及托架的竖向地震作用标准值，宜取重力荷载代表值和竖向地震作用系数的乘积；竖向地震作用系数可按下表采用（详见《抗规》第5.3.2条）。

竖向地震作用系数 表3.11.2

结构类型	烈度	场地类别		
		I	II	III、IV
平板型网架、钢屋架	8	可不计算（0.10）	0.08（0.12）	0.10（0.15）
	9	0.15	0.15	0.20
钢筋混凝土屋架	8	0.10（0.15）	0.13（0.19）	0.13（0.19）
	9	0.20	0.25	0.25

注：括号中数值用于设计基本地震加速度为0.30g的地区。

在结构构件截面抗震验算时，当仅计算竖向地震作用时，各类结构构件承载力抗震调整系数 γ_{RE} 均应采用 1.0（《抗规》强制性条文第 5.4.3 条）。

6. 风荷载作用分析[19, 20]

由于大跨度结构屋盖相对自重轻、刚度小、阻尼小而且前面几个振型常常都为竖向的屋面振动，风荷载对它影响比一般地震作用更大，有时会产生构件变号。我们从现实中知道，大多数大跨度结构破坏是由风荷载造成的，地震中大跨度结构的破坏，也是由支承结构破坏引起的，而不是屋盖本身破坏。因此建议对容纳密集人口的大跨度建筑结构，宜在风洞试验的基础上进行专门的风振激励分析。考虑到屋面分布质量轻，而且由于造型复杂引起的高频振动影响，一般结构风振、地震分析时计算振型数不宜少于 100 个，文献[21]认为不宜少于 140 个，因为前面 30 多个振型参振质量还不到 90%，而且高振型中还存在较大的动能。

（1）索膜结构的自振频率的控制

考虑到悬索结构、膜屋盖结构都十分轻，如果自振频率偏低，容易与风振或者地震产生共振效应。由文献[20]可知，它们的自振频率主要与屋盖总重和预应力大小有关，而与外形影响不大，有时为了减少风振和地震响应，可以采取调整预应力的办法。文献[20]介绍了索膜结构自振圆频率 ω_n 的简化计算公式，现在介绍如下：

$$\omega_n = \lambda_{ni} \sqrt{\frac{\pi H}{M}} \qquad (3.11.1)$$

式中　λ_{ni}——贝塞尔函数的零点值，前 24 个零点值可由表 3.11.3 查得；

　　　M——索膜总质量；

　　　H——索膜结构的等效张力。

当双向布置索时：

$$H = \sqrt{H_x H_y} \qquad (3.11.2)$$

当三向布置索时：

$$H = \sqrt[3]{H_1 H_2 H_3} \qquad (3.11.3)$$

式中：H_x、H_y、H_1、H_3 等为相应各向索张力（N/m）。

计算时注意，H 的单位为 N/m，M 单位为 kg，它们要化成同一量纲单位时，H 要乘以重力加速度 g，这样求得结果的单位为：rad/s，如果要化成频率（Hz），还要除以 2π。

贝塞尔函数零点 λ_{ni} 值表　　　　　　　　　　表 3.11.3

i \ n	0	1	2
1	2.404	3.832	5.135
2	5.520	7.016	8.417
3	8.654	10.173	11.620
4	11.792	13.323	14.796
5	14.931	16.470	17.960
6	18.071	19.616	21.117
7	21.212	22.760	24.270
8	24.353	25.903	27.421

我们通过以上简单的运算，就可以改变有关参数，设计更合理的预应力值，使屋盖结构风振地震响应减小。

（2）建议采用结构控制措施。

包括应用隔震垫、阻尼器以及采用 TMD 质量调谐控制设计等等。现在常用大跨屋盖与下部结构支座处设置叠层橡胶隔振垫，其实这种隔震垫也附加了阻尼（中间的铅芯），虽然很多设计中应用了隔震垫，但是没有按隔震结构来进行设计计算，仅仅将它作为一种释放温度收缩应力的一种措施，实际上这样做法有时也会产生隐患，因为加了隔震垫，使计算简图和阻尼产生变化，也会影响结构的地震响应，不是对所有构件都会减少响应。特别是某些节点受力会产生较大变化。其实应用阻尼器对减少风振影响是十分有效的。文献[22]中介绍了应用悬挂式 TMD 质量调谐控制，取得较显著的效果，所以在这方面应该有很多工作可做。

3.12 超限高层结构设计的计算要求

3.12.1 规范相应的设计计算规定

对于超限高层结构的抗震设计计算，除了参见在第 3.1 节中介绍的有关高度超限规定，还需要在设计计算中注意以下问题：① 有关风荷载计算的舒适度验算、横风向振动影响、风洞试验；② 弹性时程分析、弹塑性静力与动力分析；③ 施工过程与徐变收缩影响；④ 更严的弹性与弹塑性位移、层间位移角验算；⑤ 阻尼比取值变化；⑥ 应采用两个不同模型软件校核等等。此外，《抗规》、《高规》和有关的省市规程还提出了以下要求：

1. 进行抗震性能分析。对超限高层建筑结构，业主和设计人员可根据建筑物的重要性及结构体系的复杂、不规则程度，提出更高的结构抗震设防性能目标，对各种构件根据它们的重要性可确定不同的抗震性能指标，以及具体的实施办法，进行详细的抗震性能分析计算及论证，我们将在以下几章中详细介绍。这时还应申报超限高层建筑工程抗震设防专项审查。

2. 进行楼板平面内梁板的应力分析。因为在一般高层建筑结构的抗震计算时，都采用了平面刚性假定，也就是楼板平面内没有轴向应变及拉压应力。但是在下列几种情况下，在超限高层结构分析时必须放弃这个假定，其一，为楼板局部不连续时，因为在平面开大口造成平面局部不连续时，楼板平面内可能会产生局部应力集中区，会对楼板造成破坏，这时就必须对楼板进行应力分析；其二，为楼板超长，需要验算温度收缩应力时；其三，为存在斜柱、斜杆时，这时它们的水平分力需要计算；其四，楼层有转换构件时，也存在水平分力需要计算；其五，有加强层，设置伸臂桁架、环形桁架时，桁架与楼面都存在轴向力需要计算；其六，设置支撑与桁架的楼层。这时需要采用弹性楼板假定才可以进行相应分析。但是要注意，我们在整体计算时的位移比等参数，只有在刚性楼面假定下才有物理意义，因为在刚性楼面假定下，一层楼面才只有三个自由度，楼面只有位移和转动，而没有平面内变形。

3. 对受力复杂的节点进行应力分析。在超限高层结构中会出现，两种材料组成的结构，部分工厂预制拼装的结构，或者受力情况复杂的结构，它们的节点常常受力更复杂，因此有时要对这些节点进行应力分析。

4. 重力二阶效应与结构整体稳定验算。线弹性结构分析是在两个假定的条件下进行的：其一是应力与应变成正比，所以弹性模量是常数；其二是小变形，即变形不影响结构内力重分配，所以分析中可以应用叠加原理。但是在高层建筑结构分析时，结构常常会产生较大的侧向位移，造成重力产生的附加弯矩，这种效应谓之重力二阶效应（简称重力 P-Δ 效应），随着高度的增加，刚度相对偏弱，此影响呈非线性增长。因此规范对结构的侧向刚度与重力荷载的关系做了限制。但是规范是在把复杂的高层建筑简化为等截面悬臂梁，并且在固定的倒三角荷载假定下，求得的弹性等效刚度，它可以宏观上反映高层结构的侧向刚度大小。一般对剪力墙结构、框架-剪力墙结构、板柱剪力墙结构（不适用3.12.2 式）、筒体结构的刚重比的判别，有两个层次（《高规》第 5.4 节）：

其一，不需考虑重力二阶效应的条件：

$$EJ_d \geq 2.7H^2 \sum_{i=1}^{n} G_i \qquad (3.12.1)$$

其二，必须满足的整体稳定要求（此为强制性条文）：

$$EJ_d \geq 1.4H^2 \sum_{i=1}^{n} G_i \qquad (3.12.2)$$

5. 楼层弹性层间位移比控制更严。在水平风荷载、多遇地震标准值作用下，弹性层间位移角 $\Delta u/h$ 限值如下：

（1）高度不大于 150m 的高层建筑，其楼层最大弹性层间位移角 $\Delta u/h$ 不宜大于表3.12.1 的限值；

（2）高度等于或大于 250m 的钢筋混凝土结构、混合结构高层建筑，其楼层最大弹性层间位移角 $\Delta u/h$ 不宜大于 1/500；

（3）高度在 150～250m 之间的钢筋混凝土结构、混合结构高层建筑，其楼层最大弹性层间位移角 $\Delta u/h$ 的限值按本条第 1 款和第 2 款的限值线性插值取用。

在《浙江省高层建筑结构设计规程》（DB 33/1088—2013）的第 4.2.1 条中，参考了《高规》第 3.7.3 条与其他规程，对高度不大于 150m 的高层建筑楼层 $\Delta u/h$ 的限值作了以下规定：

楼层 $\Delta u/h$ 的限值　　　　　　　　　　　　　　　　　　　　表 3.12.1

结构类型		$H \leqslant$ 150m
钢筋混凝土结构	框架	1/550
	框架-剪力墙、框架-核心筒、板柱-剪力墙	1/800
	剪力墙、筒中筒	1/1000
	除框架结构外的转换层	1/1000
	异形柱框架-剪力墙结构	1/850（1/950）
混合结构	框架-核心筒	1/800
	筒中筒	1/1000
钢结构		1/250

注：括号内数字用于底部抽柱带转换层的异形柱结构。

46

6. 验算薄弱层弹塑性变形

（1）下列结构应进行罕遇地震作用下薄弱层弹塑性变形验算：

1）7 度时楼层屈服强度系数小于 0.5 的框架结构；

2）甲类建筑；

3）采用隔震和消能减震技术的建筑结构；

4）房屋高度大于 150m 的结构。

（2）下列结构宜进行罕遇地震作用下薄弱层弹塑性变形验算：

1）7 度时建筑高度大于 100m 且属于第 4.5.6～4.5.10 条所列的竖向不规则高层建筑结构；

2）7 度Ⅲ、Ⅳ类场地的乙类建筑结构；

3）板柱-剪力墙结构；

4）7 度时，竖向不规则的异形柱框架-剪力墙结构；

5）高度不大于 150m 的高层钢结构。

（3）结构薄弱层层间弹塑性位移限值。

结构薄弱层（部位）层间弹塑性位移应符合下式要求：

$$\Delta u_p \leqslant [\theta_p]h \tag{3.12.3}$$

式中 Δu_p——层间弹塑性位移；

$[\theta_p]$——层间弹塑性位移角限值，可按表 3.12.2 采用；对框架结构，当轴压比小于 0.40 时，可提高 10%；当柱子全高的箍筋构造采用比本规程中框架柱箍筋最小含箍特征值大 30% 时，可提高 20%，但累计提高不宜超过 25%；

h——层高。

在《浙江省高层建筑结构设计规程》（DB 33/1088—2013）的第 4.2.3 条中，参考了《高规》第 3.7.4 条与其他规程，规定了超限高层结构层间弹塑性位移角限值，见下表。

层间弹塑性位移角限值 表 3.12.2

结构类型		$[\theta_p]$
钢筋混凝土结构	框架	1/50
	框架-剪力墙、框架-核心筒、板柱-剪力墙	1/100
	剪力墙、筒中筒	1/120
	除框架结构外的转换层	1/120
	异形柱框架-剪力墙结构	1/110（1/120）
混合结构	框架-核心筒	1/100
	筒中筒	1/120
钢结构		1/50

注：括号内数字用于底部抽柱带转换层的异形柱结构。

（4）保证建筑设备的正常使用。因为建筑设备的正常运转有时比建筑结构还要敏感。例如高速电梯在侧向位移过大，或者横向振动过大时，会产生运行故障，从而引发事故。还要一些脆性接头的竖向排水管，也会因为层间位移太大而破坏。因此对于高度超限的高层建筑，必须更加注意对位移与层间位移的控制，应该满足这些设备说明书中的有关使用条件。

3.12.2 使用软件和设计时需要注意的若干问题[23]

目前一般高层建筑结构的抗震设计计算中，应用最多的软件是中国建研院编制的SATWE，以及韩国的MIDAS软件。我们根据自己遇到的问题与体会，叙述如下：

1. 穿层柱稳定计算问题

不少设计人员认为穿层柱既然作为一种不规则形式，那么设计中就要对它实施加强抗剪措施。事实上这是一个误解，因为在刚性楼板假定下，穿层柱的计算长度只按楼板层高考虑，因此侧向刚度偏大，分配到的层剪力就偏大，而分配到非穿层柱的剪力就偏小，对它们计算就偏不安全。而对穿层柱，它的实际无支长度要比层高大得多，相应长细比也大，因此对穿层柱主要是稳定问题，即应该按实际长度来验算稳定和配筋，对它周围的非穿层柱反而应该加强抗剪措施。

（1）SATWE软件对一般穿层柱的处理

SATWE软件中只要指名穿层柱，就会自动考虑，穿层柱在刚性楼板假定时，柱与刚性楼板的节点已被释放（但是地下室除外，还要手工验算），因此在验算稳定时，长细比已经可以考虑实际情况。在总刚度矩阵形成时也考虑了这个情况，但是必须把穿层柱周围的梁板全部不输入，这样就可以计算出穿层柱的实际地震剪力。取两个多层框架计算比较：

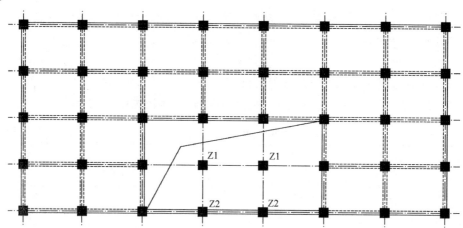

图 3.12.1 多层框架的结构平面图

| | | | 四周无楼板的穿层柱与满布楼板的柱剪力对比 | | | | | | | 表 3.12.3 |

柱号	工况		X 方向地震		Y 方向地震		X 方向风力		Y 方向风力	
			有穿层柱	布满楼板	有穿层柱	布满楼板	有穿层柱	布满楼板	有穿层柱	布满楼板
KZ1	一层	X 向剪力	−26.1	−60.5	0.0	0.0	−5.9	−12.1	0.0	0.0
		Y 向剪力	0.3	0.0	−24.8	−53.3	0.0	0.0	−14.3	−27.4
	二层	X 向剪力	−25.9	−63.3	0.0	0.0	−4.6	−11.7	0.0	0.0
		Y 向剪力	0.3	0.0	−24.7	−54.4	0.0	0.0	−11.5	−25.8

柱号		工况	X方向地震		Y方向地震		X方向风力		Y方向风力	
			有穿层柱	布满楼板	有穿层柱	布满楼板	有穿层柱	布满楼板	有穿层柱	布满楼板
KZ2	一层	X向剪力	−48.9	−56.2	0.0	0.0	−10.3	−11.3	0.0	0.0
		Y向剪力	0.2	0.0	−20.5	−41.5	0.0	0.0	−12.2	−21.5
	二层	X向剪力	−49.0	−54.6	0.0	0.0	−9.3	−10.1	0.0	0.0
		Y向剪力	0.2	0.0	−20.1	−30.9	0.0	0.0	−9.3	−14.6

如图3.12.1所示，假设第一种情况，框架中有两根柱子四周在二层时没有楼板和梁；第二种情况，框架相应位置的柱子四周都满布楼板和梁，其他条件均相同。由算例可知，第二种情况下，求得的穿层柱的地震剪力，就会大得多（详见表3.12.3），约为无梁板时的2~2.5倍（如Z1）。这样对非穿层柱来说，实际受到的剪力就要比计算结果大，因此对其反而不安全。

（2）单向穿层柱问题

有时楼层边沿的柱子一个方向有框架梁，另一方向无梁板，这属于单向穿层柱，在该方向有梁时求得的柱地震剪力约为无梁时的1.5~2倍（如Z2，数据详见上表）。而另一方向二者相差并不大。可见对于单向穿层柱，在无梁板连接的方向，也应该按穿层柱的输入方式来进行验算。

2. 梁中轴力的计算问题

（1）下列情况的梁中存在轴向力

转换梁、预应力梁、与斜柱相交的梁、与支撑相交的梁、桁架、加强层的伸臂桁架与环桁架、考虑扭转的环梁等等。

（2）平面刚性假定与SATWE软件应用问题

高层计算中常用的平面刚性假定下，楼面梁板内没有应变因此也没有内力。SATWE软件应用时如果采用平面刚性假定，就没有梁的轴力输出。

（3）如何计算梁中轴力

首先要采用弹性楼板假定；其次，楼板只考虑荷载不考虑其刚度，即把楼板去掉只留下梁，这时才能比较准确的算得梁中轴力。否则，因为SATWE软件中一个楼板开间仅取一个单元，所以求得的轴力是在一个单元宽度的分布力，在梁上得到的轴力就很小。

采用一个简单的二层框架进行计算比较，支撑布置如图3.12.2所示。在结构顶层处施加均布水平荷载10kN/m，当采用平面刚性假定时，梁中无轴力；当采用弹性楼板假定和去除掉楼板时，梁轴力大小如图3.12.3所示。可以看出，当去除掉楼板时，沿作用方向的梁中轴力普遍比保留弹性楼板时增大，其中个别数值减小或变号，也是因为支撑设置位置不同所产生的。

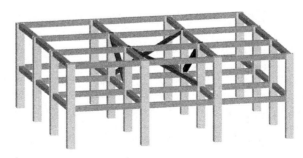

图3.12.2 结构模型图

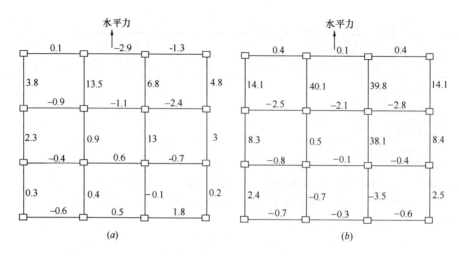

图 3.12.3　弹性楼板假定和去除楼板时的梁轴力图

（a）第 2 层　保留楼板时梁的轴力；（b）第 2 层　去除楼板时梁的轴力

3. 嵌固端位置的影响

作为真正意义上的嵌固端位置，当然应该设置在与地面直接接触的刚性基础底板上。但是由于高层结构常常设置刚度很大的地下室，而且有时把地下室底板作为嵌固端，连地下室一起输入时常常产生处理困难，因此很多设计计算中常常将地下室顶板作为嵌固端。这样就会出现一些问题：其一，地下室顶层楼板有时开洞很多，因此不能达到真正的嵌固端作用，规范中虽然根据经验规定了最小的刚度比，但是实际上地下室顶板并不是无限刚度，因此会影响整体结构内力分配，如造成建筑顶层侧向位移和倾覆力矩偏小，但是它底层柱的弯矩剪力都会增加；其二，在地下室还未填土，甚至地下室还存在施工缝还没有封闭的条件下，能不能作为嵌固端，应该作一验算，特别在风荷载较大的地区；其三，会影响地下室结构抗震等级偏低等；其四，会影响刚重比、剪重比的计算值，特别对钢结构，使计算值比实际值偏大。

考虑以上原因，我们建议在计算时宜对嵌固端位置，设置在地下室顶板和底板两种情况都进行验算，计算取其最不利值，作为验算依据。

4. 剪重比的调整

如果最后计算结果仍然不能满足规范要求，那么对刚重比问题必须通过调节结构布局来解决。剪重比问题一般可以通过人工调整数据来解决，调整方法如下：

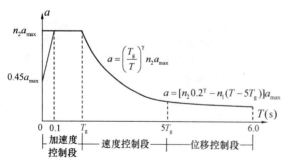

图 3.12.4　规范反应谱曲线图

（1）当结构基本周期位于加速度控制段时（$T_1 < T_g$），可按规范规定的地震最小剪力系数与实际的底层地震剪力系数计算值的比例，放大不满足要求的该层相应的地震作用标准值；

（2）当结构基本周期位于位移控制段时（$T_1 > 5T_g$）可按规范的地震最小剪力系数与实际的底层地震剪力

系数计算值的差值，直接将差值与不满足要求的该层相应的地震剪力系数相加，再去求该层的水平地震作用标准值；

（3）当结构基本周期位于速度控制段时（$T_g \leqslant T_1 \leqslant 5T_g$），可取以上两种调整方法的平均值。但是要注意，当底部剪力相差较多时，或者很多楼层不满足时，说明结构整体刚度较弱，此时应该调整结构选型与整体布局。

5. 有关型钢混凝土构件截面的强度校核问题

现在超限高层建筑结构中应用型钢混凝土结构的不少，但是我国到目前为止，在这方面还没有一个大家公认的统一技术标准，文[24]中指明，我国在型钢混凝土结构设计方面，先后编制过五本规程[25~29]。它们的主要差别见表 3.12.4，主要涉及到截面验算模型与有关参数的取值等方面。其中《型钢混凝土组合结构设计规程》JGJ 138—2001，由于它已经列入建设部发布的中华人民共和国行业标准系列，应该最有权威性。但是因为它编制早于现行的抗震规范（GB 50011—2010）十多年，因此有些参数取值没有和《抗规》接轨。但是在 SATWE 和 MIDAS BUILDING 等常用软件中还是依据该规程，为此我们建议在验算型钢混凝土构件的截面承载力时，宜再按不同计算模型的《钢骨混凝土结构设计规程》YB 9082—2006 的公式与参数，对此类构件进行手工校核，以保证抗震安全。

五种规程设计方法简介 　　　　　　　　　　　表 3.12.4

规程名称	设计方法	构件计算有无按现行《抗规》考虑抗震增大系数
《钢骨混凝土结构设计规程》YB 9082—97	叠加法	未考虑
《型钢混凝土组合结构技术规程》JGJ 138—2001	平衡法	未按抗震规范要求考虑
《高层建筑钢—混凝土混合结构设计规程》	叠加法	已考虑
《钢骨混凝土结构设计规程》YB 9082—2006	叠加法	已考虑
《高层建筑钢—混凝土混合结构设计规程》CECS 230：2008	叠加法	已考虑

6. 各种不规则柱的处理

（1）穿层柱问题

所谓穿层柱就是在与中间一层或者多层梁板没有连接的柱；还有的只有单向有梁连接，另一方向没有连接，这种是单侧穿层柱。我们已经在上一节中做了介绍。

（2）斜柱问题

设计中有时会遇到斜柱或者斜杆，斜柱设计要注意以下问题：

1）稳定分析以及有关计算输入问题。计算输入时应该注意：其一，当其高度只相当于楼层高时，按照一般方法来验算稳定问题是可以接受的，因为这时稳定性往往不是决定因素；但是当它跨越多层，而且在节点间存在横向荷载时，就不能采用一般的方法来验算稳定。因为规范中的稳定验算公式的理论依据是欧拉公式，它的临界荷载公式推导中，并没有考虑自重和节间荷载对失稳弯矩的影响。所以这时应该对斜柱进行专门的稳定分析。其二，斜柱如有节间荷载，或者长度很长时需要专门验算稳定问题，而且不能作为杆件输入，必须按柱子输入，因为这时斜柱内除了轴力还有弯矩剪力，否则就算不出弯矩与剪力的影响；其三，如果自重又很大，而且存在节间荷载，这时不应将整个斜柱采用一个单元输入，应该按照受荷情况划分为多个单元输入；

2）与斜柱相交的梁中存在轴向力的计算问题。这在上一节中已有介绍；

3）斜柱不对称产生的扭转问题。斜柱的节点上存在水平分力，如果斜柱对称这分力会自相平衡，如果不对称，就会产生附加扭矩，使结构产生扭转效应，有时影响较大必须注意控制；

4）斜柱计算应该考虑 P-Δ 效应；

5）如果斜柱按支撑杆件输入时，这时软件在框架分担倾覆弯矩计算时，就没有考虑斜柱，这时斜柱的内力就偏小，应控制每个斜柱的地震水平作用力不小于层总地震作用的 2%，考虑到斜柱问题在很多设计计算中还无法充分考虑，因此文献［30］中建议，宜加大地震作用 2 倍，加大配筋 50%，是否太多应该由每个设计人员根据具体的设计情况而确定。

（3）搭接柱问题

搭接柱就是上下柱的质心轴线，没有对齐，而存在偏心（如图 3.12.5）。这时要考虑楼层柱轴力偏心产生的影响，可采用下面几种方法处理：a）采用斜柱过渡，即将搭接柱改为斜柱这样将一个偏心问题转换为倾斜力作用，对柱可减少弯矩，但是在上下层的梁中将产生轴向力，可以按以上方法求得轴向力，这是比较好的处理方法；b）增大过渡柱截面面积；c）对两边柱在交接区设置加腋过渡，如果偏心不大采用这种方法比较简单；

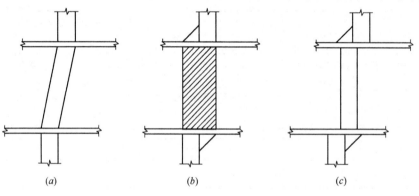

图 3.12.5　搭接柱的处理方法

（a）斜柱过渡；（b）增大过渡柱截面；（c）上下柱加腋

（4）短柱问题（《高规》第 6.4.1，6.4.3，6.4.6，6.4.7 条）

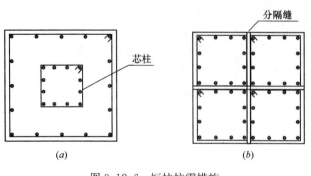

图 3.12.6　短柱抗震措施

（a）叠合柱；（b）分为多个小柱

剪跨比小于 2 的柱称为短柱（当反弯点在柱高的中部时，可近似为柱净高与柱截面高度之比小于 4），短柱最容易受剪破坏，所以应加强抗剪措施，《高规》对此作了规定：箍筋间距不大于 100mm，全高加密；宜采用复合螺旋箍或井字复合箍，体积配箍率不应<1.2%。或者将大柱改为多个小柱（如图 3.12.6b），也可

采用叠合柱的方法处理（图 3.12.6a）。短柱如果处于边角部位，在抗震性能分析时应作为关键构件处理，宜满足中震不屈服要求。

（5）错层柱问题（《高规》第 10.4 节）

应该考虑楼板传来的水平地震作用影响，在抗震性能分析时应作为关键构件处理，宜满足中震不屈服要求。构造措施：截面高度不小于 600mm；混凝土强度等级不应低于 C30；抗震等级提高一级，已为特一级的可不提高；箍筋全高加密；错层处的框架柱宜满足中震不屈服。错层时还会出现短柱，应该按以上短柱要求处理。当错层高度不大时，也可以采用在梁下加腋的办法来减轻错层的影响（图 3.12.7）。

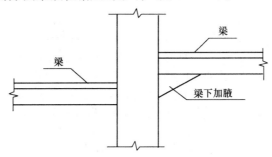

图 3.12.7　错层柱加腋的处理

参考文献

[1]　高层建筑混凝土结构技术规程(JGJ 3—2010)[S]. 北京：中国建筑工业出版社
[2]　建筑抗震设计规范(GB 50011—2010)[S]. 北京：中国建筑工业出版社
[3]　范明均，钱国桢，倪一清. 介绍一种可在任意层设大空间的高层建筑新结构[J]. 建筑结构学报，1996，17(2)：75-78
[4]　浙江省住房和城乡建设厅. 高层建筑结构设计技术规程 DB33/1088—2013[S]. 浙江工商大学出版社，2013
[5]　袁兴隆. 高层建筑加强层及转换层的研究[D]. 上海：同济大学，1996.
[6]　张树珺马中军李密. 水平加强层对框筒结构的力学性能研究[J]. 重庆科技学院学报(自然科学版)，200810(5)：50-52
[7]　朱杰江，宋健，王颖，江蓓. 带加强层框架—芯筒结构的优化研究[J]. 南京建筑工程学院学报，2001.58(3)：26-31
[8]　黄怡等. 水平加强层对超高层钢框架一支撑结构的影响. 重庆建筑大学学报[J].2005，27(3)：49-56
[9]　徐培福等. 带加强层的框架一核心筒结构抗震设计中的几个问题[J]. 建筑结构学报，1999(8)：2-10
[10]　潘旦光，楼梦麟，范立础. 多点输入下大跨结构地震反应分析研究现状[J]. 同济大学学报，2001，29(10)：1213-1219.
[11]　孙建梅，叶继红，程文瀼. 快速多点输入反应谱法在大跨空间网格结构中的应用[J]. 铁道科学与工程学报，2005，5(2)：85-92.
[12]　岳静. 大跨度结构多点地震反应谱激励分析方法研究[D]. 西南交通大学研究生硕士学位论文，2006，5

[13] 李忠献，史志利．行波激励下大跨度连续刚构桥的地震反应分析[J]．地震工程与工程振动，第23卷第2期。200323(2)：68-76

[14] 李建俊，林家浩，张文首，等．大跨度结构受多点随机地震激励的响应[J]．计算结构力学及其应用，1995，12(4)：446-452

[15] 白凤龙，李宏男，王国新．多点输入下大跨结构反应谱分析方法研究进展[J]．地震工程与工程振动，2008.28(4)：35-42

[16] 王亚勇．我国2000年抗震设计模式规范基本问题研究综述[J]．建筑结构学报，2000，21(1)：2-4

[17] 钟万勰．大跨度结构抗震设计的国内外近期发展及趋向[J]．科技导报(工程技术)2000(3)：7-10

[18] 林家浩，钟万勰，张亚辉．大跨度结构抗震计算的随机振动方法[J]．建筑结构学报，200021(1)：29-36

[19] 顾建飞，钱国桢，姚谏．索网结构与膜结构自振频率近似求解法[J]．钢结构 2006.21(1)：9-21

[20] 钱国桢．两向受力不等的平面薄膜自由振动问题解[J]．应用数学与力学 1982.3(6)：817-824

[21] 冼耀强，刘伯权，丁江澍．世纪莲体育中心动力特性及反应谱分析．建筑科学与工程学报，2011，28(3)：106-112

[22] 徐庆阳，李爱群，丁幼亮，沈顺高，胡灿阳．大跨维修机库竖向地震响应的被动控制研究，工业建筑 2013.43(11)：112-116

[23] 许哲屠忠尧钱国桢．应用SATWE软件的若干问题的讨论[J]．浙江建筑，2013.30(5)：39-42

[24] 屠忠尧滕国民钱国桢．关于5部钢—混凝土组合结构规程中的若干计算问题[J]．钢结构 2011.26(8)：43-45

[25] 型钢混凝土组合结构技术规程 JGJ 138—2001[S]．北京：中国建筑工业出版社 2001

[26] 钢骨混凝土结构设计规程 YB 9082—97[S]．北京：冶金工业出版社 1997

[27] 钢骨混凝土结构设计规程 YB 9082—2006[S]．北京：冶金工业出版社 2006

[28] 高层建筑钢-混凝土混合结构设计规程 DG/TJ 08—015—2004[S]．上海：2004

[29] 高层建筑钢-混凝土混合结构设计规程 CECS230：2008[S]．北京：中国计划出版社 2008

[30] 王家祥，斜柱斜框架结构的静动力分析与研究[D]．同济大学工学硕士学位论文，指导教师：金国芳教授，2008.03

第4章 抗震性能化设计介绍

4.1 何谓抗震性能化设计[1~9]

什么叫抗震性能化设计？目前还没有一个统一的定义。有的论文中，把以结构物的变形需求作为设计控制依据的设计称为抗震性能化设计。有的先确定经济损失和结构损伤水平作为设计性能目标，再进行设计、验证是否达到目标，这样的设计称为抗震性能化设计。有的认为抗震性能化设计就是多目标的抗震设计如此等等。这些定义不能说是严格完整的定义，因为它们仅仅表述了抗震性能化设计的一部分工作。其实，性能化的抗震设计并不是一个全新的概念，它也是一步步地明确和完善起来的。美国加州结构工程师学会（SEAOC）、美国应用技术局（ATC）和美国联邦紧急救援署（FEMA）等组织，最早提出的基于性能（性态）的结构抗震设计的概念是：根据建筑物的重要性、用途或视业主的要求来确定其性能目标，提出不同的抗震设防水准并进行结构设计，最后对设计出的结构做出定量的性能评估，看是否能满足性能目标的要求。其目的是使设计的建筑结构在未来地震中具备预期的功能。这也许是现在大家比较认同的说法。但是，性能化的抗震设计方法，本身也还在应用中不断地充实和完善，所以它也许会被后人定义得更科学、更全面、更确切。

2004年第13届世界地震工程会议有关建筑结构未来规范的研讨结果指出，基于性能的抗震设计方法是未来建筑抗震设计规范发展的方向。它的设计理论包含了地震危险性分析，各种反应谱的建立，结构整体系统、结构与非结构构件的各种抗震性能等级的划分与定量表达，以及抗震震害评估与结构补强设计等主要课题。这一方法不仅要求确保生命财产安全，同时也要求建筑物在各种地震作用下，针对结构的构件应力（应变）比、层间位移角、结构的位移、速度和加速度响应、整体结构延性、能量耗散、经济指标等参数，来控制其抗震性能及损伤程度，还可以针对业主所期待的结构反应与经济要求，在不低于规范要求的前提下作为建筑物的抗震设计需求。

总之，基于性能的抗震设计方法是一种强调性能控制与资源最优化的设计观念。要实现基于性能的抗震设计思想，必须对建筑物在地震作用下的损伤进行有效控制，因此有必要探索有效的结构抗震性能控制措施。

4.2 抗震性能化设计与常规设计对比

4.2.1 我国抗震规范对性能化设计的考虑

多目标、分层次的抗震性能设计是目前国际上的发展方向，其实我国在89抗震设计规范以来的有关规范中已经体现了这样的思想。

按照《建筑工程抗震设防分类标准》GB 50223—2008（以下简称《分类标准》），根据结构建筑物的重要性，地震破坏后可能造成的人员伤亡、经济损失、社会影响程度及其抗震救灾中的作用等因素，把所有建筑物分为甲乙丙丁四类。具体根据建筑破坏造成的人员伤亡、直接和间接经济损失及社会影响的大小；城镇的大小、行业的特点、工矿企业的规模；建筑使用功能失效后，对全局的影响范围大小、抗震救灾影响及恢复的难易程度；建筑各区段的重要性有显著不同时，可按区段划分抗震设防类别，下部区段的类别不应低于上部区段；不同行业的相同建筑，当所处地位及地震破坏所产生的后果和影响不同时，其抗震设防类别可不相同。具体划分如表4.2.1所列。

建筑抗震设防分类标准 表 4.2.1

建筑抗震分类	建筑重要性与震害影响	设防标准
特殊设防类（甲类）	指使用上有特殊设施，涉及国家公共安全的重大建筑工程和地震时可能发生严重次生灾害等特别重大灾害后果，需要进行特殊设防的建筑	应按高于本地区抗震设防烈度提高一度的要求加强其抗震措施；但抗震设防烈度为9度时应按比9度更高的要求采取抗震措施。同时，应按批准的地震安全性评价的结果且高于本地区抗震设防烈度的要求确定其地震作用
重点设防类（乙类）	指地震时使用功能不能中断或需尽快恢复的生命线相关建筑，以及地震时可能导致大量人员伤亡等重大灾害后果，需要提高设防标准的建筑	应按高于本地区抗震设防烈度一度的要求加强其抗震措施；但抗震设防烈度为9度时应按比9度更高的要求采取抗震措施；地基基础的抗震措施，应符合有关规定。同时，应按本地区抗震设防烈度确定其地震作用
标准设防类（丙类）	指大量的除1、2、4款以外按标准要求进行设防的建筑	应按本地区抗震设防烈度确定其抗震措施和地震作用，达到在遭遇高于当地抗震设防烈度的预估罕遇地震影响时不致倒塌或发生危及生命安全的严重破坏的抗震设防目标
适度设防类（丁类）	指使用上人员稀少且震损不致产生次生灾害，允许在一定条件下适度降低要求的建筑	允许比本地区抗震设防烈度的要求适当降低其抗震措施，但抗震设防烈度为6度时不应降低。一般情况下，仍应按本地区抗震设防烈度确定其地震作用

其次，我国规范采用了三个地震水准的设防目标和两阶段的设计方法。三个地震水准的设防总体目标是"小震不坏、中震可修、大震不倒"。两阶段设计的第一阶段设计是用反应谱法对结构进行弹性分析与其他荷载进行组合。并考虑概念设计理念，考虑不同的结构类型、构件类别、受力性质等采用不同的承载力调整系数、抗震增大系数，来验算截面承载力。相应验算弹性位移、位移角等以满足"小震不坏"的设防目标，并配套构造措施。第二阶段设计对中震大震主要按照概念设计，采取构造措施来保证中震可修大震不倒。对特别重要的建筑和地震时易倒塌的结构，要验算薄弱层在大震下的弹塑性变形。其中特别强调概念设计，比如要求平面竖向的规则性、传力路径直接明确、多道设防，在总体宏观方案上，就要保证结构抗震设计的合理性；再从微观设计参数上，按照"强柱弱梁、强剪弱弯、强节点弱杆件、强受压区弱受拉区"的原则，有目的地加强在地震时容易先破坏，或者破坏后影响更大的构件、部位。实际上，在性能设计中的分目标、分层次的具体设计阶段，也同样考虑了这些原则。二者差别是，前者主要是采用加强抗震措施的手

段，采用定性控制。后者采用弹塑性分析的方法，来进行定量控制。现将我国规范的三个水准两个阶段设计方法概要总结于表4.2.2。

我国规范的三个水准两个阶段设计方法概要 表 4.2.2

地震设防水准	设防目标	设计阶段	设计方法	设计地震动参数	控制参数与手段
多遇地震（小震）	小震不坏	第一阶段设计	用反应谱法对结构进行弹性分析与承载力验算，并配套构造措施	采用多遇地震的地震动参数	与其他荷载需要组合，并考虑概念设计理念、考虑不同的结构类型、构件类别、受力性质等采用不同的承载力调整系数、抗震增大系数，来验算截面承载力，并相应验算弹性位移、位移角，以满足"小震不坏"的设防目标
设防烈度地震（中震）	中震可修	第二阶段设计	中震大震主要按照概念设计，采取构造措施，保证中震可修，对特别重要的建筑和地震时易倒塌的结构，验算薄弱层在大震下的弹塑性变形	中震不验算；大震验算弹塑性位移，采用罕遇地震烈度动参数	主要验算弹塑性位移、最大位移角。并且按照概念设计原理，采用相应构造措施，以保证达到"中震可修、大震不倒"的抗震设防目标
罕遇地震（大震）	大震不倒				

由上可见，我国规范的抗震设计方法，已经基本上根据建筑抗震类别、建筑功能、结构形式、构件位置、受力性质等采用了三种水准、两个阶段，以及各种不同的承载力调整系数、抗震增大系数等设计方法。实际上已经初步考虑了多目标、分层次的抗震性能设计。因此，它与抗震性能设计方法，在原则上是没有不同的。

4.2.2 基于性能的抗震设计方法要点

基于性能抗震设计的目的是"在结构的整个寿命期内，在设定的条件下，花在抗震上的费用最少"，即追求建筑物在服役期内的"最佳经济效益—成本比"。这里的"费用"是指增加抗震能力的投资和因地震破坏造成的损失，包括人员伤亡、运营中断、重复修建等；"一定的条件"是指结构的性态目标。

基于性能的抗震设计实质上是对"多级抗震设防"思想的进一步细化，其设计理论基本内容包括：①地震设防水准的确定；②结构抗震性能目标的确定；③结构抗震性能水平的确定；④结构抗震性能分析评估方法等四个方面。需解决两个基本问题：一为地震需求，即结构在指定强度地震下的响应；二为结构能力。结构性能设计的本质就是要求设计的结构能力指标大于相应的地震需求指标，并且使总体费用达到最小。

但是我们应该强调，基于性能的抗震设计方法是在现行抗震设计方法的基础上发展起来的，在总结目前抗震设计思想不足的基础上提出来的，与现行抗震设计思想有很多联系，同时在设计理念上又有自己的特点。下面我们概要地介绍一下它的具体操作内容。

首先，它是考虑了三个水准三个阶段的设计。它也是考虑了多遇地震（小震）、设防烈度地震（中震）、罕遇地震（大震）三种地震动水准，其总体设防目标也是"小震不坏、中震可修、大震不倒"，这与我国规范的常规抗震设计方法完全一样。不一样的是它进行了三阶段设计，对中震和大震都规定了具体的抗震性能目标，而且采用弹塑性分析来量化验算目标是否满足要求。

其次，在性能目标满足规范要求的前提下，不仅是针对个体建筑、个体构件，而是基于综合考虑社会的经济水平，建筑物的重要性，以及建筑物造价、保养、维修以及在可能遭受地震作用下的直接和间接损失，来优化确定，而且还可以考虑业主的具体需要和设计人员根据具体设计超限程度与复杂性，实事求是地对不同建筑、不同构件、不同部位制定不同的性能水平指标。可以说，这里的性能水平是针对整个结构体系的，它涉及结构的每一个部分。

其三，性能化的抗震设计除了在小震作用下按现行规范验算截面强度，加强构造措施外，还要在中震大震作用下进行弹塑性变形验算，而且常常根据变形（位移与位移角）来定量地控制结构的破坏状态（性能）。这与常规设计主要依靠承载力和构造措施来定性地控制结构的破坏状态有很大不同。

其四，它对一个建筑结构的抗震性能目标是多目标、分层次的，对不同地区、不同性质、不同高度、不同规则性、不同功能、破坏后影响不同、经济投入不同等等可以设定不同的性能目标，对一个建筑物的不同楼层、不同部位、不同材料、不同构件、不同受力情况、破坏的不同影响以及设计人员对该结构的把握不同，也可以分层次的制定不同的性能水平指标。

4.2.3 性能设计方法与常规设计方法的比较

由上可见，它们二者之间既有共同的内容，也有不同的地方。为了更简明地了解二者的关系，我们给出以下的简表表述。

性能设计方法与常规设计方法的比较 　　　　　　　　　　　表 4.2.3

比较项目	常规设计方法	性能设计方法	相关比较
地震水准	大震、中震、小震三个水准	大震、中震、小震三个水准	相同
设防目标	小震不坏、中震可修、大震不倒	小震不坏、中震可修、大震不倒	相同
设计阶段以及具体内容	二阶段设计	三阶段设计	不同
	第一阶段为小震弹性分析，以验算承载力为主	第一阶段为小震弹性分析，以验算承载力为主	相同
	第二阶段中震大震主要以抗震措施来定性控制为主，少数进行弹塑性位移计算	第二、第三阶段都要进行弹塑性分析，以弹塑性位移、位移角定量控制为主，同时考虑抗震措施	不同
设计侧重	小震承载力定量控制、中震大震定性控制	中震大震以弹塑性位移角指标，定量控制	不同
设计方法	弹性反应谱、弹性时程分析	静力、动力弹塑性分析	不同
性能目标	一般一个建筑结构一个目标，不同情况处理仅反映在系数大小与构造措施上，只能定性控制无法检查设计能否满足性能目标	可根据上述具体不同情况，确定不同的多个性能目标，可细化到每个构件，可有不同的抗震性能水平，可量化验算是否满足性能目标	不同

比较项目	常规设计方法	性能设计方法	相关比较
目标依据	抗震设计规范	可以高于规范	不同
概念设计	必须依据	应该依据,但容许部分结构不符合	部分不同
适用范围	一般多高层建筑和短周期建筑	高层建筑、特别是超限高层和特别重要的多层建筑与构作物	不同

由上表可知性能设计虽然在设计总的设防目标与概念设计原则以及对小震承载力验算方面和常规设计一样,但是它具有很多优越性,特别是抗震性能目标更加符合实际、更加细化、量化、可控、可明确检验设计在各个地震水准的安全度。因此前者应该更可靠、更安全、更经济,也越来越得到大家的认可和重视。

4.3 性能设计的各类方法简介

4.3.1 概述

关于基于性能设计包含的主要内容及其设计方法,尽管目前针对基于性能抗震设计的内容还没有形成统一的认识,和一致的设计方法,但是有一点是大家认识一致的,就是如何能够更加方便、更能确切计算、准确判别性能目标的量化检验。一些研究机构和学者提出了多方面的研究。包括提出了多种验算方法,如结构抗震能力丧失判别、损伤判别、倒塌的危险性判别以及一些具体位移等参数的求解方法等。后者我们将在第5、6章中介绍,这里仅仅简单介绍一下有关判别结构抗震能力丧失的各种方法。

结构的抗震性能是多因素综合作用的结果,实现某一抗震性能目标意味着要同时控制各因素,而不同的参数对结构的承载力、变形等要求又常有不同。因此,在进行性能设计时,需要反复验算和修改设计,直到满足预定的设防目标。基于性能的抗震设计方法,目前主要有基于承载力设计方法、基于位移的性能设计方法、基于可靠度分析的性能设计方法、基于能量的性能设计方法、基于损伤的性能设计方法等。其中基于位移的抗震设计可以下分为:按延性系数设计的方法、直接基于位移的设计方法、能力谱方法等三种。以下将做简单介绍。

4.3.2 基于承载力的设计方法

承载力设计方法是目前各国规范所普遍采用的方法,主要是通过弹性分析(包括弹性时程分析),确定小震内力,在概念设计原则指导下考虑各种调整系数与增大系数,验算截面承载力,以及相应的位移,主要由构造措施来保证中震可修、大震不倒。对重要建筑结构也要验算大震弹塑性位移。但是主要靠截面承载力验算,重要建筑也可采用中震弹性、中震不屈服;大震弹性、大震不屈服等提高地震影响系数的办法来设计截面,以保证结构满足抗震目标的要求(包括中震与大震),这里不再详述。

4.3.3 基于可靠度的设计方法[1~5]

作为能够较合理的处理结构设计中不确定因素的可靠度理论,早已成功地应用到结构设计中，并且指导制定了各种结构设计规范。虽然为了便于在设计过程中应用，没有直接采用可靠度理论，但是各设计表达式的分项系数都是采用可靠度分析，并且经过优化以后确定的。因此可以说这些规范的安全度都是建立在可靠度理论分析的基础上。

对于抗震设计，由于地震作用在时间、强度和空间的随机性以及结构材料强度、设计和施工过程的影响，使结构性能在地震作用下有很大的不确定性。所以可靠度理论更适合用于抗震设计，以及更合理地处理一些不确定因素。另一方面基于性能的抗震设计中，因为明确了结构在各个地震水准作用下的不同性能水平，所以这更方便于应用可靠度理论进行抗震设计。美国联邦紧急救援署（FEMA）的研究报告中，明确提出基于性能的结构抗震设计框架应该基于可靠度理论，我国学者也提出相同的看法[1~3]。基于可靠度的抗震设计方法应该是考虑整个结构体系的可靠度，它可直接采用可靠度的表达形式，这样就将原来只限于结构构件层次的可靠度应用水平，拓展到应用于不同功能要求的结构体系的更高层次的水平上。

目前国际上大多数国家的规范，虽然已采取了基于概率的极限状态设计思想，但是由于土木工程结构的特殊性与复杂性，结构可靠度的设计方法在抗震结构设计中应用还存在很多问题，如其一是，可靠度分布范围过大，使结构风险水平不够清晰。现在只局限在结构构件层次的应用上，即仅对构件承载力复核中采用了分项系数来考虑不确定性，包括荷载、材料、安全度等方面，尽管分项系数的表达形式易于被实际工程人员接受，但这样设计出来的结构的可靠度分布在一个很大的范围内，这就使得结构的风险水平不够清晰，因此要拓展到应用于整个结构体系上就更难明确风险水平；其二是，建筑结构失效模式的复杂性。一般的土木工程结构都有大量的失效模式，例如梁柱出现塑性铰、失稳、过大变形、过大振动都可以认为失效，而且当结构的某个构件按不同失效模式失效时，结构功能的丧失情况差别可能很大，这取决于这个构件是不是关键构件，这样就很难设定一个通用的准则。由此可知，要想对一个较复杂的结构计算确定出这样一个涵盖体系所有失效模式的可靠度，几乎是不可能的，这就造成了结构体系可靠度的理论长期停留在研究领域。为此，我国学者提出了基于功能的结构体系可靠度的概念，将结构体系可靠度与结构的某种功能联系起来，这样使体系可靠度的概念更加明确、符合实际情况，而且也简化了计算。例如结构抗震设计中，结构的层间变形是衡量结构破坏程度和功能水平的重要指标，因此基于层间变形的结构体系可靠度，才是设计者关心的主要风险指标。我国很多学者在这方面做了研究，其中程耿东等人还提出了基于可靠度的结构优化设计模型[6]。这里要说明，所谓的结构优化都离不开"投资—效益"准则。严格地说一个建筑的"投资—效益"必须考虑整个建筑寿命周期内的投入最小、效益最佳。即我们在设计时，首先考虑了建造时的初始费用投入，而且还要考虑到使用阶段的维护投入，以及地震破坏后的修复投入与震害损失，对一个合格的设计，一般都是初次投入越多，那么二次三次投入就会减少，这样当然更全面。但是由于后两个因素的复杂性，很难简化到一个计算模型来分析。所以，目前大多数学者在分析建模时，都是仅仅考虑建造时的初始费用投入，作为优化目标的依据。

在文献［6］中也是在仅仅考虑初始投入作为优化目标依据的基础上，提出两个设计阶段的结构优化设计方法，即第一阶段：为结构目标功能水平优化决策。这里结构的目标功能水平，是在充分考虑各种特殊要求基础上优化决策而求得的，并且已由该功能要求的目标可靠度来表示；第二阶段：为结构设计方案的最小造价的优化设计。因为在第一阶段结构目标功能水平优化决策中，已考虑了结构在设计基准期内的损失期望，所以第二阶段的工作只是结构设计方案的最小造价的优化设计。这样使问题大大简化，比较容易操作。

在第一阶段的结构目标功能水平优化决策中，还提出了应考虑的两类目标功能水平，即第一类目标功能水平，是规范给出的各类结构的目标功能水平，这是抗震设计中所有结构都必须遵循的最低标准，反映的是结构抗震设计的"共性"；第二类目标功能水平，是根据结构的用途及业主、使用者等的特殊要求，由业主、工程师、使用者共同研究制订的结构目标功能水平，可以因工程而异，反映了结构抗震设计的"个性"，它常常使结构超过最低设计准则的功能水平。一般来说，结构的目标功能水平可以通过以下两种途径来实现：其一为结构的最优目标可靠度，其二为最优设防水准。两者都基于"投资—效益"准则、主要考虑了结构的初始造价，有时也考虑未来损失期望，通过优化计算得到。具体实现可以参见有关文献。

我国和美日等多国的不少学者，现在都对基于可靠度的各种结构抗震性能设计方法具有很大兴趣。由以上介绍可知，我国学者提出的用最优设防水准的一个参数，来反映"小震不坏、中震可修、大震不倒"的多级设防水准，以及考虑结构"共性"与"个性"两类控制目标功能的方法，它可直接采用可靠度的表达形式，因此具有设计应用方便的优点。并且依据这个思路可将现在的结构构件层次的可靠度应用水平，提高到考虑不同功能要求的结构体系可靠度水平上，因此对开拓整个抗震设计分析理论是一个有益的尝试。但是，总的看来，基于可靠度的设计方法，目前还处在理论探讨与研究阶段，要实现在抗震设计中的实际应用还要做很多工作，建议可在一些特殊工程的方案阶段和初步设计阶段中，不妨应用这种方法来进行一些可行性研究与方案比较，让该方法在实际应用中进一步完善和实用化。

4.3.4 基于能量的设计方法[7~12]

虽然早在 20 世纪 50 年代，Housner 就提出了基于能量概念的极限设计，以保证结构有充分的能量吸收能力。1985 年 Akiyajn 又较系统地总结了有关基于能量概念的极限状态设计问题。但由于结构能量反应分析不仅涉及地震动因素，还涉及结构的动力特性，结构的滞回耗能，还与结构滞回模型的选择，以及位移偏移量等因素有关，是一个很复杂的问题，因此这方面的研究一直没有实质性的进展。但是，能量概念和破坏模型一直是抗震研究中的两个主要课题，特别是目前基于性能的抗震设计思路的提出，对抗震结构的耗能能力及性能的研究提出了新的要求与内涵，这个课题又重新引起大家的兴趣。

基于能量的抗震设计方法的出发点，是要将地震时对结构输入的能量，控制在结构所能耗散和吸收的能力范围内，以保证结构的安全。即为下式所示：

地震对结构输入的能量<结构能够耗散和吸收的能量

现在国内外有很多学者在研究有关基于能量的抗震设计方法，但是对结构在地震时的有关能量分配与耗散方面都有不同观点，而且很多研究成果还不具可操作性，因此一般还处于理论研究阶段，应用于工程设计还需要做很多工作。

目前基于能量的抗震设计方法的研究主要包括以下三个方面内容：

1. 地震激励输入能量的确定途径

目前常规的计算中，还是采用地震加速度谱。很多学者认为采用能量谱更便于应用。

但是因为直接依据的地震记录不多，真正具有统计意义的能量谱还没有给出，所以现在离实际应用还有很长的路。

2. 结构总耗能的确定与分配

我们知道结构抗震总耗能的能力，应该大于地震激励输入结构的总能量。在计算时常常需要求解其临界点。一般采用动力弹塑性时程分析方法，是把地面运动的加速度时程作为激励输入，来分析结构对能量的分配、吸收与耗散的规律。它主要包括三方面内容：

其一，结构总耗能包括哪些部分？我们认为，地震激励能量，输入给建筑结构后，主要分为二部分：一部分为保守力产生的能量，就是弹性应变能与动能，它们二者间在振动时互相转换具有可逆性，当一个最大时，另一个为零，因此计算时只要考虑其中一个的最大值即可，但是这个构件一旦产生塑性变形，那么此前的弹性应变能也叠加在其中了；另一部分为耗散力所消耗的能量，这部分能量转化为热能，耗散到环境中，它是不可逆的。阻尼耗能是十分复杂的，结构自身的弹性变形时的阻尼比很小，但是当出现塑性变形与裂缝时，阻尼就会增大，它主要应该反映在滞回耗能上，滞回耗能是如何产生的？主要由于结构材料产生了不可恢复的塑性应变，因此位移在卸载时不能按直线回到原点，而在重复加载时产生了一个环，如果塑性应变越大，这个环面积就越大，说明阻尼越大，代表耗能越多，这里材料塑性产生的阻尼有点类似与速度相关的粘滞阻尼；滞回耗能还包括结构的摩擦阻尼，在振动时由结构与填充墙间的摩擦，结构连接节点的位移摩擦和结构构件裂缝后的缝间摩擦而产生的摩擦阻尼，它们是很难计算的，但是它们与位移相关，因此也可以用位移大小来估计。但是基于能量的抗震设计方法的出发点，是要将地震时结构吸收的能量，控制在结构所能耗散的能力范围内，以保证结构的安全，而不是要来精确分析各种耗散能，那么不妨可以将一些很难计算的，我们可把它作为安全储备，在计算中不予考虑。我们只需考虑可量化计算的最大弹性位能（应变能），以及可反映塑性应变大小的滞回耗能与外加阻尼器所产生阻尼耗能。这样也许会减少很多计算上的困难，使这个方法早日应用于工程设计中。

其二，分析确定哪些是保守可恢复的能量，它们的计算应该没有困难。另一些不可恢复的阻尼耗能（包括塑性变形耗能）与滞回耗能，它们实际上已经在振动过程中逐步积累，直至接近一个常量，整个过程中都在消耗输入的地震能量，当地震时程结束时，结构耗散能量的能力足够大时，结构的自振会越来越小，直到停止。如果结构耗散能量的能力不够大时，这时结构的自振会持续很长时间，塑性变形还会继续发展，直至破坏倒塌。因为结构的塑性变形是地震作用与重力作用等组合产生的，即使地震作用消失了但是重力作用始终存在，还存在结构自振的惯性力，因此塑性变形还会继续发展。另外根据有关研究实例可知，滞回耗能在结构楼层间分布不是均衡的，而是常常集中在塑性变形大的薄弱层，如底层、侧向刚度突变的楼层。有关能量的振动求解方程，可以由常规的基于力平衡原理的振动方程对位移 x 积分求得。如果对相对位移积分，就可得到相对能量平衡方程；如果对两端绝对位移积分，就可求得绝对能量平衡方程。这里不详述了。

其三，有关结构总耗能分配的影响因素问题，文献 [11] 曾作了有益的探讨，这是对设计应用是有意义的。他们经过计算分析后认为，结构阻尼比的增加，会导致结构的滞回耗能及其在总输入耗能中所占的比例减小，而阻尼耗能因此而增加；地震动峰值对滞回耗能在总输入能中的分配比例有一定的影响，但比例较小，基本是随着地震动峰值的增加而减少；而随地震波卓越周期增大而增加。

3. 基于能量分析的结构抗震破坏准则问题

探讨基于能量分析的结构抗震破坏准则的问题，还是离不开结构构件在地震时的破坏规律。大量试验研究表明，结构累积的损伤不但与滞回耗能总量有关，而且还与结构位移反应的历程有关，由于不同构件受力的复杂性，它们在振动时的位移历程就会不同，其达到相应的破坏状态所对应的滞回耗能量也不同，有时这种差异会很大。因此，要建立一个比较符合实际、并且得到普遍认可的破坏状态与能量等控制参数，及其关系表达式，以满足设计计算的需要，这还需要做大量的工作。

有一点我们应该指出，基于能量的方法是从结构总体的耗能能力出发的，但是地震破坏使一个结构丧失承载能力，不单单与总体耗能能力有关，而且取决于每个单体构件，特别是关键构件。我们常常遇到地震时结构的大多数构件还没有大的损伤，但是某一、二个关键构件的破坏就会造成整个结构的倒塌。因此必须以概念设计为依据，明确哪些构件是关键构件，不能耗能破坏；哪些是耗能构件，希望它在地震时大量耗能，以保护那些关键构件不破坏。如果不考虑这个前提，只从数学分析出发是很难达到最经济有效的抗震设防目的的。

4.3.5　基于损伤性能的设计方法[13~18]

越来越多的震害调研发现，依据现行的我国和日、美等国的抗震设计规范中的性能设计，以结构最大层间弹塑性位移角来控制结构物的"大震不倒"的方法，存在两方面的问题：其一，结构的地震损伤不仅与层间变形有关，而且还与结构在地震时程中，低周疲劳累积的滞回耗能有关；其二，如果按规范"大震不倒"的安全目标已经达到，但是地震造成的结构损伤极其严重，又难以修复，基本丧失使用功能，这同样没有达到抗震设计的目的。所以，地震损伤才是破坏结构使用功能和导致结构倒塌的主要原因。基于地震损伤性能的抗震设计方法，不仅考虑了层间的最大变形，而且考虑了结构的低周疲劳的累积滞变耗能，因此更准确地抓住了地震损伤的破坏机理。

1985 年 Park 和 Ang 提出了钢筋混凝土构件地震弹塑性变形和累积滞变耗能线性组合的地震损伤模型，我国学者胡聿贤、欧进萍、邱法维等在这方面都做了很多工作。提出了各种损伤指数 D 的计算公式，来量化确定各个震害等级，并且用此来量化制定损伤性能目标。胡聿贤首先提出了描述结构地震破坏程度的"震害指数"的概念，欧进萍、邱法维、何政、吴斌等人在大量实际建筑结构的震害调查中，给出了各震害等级的震害指数范围。参考上述结果，各震害等级的损伤指数范围列入表 4.3.1 中。

钢筋混凝土框架结构及震害等级与损伤指数　　　　　　　　表 4.3.1

震害等级	震害描述	损伤指数
基本完好	梁或柱端有局部不贯通的细小裂缝，墙体局部有细小裂缝，稍加修复就可使用	0.00～0.20
轻微破坏	梁或柱端有局部贯通的细小裂缝，节点处混凝土保护层局部剥落。墙体大都有内外贯通裂缝，但较易修复	0.20～0.40
中等破坏	柱端周围裂缝，混凝土局部压碎和露筋，节点严重裂缝，梁折断等，墙体普遍严重开裂，或部分墙体裂缝扩张，难于修复	0.40～0.60
严重破坏	柱端混凝土压碎崩落，钢筋压屈，梁板下榻，节点混凝土压裂露筋，墙体部分倒塌	0.60～0.90
倒塌	主要构件折断、倒塌或者整体倾覆，结构完全丧失功能	＞0.90

上述学者又依据我国现行建筑结构抗震设计规范，结合考虑了地震设防水准和结构性能水平的要求，给出了表 4.3.2 所示的钢筋混凝土结构在三水准的抗震设计的地震损伤性能目标。

钢筋混凝土结构三水准抗震设计的地震损伤性能目标　　　表 4.3.2

	地震设防水准	小震	中震	大震
损伤指数 [D]	一般结构	0.00～0.25	0.25～0.50	0.50～0.90
	重要结构		0.00～0.25	0.25～0.50

对于剪切型钢筋混凝土结构，结构层间地震损伤的简化计算，关键是地震最大变形，和累积滞变耗能的计算。因为对于剪切型结构，层间累积滞变耗能不仅与恢复力模型的许多参数有关，而且还与地震动强度与持续时间等有关。如果能够简化确定耗能参数的计算公式，则有关剪切型结构层地震损伤的计算，就可归结为层间地震最大延性系数的计算，这样就可将地震损伤限值问题转化为延性系数或变形限值，因此对设计应用就有了可操作性，并且简化计算方法。文献 [18] 对此作了一些工作，提出了上述"三水准"的地震损伤性能目标，以及钢筋混凝土结构基于损伤的抗震性能设计方法。

由此可知，基于损伤的抗震性能设计方法的特点是，①考虑了结构在地震时程中，低周疲劳累积的滞回耗能，以及大震不倒以后结构的可修复性，因此更强化了结构抗震的安全目标，同时提高了结构抗震的功能要求；②提出了损伤指数的概念，量化了结构破坏损伤的控制指标，因此更具有可操作性；③对多遇地震作用，可按现行抗震规范进行；对罕遇地震作用，可把地震损伤验算简化归结为弹塑性变形验算，因此实质是将基于损伤的抗震性能验算归结为变形验算的方法。这个方法总体上还处在试验研究阶段，要应用于实际工程，应该在以下两方面做工作：其一是在大量统计的基础上，提出更加符合实际和科学的各类结构，在各个水准下的损伤指数值；其二是研究提出各类结构在各种状态下的构件累积滞变耗能的简化计算方法，使其理论上更具严密性。

4.3.6　基于位移的设计方法[19~32]

基于位移的抗震性能设计方法是近些年来随着人们对结构抗震认识的深入而产生的。根据设计思路的不同，基于位移的抗震设计可分为以下三类：按延性系数设计的方法、直接基于位移的设计方法及能力谱方法。下一节中将做专门介绍，这里仅做简单叙述。

1. 按延性系数设计的方法

所谓延性泛指结构材料、构件截面、结构体系等，在弹性范围以外，承载能力没有显著增加的条件下，能够维持变形的能力。延性有三个层次即结构延性、构件延性与截面延性，延性要求依次而提高，因此一般设计中主要控制截面的延性。

所谓延性系数是指结构或临界截面在某特定荷载或弯矩作用下达到极限状态时的变形量与屈服刚开始时的变形量的比值，以 μ 表示。它是衡量结构或临界截面延性的参数。根据对变形的不同定义，又可以将延性系数分为曲率延性系数、位移延性系数和转角延性系数。曲率延性系数只表示某一截面的延性，而位移延性系数和转角延性系数则反映构件的宏观延性反应，与构件的长度有密切关系。

通常以位移延性系数来衡量结构构件或结构整体的延性，以转角延性系数和曲率延性系数来衡量临界截面的延性。结构的整体延性依靠构件上临界截面的塑性转动实现，故位移延性系数与转角延性系数和曲率延性系数之间有一定的关系。

按延性系数设计的方法就是将延性系数作为设计参数进行结构抗震设计，它将结构的延性需求转化为构件截面的变形需求。抗震性能设计要考虑中震与大震时的结构响应，这意味着结构将会出现非线性变形，进而产生延性反应。一个结构所具备的良好延性，将有助于更好地吸收和耗散地震能量，从而减小地震作用、以避免结构倒塌。

按延性系数设计的方法就是要考察结构屈服以后的延性反应过程，研究主要针对钢筋混凝土构件与结构的延性问题。该方法的实质是通过构件的位移和截面曲率延性，确定塑性铰区混凝土极限压应变。文献[29~33]对此进行了详细论述并且给出了算例，有兴趣的学者可以参考。按算例中的延性系数设计的方法大致可分为以下四个基本步骤：

（1）进行结构小震下承载力设计计算，求出截面内力以及配筋；

（2）选取适当的水平位移和水平力分布模式，进行静力推复分析，求得结构基底剪力与顶点位移曲线，把它近似化为双折线，求得结构屈服位移和极限位移，二者之比就是结构的延性系数；

（3）根据结构位移延性系数和结构体系的塑性变形机值，确定构件的延性需求，计算临界截面需要的曲率延性系数。值得注意的是，不同的变形机制，结构和构件间的延性关系也不同；

（4）根据与塑性铰区混凝土极限压应变的关系，确定截面的变形需求，进行截面的延性设计，确定混凝土与钢筋有关定量参数。

按延性系数设计的方法侧重构造措施在结构抗震设计中的作用，对构造措施进行定量分析，并试图建立一个明确的塑性变形机构，使建筑物在遭遇地震时按照预定的塑性变形方式进行反应。但按照该方法要真正实现结构具体的抗震性能目标还需要进行更详细深入的研究工作。

2. 直接基于位移的设计方法

该方法大致思路为：首先，根据抗震规范中给出的层间弹塑性变形角限值和材料的应变损伤限值，确定结构各层的目标位移；其次，将实际的多自由度体系转化为等效单自由度体系，并计算其等效质量、等效阻尼比、等效周期等；再在假定结构的整体侧移和水平力分布模式的条件下，分析等效单自由度体系结构的弹塑性地震位移反应，包括等效刚度及基底剪力；最后根据侧移模式反算出原多自由度体系各楼层的弹塑性地震位移反应，验算其是否符合限值要求。该抗震设计方法直接用位移指标衡量结构的性能，比较直观，计算方法也较为简单，便于设计中应用。但是控制结构性能的因素比较复杂，比如一般认为在小震下强度是控制结构性能的主要因素，所以单用位移指标来进行结构设计可能不够全面。另外，设计过程中侧移模式的选取、等效单自由度体系的转化、各性能目标限值的确定以及高振型影响的忽略等，都直接或间接地影响了该方法的精确性，所以仍需要进行更深入的研究。直接基于位移的抗震设计研究的理论和应用在文[19,20]中有较为详细的介绍，有兴趣的学者可参见有关文献。

3. 能力谱方法

能力谱方法最初是由 Freeman 等人在 1975 年美国海军工程项目作简化评估时提出[33]，后来经过很多学者对这种方法不断改进完善，才成为现在这样比较成熟的方法。

它的很多假定与做法是和以上两种方法相同，也要进行推复分析，但它要把求得的结构基底剪力与顶点位移曲线，通过坐标转换，转换成能力谱曲线，并将地震反应谱曲线转化为需求谱曲线，再和结构能力谱曲线转换成相同的格式，表示在同一个图中，求得两个曲线相交点（称作性能点），交点相应的位移，称作目标位移，由此可求得相应的各种参数值。也可采用图示的方法直观地评估结构在给定地震作用下的性能。该方法的特点是结构在地震作用下的需求与能力较为明确，有助于判断结构的性能。因为该方法已被编入很多应用软件，所以我国建筑结构的抗震性能设计，目前大都采用能力谱方法对结构进行抗震性能评估，下一章中将做较详细的介绍。

4.4 结构抗震性能控制目标制定

4.4.1 结构抗震性能化设计的目的

基于性能抗震设计的目的是"在结构的整个寿命期内，在设定的条件下，花在抗震上的费用最少"，即追求建筑物在服役期内的"最佳经济效益—成本比"。这里的"费用"是指增加抗震能力的投资和因地震破坏造成的损失，包括人员伤亡、运营中断、重复修建等；"一定的条件"是指结构的性态目标。

基于性能的抗震设计实质上是对"多级抗震设防"思想的进一步细化，其设计理论基本内容包括：①地震设防水准的确定；②结构抗震性能目标的确定；③结构抗震性能水平的确定；④结构抗震性能分析评估方法等四个方面。需解决两个基本问题：一为地震需求，即结构在指定强度地震下的响应；二为结构能力。结构性能设计的本质就是要求设计的结构能力指标大于相应的地震需求指标，并且使总体费用达到最小。我们可以用一句话来概括抗震性能设计，这就是"三个地震动水准、四个抗震性能目标、五种结构性能水平"，以下我们将对此分别介绍。

4.4.2 地震动水准的确定

所谓性能目标一般定义为"相对于每级地震设防水准的设计，所需要的结构性能水平"。这个定义实际上包括了特定的结构性能水平以及地震设防水准的定义。国内外抗震规范中，一般地震设防水准都是通过重现期或发生的超越概率来划分的。

我国谢礼立院士主编的《建筑工程抗震性态设计通则（试用）》（CECS160；2004）[34]（以下简称《通则》），在综合国内外研究成果的基础上，结合我国实际情况，根据抗震建筑重要性类别对抗震设防水准做出分类。（见表 4.4.1）

我国《通则》对地震设防水准的划分 表 4.4.1

地震动水准	抗震建筑重要性分类		
	甲类	乙类	丙类
多遇地震	200 年超越概率 63%	100 年超越概率 63%	50 年超越概率 63%
常遇地震	200 年超越概率 10%	100 年超越概率 10%	50 年超越概率 10%
罕遇地震	200 年超越概率 5%	100 年超越概率 5%	50 年超越概率 5%

我国现行《抗规》GB 50011—2010对地震设防水准的划分，主要依据50年的超越概率，50年是依据我国房屋正常使用的年限，具体可参见表4.4.2

我国《抗规》的设防水准与地震重现期的划分　　　　表4.4.2

设防水准	地震级别	重现期/年	50年超越概率	相对烈度差别
第一水准	多遇地震（小震）	50	63.2%	比基本烈度约低1.55度
第二水准	设防地震（中震）	475	10%	等于基本烈度
第三水准	罕遇地震（大震）	1600（7度）	3%	比基本烈度高1.0少一点
		（8度）	2%～3%	相当基本烈度高1.0度
		2400（9度）	2%	比基本烈度高1.0度多一点

对设计使用年限（基准期）超过50年的结构，其地震作用需做适当调整，取值需经专门研究提出后，报规定的权限部门批准后采用。其值可参考《通则》附录A。具体调整系数大体是：设计使用年限70年，取1.15-1.2、100年取1.3-1.4。由以上二表比较可知两者定义有所不同，目前抗震设计还是以抗震规范为依据。

4.4.3　结构抗震性能的控制目标

结构抗震设计性能目标与建筑的抗震设防分类标准有关，我国在《分类标准》和《通则》中，都对建筑的抗震设防标准进行了分类，二者基本一致，但也有部分差别。因为前者定义更宏观，量化细则在文本中，而且是国家标准，因此在设计中大家都在应用《分类标准》。但有时也有一些不能确定的工程，因此我们把二者比较也列入下表，供大家参考。

《分类标准》和《通则》的建筑抗震设防类别分类比较　　　　表4.4.3

《分类标准》		《通则》	
分类方法	按抗震设防（重要性）分类	分类方法	按使用功能分类
特殊设防类（甲类）	指使用上有特殊设施，涉及国家公共安全的重大建筑工程，和地震时可能发生严重次生灾害等特别重大灾害后果，需要进行特殊设防的建筑	Ⅳ	地震时或地震后使用功能不能中断或存放大量危险物品或有毒物品的建筑，一旦因地震破坏而导致这些物品的释放和外逸会给公众造成不可接受的危害。这些物品包括有毒的气体、爆炸物、放射性物品等
重点设防类（乙类）	指地震时使用功能不能中断或需尽快恢复的生命线相关建筑，以及地震时可能导致大量人员伤亡等重大灾害后果，需要提高设防准标的建筑	Ⅲ	地震后使用功能必须在短期内恢复的或对震后运行起关键作用的建筑或人口稠密的建筑场所，如医院、学校、消防站、警察局、通讯中心、应急控制中心、急救中心、发电厂、自来水厂、体育馆、大型影剧院、会议中心等
标准设防类（丙类）	指大量的除1、2、4款以外，按标准设防要求进行的建筑	Ⅱ	除Ⅰ、Ⅲ、Ⅳ类以外的建筑和设施
适度设防类（丁类）	指使用上人员稀少，且震损不致产生次生灾害，允许在一定条件下适度降低要求的建筑	Ⅰ	地震时破坏不危及人的生命和不造成严重财产损失的建筑，如一般的仓库

结构的抗震性态水平是对设计的建筑物在可能遭受的特定设计地震作用下，所规定的最低性态要求或容许的最大破坏。《通则》是根据抗震建筑的使用功能分类，对不同地震动水准下的结构最低性态目标分为充分运行、运行、基本运行、生命安全、接近倒塌五个性能水准（可参见图4.4.1）。表4.4.3列出了《通则》中考虑的不同使用功能的建筑，在三级地震动水准下的结构需满足的最低抗震性态要求。表4.4.4中 T_{MJ} 是由建筑重要性类别规定的年限，根据这个年限和给定的超越概率，可确定相应重要性类别的设计地震震动参数。对重要性类别为丙类的建筑，取 $T_{MJ}=50$ 年；乙类的建筑，取 $T_{MJ}=100$ 年；甲类的建筑，取 $T_{MJ}=200$ 年。表4.4.4中所示为各级地震动水平下的最低抗震性态要求。由于《通则》比《抗规》的标准高，而且其他各项参数也不同，因此我国在设计中没有推荐应用，但是可以作为设计与研究的参考，所以在此还是做一介绍。

《通则》中各级地震动水准下的最低抗震性态要求　　　　　　表 4.4.4

地震动水平	抗震建筑使用功能			
	Ⅰ	Ⅱ	Ⅲ	Ⅳ
多遇地震（T_{MJ}年超越概率为63%）	基本运行	充分运行	充分运行	充分运行
设防地震（T_{MJ}年超越概率为10%）	生命安全	基本运行	运行	充分运行
罕遇地震（T_{MJ}年超越概率为5%）	接近倒塌	生命安全	基本运行	运行

表中的有关抗震建筑使用功能的解释如下：

充分运行：指建筑和设备的功能在地震时或震后能继续保持，结构构件与非结构构件可能有轻微的破坏，但建筑结构完好。

运行：指建筑基本功能可继续保持，一些次要的构件可轻微破坏，但建筑结构基本完好。

基本运行：指建筑基本功能不受影响，结构的关键和重要部件以及室内物品基本完好。

生命安全：指建筑基本功能受到影响，主体结构有较重破坏，但不影响承重，非结构部件可能坠落，但不致伤人，生命安全能够得到保障。

接近倒塌：指建筑的基本功能不复存在，主体结构有严重破坏，但不致倒塌。

《通则》中还列出了有关建筑抗震设计类别，应根据设计地震动参数和建筑使用功能类别要求，按下表4.4.5确定。

建筑抗震设计类别与设计地震动参数和建筑使用功能类别关系　　　　表 4.4.5

设计地震加速度 A（g）（T_{MJ}年超越概率为10%）	建筑使用功能类别			
	Ⅰ	Ⅱ	Ⅲ	Ⅳ
$A \leqslant 0.05$	A	A	A	B
$0.05 < A \leqslant 0.10$	A	B	B	C
$0.10 < A \leqslant 0.20$	A	C	C	D
$0.20 < A \leqslant 0.30$	B	C	D	E
$0.30 < A \leqslant 0.40$	B	D	E	E

表中如 $A > 0.40$，应作专门研究，其中抗震设计类别 E 为最高的抗震设计标准。但

是以上《通则》中介绍的有关标准，并没有作为现在抗震设计的依据，此处介绍一下，只是为了供大家参考。

考虑到现在很多单位在应用一些美国软件进行结构抗震性能分析，所以也介绍一下有关的美国标准。

美国 FEMA273 表 2-9 的性能水准表　　　　　　　表 4.4.6

非结构构件性能水准	结构构件性能水准/性能段					
	S-1 立即入住 (Immediate Occupancy)	S-2 破坏控制 (Damage Control Range)	S-3 生命安全 (Life Safety)	S-4 有限安全 (Limiited Safety Range)	S-5 防止倒塌 (Collapse Prevention)	S-6 不予考虑 (Not Considered)
N-A 完全运行 (Operational)	1-A 完全运行	2-A	不予考虑	不予考虑	不予考虑	不予考虑
N-B 立即入住 (Immediate Occupancy)	1-B 立即入住	2-B	3-B	不予考虑	不予考虑	不予考虑
N-C 生命安全 (Life Safety)	1-C	2-C	3-C 生命安全	4-C	5-C	6-C
N-D 减轻灾害 (Hazards Reduced)	不予推荐	2-D	3-D	4-D	5-D	6-D
N-F 不予考虑 (Not Considered)	不予推荐	不予推荐	不予推荐	4-E	5-E 防止倒塌	不予推荐

表中完全运行（Operational）简称 OP、立即入住（Immediate Occupancy）简称 IO、生命安全（Life Safety）简称 LS、防止倒塌（Collapse Prevention）简称 CP，可与后面章节中的有关材料本构关系骨架曲线图中位置相对应。

美国 ICC-2006 性能规范规定的性能目标　　　　　　表 4.4.7

设计水准	重现期 (年)	性能水准			
		建筑抗震危险性分类Ⅰ	建筑抗震危险性分类Ⅱ	建筑抗震危险性分类Ⅲ	建筑抗震危险性分类Ⅳ
罕遇地震	2475	严重（CP）	严重（CP）	较严重（LS）	一般（IO）
偶遇地震	475	严重（CP）	较严重（LS）	一般（IO）	微小（OP）
多遇地震	50	较严重（LS）	一般（IO）	微小（OP）	微小（OP）
频遇地震	25	一般（IO）	微小（OP）	微小（OP）	微小（OP）

有关表中抗震设计分类，按 ASCE7 美国规范对建筑物进行两种分类，即危险性分类和抗震设计分类。根据地震破坏对使用功能、生命安全、日常生活与社会经济影响，建筑物危险性可分为Ⅰ-Ⅳ类，大致和我国建筑抗震分类相当；再按危险性分类和建筑场地条件、地震地质、区域地震活动频度等，把建筑物划分为 A-F 六个抗震设计分类，类别越高，抗震设计标准越高。以上抗震性能标准可与图 4.4.1 对照。

图 4.4.1 中 AB 段为弹性阶段其斜率为构件等效初始刚度，B 为屈服点，BC 段为应

变硬化阶段，C 为极限强度点，D 点为残余强度点。相应的 OP 在 B 点，AB 段即为弹性控制性能段；其余 IO、LS、CP 都在 BC 段，其中 OP-IO 间为运行控制性能段；IO-LS 间为破坏控制性能段；LS-CP 间为有限安全性能段。一般美国的有关专业软件在弹塑性分析中很多都是以此为依据。

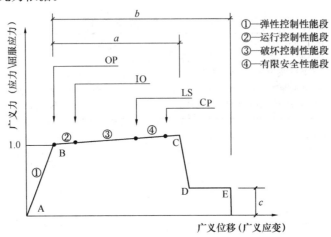

①—弹性控制性能段
②—运行控制性能段
③—破坏控制性能段
④—有限安全性能段

图 4.4.1　FEMA 推荐的结构广义力-广义位移关系曲线

我国《抗规》第 3.10.3 条说明中，将这类结构的预期性能按其破坏情况把性能控制目标也分为四类。我国《高规》第 3.11.1 条也有类似规定，现将它的两个表归纳到以下表 4.4.8 中。

一般情况的预期性能控制目标的破坏状态　　　　表 4.4.8

地震水准	四个性能目标			
	性能Ⅰ（A）	性能Ⅱ（B）	性能Ⅲ（C）	性能Ⅳ（D）
多遇地震 （小震）	1 完好	1 完好	1 完好	1 完好
设防烈度地震 （中震）	1 完好、正常使用	2 基本完好，检修后继续使用	3 轻微损坏，简单修理后继续使用	4 轻微至接近中等损坏，变形<3［Δu_e］
罕遇地震 （大震）	2 基本完好，检修后继续使用	3 轻微至中等破坏修复后继续使用	4 其破坏需加固后继续使用	5 接近严重破坏，大修后继续使用

由以上二表比较可知，二者基本是一致的。以下我们对四种性能目标做一解释：

性能目标Ⅰ（A）：结构构件在小震、中震下处于弹性状态，完好无损；在预期大震下仍基本处于弹性状态，其细部构造仅需满足最基本的构造要求，不影响正常使用。实例表明，采用隔震、减震技术或低烈度设防且风荷载控制的高层建筑有可能满足这个性能目标。条件许可时，可对某些甲类建筑和一些重要建筑的关键构件采用这个性能目标。

性能目标Ⅱ（B）：结构构件在中震下基本完好，但是需要检修；在预期大震下某些构件可能屈服、其细部构造需满足低延性的要求，对一些构件需要进行加固修复。如东南沿海地区，对于 6 度设防的高层结构，设计承载力常常是由风荷载控制，有时结构只需满足小震时风载作用下的承载力与位移要求，那么结构多数构件的承载力和层间位移均可满足中震（不计入风载效应组合）的设计要求；考虑水平构件在大震下损坏使刚度降低和阻尼加大，按等效线性化方法估算，竖向构件的最小极限承载力仍可满足大震下的验算要求，这时结构总体上可达到性能目标Ⅱ要求。

性能目标Ⅲ（C）：在中震下已有轻微塑性变形，需要进行简单修理；大震下有明显的塑性变形，其细部构造需满足中等延性的构造要求，需要进行局部加固。

性能目标Ⅳ（D）：在中震下的损坏已大于性能Ⅲ，接近中等损坏，结构总体的抗震承载力仅略高于一般情况，其细部构造需满足高延性要求，层间位移未超出弹性容许值的三倍；大震时，虽然没有倒塌，但是整个结构已接近严重破坏，大修后还可继续使用。

表4.4.8中4个等级的性能目标，涉及五种破坏状态，可将其称为抗震性能的五个性能水平（1、2、3、4、5），以下将对其作具体介绍。

在《高规》第3.11.2节中对结构各性能水平的预期震后性能状况作了规定，和《抗规》稍有差别，但是基本要求一致，它的特点是分得更细，具体见表4.4.9所示。为和其他部分名词统一，我们把结构性能水准一律称为结构性能水平，其含义相同。

结构各性能水平的预期的震后性能状况 表 4.4.9

结构抗震性能水平	宏观损坏程度	损坏部位			继续使用的可能性
		普通竖向构件	关键构件	耗能构件	
第1水平	完好无损坏	无损坏	无损坏	无损坏	一般不需要修理即可继续使用
第2水平	基本完好轻微损坏	无损坏	无损坏	轻微损坏	稍加修理即可继续使用
第3水平	轻度损坏	轻微损坏	轻微损坏	轻度损坏、部分中度损坏	一般修理后才可能继续使用
第4水平	中度损坏	部分构件中度损坏	轻微损坏	中度损坏、部分比较严重损坏	修复或加固后才可继续使用
第5水平	比较严重损坏	部分构件比较严重损坏	中度损坏	比较严重损坏	需排险大修

注：1. "普通竖向构件"是指"关键构件"之外的竖向构件；
2. "关键构件"是指该构件的失效可能引起结构的连续破坏或危及生命安全的严重破坏，如：水平转换构件及其支承构件，大跨连体结构的连接体及其支承结构，大悬挑结构的主要悬挑构件及其支承构件，加强层伸臂桁架和周边环桁架及其支承结构，长短柱在同一楼层且数量相当时该层各长短柱、细腰型平面很窄的连接楼板，扭转变形很大部位的竖向（斜向）构件，底部加强部位的墙柱等；
3. "耗能构件"包括框架梁、剪力墙连梁及耗能支撑等。

4.4.4 判别五种结构抗震水平的准则

1. 第1抗震水平——完好

（1）小震作用下，全部构件的抗震承载力设计值（拉、压、弯、剪、压弯、拉弯、稳定等）满足弹性设计的要求；层间变形（以弯曲变形为主的结构宜扣除整体弯曲变形）满足规范多遇地震下的位移角限值。结构构件的抗震等级不低于《抗规》、《高规》的有关规定，需要特别加强的构件可适当提高抗震等级，已为特一级的不再提高。

（2）中震作用下，构件承载力需满足弹性设计要求，但在构件组合内力计算中不计入风荷载作用效应的组合，地震作用标准值的构件内力计算时不需要考虑与抗震等级有关的增大系数。耗能构件正截面至少满足不屈服，斜截面满足弹性设计要求，所有构件都无损坏，但是层间位移已轻微超过弹性层间位移限值。结构整体完好无损坏，一般不需修理即可继续使用。

2. 第2抗震水平——基本完好

（1）小震作用下，即构件基本保持弹性状态，各种承载力设计值基本满足规范对抗震承载力的要求（效应 S 不含抗震等级调整系数），层间位移满足弹性变形限值。

（2）在中震及大震作用下：

1）竖向构件及关键构件的抗震承载力满足弹性设计要求。

2）框架梁、剪力墙连梁等耗能构件，斜截面受剪承载力宜符合弹性设计要求，正截面受弯满足不屈服要求，大震时有个别构件屈服。

3）弹性层间位移中震时可略超弹性层间位移规范限值，大震应小于 1.5 倍规范限值左右。

4）大震时结构整体基本完好，个别耗能构件出现塑性铰轻微损坏。

3. 第3抗震水平——轻微损坏

（1）小震作用下，同上。

（2）在中震及大震作用下，结构构件可能出现轻微的塑性变形，按材料标准值计算的承载力大于作用标准组合的效应，弹性层间位移已较多超过规范的弹性层间位移限值，整体结构进入弹塑性状态，结构宜进行弹塑性分析：

①竖向构件及关键部位构件的正截面受弯承载力，应满足不屈服要求，斜截面受剪承载力应满足弹性设计要求。

②部分耗能构件进入屈服，可考虑剪力墙连梁刚度折减，一般折减系数不小于 0.4。但抗剪承载力应满足不屈服设计要求。

③普通竖向构件个别有轻微损坏；耗能有轻度损坏，部分有中度损坏。

④大震作用下，结构薄弱部位最大层间位移角应控制在 1.5～3 倍规范弹性变形限值要求。

⑤细部构造满足中等延性要求。结构总体轻度损坏，一般修复后可继续使用。

4. 第4抗震水平——中等破坏

（1）小震作用下，同上。

（2）在中震及大震作用下，结构出现明显的塑性变形，应对整体结构进行弹塑性分析。其中：

①关键构件的抗震斜截面受剪承载力，正截面受弯承载力皆应满足不屈服设计要求。

②竖向构件应满足斜截面受剪不屈服要求，部分竖向构件及大部分耗能构件进入屈服阶段，但钢筋混凝土构件应满足"强剪弱弯"的设计理念，确保构件不发生脆性破坏。

③大震作用下，结构最大层间位移角应控制在 3～5 倍规范弹性变形限值要求。

④细部构造满足高延性要求。结构总体中度损坏，需修复加固后可继续使用。

5. 第5抗震水平要求——接近严重破坏

（1）大震作用下结构竖向构件出现明显的塑性变形，部分水平构件可能失效，结构应进行弹塑性分析。

（2）大震作用下关键构件的抗震承载力宜满足不屈服设计的要求，但有部分构件屈服。

（3）大震作用下较多的竖向构件进入屈服阶段，但应控制进入屈服的构件比例，不使整体结构的承载力发生下降。并且受剪截面应满足"强剪弱弯"的要求。

（4）大震作用下，允许大部分耗能构件屈服，部分产生比较严重的破坏，结构薄弱部位的最大弹塑性层间位移角，应控制小于规范弹塑性限值的 0.9 倍。

（5）总体结构比较严重损坏，需排险大修后方可继续使用。

4.5 各种抗震性能水平的结构设计定量控制指标

4.5.1 五种抗震性能水平的结构设计承载力计算

结构构件承载力（混凝土构件压弯、拉弯、受剪、受弯承载力；钢构件受拉、受压、受弯、稳定承载力等）计算时，地震内力计算和调整地震作用效应组合、材料强度取值及验算方法，按规范有关要求进行。

1. 第 1 抗震性能水平：结构和构件应满足弹性设计要求

（1）小震作用下，抗震承载力应满足：

$$\gamma_G S_{GE} + \gamma_{Eh} S_{Ehk} + \gamma_{EV} S_{EvK} + \varphi_w \gamma_w S_{WK} \leqslant R/\gamma_{RE} \tag{4.5.1}$$

本节公式与符号含义见《抗规》5.4.1、5.4.2 条和《高规》第 3.11.3 条。

（2）中震作用下，抗震承载力宜符合下式要求，并不计入风荷载效应组合：

$$\gamma_G S_{GE} + \gamma_{Eh} S^*_{EhK} + \gamma_{Ev} S^*_{EvK} \leqslant R/\gamma_{RE} \tag{4.5.2}$$

式中：S^*_{EhK}——水平地震作用标准值的构件内力，不需乘以与抗震等级有关的增大系数；

S^*_{EvK}——竖向地震作用标准值的构件内力，不需乘以与抗震等级有关的增大系数。

（3）结构构件抗震等级应满足规范的要求，对需特别加强的构件可适当提高，已为特一级的不再提高。

2. 第 2 抗震性能水平：在中震或大震作用下

（1）竖向构件及关键构件的抗震承载力宜符合弹性设计要求，并不计入风荷载效应组合：

$$\gamma_G S_{GE} + \gamma_{Eh} S_{EhK} + \gamma_{Ev} S_{EvK} \leqslant R/\gamma_{RE} \tag{4.5.3}$$

（2）耗能构件的受剪承载力宜符合弹性设计要求（同上式），其正截面承载力宜符合屈服承载力设计要求，重力荷载分项系数 γ_G、水平地震分项系数 γ_{Eh} 及抗震承载力调整系数 γ_{RE} 均取 1.0，竖向地震作用分项系数 γ_{Ev} 取 0.4，即：

$$S_{GE} + S^*_{EhK} + 0.4 S^*_{EvK} \leqslant R_K \tag{4.5.4}$$

式中：R_K——材料强度标准值计算的截面承载力。

3. 第 3 抗震性能水平

（1）整体结构进入弹塑性状态。应进行弹塑性计算分析，进一步分析弹塑性层间位移角、构件屈服次序及塑性铰分布、结构的薄弱部位，整体承载力不发生下降。允许部分框架、剪力墙、连梁等耗能构件进入屈服阶段。

（2）在中震和大震作用下：

1）竖向构件及关键部位构件的正截面承载力宜符合屈服承载力设计要求。即：

$$S_{GE} + S^*_{EhK} + 0.4S^*_{EvK} \leqslant R_K \tag{4.5.5}$$

对水平长悬臂结构和大跨度结构中的关键构件正截面屈服承载力设计，需同时满足以下两式的要求：

$$S_{GE} + S^*_{EhK} + 0.4S^*_{EvK} \leqslant R_K \tag{4.5.6}$$

$$S_{GE} + 0.4S^*_{EhK} + S^*_{EvK} \leqslant R_K \tag{4.5.7}$$

为计算方便，可采用等效弹性方法计算竖向构件及关键部位构件的组合内力（S_{GE} 及 S^*_{EK}），并适当考虑结构阻尼比的增加（中震增加值不大于 0.01，大震不大于 0.02），及剪力墙连梁刚度的折减（中震刚度折减系数不小于 0.4，大震不小于 0.3）。实际工程可先对底部加强部位和薄弱部位的竖向构件承载力按上述方法计算，再进行弹塑性分析校核全部竖向构件。

2）竖向构件及关键部位构件的受剪承载力宜满足下式要求。即：

$$\gamma_G S_{GE} + \gamma_{Eh} S_{EhK} + \gamma_{Ev} S^*_{EvK} \leqslant R/\gamma_{RE} \tag{4.5.8}$$

3）部分耗能构件进入屈服阶段，但抗剪承载力宜满足屈服承载力设计要求。即：

$$S_{GE} + S^*_{EhK} + 0.4S^*_{EvK} \leqslant R_K \tag{4.5.9}$$

4）在大震作用下，一般构件可按极限承载力复核，承载力达到极限承载限值后能维持稳定。极限承载力复核时，应不计入风荷载的地震作用效应标准组合，并按下式计算：

$$S_{GE} + S^*_{EhK} + 0.4S^*_{EvK} \leqslant R_u \tag{4.5.10}$$

式中：R_u——按材料最小极限强度值计算的承载力；其中钢材的极限抗拉强度最小值 f_u 按《高层民用建筑钢结构技术规程》取值，约为钢材屈服强度的 1.35 倍；钢筋强度约为钢筋屈服强度的 1.25 倍；混凝土的强度可取立方强度的 0.88 倍。

5）在大震作用下，结构薄弱部位的最大层间位移角应满足《抗规》弹塑性层间位移角的要求。

4. 第 4 抗震性能水平

（1）整体结构应进行弹塑性计算分析。

（2）在中震和大震作用下：

1）关键构件的抗震承载力宜符合屈服承载力设计要求。即：

$$S_{GE} + S^*_{EhK} + 0.4S^*_{EvK} \leqslant R_K \tag{4.5.11}$$

对水平长悬臂结构和大跨度结构中的关键构件正截面屈服承载力设计，需同时满足以下两式的要求：

$$S_{GE} + S^*_{EhK} + 0.4S^*_{EvK} \leqslant R_K \tag{4.5.12}$$

$$S_{GE} + 0.4S^*_{EhK} + S^*_{EvK} \leqslant R_K \tag{4.5.13}$$

2）部分竖向构件及大部分耗能构件进入屈服阶段，但为防止构件脆性破坏其受剪截面应满足以下要求：

钢筋混凝土构件应满足

$$V_{GE} + V_{EK}^* \leqslant 0.15 f_{ck} b h_0 \tag{4.5.14}$$

钢—混凝土组合构件应满足

$$(V_{GE} + V_{EK}^*) - (0.25 f_{ak} A_a + 0.5 f_{spk} A_{sp}) \leqslant 0.15 f_{ck} b h_0 \tag{4.5.15}$$

上式的 V_{GE}、V_{EK}^* 可按弹塑性分析结果取值，也可按等效弹性方法计算取值（通常偏安全）。

式中：V_{GE} ——重力荷载代表值产生的构件剪力；

$\quad\quad V_{EK}^*$ ——地震作用标准值产生的构件剪力，不需乘与抗震等级有关的增大系数；

$\quad\quad f_{ak}$ ——剪力墙端部暗柱中型钢的强度标准值；

$\quad\quad A_a$ ——剪力墙端部暗柱中型钢截面面积；

$\quad\quad A_{spk}$ ——剪力墙墙内钢板的强度标准值；

$\quad\quad A_{sp}$ ——剪力墙墙内钢板的横截面面积。

3）在大震作用下，一般构件也可按（4.5.10）式进行极限承载力复核，同性能 3，结构薄弱部位的最大层间位移角应满足《抗规》弹塑性层间位移角的要求。

5. 第 5 抗震性能水平

（1）整体结构应进行弹塑性计算分析，宜控制整体结构的承载力不发生下降。如发生下降也应控制下降幅度不超过 10%。

（2）在大震作用下：

1）关键构件的抗震承载力宜符合屈服承载力设计要求。即：

$$S_{GE} + S_{EhK}^* + 0.4 S_{EvK}^* \leqslant R_K \tag{4.5.16}$$

2）较多的竖向构件进入屈服阶段，但不允许同一楼层的竖向构件全部屈服。

3）竖向构件的受剪截面应满足以下要求：

钢筋混凝土构件应满足

$$V_{GE} + V_{EK}^* \leqslant 0.15 f_{ck} b h_0 \tag{4.5.17}$$

钢—混凝土组合构件应满足

$$(V_{GE} + V_{EK}^*) - (0.25 f_{ak} A_a + 0.5 f_{spk} A_{sp}) \leqslant 0.15 f_{ck} b h_0 \tag{4.5.18}$$

4）允许部分耗能构件发生比较严重破坏。

5）一般构件可按极限承载力复核，达到极限承载限值后，能维持稳定，降低少于 10%，并可按下式计算：

$$S_{GE} + S_{EK}^* < R_u \tag{4.5.19}$$

6）在大震作用下，结构薄弱部位的最大层间位移角应满足《抗规》弹塑性层间位移角的要求。

4.5.2 不同抗震性能水平位移控制指标

反映结构抗震性能水平的性能指标的确定，是对结构进行抗震性能设计及评估的关键环节，如何科学合理的采用定量的性能指标至关重要。目前关于结构性能水平的划分还没有形成统一的认识，有关性能指标的研究工作主要集中在基于结构位移的指标，和基于结构损伤的指标等（详见前一节）。

以下给出若干以结构顶点位移划分的性能水准指标，供大家参考。

我国《通则》中也对结构给出了弹塑性层间位移角限值如下表所示，其中还给出了与现行抗规规定的限值对照，二者比较可知《通则》比《抗规》放宽了限值标准。

弹塑性层间位移角限值　　　　　　　　　　表 4.5.1

结构类型	GB 50011《抗规》规定	CECS 160《通则》规定（建筑使用功能类别）		
		II	III	IV
单层钢筋混凝土柱排架	1/30＝0.033	0.038	0.033	0.028
钢筋混凝土框架	1/50＝0.020	0.023	0.020	0.017
底框砖房的框架-抗震墙	—	0.014	0.012	0.010
钢筋混凝土框架-抗震墙、板柱-抗震墙、框架-核心筒	1/100＝0.010	0.014	0.012	0.010
钢筋混凝土抗震墙、筒中筒	1/120＝0.0083	0.014	0.012	0.010
钢框架	1/50＝0.020	0.029	0.025	0.021
钢支撑框架	—	0.020	0.018	0.015

表中建筑使用功能类别详见表 4.4.4。

我国《抗规》第 1.0.1 条规定：进行抗震设计的建筑，其抗震设防目标是：小震不坏、中震可修、大震不倒。与上述要求对应的地震破坏分级定性划分，在《建筑地震破坏等级划分标准》（建设部 90 建抗字 377 号）中，定为五级并做了较详细的描述，详见表 4.5.2。

各类房屋的地震破坏分级和损失估计　　　　　　　表 4.5.2

名称	破坏描述	继续使用的可能性	变形参考值
基本完好（含完好）	承重构件完好；个别非承重构件轻微损坏；附属构件有不同程度破坏	一般不需要修理即可继续使用	$< [\Delta u_e]$
轻微损坏	个别承重构件轻微裂缝（对钢结构构件指残余变形），个别非承重构件明显破坏；附属构件有不同程度破坏	不需修理或需稍加修理，仍可继续使用	$1.5 \sim 2 [\Delta u_e]$
中等破坏	多数承重构件轻微裂缝（或残余变形），部分明显裂缝（或残余变形）；个别非承重构件严重破坏	需一般修理，采取安全措施后可适当使用	$3 \sim 4 [\Delta u_e]$
严重破坏	多数承重构件严重破坏或部分倒塌	应排险大修，局部拆除	$< 0.9 [\Delta u_p]$
倒塌	多数承重构件倒塌	需拆除	$> [\Delta u_p]$

注：1. 个别指 5% 以下，部分指 30% 以下，多数指 50% 以上；

　　2. 中等破坏变形参考值，大致取规范弹性和弹塑性位移角限值的平均值，轻微损坏取 1/2 平均值。

　　3. 以上表中 Δu_e、Δu_p 分别为最大弹性、塑性位移角。

下表给出不同类型结构的最大层间位移角控制目标参考值，供设计参考。表中两端分别为规范规定的弹性与塑性层间位移限值。

结构类型	结构宏观损坏程度			
	完好	轻微损坏	中等破坏	严重破坏
钢筋混凝土框架	1/550	1/250	1/120	1/50
钢筋混凝土抗震墙、筒中筒	1/1000	1/500	1/250	1/120
钢筋混凝土框架-抗震墙、板柱-抗震墙、框架-核心筒	1/800	1/400	1/200	1/100
多、高层钢结构	1/250	1/120	1/80	1/50

4.5.3　美国有关规范的抗震性能水平定量控制指标[35,36]

美国的 ASCE41-06 提供了各类钢筋混凝土构件特征截面完整的骨架曲线形状参数，下表摘录了有关梁、柱、剪力墙、连梁等在弹塑性分析中弯曲破坏控制的形状参数。作为性能设计水准的定量依据，表中 a、b、c 和 IO、LS、CP 含义见图 4.4.1（坐标取括号内标设的无量纲相对值）。

梁的非线性力-变形关系曲线模型参数及转动限值（弯曲破坏控制）　　表 4.5.4

$\dfrac{\rho-\rho'}{\rho_{bal}}$	$\dfrac{V}{b_w d \sqrt{f'_c}}$	模型参数			可接受准则（弧度）		
		塑性铰（弧度）		残留强度比	性能水准		
		a	b	c	IO	LS	CP
≤0.0	≤3	0.025	0.05	0.20	0.010	0.020	0.025
≤0.0	≥6	0.02	0.04	0.20	0.005	0.010	0.020
≥0.5	≤3	0.02	0.03	0.20	0.005	0.010	0.020
≥0.5	≥6	0.015	0.02	0.20	0.005	0.005	0.015

注：1. 表中数值允许内插。

2. ρ 为纵向受拉钢筋配筋率；ρ' 为纵向受压钢筋配筋率；ρ_{bal} 为平衡配筋率；V 为截面设计剪力；f'_c 为混凝土圆柱体轴心抗压强度，$f'_c = 0.8 f_c$；b_w 为梁宽；d 为截面有效高度。

3. 塑性铰区域内箍筋间距不大于 $d/3$，对于中等延性或高延性梁，箍筋抗剪承载力不小于 3/4 的设计剪力。

墙的非线性力-变形关系曲线模型参数及转动限值（弯曲破坏控制）　　表 4.5.5

$\dfrac{(A_s - A'_s)f_y + P}{t_w l_w f'_c}$	$\dfrac{V}{t_w l_w \sqrt{f'_c}}$	模型参数			可接受准则（弧度）		
		塑性铰（弧度）		残留强度比	性能水准		
		a	b	c	IO	LS	CP
≤0.1	≤3	0.015	0.020	0.75	0.005	0.010	0.015
≤0.1	≥6	0.010	0.015	0.40	0.004	0.008	0.010
≥0.25	≤3	0.009	0.012	0.60	0.003	0.006	0.009
≥0.25	≥6	0.005	0.010	0.30	0.015	0.003	0.005

注：1. 表中数值允许内插。

2. P 为墙设计轴力；A_s 为受拉钢筋面积；A'_s 为受压钢筋面积；t_w 为墙宽；l_w 为墙肢长度；V 为截面设计剪力；f'_c 为混凝土圆柱体轴心抗压强度，$f'_c = 0.8 f_c$。

3. 按 ACI 318 规定设置约束边缘构件。

柱的非线性力-变形关系曲线模型参数及转动限值（弯曲破坏控制）　　　表 4.5.6

$\dfrac{\rho-\rho'}{\rho_{bal}}$	$\dfrac{V}{b_w d\sqrt{f'_c}}$	模型参数			可接受准则（弧度）		
		塑性铰（弧度）残留强度比			性能水准		
		a	b	c	IO	LS	CP
≤0.1	≤3	0.020	0.030	0.20	0.005	0.015	0.020
≤0.1	≥6	0.016	0.024	0.20	0.005	0.012	0.016
≥0.4	≤3	0.015	0.025	0.20	0.003	0.012	0.015
≥0.4	≥6	0.012	0.020	0.20	0.003	0.010	0.012
柱轴力超过 $0.70P_0$							
箍筋全高加密		0.015	0.025	0.20	0.0	0.005	0.010
其他所有情况		0.0	0.0	0.20	0.0	0.0	0.0
框支柱							
箍筋全高加密		0.010	0.015	0.20	0.003	0.007	0.010
其他所有情况		0.0	0.0	0.20	0.0	0.0	0.0

注：1. 塑性铰区域内箍筋间距不大于 $d/3$。中等延性或高延性柱，箍筋抗剪强度不小于 3/4 的设计剪力。

2. 全高范围内箍筋间距不大于 $d/2$，箍筋抗剪强度不小于设计剪力。

3. 表中数值允许内插。

4. p 为柱设计轴力；A_g 为柱截面毛面积；V 为截面设计剪力；f'_c 为混凝土圆柱体轴心抗压强度，$f'_c = 0.8f_c$；b_w 为柱宽；d 为截面有效高度。

连梁的非线性力-变形关系曲线模型参数及转动限值（弯曲破坏控制）　　　表 4.5.7

斜向钢筋	$\dfrac{V}{t_w l_w\sqrt{f'_c}}$	模型参数			可接受准则（弧度）		
		塑性铰（弧度）残留强度比			性能水准		
		a	b	c	IO	LS	CP
无	≤3	0.025	0.050	0.75	0.010	0.020	0.025
无	≥6	0.020	0.040	0.50	0.005	0.010	0.020
有	N. A.	0.030	0.050	0.80	0.006	0.018	0.030

注：1. 表中数值允许内插。

2. 箍筋全长加密，间距不大于 $d/3$。箍筋抗剪强度不小于 3/4 的设计剪力。

4.6　抗震性能设计的实施与结构弹塑性分析问题

4.6.1　抗震性能设计实施步骤与操作建议

1. 性能设计实施操作步骤

现有规范中没有明确规定哪些建筑需要进行性能设计，一般只要求超限高层结构，以及甲、乙类建筑才需要进行性能设计。性能设计应该贯穿到建筑建造的全过程，直至竣工。性能设计实施的一般步骤如下：

（1）确认建筑场地类别、建筑抗震设防类别和地震动参数（有时需要进行安评）；

（2）根据建筑的重要性和业主、设计人员的需要确定结构的整体抗震性能目标，以及各类构件的性能指标。对关键构件、一般竖向构件与耗能构件的分类以及构件抗震性能指标的确定，主要依靠结构工程师；

（3）在建筑方案阶段，按弹性分析进行初算，并且采用弹塑性层间位移的简化计算方法，估算最大弹塑性层间位移，根据初算结果相应修改设计；

（4）在初步设计阶段，进行弹塑性分析，初步确认是否满足设定的性能目标，以及各类构件的性能指标，确认薄弱层、薄弱杆件的位置与数量，确认是否需要进行整体或者局部节点进行结构模型试验，或者风洞试验；

（5）根据结构模型试验（风洞试验）和弹塑性分析的结果反复验算、修改设计，局部调整结构布局，加强薄弱层与薄弱构件，直至使其经济合理地达到设定的抗震性能目标；

（6）上报有关部门审批，并且经专家评审，根据评审意见修改初步设计；

（7）在施工图阶段，按评审意见修改后的初步设计深化设计，并且需要对重新修改后的设计进行弹塑性分析，直至验算完全满足，并且满足经济性要求为止，最后进行施工图设计；

（8）对施工进行监理，按施工情况进行补充验算，直至建筑施工完成；

（9）进行验收，检查施工是否满足所有设计要求，再进行局部修改；

（10）验收通过，建筑竣工。

2. 性能设计操作建议

（1）结构性能目标最低标准的确定：性能设计目标的最低标准取决于地震动参数、建筑抗震类别、建筑场地类别、建筑高度、不规则程度以及破坏的影响等。业主与工程师可以根据实际的技术条件与经济能力，适当提高（包括构件）性能目标，但不能低于规范的规定；

（2）最关键是要保证"大震不倒"，一切工作都应该以此为中心；

（3）经济性问题，一般性能目标越高，初始投入越大，但是以后的维护费用会减少，而且震后修复成本越低。反之，初始投入越小，但是以后的维护费用会增加，而且震后修复成本越高难度越大。这一般主要取决于业主的意愿，如果建筑破坏涉及大规模的公共安全问题，则应该由政府管理部门确定；

（4）工程师的作用是根据结构的高度与规则性的超限程度，为业主确定目标，做好参谋。我们对选用各类建筑结构的抗震性能目标提出以下建议，供设计参考。

各类建筑结构选用抗震性能目标建议　　　　　　表 4.6.1

建筑类别	高度超限情况	规则性情况	建议性能目标	备　注
丙类建筑	高度未超限	规则性较好	D	为一般超限
	高度未超限	规则性超限	C	为特别不规则
	高度超限	规则性较好	D	部分指标取 C
	高度超限	规则性超限	C 或者 B	规则性很差选 B
	超 B 级高度	规则性较好	C	
	超 B 级高度	规则性超限	B	
乙类建筑	高度未超限	规则性较好	C 或者 D	破坏影响面不大的可取 D
	高度未超限	规则性超限	C	部分指标取 B
	高度超限	规则性较好	C	
	高度超限	规则性超限	B	部分指标可取 A
甲类建筑			A	

4.6.2 抗震性能设计目标的细化和综合

在表 4.4.8 与 4.4.9 中已经提出了三种地震动水准下的结构的四个性能目标,以及相应于性能目标的结构五种性能水平,和结构相应的性状,其中表 4.4.9 已经细化到不同类型的构件,为我们选定结构性能目标提供了很大方便。但是我们在设计中还希望能够有更加细化的指标,这里我们根据有关规范与规程,以及有关设计单位的经验,将其综合成下列各表,以供设计参考。

五种结构性能水平相应的构件需满足的性能设计参考指标　　　表 4.6.2

抗震性能水平	结构构件抗震承载力参考设计指标			结构变形参考设计指标
	关键构件	普通竖向构件	耗能构件	
第一水平	应满足弹性设计要求	应满足弹性设计要求	应满足弹性设计要求	小于弹性层间位移限值
第二水平	应满足弹性设计要求	应满足弹性设计要求	斜截面应满足弹性设计要求,正截面应满足不屈服要求	小于 1.5 倍弹性层间位移限值
第三水平	斜截面应满足弹性设计要求,正截面应满足不屈服要求	斜截面应满足弹性设计要求;正截面应满足不屈服要求	部分耗能构件进入屈服;斜截面仍应满足不屈服要求	小于(1.5～3倍)弹性层间位移限值
第四水平	斜截面、正截面应满足不屈服要求	部分竖向构件进入屈服,仍应满足截面受剪控制条件	大部分耗能构件进入屈服阶段	小于(3～5倍)弹性层间位移限值
第五水平	斜截面、正截面应满足不屈服要求	较多竖向构件进入屈服,仍应满足截面受剪控制条件	极大部分耗能构件进入屈服阶段;部分发生较严重破坏	小于 0.9 塑性层间位移限值

以下列出有关抗震性能设计性能目标的细化和综合建议表,供大家参考。

性能目标"A"的结构构件应满足的性能设计参考指标　　　表 4.6.3

		地震动水准	多遇地震	设防烈度地震	罕遇地震
结构整体性能水平		需满足的性能水平	1	1	2
		宏观损坏程度	完好	完好,正常使用	基本完好,正常使用
		层间位移参考指标	小于弹性层间位移限值	小于弹性层间位移限值	小于 1.5 倍弹性层间位移限值
		评估方法	按规范常规设计	按规范常规设计,不考虑抗震调整	采用静力或者动力弹塑性分析方法
构件性能参考指标	关键构件	承载力指标	应满足弹性设计要求	应满足弹性设计要求	应满足弹性设计要求
		损坏状态	完好,无损坏	完好,无损坏	完好,正常使用
	普通竖向构件	承载力指标	应满足弹性设计要求	应满足弹性设计要求	应满足弹性设计要求
		损坏状态	完好	完好	基本完好
	耗能构件	承载力指标	应满足弹性设计要求	应满足弹性设计要求	斜截面应满足弹性、正截面应满足不屈服设计要求
		损坏状态	完好,无损坏	基本完好	基本完好,个别构件轻微损坏

性能目标"B"的结构构件应满足的性能设计参考指标　　　　　　表 4.6.4

		地震动水准	多遇地震	设防烈度地震	罕遇地震
结构整体性能水平		需满足的性能水平	1	2	3
		宏观损坏程度	完好，无损坏	完好，无损坏	基本完好，个别构件轻微损坏
		层间位移参考指标	小于弹性层间位移限值	小于 1.5 倍弹性层间位移限值	小于（1.5～3）倍弹性层间位移限值
		评估方法	按规范常规设计	按规范常规设计，不考虑抗震调整	采用静力或者动力弹塑性分析方法
构件性能参考指标	关键构件	承载力指标	应满足弹性设计要求	应满足弹性设计要求	斜截面应满足弹性、正截面应满足不屈服设计要求
		损坏状态	完好，无损坏	完好，无损坏	基本完好，正常使用
	普通竖向构件	承载力指标	应满足弹性设计要求	应满足弹性设计要求	斜截面应满足弹性、正截面应满足不屈服设计要求
		损坏状态	完好	基本完好，正常使用	基本完好，个别构件轻微损坏
	耗能构件	承载力指标	应满足弹性设计要求	斜截面应满足弹性、正截面应满足不屈服	部分耗能构件允许进入屈服；斜截面应满足不屈服设计要求
		损坏状态	完好，无损坏	基本完好，个别构件轻微损坏	基本完好，个别构件出现塑性铰

性能目标"C"的结构构件应满足的性能设计参考指标　　　　　　表 4.6.5

		地震动水准	多遇地震	设防烈度地震	罕遇地震
结构整体性能水平		需满足的性能水平	1	3	4
		宏观损坏程度	完好，无损坏	轻度损坏，一般修理仍可继续使用	中度损坏，需修复或加固后可继续使用
		层间位移参考指标	小于弹性层间位移限值	小于（2～3）倍弹性层间位移限值	小于（3～5）倍弹性层间位移限值
		评估方法	按规范常规设计	宜采用弹塑性分析方法	采用静力或者动力弹塑性分析方法
构件性能参考指标	关键构件	承载力指标	应满足弹性设计要求	斜截面应满足弹性、正截面应满足不屈服设计要求	斜截面、正截面皆应满足不屈服设计要求
		损坏状态	完好，无损坏	个别构件轻微损坏	部分构件轻度损坏
	普通竖向构件	承载力指标	应满足弹性设计要求	斜截面应满足弹性、正截面应满足不屈服设计要求	部分构件允许进入屈服；截面抗剪应满足受剪截面控制条件
		损坏状态	完好，无损坏	部分构件轻微损坏	部分构件轻度损坏
	耗能构件	承载力指标	应满足弹性设计要求	部分耗能构件允许进入屈服；斜截面应满足不屈服设计要求	大部分构件允许进入屈服阶段
		损坏状态	完好，无损坏	个别构件轻度损坏	大部分构件中度损坏

性能目标"D"的结构构件应满足的性能设计参考指标　　　　表 4.6.6

<table>
<tr><td colspan="2" rowspan="2"></td><td>地震动水准</td><td>多遇地震</td><td>设防烈度地震</td><td>罕遇地震</td></tr>
<tr><td>需满足的性能水平</td><td>1</td><td>4</td><td>5</td></tr>
<tr><td rowspan="4">结构整体性能水平</td><td colspan="2">宏观损坏程度</td><td>完好，无损坏</td><td>中度损坏，修复或加固后可继续使用</td><td>比较严重损坏，需排险大修</td></tr>
<tr><td colspan="2">层间位移参考指标</td><td>小于弹性层间位移限值</td><td>小于（4～5）倍弹性层间位移限值</td><td>小于 0.9 塑性层间位移角限值</td></tr>
<tr><td colspan="2">评估方法</td><td>按规范常规设计</td><td>采用静力或动力弹塑性分析方法</td><td>采用静力或动力弹塑性分析方法</td></tr>
<tr><td rowspan="6">构件性能参考指标</td><td rowspan="2">关键构件</td><td>承载力指标</td><td>应满足弹性设计要求</td><td>斜截面、正截面应满足不屈服设计要求</td><td>斜截面、正截面宜满足不屈服设计要求</td></tr>
<tr><td>损坏状态</td><td>完好，无损坏</td><td>个别构件中度损坏</td><td>部分构件中度损坏</td></tr>
<tr><td rowspan="2">普通竖向构件</td><td>承载力指标</td><td>应满足弹性设计要求</td><td>部分构件允许进入屈服；截面抗剪应满足受剪截面控制条件</td><td>较多构件允许进入屈服；截面抗剪应满足受剪截面控制条件</td></tr>
<tr><td>损坏状态</td><td>完好，无损坏</td><td>部分构件中度损坏</td><td>较多构件中度损坏</td></tr>
<tr><td rowspan="2">耗能构件</td><td>承载力指标</td><td>应满足弹性设计要求</td><td>大部分构件允许进入屈服；</td><td>绝大部分耗能构件允许进入屈服阶段；部分较严重破坏</td></tr>
<tr><td>损坏状态</td><td>完好，无损坏</td><td>较多构件中度损坏</td><td>绝大部分构件中度损坏，部分比较严重损坏</td></tr>
</table>

　　根据设计经验以及对规范的理解，我们认为如果某个构件的损坏会影响局部或者整体结构的严重破坏，或者这个构件受力情况复杂、很可能发生脆性破坏，那么这个构件应该列为关键构件。提出以下作为关键构件与耗能构件的一览表，供设计人员参考。这里我们特别提出了支座与节点问题，按照抗震概念设计原则，是'强节点弱杆件'按理它应该比杆件本身的抗震能力还要强，这也是在设计中容易被忽视的，所以在这里特别强调了节点与支座问题。

关键构件与部位建议（含节点）一览　　　　表 4.6.7

序号	关键构件名称	备注
1	底部加强部位的竖向承力构件	
2	转换大梁转换桁架及其竖向支承构件	含节点
3	大跨度桁架、网架在支座与大门附近的杆件	含支座与节点
4	连体结构的连接体结构及其竖向支承构件	含支座与节点
5	大悬挑结构及其竖向支承结构	含节点
6	加强层的伸臂桁架与环形桁架	含支座与节点
7	细腰型平面中间的窄条连接楼板	

序号	关键构件名称	备注
8	错层处竖向承力构件和边角部、楼梯间的短柱	
9	巨型结构中的杆件	含节点
10	转换斜柱	含连接节点
11	隔震结构中的隔震垫	含连接节点
12	单跨框架的柱	
13	避难层的竖向承力构件	
14	设备层与跃层中的短柱	
15	空腹桁架的腹杆	含节点
16	扭转位移角接近不应值时，位移较大一侧的竖向构件	含支撑

耗能构件一览 表 4.6.8

序号	耗能构件名称	备 注
1	剪力墙连梁	
2	一般楼层梁	
3	偏心支撑的耗能梁	
4	耗能支撑	
5	耗能阻尼器	

4.6.3 规范对结构弹塑性分析的有关规定

抗震性能设计中，为保证结构能够达到设定的性能目标，抗震规范提出了验算大震作用下的薄弱层（部位）弹塑性变形的要求。并且规定了最大弹塑性层间位移比的限值，还规定了采用各种简化计算方法的限定范围，以及必须进行弹塑性分析的结构，分别介绍如下：

1. 可采用简化方法的结构：

（1）不超过 12 层且层侧向刚度无突变的框架结构可采用《抗规》第 5.5.3 条规定的简化计算法；

（2）除第 1 款以外的建筑结构可采用弹塑性静力或动力分析方法；

（3）规则结构可采用弯剪型模型或平面杆系模型，但是对于不规则结构应该采用空间结构模型。

2. 应进行弹塑性分析的结构：

（1）8 度Ⅲ、Ⅳ类场地和 9 度时，高大的单层钢筋混凝土柱厂房的横向排架；

（2）7－9 度时楼层屈服强度系数小于 0.5 的钢筋混凝土框架结构和框排架结构；

（3）高度大于 150m 的结构；

（4）甲类建筑和 9 度时乙类建筑中的钢筋混凝土结构和钢结构；

（5）采用隔震和消能减震设计的结构。

3. 宜进行弹塑性分析的结构

（1）前表中所列的需要进行时程分析的高层建筑结构；

（2）7度Ⅲ、Ⅳ类场地和8度时乙类建筑中的钢筋混凝土结构和钢结构；

（3）板柱抗震墙结构和底部框架砌体房屋；

（4）高度不大于150m的其他高层钢结构；

（5）不规则的地下建筑结构及地下空间综合体。

4. 结构薄弱层（部位）的弹塑性层间位移的简化计算，宜符合下列规定：

（1）结构薄弱层（部位）的位置可按下列情况确定：

1）楼层屈服强度系数沿高度分布均匀的结构，可取底层；

2）楼层屈服强度系数沿高度分布不均匀的结构，可取该系数最小的楼层（部位）和相对较小的楼层，一般不超过2~3处。

（2）弹塑性层间位移可按下列公式计算：

$$\Delta u_p = \eta_p \Delta u_e \qquad (4.6.1)$$

$$或 \Delta u_p = \mu \Delta u_y = \frac{\eta_p}{\xi_y} \Delta u_y \qquad (4.6.2)$$

式中　Δu_p——弹塑性层间位移（mm）；

　　　Δu_y——层间屈服位移（mm）；

　　　μ——楼层延性系数；

　　　Δu_e——罕遇地震作用下按弹性分析的层间位移（mm）；

　　　η_p——弹塑性位移增大系数，当薄弱层（部位）的屈服强度系数不小于相邻层（部位）该系数平均值的0.8时，可按表4.6.9采用；当不大于该平均值的0.5时，可按表内相应数值的1.5倍采用；其他情况可采用内插法取值；

　　　ξ_y——楼层屈服强度系数。

结构的弹塑性位移增大系数 η_p　　　　　　　　　　　　　表4.6.9

ξ_y	0.5	0.4	0.3
η_p	1.8	2.0	2.2

4.6.4　中震弹性和中震不屈服设计的概念与参数[37]

在性能设计中常常要用到中震弹性与中震不屈服的设计标准，这在有关规范中没有明确提出，也没有列出有关设计参数值，因此在此做一简单介绍。

中震弹性设计和中震不屈服设计均属于中震阶段的设计方法，也就是说，两种方法均按基本烈度地震作用而不是多遇地震作用进行结构抗震设计。即在反应谱法计算中，水平地震影响系数最大值应按基本烈度地震水平取值（表4.6.12）；在时程分析法中，地震加速度时程曲线最大值也应按基本烈度地震进行取值（表4.6.11）。一般中震的水平地震影响系数最大值和加速度时程曲线最大值为小震相应值的2.75—2.85倍，近似可取2.80倍左右。

这两种设计水准，所取的水平地震影响系数与地震加速度时程曲线的最大值，都相同，而且内力调整系数都取1.0。因此二者构件应力状态相近。

中震弹性设计，虽取内力调整系数为1.0，但保留了荷载分项系数，承载力抗震调整系数，并按设计强度取值，这就使构件在一定程度上保留了结构的安全度和可靠度；但中震不屈服设计，荷载分项系数、承载力抗震调整系数都取 1.0，材料强度取标准值。因而中震弹性设计较中震不屈服设计的安全度更大。二者设计参数与对比可见表 4.6.10 ~ 表 4.6.12。

这里必须说明一点，原来的 GB 50011—2001 建筑抗震设计规范，其中内力增大系数，对结构抗震等级为四级的都为 1.0。而现行的 GB 50011—2010 建筑抗震设计规范，因为普遍增加了安全度，所以对结构抗震等级为四级的不是都为 1.0，所以应用软件，进行中震弹性和中震不屈服分析时，不能简单的取结构抗震等级为四级输入，否则会加大安全度，造成浪费。

中震弹性与中震不屈服的设计参数比较 表 4.6.10

设计参数	中震弹性	中震不屈服
水平地震影响系数最大值	按基本烈度（表 4.6.11）	按基本烈度（表 4.6.11）
时程分析地震加速度时程曲线的最大值	按基本烈度（表 4.6.10）	按基本烈度（表 4.6.10）
内力增大系数	1.0	1.0
荷载分项系数	按规范要求	1.0
承载力抗震调整系数	按规范要求	1.0
材料强度取值	设计强度	材料标准值

时程分析所用地震加速度时程曲线的最大值 表 4.6.11

（单位：g，$1g＝980cm/s^2$）

地震烈度	6 度	7 度（0.10g）	7 度（0.15g）	8 度（0.20g）	8 度（0.30g）	9 度
小震	0.018	0.035	0.055	0.070	0.110	0.140
中震	0.050	0.100	0.150	0.200	0.300	0.400
大震	0.125	0.220	0.310	0.400	0.510	0.620

水平影响系数最大值 表 4.6.12

地震烈度	6 度	7 度（0.10g）	7 度（0.15g）	8 度（0.20g）	8 度（0.30g）	9 度
小震	0.04	0.08	0.12	0.16	0.24	0.32
中震	0.11	0.23	0.33	0.46	0.66	0.91
大震	0.28	0.50	0.72	0.90	1.20	1.40

4.6.5 结构弹塑性分析的要求与目的

1. 结构弹塑性分析的一般要求

在《高规》第 5.5.1 条中对此提出了具体要求，比较全面，现在介绍如下：

（1）当采用结构抗震性能设计时，应预定结构的抗震性能目标；

（2）梁、柱、斜撑、剪力墙、楼板等结构构件，应根据实际情况和分析精度要求采用合适的简化模型；

（3）构件的几何尺寸、混凝土构件所配的钢筋和型钢、混合结构的钢构件应按实际情况参与计算；

（4）应根据预定的结构抗震性能目标，合理取用钢筋、钢材、混凝土材料的力学性能指标以及本构关系。钢筋和混凝土材料的本构关系可按现行国家标准《混凝土结构设计规范》GB 50010 的有关规定采用；

（5）应考虑几何非线性影响；

（6）进行动力弹塑性计算时，地面运动加速度时程的选取、预估罕遇地震作用时的峰值加速度取值以及计算结果的选用应符合《高规》第4.3.5条的规定；

（7）应对计算结果的合理性进行分析和判断。

2. 结构弹塑性分析的目的

（1）验证小震时的各构件的截面承载力与变形规律；

（2）验证中震时的关键构件与其他构件，是否达到相应的性能目标；

（3）验证大震时的最大弹塑性层间位移角，是否满足规范要求；

（4）根据弹塑性层间位移曲线的突变情况，检查有没有出现薄弱层；

（5）根据位移-高度曲线，检查整个结构的变形是属于剪切型、弯-剪型还是弯曲型以判别结构计算方法的适用性；

（6）根据加载-位移曲线，检查整个结构的不可恢复的位移的出现和发展的情况，以确定结构在大震时有否达到性能目标；

（7）根据塑性发展的次序、程度与最后分布规律，来判别结构整体安全度，并且判别是否符合概念设计要求。

参考文献

[1] 韦承基，魏琏，高小旺，李万智．结构抗震弹塑性变形可靠度分析[J]．工程力学 1986．3(1)：60-70

[2] 邵卓民，陈定外，何广乾译校．结构可靠性总原则(ISO)，1996 年修订版[J]．工程建设标准化，1996，(6)，1997，(1)-(5)．

[3] 高小旺，魏琏，韦承基．基于概率的结构抗震设计方法[J]．建筑结构学报，1988．9(6)：58-65

[4] 胡丰贤．地震工程学[M]．地震出版社，1988．

[5] 姚谦峰，苏三庆．地震工程[M]．西安：陕西科学技术出版社，2000．

[6] 程耿东，李刚，基于功能的结构抗震设计中一些问题的探讨[J]．建筑结构学报，2000．21(1)：5-11．

[7] 叶献国周锡元姜欣．能量原理在结构抗震性能设计中的应用[C]．大型复杂结构体系的关键科学问题及设计理论研究论文集，2000

[8] 王亚勇．关于设计反应谱、时程法和能量方法的探讨[J]．建筑结构学报，2000，21(1)：21-28

[9] 熊仲明史庆轩李菊芳．框架结构基于能量地震反应分析及设计方法的理论研究[J]．世界地震工程，2005，21(2)：141-146

[10] 刘波，肖明，葵赖明．结构地震总输入能量的分配[J]．重庆建筑大学学报，1996．18(2)：100-109

[11] 李菊芳．建筑结构基于能量的地震反应分析及设计方法[D]．西安建筑科技大学硕士论文，2004 年 3 月

[12] 肖明葵，刘波，白绍良．抗震结构总输入能量及其影响因素分析[J]．重庆建筑大学学报，1996．18(2)：20-33

[13] 王光远等著. 工程结构与系统抗震优化设计的实用方法[M]. 北京：中国建筑工业出版社，1999.

[14] 程耿东，李刚. 基于功能的结构抗震设计中一些问题的探讨 [J]. 建筑结构学报，2000，21(1)：6-11

[15] 邱法维。钢筋混凝土结构的地震损伤极限设计与损伤控制研究[D]. 哈尔滨建筑大学博士学位论文[D]，指导教师：欧进萍，1996

[16] PARK. Y. J, &. ANG, A. H-S. Seismic Damage Analysis of Reinforced Concrete Buildings [J]. Journal of Structural Engineering. ASCE，Vol. 111，No. 4. 740-756. 1985

[17] 欧进萍，牛荻涛，王光远. 非线性钢筋混凝土抗震结构的损失估计与优化设计[J]. 土木工程学报，1993. 26(5)：14-21

[18] 欧进萍，何政，吴斌，邱法维。钢筋混凝土结构基于地震损伤的设计[J]. 地震工程与工程振动，1999. 19(1)：21-30

[19] 李晓莉，吴敏哲，郭棣. 基于性能的结构抗震设计研究 [J]. 世界地震工程. 2004. 20(01)：153-156

[20] 姜锐. 建筑结构基于位移的抗震设计方法研究[J]. 太原科技大学学. 2005. 26(2)：153-156

[21] Vision 2000 Committee，Performance-based engineering of building[C]. Miranda E. Seismology Committee of the Structure Engineer Association of California，Oakland：Wiley lnc，1995.

[22] ATC40 Seismic Evaluation and Retrofit of Concrete Buildings[R]. Applied Technology Council，Red Wood City，California，1996

[23] FEMA 273 NEHRP Guidelines for the Seismic Rehabilitation of Buildings [R]. Federal Emergency Management Agency，Washington，D. C. 1997

[24] FEMA 368 (2000) NEHRP Recommended Provisions for Seismic Regulations for New Buildings and Other Structures [R]. Federal Emergency Management Agency，Washington，D. C.

[25] 白绍良译. 钢筋混凝土建筑结构基于位移的抗震设计[R]. 国际结构混凝土联合会(FIB)（原欧洲混凝土学会 CEB)综合报告，2003

[26] 刘琳，刘震，赵杰，王桂萱. 结构性能抗震设计理论及应用方法[J]. 防灾减灾学报 2011，27 (1)：39-42.

[27] 李应斌，刘伯权，史庆轩. 基于结构性能的抗震设计理论研究与展望[J]. 地震工程与工程振动，2001，21(4)：73-79

[28] 魏欢庆. 基于性能的桥梁抗震设计及分析方法的研究[D]. 华中科技大学硕士论文，2007.5

[29] 罗文斌，钱稼茹. 钢筋混凝土框架基于位移的抗震设计[J]. 土木工程学报，2003，(5)：22-29.

[30] 小谷俊介. 日本基于性能结构抗震设计方法的发展[J]. 建筑结构，2000，30(6)：3-9.

[31] 王亚勇. 我国 2000 年抗震设计模式规范展望[J]. 建筑结构，1999，29(6)：32-36.

[32] Federal Emergency Management Agency(FEMA)，Performance-based Seismic Design of Buildings [R]，FEMA Report 283，September，1996

[33] Freeman S A. Development and use of Capacity Spectrum Method[A]. Proc. 6th US Conf. On Earthquake Engineering[C]，Berkeley，Seattle，Washington，1998.

[34] 建筑工程抗震性态设计通则(试用)(CECS 160：2004)[S]. 中国计划出版社，北京：2004

[35] 扶长生. 抗震工程学[M]. 北京：中国建筑工业出版社，2013

[36] International Code Council. International Code Council performance Code for Building and Facilities [R]，Country Club Hills，2006

[37] 周颖，吕西林. 中震弹性设计与中震不屈服设计的理解及实施[J]. 结构工程师，2008. 24(6)：1-6

第 5 章　静力弹塑性分析方法简介

我们从上一章介绍中可知，为了验证是否满足结构的抗震性能目标，需要对结构进行弹塑性分析。现有弹塑性分析方法主要有动力弹塑性分析方法与静力弹塑性分析方法两种，以往一般重要建筑结构都采用动力弹塑性分析方法，但是应用这种方法分析，需要具有一定的力学分析的理论基础、技术操作较复杂、计算工作量又大、结果处理较繁杂，而且许多问题在理论上还有待改进完善，比如复杂受力情况的构件与节点的恢复力模型、各种新结构新材料构件的恢复力模型、结构与构件的非线性模型、地震波的选取、计算方法、计算结果的分析等等方面大家还缺乏一致认识。到目前为止，还缺乏一个规范的、易操作的、标准化的分析手段，因此影响了这个方法的普遍应用。而静力弹塑性分析方法是近几年较为流行的一种结构抗震弹塑性分析方法，美、日、韩等国家已经编入有关建筑抗震设计规范（如美国的 ATC-40，FEMA273、274、306、356、440 等）。我国现行的建筑抗震设计规范 GB 50011—2010，也将静力弹塑性分析方法与动力弹塑性分析方法，都列为罕遇地震作用下高层建筑结构抗震变形验算的基本方法。它和底部剪力法和振型分解反应谱法只考虑线弹性不同，它主要考虑了结构的弹塑性特性；与动力弹塑性分析方法（弹塑性时程分析法）相比，它具有概念明确、操作容易、结果易处理等优点，而且对于较规则的高层建筑结构，具有与动力弹塑性分析方法近似的精度，因此已被我国广大的工程设计人员接受。我们在这一章中对此作一介绍。

5.1　Pushover 分析方法的基本原理和实现步骤

5.1.1　基本原理和假定

Pushover 分析方法本质上是一种静力非线性计算方法，是对结构进行静力单调加载下的弹塑性分析。具体地说，就是在简化的结构分析模型上，施加模拟水平地震作用的某种分布规律的侧向力，并逐级单调加载，构件如有开裂或屈服，再修改简图与刚度重复计算，直到结构达到预定的目标状态为止（弹塑性位移超限或达到目标位移），从而判断结构及构件的能力是否满足设计和使用功能的预定性能目标要求。

目前广泛研究和应用的 Pushover 分析方法并没有特别严密的理论基础，一般是以下面两个基本假定为基础的。

1. 假定通常为多自由度体系的建筑结构的地震响应只与其第一振型相关，因此可以用一等效单自由度体系代替多自由度的原结构。它假定由一个等效单自由度结构顶点位移 χ_t 和保持不变的形状向量 φ 的乘积，来表示多自由度结构的相对位移向量 χ，也就是一个多自由度的结构，它的各层的位移与顶点位移成正比。这样就可以把多自由度体系转化为一个等效单自由度结构体系。即：

$$x = \varphi x_t \tag{5.1.1}$$

2. 假定结构沿高度的变形由形状向量 φ 表示，在整个地震反应中，不管结构的变形大小，形状向量 φ 保持不变（即变形规律不变）。也就是结构各层的位移与顶点位移成正比，其比例常数就是形状向量 φ。

尽管上述的两个假定在理论上很不严谨，但已有的研究表明：对于响应以第一振型为主的结构体系，采用此方法得到结构的弹塑性分析结果，还是能够达到工程需要的精度范围。

5.1.2 多自由度体系转换为等效单自由度体系

我们先来实施第一个假定，把实际结构的多自由度体系转换成等效单自由度体系，在水平地震作用下，实际结构的多自由度体系的动力微分方程为：

$$M\ddot{x} + C\dot{x} + Kx = -MI\ddot{x}_g \tag{5.1.2}$$

式中：M、C、K——多自由度体系的质量矩阵、阻尼矩阵及刚度矩阵；

$\ddot{x}$、$\dot{x}$、x——多自由度体系的相对加速度向量、速度向量与位移向量；

I——单位向量；

$\ddot{x}_g$——地面运动加速度（地震动）。

令 Q 为恢复力向量，即：$Q = Kx$，并且将（5.1.1）代入（5.1.2）可得：

$$M\phi\ddot{x}_t + C\phi\dot{x}_t + Q = -MI\ddot{x}_g \tag{5.1.3}$$

再令等效单自由度体系的位移为：

$$x^r = \frac{\phi^T M\phi}{\phi^T MI}x_t \tag{5.1.4}$$

将（5.1.4）代入（5.1.3）并且两边乘以 ϕ^T，可得下式：

$$\phi^T MI\ddot{x}^r + \phi^T C\phi\frac{\phi^T MI}{\phi^T M\phi}\dot{x}^r + \phi^T Q = -\phi^T MI\ddot{x}_g \tag{5.1.5}$$

再令：$M^r = \phi^T MI$

$$C^r = \phi^T C\phi\frac{\phi^T MI}{\phi^T M\phi} \tag{5.1.6}$$

$$Q^r = \phi^T Q$$

式中：M^r、C^r、Q^r——等效单自由度体系的质量、阻尼和恢复力。

再将（5.1.6）代入（5.1.5），则可得等效单自由度体系的动力平衡方程：

$$M^r\ddot{x}^r + C^r\dot{x}^r + Q^r = -M^r\ddot{x}_g \tag{5.1.7}$$

这样，多自由度体系结构的
基底剪力可按（5.1.8）计算：

$$V = I^T Q \tag{5.1.8}$$

我们可将此体系的基底剪力 V—位移 χ_t 关系曲线，简化为双线型（见图 5.1.1），（简化方法详见图 5.2.3），其中 V_y 和 $\chi_{t,y}$ 分别为体系屈服时的底部剪力与顶部位移。由式（5.1.4）与式（5.1.6）可得式（5.1.9），并得出等效单自由度体系的力—位移关系曲线（见图 5.1.2）：

$$\begin{bmatrix} X_y^r = \dfrac{\Phi^T M\Phi}{\Phi^T MI}x_{t,y} \\ Q_y^r = \Phi^T Q_y \end{bmatrix} \tag{5.1.9}$$

式中：Q_y——多自由度体系屈服时的楼层剪力向量，有：

$$V_y = I^T Q \tag{5.1.10}$$

同时可以得到，等效单自由度的初始周期 T_{eq}：

$$T_{eq} = 2\pi\sqrt{\frac{M^r}{K_{SDOF}}} = 2\pi\sqrt{\frac{x_y^r M^r}{Q_y^r}} \tag{5.1.11}$$

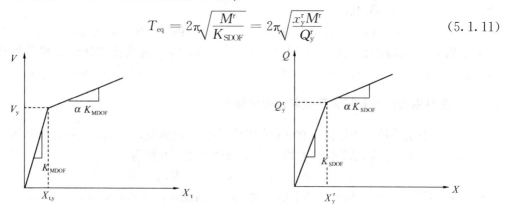

图 5.1.1　多自由度体系的力-位移曲线　　　图 5.1.2　等效单自由度体系的力-位移曲线

　　以上是等效单自由度体系所有相关参数的计算公式，如再假定结构屈服后的刚度与有效侧向刚度的比值 α 与原结构相同，并且其延性需求也相同，则可以采用等效单自由度体系的结构来估算原多自由度结构的目标位移。这样就可以进行下一步工作。

5.1.3　推复具体实现步骤

　　我们在开始对结构进行 Pushover 分析之前，要做好以下准备工作，首先要建立结构的计算模型，确定结构各单元的模型参数，包括几何参数、物理常数、恢复力骨架模型、计算荷载、材料强度指标等等。并且确定结构性能目标。这样就可输入原始数据，以求得顶端位移与底部剪力关系曲线（如图 5.1.3）。具体操作过程为：

　　1. 建立结构计算模型。假如基础的影响是不可忽视的，则在计算模型中应考虑基础的影响。

　　2. 先计算结构在竖向荷载作用下内力，以及结构的自振周期、振型。

　　3. 对结构施加一定分布模式的侧向荷载（如图 5.1.4 所示），并且按照一定模式逐步递增。

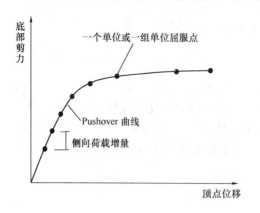

图 5.1.3　Pushover 推复曲线

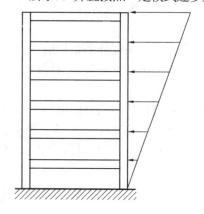

图 5.1.4　侧向荷载分布模式

4. 计算单元内力，要求对横向荷载和垂直荷载进行组合。

5. 判别单元应力是否达到屈服强度，或单元弯矩是否达到屈服弯矩。

6. 记录基底剪力和顶端位移。

7. 对于已屈服的单元，改变其状态，单元连接节点（或已屈服位置）改为塑性铰，或者去除失去承载力的杆件，后又形成一个"新"的结构。

8. 对结构继续施加新的侧向荷载增量，使得杆件单元逐一屈服。

9. 重复以上第7、8步的操作，直到结构的侧向位移达到预定的目标位移；或结构达到最大极限，比如，结构达到不稳定状态，变形超出了期望的性能水准。记录每一次施加的荷载和得到的顶端位移。

10. 成果整理：将以上每一次加载后得到的顶端位移及对应的侧向荷载绘成曲线，就得到顶端位移与底部剪力关系曲线，作为静力弹塑性分析方法的依据，如图 5.1.3 所示。

从 Pushover 分析方法的实施步骤可看出，结构水平荷载模式的选择和目标位移的确定是此方法的两个关键环节，将直接影响 Pushover 分析方法对结构抗震性能设计分析的结果。

5.1.4　水平加载模式[1~3]

在静力弹塑性分析时，施加到结构上的水平侧向力分布假定为一种固定模式，一直不变的，仅仅是荷载大小在一级级增加，因此选择一种合理的分布模式直接关系到计算结果的准确性。按理，水平力的大小与分布模式，是随着地震强度不同、结构响应不同以及结构有否进入塑性而产生结构性能改变而变化的。但是实践证明，对于比较规则的高层结构，采用这种固定模式，只要能够基本反映地震作用时的结构惯性力分布特征，这样的计算结果，还是具有一定的可信度。所以这一方法才被很多国家应用于抗震设计计算中。国内外的很多学者对此做了很多工作，还提出了一些非固定的水平力分布模式，其中一种是自适应模式，它是在加载过程中，可以随着结构动力特性改变而不断调整水平力的分布模式，下面将介绍几种分布模式，但是计算结果表明，对于较规则的结构，各种模式对最后的结果影响不大。所以一些常用软件中一般只列入几种固定分布模式供使用者选择。这里对此作一介绍。

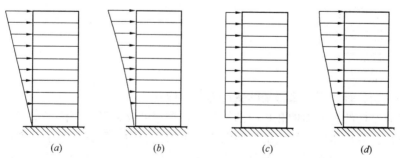

图 5.1.5　水平加载模式示意图

（a）倒三角形分布；（b）抛物线分布；（c）均匀分布；（d）用反应谱法得到的分布模式

1. 固定分布模式

（1）倒三角形侧向力分布模式

它与常用的底部剪力法分布模式相同，已经为大家接受，采用较多，它适用于以剪切变形为主而且质量、刚度沿高度分布比较均匀的结构。分布荷载的表达式为：

$$F_i = \frac{w_i h_i}{\sum_{j=1}^{n} w_j h_j} V_{EK} \tag{5.1.12}$$

式中：F_i——层剪力；

$\quad n$——楼层数；

$\quad V_{EK}$——底部总剪力；

$\quad w_i$、w_j——第 i、j 层的重力荷载代表值；

$\quad h_i$、h_j——第 i、j 层的计算高度。

（2）抛物线分布模式

这种模式考虑了自振周期的变化影响，对考虑结构的高阶振型的影响有一定的益处，对短周期的结构与倒三角形分布模式是一致的。分布荷载的表达式为：

$$F_i = \frac{w_i h_i^k}{\sum_{j=1}^{n} w_j h_j^k} V_{EK} \tag{5.1.13}$$

其中：

$$K = \begin{cases} 1.0 & (T \leqslant 0.5) \\ 0.5T + 0.75 & (0.5 < T < 2.5) \\ 2.0 & (T \geqslant 2.5) \end{cases} \tag{5.1.14}$$

式中：T——结构的基本自振周期；

$\quad w_i$——第 i 层的重力荷载代表值；

$\quad h_i$——第 i 层的计算高度；

$\quad n$——楼层总数；

$\quad k$——高振型影响系数。

（3）均匀侧向力分布模式

它假定地震作用与高度无关，并且与每一层的质量大小无关。分布荷载的表达式为：

$$F_i = V/n \tag{5.1.15}$$

式中：F_i——层剪力；

$\quad V$——底部剪力；

$\quad n$——楼层总数；

$\quad i$——楼层号。

（4）用振型分解反应谱法得到的侧向力分布模式

首先计算结构的自振周期和相应的振型，根据振型分解反应谱法得出结构上的水平地震作用。然后计算出结构各楼层的层间剪力，由层间剪力反算各层水平荷载，作为荷载的分布模式。如果每一次都不变，就是固定分布模式；如果每次都随着结构塑性发展，而相应因周期振型改变而改变，就是下述的自适应性分布模式。其求解公式如下：

$$F_{ij} = \alpha_j \Gamma_j X_{ij} W_i \quad (i = 1, 2, \cdots, n; j = 1, 2, \cdots, N) \tag{5.1.16}$$

$$Q_{ij} = \sum_{k=i}^{n} F_{kj} \tag{5.1.17}$$

$$Q_i = \sqrt{\sum_{j=1}^{N} Q_{ij}^2} \tag{5.1.18}$$

$$P_i = Q_i - Q_{i+1} \tag{5.1.19}$$

式中：F_{ij}、Q_{ij}——第 j 振型在第 i 层的楼层剪力与楼层总剪力；

$\qquad Q_i$——考虑所有振型时第 i 层的楼层总剪力；

$\qquad P_i$——第 i 层的等价水平荷载；

$\qquad \alpha_j$——第 j 振型自振周期对应的地震影响系数，可按规范地震影响系数曲线计算；

$\qquad X_{ij}$——第 j 振型第 i 楼层质点处的水平相对位移；

$\qquad \Gamma_j$——第 j 振型的振型参与系数；

$\qquad N$——考虑的振型个数（一般可只取 2～3 个振型，但基本自振周期大于 1.5s 或房屋高宽比大于 5 时，振型个数可适当增加）；

$\qquad n$——结构总层数；

$\qquad W_i$——结构第 i 楼层的楼层重力荷载代表值。

2. 自适应性的侧向荷载分布模式

当结构受到的地震作用逐渐增加时，导致结构局部产生塑性铰，使结构计算简图变化，因此动力特性也发生改变，因此上述的固定的侧向荷载分布模式不能够反映这种惯性力的重分布情况。而自适应性的侧向荷载分布方式可以更好地反映惯性力随时间的变化。因而从理论上说应该更为合理。所谓自适应性的分布方式，是指根据加载过程中随着结构塑性铰的产生和发展，不断调整侧向荷载的分布方式。这里仅仅介绍以下两种：

（1）振型分解反应谱法得到的适应性的分布方式[4]

将固定分布模式中用振型分解反应谱法得到的分布方式，按照加载过程中结构性质的变化加以改变，就可以得到适应性的分布方式如下：由加载前一步的周期和振型根据振型分解反应谱法计算结构上的水平地震作用，然后计算出结构各楼层的层间剪力，由层间剪力反算各层水平荷载，作为下一步的荷载的分布模式，其中每一步荷载模式的计算按式（5.1.16）、（5.1.17）、（5.1.18）、（5.1.19），进行反复计算直到目标位移为止。

（2）结构受力反推得到的瞬时适应性的分布方式

结构体系抗震分析中面临的一个主要困难是结构的失效模式，随着结构体系构件和冗余度的增加，结构的失效模式以几何级数形式成倍增加。对于结构体系的抗震分析，要计算检测到结构所有失效模式是不可能的。文献 [2，5] 指出：结构体系的众多失效模式中，仅有少数几个失效模式对结构体系的破坏起主要作用，其他失效模式的影响可以忽略。因而 pushover 方法在侧向荷载模式的确定中，如果用一种荷载模式可以发现结构体系的主要失效模式。那么这种荷载模式就是成功的，可以应用到实践中去。在上述理论的基础上，文献 [2] 提出了一种瞬时适应性的侧向荷载分布方式，其主要计算步骤是：

第一步，对结构施加任意一种荷载分布方式的单调递增荷载；

第二步，在结构的动力特性发生变化以后，根据结构各楼层的层间剪力，由层间剪力反算各层水平荷载。作为下一步的荷载的分布模式；

第三步，不断重复第一第二步，直至结构达到某一预定的目标位移或破坏、丧失承载力。

上述的瞬时适应性的侧向荷载分布方式，通过不断根据结构的内力分布变化情况调整加载方式，渐渐可由剔除对结构影响不大的一些振型的作用，而突出对结构影响大的几个振型，直至可以取得较佳的结果。

3. 采用建议

国内外很多学者对此做过探讨，得到的结论有所不同，但是有一点是相同的，就是对比较规则的结构采用倒三角形分布的模式，既简单，又能够反映地震作用的基本情况，这与规范中介绍的底部剪力法是相同的。考虑到静力弹塑性分析方法本来是以第一振型为依据的，不但是反映在侧向荷载分布模式的假定上，而且位移模式的假定、等效阻尼的计算假定等，都是建立在第一振型假定的基础上，所以侧向荷载分布假定与其他的假定是一致的，如果只改变其中一个假定，也不会对计算结果产生很大的影响。各种文献分析得出的结果大多也是如此。对于比较规则的结构其第一振型对结构反应的影响较大，而其他振型的影响较少，考虑了较高阶振型影响的荷载分布模式的优势不是特别的明显；但是对于不规则的结构，考虑了较高振型影响的荷载分布模式，对结构反应的预测更为准确，因此这种荷载分布模式的优势就比较明显，而仅仅考虑结构第一振型影响的荷载分布模式的结果则偏差较大，这时可以考虑除了采用倒三角形分布模式外，再考虑一二个其他分布模式的。

考虑到有的文献在计算较不规则的高层结构时，不同的分布模式间产生的结果会有较大差别，所以我们建议在应用静力弹塑性方法时，能够采用两种侧向荷载分布模式，进行计算，最好有一个是自适应性的侧向荷载分布模式，作为比较。结果取其包络值，这样更偏于安全。

4. Pushover 方法在我国研究应用概况

Pushover 方法是静力弹塑性分析的基本方法，最早由方鄂华、钱稼茹[6]介绍到我国学术界，然后罗文斌[7]、杨溥、王亚勇[4]、叶燎原、潘文[8]、叶献国、周锡元[9]等人先后对此作了系统介绍与改进，引起了我国学术界、工程界的广泛兴趣。到目前为止已有2000多篇有关论文公开发表，并且对此方法提出了很多改进意见，特别是针对如何克服上述的两个假定带来的误差，以及在开拓应用范围方面，做了很多工作。如文献［9］采用动力时程分析和静力弹塑性分析法对结构响应进行对比分析，提出了对静力弹塑性分析法的水平荷载模式和结构目标位移的改进方法。此方法根据加载前一步已知的周期和振型，采用振型分解反应谱法，计算结构各楼层的层间剪力，由各层层间剪力反算各层水平荷载，作为下一步的水平荷载模式，从而使水平加载模式更加符合实际。文献［9、10］认为较为合理的水平荷载加载模式，应当是在建筑底部采用倒三角形加载模式，而在顶部采用幂级数加载模式，并以反应谱理论为依据，提出了多阶振型相应荷载单独作用下的推复分析方法，建立了循环推复的多振型高层建筑结构静力弹塑性分析方法，并且探讨了应用静力、动力弹塑性分析结果进行抗震性能评估的基本原则。文献［11］通过拟合规范反应谱，挑选了适用于Ⅰ类场地的4条地震动记录和4条人工波，对比了典型地震动作用下的非线性时程分析，并采用5种不同侧向力分布的 Pushover 法分析了多种结构在不同地震动作用下的反应实例，通过结构振型参与系数，量化了各个结构的高阶振型的影响，并且对在高阶振型影响下框架结构的 Pushover 分析中侧向力的选取提出了建议。文献［2］总结了前人所提出的各种不同的侧向荷载分布方式，同时提出一种新的瞬时适应性的侧向荷载分布方式，通过两个实例分析比较了各种不同荷载分布方式的适用范围、有效性及其对结构弹塑性分析结果的影响。文献［12］提出了能兼顾低阶振型与高阶振型影响的二维加载模式法，并且对现有结构目标位移计算中的不确定部分进行了改进，建立了新的更为合理的结构目标位移计算方法，从而形成更为科学的高层建筑结构二维及三维 Pushover 法。文献［13］探讨了应用于偏心结构的推力－扭矩耦联问题，计算表明偏心结构的抗震性能较差，承受相等基底剪力时变形需求更大，而且两边分别推复结果相差较大，底层和刚度突变楼层更容易成为薄弱层。文献［14］实例分析说明，多模态静力推复分析所得的结构响应同非线性动力时程分析所得结果很接近，尤其是在层间位移角及层间剪力这两个重要抗震指标上更为接近，给静力弹塑性分析方法开拓应用范围提供了新的出路。文献［15、16］提出根据规范谱构建需求谱的方法和评价。文献［17］提出了根据振型参与重量来确定对结构地震反应起主要影响的振型数，以及两阶段的侧向力加载模式，并对确定结构目标位移的方法作了一些改进，采用动力时程分析法和改进的静力弹塑性方法，并通过实例对比验证了方法的可靠性与可操作性；文献［18］还将其应用于判别剪切铰的情况。文献［19］考虑 6 种不同的加载模式，采用 ETABS 软件，对 5 种不对称钢框架及钢筋混凝土框架结构进行了分析比较，探讨了加载模式、结构不对称性、层数和振型等因素对分析结果的影响，结果表明对于刚度有突变的不对称结构，不同加载模式的结果差别明显，并且这种差别随着结构刚度突变的增强、周期的增大、层数的增高而越来越大，这说明这种方法对不规则程度较大存在刚度突变的结构，以及超 B 级的高层结构是不适宜的，这时应采用多种加载模式，其中应包括自适应性的加载模式，并取包络值。

这一方法现在已被应用于各种结构的弹塑性分析，包括钢筋混凝土结构、钢结构、预应力结构、砌体结构、桥梁结构、海洋工程和加固工程；还被应用到土—桩—结构相互作用下的生态复合墙结构，以及支护桩位移监控[20、21]，因此可以说此方法具有很大适用性与生命力，值得大家对它进行深入探讨、完善。笔者见识有限，有兴趣的读者可以查阅相关的参考文献。

5.1.5 基于 Pushover 分析的各种抗震评估方法简介

1. 能力谱法

这里我们仅简单地介绍一下有关能力谱法的概要，较详细的介绍见下一节。能力谱方法最早是由 Freeman 于 1975 年提出的，后来经发展完善后被美国应用技术协会编制的《混凝土建筑抗震评估和修复》（ATC-40）推荐使用，后来国内外很多学者发表论文对此进行修改补充，但是到目前为止，我们很多软件中采用的还是（ATC-40）所推荐的方法。这里也主要介绍这一方法。

能力谱方法是在完成结构的 Pushover 分析后，再进一步进行静力弹塑性分析。概要地说，它包括 Pushover 分析，总共要进行四个转换：第一个是将一个多自由度体系的结构转换成一个等效单自由度体系；第二是将结构的基底剪力——顶点位移曲线（V_b-U_n 曲线），转换成能力谱曲线（S_a-S_d 曲线）；第三是把加速度谱转换为位移谱；第四是把反应谱转换为需求谱。再把能力谱与需求谱叠加，二者交点就是我们要求的性能点。

通过第一个等效转换，可以把一个复杂的多自由度体系的高层结构，转换成一个等效的单自由度体系，这样便可将多自由度振动方程中的位移向量，简化为顶点位移的已知函数，这样只要求得顶点位移，就可求得各层位移，因此把求解多自由度的方程组，简化为单自由度的相关方程。而且使在进一步求解等效阻尼比时，也成为可能。

这样我们就可以在假定的水平分布荷载的条件下求解顶点位移，荷载逐级增加，再进行反复计算。当某处出现塑性铰时，则相应改变计算简图继续加载计算，直到设定的性能目标。这样逐步加载进行推复求得相应的顶点位移，就可得到静力弹塑性分析的基底剪力与顶点位移（$V_b - U_n$）的曲线图。

通过第二个转换，可将以上（$V_b - U_n$）曲线图转换成能力谱（$S_a - S_d$）曲线图。我们根据多自由度简化为单自由度的假定，不难从顶点位移来反演位移谱，用与基本振型相应的有效质量 M_i 求得加速度谱。

通过第三个转换，可利用加速度谱与位移谱的关系式，统一坐标参数，将加速度反应谱（$S_a - T$ 谱）曲线转换为 ADRS 谱（$S_a - S_d$ 谱）曲线，这样可得到与能力谱相同坐标参数的需求谱坐标系。

通过第四个转换，可将反应谱转换为需求谱。这样就可以把能力谱曲线和需求谱曲线合并到一个图上，检查它们有没有交点，如果有交点，那它就是性能点；如果没有交点，说明设计不安全，应该重新进行结构设计与布局。有必要说明一下计算需求谱的方法。一般来说可采用等效阻尼比来间接考虑结构的弹塑性特性，并据此建立需求谱，这个方法比较简单，但是没有物理意义；计算需求谱另一途径是利用弹塑性反应谱，它可通过两种途径求得，一是通过大量的统计计算得到，在目前我国还没有足够的统计资料来建立相关的弹塑性反应谱；二是通过强度折减系数 R，对弹性反应谱进行折减，从而获得弹塑性反应需求谱，这种方法也比较简单，我国交通部门采用较多。有关能力谱方法在下一节中还要介绍，这里不再详述。

2. 位移影响系数法

该方法已列入美国联邦紧急救援署的《房屋抗震加固指南》及其说明手册（FEMA—273、274）中（发表于 1997 年）。该方法的要点是在大量计算分析结果的基础上，统计得到经验计算公式，它反映了结构滞回特性、P-Δ 效应、土与结构相互作用等的影响，通过位移系数法可确定结构顶层的非线性最大期望位移，将其定义为目标位移 δ_t。可由下式求得：

$$\delta_t = C_0 C_1 C_2 C_3 S_a \frac{T_e^2}{4\pi^2} g \tag{5.1.20}$$

式中：C_0——等效单自由度体系位移与结构顶点位移的修正系数；

C_1——最大非线性位移期望值与线性位移的修正系数；

C_2——考虑对最大位移的修正系数；

C_3——P-Δ 效应对位移反应的影响系数；

S_a——在实际自振周期和阻尼下的谱加速度（可由规范求得）；

T_e——结构的等效自振周期；

g——重力加速度；

其中 C_0 可由下面方法求得：

a) 由顶点处的第一振型的参与系数求得：

$$C_0 = \Gamma_{1,r} = \Phi_{1,r} \frac{\{\Phi_1\}^T [M] \{I\}}{\{\Phi_1\}^T [M] \{I\}} = \Phi_{1,r} \Gamma_1 \tag{5.1.21}$$

式中：M——结构的质量矩阵；

　　　φ_1——结构第一振型；

　　　$\varphi_{1,r}$——第一振型在顶点处分量；

　　　Γ_1——结构第一振型参与系数；

　　　$\Gamma_{1,r}$——在顶点处结构第一振型参与系数。

　　b）直接从下表获得：

修正系数 C_0 的取值　　　　　　　　　　　　　　　　　　　　　表 5.1.1

C_0值	剪力墙结构（侧向力分布形式）		其他结构
楼层数	倒三角形分布	均匀分布	任何形式荷载
1	1.0	1.0	1.0
2	1.2	1.15	1.2
3	1.2	1.2	1.3
5	1.3	1.2	1.4
10	1.3	1.2	1.5

　　关于系数 C_1，考虑到非线性位移响应与线性位移响应在控制点上的差异，FEMA356根据理论和实验资料建议以下取值：

$$C_1 = \begin{cases} 1.0 & (T_e \geqslant T_g) \\ [1+(R-1)T_g/T_e]/R & (1 \leqslant C_1 \leqslant 1.5, T_e < T_g) \end{cases} \quad (5.1.22)$$

式中：T_e——建筑物在考虑方向上的有效基本周期；

　　　T_g——场地特征周期；

　　其中 R——要求的弹性强度与屈服强度之比，可由下式求得：

$$R = \frac{S_a}{V_y/W} \cdot C_m \quad (5.1.23)$$

式中：V_y——结构屈服时的底部剪力（由 Pushover 分析求得）；

　　　W——有效质量；

　　　C_m——结构基本模态的有效质量系数，取值见表 5.1.2；

　　　S_a——谱加速度。

C_m 的取值　　　　　　　　　　　　　　　　　　　　　　　　　表 5.1.2

楼层数	结构类型						
	钢筋混凝土框架	钢筋混凝土剪力墙	钢筋混凝土联支墙	钢框架	中心支撑钢框架	偏心支撑钢框架	其他
1—2	1.0	1.0	1.0	1.0	1.0	1.0	1.0
3+	0.9	0.8	0.8	0.9	0.9	0.9	1.0

　　C_2 是滞回曲线形状对最大位移的修正系数，可反映结构的滞回曲线的捏拢、刚度退化、强度衰减等因素，针对不同的结构取不同的值，见表 5.1.3

地震作用水平 (50年超越概率)	$T\leqslant 0.1s$		$T\geqslant T_g$	
	1类框架（注1）	2类框架（注2）	1类框架	2类框架
63%	1.0	1.0	1.0	1.0
10%	1.3	1.0	1.1	1.0
2%	1.5	1.0	1.2	1.0

注1：任一层在设防烈度下，30%以上的楼层剪力，是由可能失去承载力或者刚度退化的抗侧力结构承担的，结构和构件包括：中心支撑框架、非配筋砌体墙、受剪破坏的墙和柱，以及有以上结构组合的结构类型。

注2：除上述以外的各类框架结构。

C_3 考虑了 P-Δ 效应对顶点位移响应的影响，对屈服后刚度为正的取值为 1.0，对屈服后刚度为负的，按下式计算：

$$C_3 = 1.0 + \frac{|\alpha|(R-1)^{3/2}}{T_e} \leqslant 1 + 5(\theta - 0.1)/T_e \qquad (5.1.24)$$

式中：α——结构屈服后的刚度与有效刚度之比；

T_e——弹性结构的基本周期；

θ——稳定系数。

其中：

$$\theta = \frac{\sum G_i \Delta u_i}{V_i h_i} \qquad (5.1.25)$$

$$T_e = T_i \sqrt{\frac{K_i}{K_e}} \qquad (5.1.26)$$

式中：$\sum G_i$——第 i 层以上重力荷载代表值；

Δu_i——第 i 层楼层质心处的弹性和弹塑性层间位移；

T_i——原结构的弹性基本周期；

K_i——结构弹性范围内的侧向刚度；

K_e——结构有效侧向刚度，可近似取值为 60% 屈服强度处的底部剪力与顶点位移的比值。

按照以上步骤我们可以在 Pushover 分析的基础上，进一步进行结构弹塑性位移分析。

采用位移影响系数法确定结构的最大非线性位移，虽然概念明确、操作简单，但在使用时还有许多问题需要进一步研究：首先它只是一种衡量结构整体抗震水平的评估方法，无法提供主要构件的损坏情况，无法体现具体结构构件的抗震水平；其次，由于结构刚度和强度退化对最大位移响应的影响，目前还没有一种比较明确和简单的解答，因系数 C_2 的精确取值存在一定的困难，所以其可靠性值得讨论；最后，结构的最大非线性位移与线性位移的关系比较复杂，采用上述多系数的表示方法，每一个系数取值的误差积累，会对结果产生较大的影响何况这些系数的确定，本身还存在值得商榷的问题。这个方法目前在我国还很少有人应用，这里向大家介绍，只是为了对这一类方法有一个比较全面的了解。

3. N2 方法

N2 方法的含义：N 表示非线性（Nonlinear），2 是指分析过程中需要采用两种结构模型，即一个多自由度（MDOF）系统与一个等效单自由度（SDOF）系统结构模型。该方法结合这两个系统的分析结果，其中单自由度系统的反应谱分析是在加速度-位移格式（A-D格式）下进行的。N2方法是20世纪80年代，Fajfar等开始研究的，后来经Bertero和Reinhorn的进一步完善，逐渐发展成为较成熟的结构非线性分析的标准方法之一，后被Eurocode8（欧盟有关结构抗震的规范）推荐使用。该方法不仅具有能力谱方法的可视图形化表达的优点，而且是在考虑结构延性的基础上给出了弹塑性反应谱，这是它的特点。其他如多自由度体系转换为等效单自由度体系；加速度谱转换为位移谱等与能力谱方法是相同的。其提出的计算位移目标和前面介绍的位移影响系数法也是类同的。N2方法也是基于"等位移法则"，即对于中、长周期的结构，相同频率的弹性与弹塑性单自由度体系在地震动激励下，其最大位移（即谱位移）是相等的，大量的研究证实这个结论在一定程度上是合理的。在此基础上，Fajfar等后来又进一步发展了N2方法，提出了考虑结构扭转效应和高阶振型影响的计算方法。以下对该方法的实施步骤作一简单介绍：

（1）首先将传统形式的加速度谱改写成谱加速度—谱位移形式，即A-D形式。这一步骤同能力谱法；

（2）根据不同的结构延性要求绘制弹塑性反应谱，公式如下：

$$S_a = \frac{S_{ae}}{R}, S_d = \frac{\mu}{R}S_{de} = \frac{\mu}{R}\frac{T^2}{4\pi^2}S_{ae} = \mu\frac{T^2}{4\pi^2}S_a \qquad (5.1.27)$$

式中：S_a、S_{ae}——分别为弹塑性、弹性谱加速度；

S_d、S_{de}——分别为弹塑性、弹性谱位移；

μ——结构延性系数，为结构最大弹塑性位移与结构弹性极限位移的比值；

R——与结构延性系数有关的折减系数，可按下式计算：

$$R = (\mu - 1)\frac{T}{T_s} + 1 \qquad (T < T_s)$$
$$R = \mu \qquad (T \geq T_s) \qquad (5.1.28)$$

式中：T_s——场地特征周期

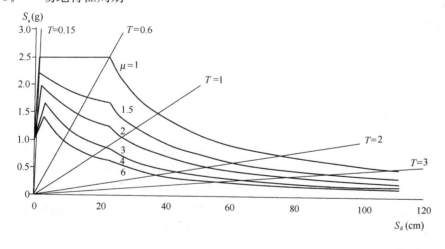

图5.1.6　弹塑性需求谱示意图（峰值加速度用g表示）

（3）假定侧向变形的形状向量ϕ，并且令侧向荷载的分布形式与楼层质量与形状向量有关，即：

$$P_i = M_i\phi_i \qquad (5.1.29)$$

（4）对结构进行 Pushover 分析，得到底部剪力与顶点位移的关系曲线；

（5）把多自由度体系的原结构转换成单自由度体系。其转换公式与前面介绍的方法相同，这样可得到单自由度的能力谱曲线。将曲线简化为双线形，以确定弹性极限承载力 F^*、位移 D^*、刚度 K^*，并计算等效周期 T^*，如下式所示：

$$F^* = V_b/\Gamma_1, D^* = u_r/\Gamma_1 \tag{5.1.30}$$

$$T^* = 2\pi\sqrt{\frac{m^* D_y^*}{F_y^*}} \tag{5.1.31}$$

（6）由等效单自由度体系得到结构的能力谱曲线（A-D 形式），其中谱加速度为：

$$S_a = F^*/m^* \tag{5.1.32}$$

（7）将能力谱曲线和弹塑性反应谱叠加在同一个坐标系中，以求相应的目标位移；这时先要计算屈服强度折减系数 R：

$$R = S_{ae}/S_a = S_{ae}/S_{ay} \tag{5.1.33}$$

其中：S_{ay}——结构屈服时的谱加速度，与 S_a 相同；

（8）计算目标位移 S_d

$$S_d = \frac{S_{de}}{R}\left(1 + (R-1)\frac{T_s}{T^*}\right) \quad (T^* < T_s)$$

$$S_d = S_{de} \quad (T^* \geqslant T_s) \tag{5.1.34}$$

（9）将等效单自由度体系的目标位移，转换为原结构顶点位移，以及原结构相应的变形和内力，即：

$$u_r = \Gamma_1 S_d \tag{5.1.35}$$

（10）将结构构件的变形与内力的计算值与容许值比较，对结构性能进行评估，如有不满足或者安全度过大，可以修改设计后进行下一次循环运算，直至满意。

有关经验告诉我们，此方法用于周期较短的结构会产生较大误差，因为短周期体系对结构参数改变的敏感性高于中长周期体系，从而其弹塑性位移的准确度不如中长周期体系，这是 N2 方法的局限性。

5.2 能力谱方法介绍

5.2.1 能力谱方法的原理和实现步骤

能力谱方法实质上是将 Pushover 法与地震反应谱相结合的静力弹塑性分析法。简单地说，能力谱法需要两条曲线，一条称为需求谱曲线，它反映地震动对结构抗震能力的要求；另一条是能力谱曲线，它反映结构承受地震作用的能力。将这两条曲线在同一坐标下进行叠加，叠加的结果可能有两种情况：一种情况是需求谱曲线将能力谱曲线包含于内，两条曲线没有交点；这表示，结构无法满足规范规定的结构抗震性能目标，结构在地震作用达到最大值之前就已破坏；另一种情况是需求谱曲线与能力谱曲线相交，有一交点，这一交点可定义为性能点。根据这一交点位于能力谱曲线上的哪一段，不仅可以宏观估计结构在给定地震作用下的反应特征和破坏情况，而且还可由性能点在能力谱曲线上的位置坐标，求得对应的基底剪力、顶点位移、层间位移等结构的响应值。

为了得到这两条曲线，我们需按以下步骤工作（以等效阻尼比建立需求谱为例，其中要进行四个转换）：

第一，需要把一个复杂的多自由度体系的高层结构，转换成一个等效的单自由度体系，这样便可将多自由度振动方程中的位移向量，简化为顶点位移的已知函数，这样只要求得顶点位移，就可得到各层位移；因此把求解多自由度的方程组，简化为单自由度的有关方程；

第二，进行推复加载，得到基底剪力-顶点位移曲线，这些工作已在 Pushover 时完成；

第三，进行坐标变换，把基底剪力-顶点位移曲线转换成能力谱曲线（A-D 格式）；

第四，利用拟加速度谱与位移谱的关系式，将它们的坐标由常规反应谱的（A-T 格式）转换成与能力谱相同的（A-D 格式）坐标系，这样为二者的叠加，准备了条件；

第五，将推复得到的基底剪力-顶点位移曲线，近似为双线性骨架曲线，在此基础上求得等效阻尼比；

第六，采用等效阻尼比的方法将反应谱转换成需求谱，也为（A-D 格式）坐标系；

第七，将能力谱与需求谱叠加到同一个坐标系中，如有交点，这就是性能点；如没有交点，说明结构设计不能满足规范的性能指标，需要重新进行修改设计。根据性能点与屈服点的相对位置，我们可以从宏观角度来判别设计的安全度是否在合理范围之内：如性能点位置太接近或者不到屈服点，说明设计太保守，可以再节省一些，应进行设计修改；如性能点位置离屈服点太远，快接近失效破坏，说明安全储备太小，也应修改设计标准，具体应由设计性能目标确定；

第八，根据计算结果对设计进行综合抗震性能评估。

在以下几节中，我们将对上面介绍的步骤，以及有关公式的来源作一说明。

5.2.2 拟反应谱以及谱位移和谱加速度的关系[22]

在进行抗震性能设计的结构弹塑性分析时，常要遇到加速度谱、速度谱、位移谱之间的互相转换问题。一般论文中仅仅给出了它们的关系式，没有介绍由来。实际上这还涉及反应谱与拟反应谱的概念问题，以下介绍其中的概念和转换关系。为了清楚地说明来历，有必要从地震激励下结构运动方程的建立和求解谈起。

1. 地震激励下，结构运动方程的建立

以下是一个自由度的结构（图 5.2.1）在地震作用下的响应示意图，根据达朗倍尔原理，可建立平衡方程如下：

$$m\ddot{x}(t) + C\dot{x}(t) + Kx(t) = -m\ddot{x}_g(t) \qquad (5.2.1)$$

式中：m——结构质量；

$\quad K$——结构刚度；

$\quad C$——结构阻尼系数；

$\quad x_g$——地表地面位移；

$\quad \ddot{x}_g$——地面震动加速度；

$\quad \ddot{x}(t)$——结构加速度响应；

$\quad \dot{x}(t)$——结构速度响应；

$x(t)$ ——结构位移响应。

2. Duhamel（杜哈梅）积分与反应谱的求得

求解以上方程可得到位移总反应的积分式：

$$x(t) = \frac{-1}{\omega'} \int_0^t \ddot{x}_g(\tau) e^{-\xi\omega(t-\tau)} \sin\omega'(t-\tau) d\tau$$

$$(5.2.2)$$

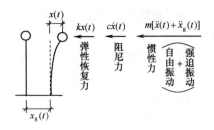

图 5.2.1 单自由度的质量块在
地震作用下的响应简图

此即 Duhamel（杜哈梅）积分——方程特解。

考虑到自由振动因阻尼而很快消失，因此地震反应仅取强迫振动部分（即取特解），由上式可知，若已知 $\ddot{x}_g(t)$、ω、ξ，可求得最大结构响应，即工程中常需最大值。单质点体系的位移、速度、加速度最大响应为：

$$x(t) : S_D = \left| \frac{1}{\omega} \int_0^t \ddot{x}_g(\tau) e^{-\xi\omega(t-\tau)} \sin\omega'(t-\tau) d\tau \right|_{max} \quad (5.2.3)$$

$$\dot{x}(t) : S_V = \left| \int_0^t \ddot{x}_g(\tau) e^{-\xi\omega(t-\tau)} \left[\cos\omega'(t-\tau) - \frac{\xi}{\sqrt{1-\xi^2}} \sin\omega'(t-\tau) d\tau \right] \right|_{max} \quad (5.2.4)$$

$$\ddot{x}(t) : S_A = \left| \omega' \int_0^t \ddot{x}_g(\tau) e^{-\xi\omega(t-\tau)} \left[\left(1 - \frac{\xi^2}{\sqrt{1-\xi^2}} \right) \sin\omega'(t-\tau) + \frac{2\xi}{\sqrt{1-\xi^2}} \cos\omega'(t-\tau) \right] d\tau \right|_{max}$$

$$(5.2.5)$$

记录以上谱位移、谱速度、谱加速度值随结构周期的变化，就是位移谱、速度谱与加速度谱。

3. 拟反应谱与它们间的转换关系

以上公式中：$\omega' = \omega\sqrt{1-\xi^2}$；$\xi = \frac{C}{2\omega m}$ 阻尼比，常用的混凝土结构其取值为 0.05，钢结构为 0.02～0.03，所以 $\Rightarrow \xi < 1$；已知 $\sin x < 1$，$\cos x < 1$，考虑到 $\xi^2 \ll 1$，故有 $\omega' = \omega$，$\xi\sin x \ll 1$，$\xi\cos x \ll 1$，故可以删去 S_V，S_A 中后一项和 ξ^2 项，则近似有：

$$S_D = \left| \frac{1}{\omega} \int_0^t \ddot{x}_g(\tau) e^{-\xi\omega(t-\tau)} \sin\omega(t-\tau) d\tau \right|_{max} \quad (5.2.6)$$

$$S_V = \left| \int_0^t \ddot{x}_g(\tau) e^{-\xi\omega(t-\tau)} \cos\omega(t-\tau) d\tau \right|_{max} \quad (5.2.7)$$

$$S_A = \omega \left| \int_0^t \ddot{x}_g(\tau) e^{-\xi\omega(t-\tau)} \sin\omega(t-\tau) d\tau \right|_{max} \quad (5.2.8)$$

我们已知 $\cos(t-\tau)$ 与 $\sin(t-\tau)$，对某段时间积分的绝对值（积分面积）是近似相同的（仅相位角差 90°）。我们计算时采用的是绝对值，则近似有

$$S_D \approx \frac{1}{\omega} S_V, \quad S_V \approx \frac{1}{\omega} S_A, \quad \Rightarrow \begin{cases} S_A = \omega^2 S_D \\ S_A = \omega S_V \end{cases} \quad (5.2.9)$$

以上 S_D，S_V，S_A 叫拟位移反应谱、拟速度反应谱、拟加速度反应谱。它们之间存在近似的线性关系。又因为 $\omega = 2\pi/T$，所以有 $S_D \approx (T/2\pi)^2 S_A$。

这就是拟加速度反应谱与拟位移反应谱的简化关系式。从中我们可以知道，谱位移与谱加速度和周期呈二次方关系。所以只要求得加速度反应谱，就很容易得到位移反应谱。这个关系式在结构静力弹塑性分析中经常采用。

102

同时还可得到下式

$$T = 2\pi\sqrt{\frac{S_{dt}}{S_{at}}} \tag{5.2.10}$$

由上式可知，结构周期随着谱位移增大而增大。三个参数中的任一个可由其他二个求得。

在应用以上关系式时，一般都不提及拟反应谱事宜，认为它们的关系适用于所有情况。但是应该指出，以上用拟反应谱代替反应谱的近似计算，只有在结构阻尼较小和周期不是很长时才适用。由以上推导可知结构阻尼比 ξ 与结构周期和自身阻尼大小成正比，如果结构周期很长而且又加设了阻尼器，这样阻尼比不是一个小值，这时应该采用反应谱而不是拟反应谱了，它们之间的线性关系也不宜再使用，否则会产生较大误差。文献[23]曾经对此进行过对比研究。

5.2.3 能力谱曲线的求得

我们在应用能力谱方法对结构进行静力弹塑性分析时，常常是和推复（Pushover）先后衔接进行的，因此我们在这里也一起介绍全部的内容，步骤如下：

1. 对结构模型施加竖向设计荷载并保持不变；

2. 施加某种分布的增量水平荷载（一般采用倒三角分布），对结构进行静力推复分析，计算得到结构基底剪力 V_b—顶点位移 u_n 的曲线；

3. 将等效单自由度体系代替原多自由度体系结构，采用下面两个公式将结构基底剪力 V_b—顶点位移 u_n 的曲线，转换为谱加速度 S_a—谱位移 S_d 曲线（图5.2.2）即能力谱曲线。

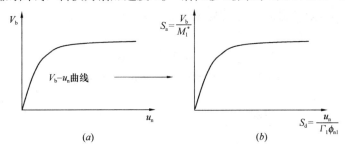

图5.2.2 基底剪力—顶点位移曲线转换为能力谱曲线

（a）基底剪力—顶点位移曲线；（b）能力谱曲线

$$S_a = \frac{V_b}{M_1^*}, \qquad S_d = \frac{u_n}{\Gamma_1\phi_{n,1}} \tag{5.2.11}$$

式中：M_1^*，Γ_1——相对于基本振型的有效质量与振型参与系数；

$\Phi_{n,1}$——基本振型 Φ_1 在顶点的振幅；

u_n——顶点的位移。

$$\Gamma_1 = \frac{\sum\limits_{i=1}^{N} m_i\phi_{i1}}{\sum\limits_{i=1}^{N} m_i\phi_{i1}^2}, \qquad M_1^* = \frac{\left(\sum\limits_{i=1}^{N} m_i\phi_{i1}\right)^2}{\sum\limits_{i=1}^{N} m_i\phi_{i1}^2} \tag{5.2.12}$$

式中：m_i——i 节点的集中质量；

Φ_{i1}——基本振型 Φ_1 在 i 节点的振幅；

$\quad n$——节点数。

由上图可知，上述采用静力推复法求得的结构的基底剪力—顶点位移曲线（V_b-U_n 曲线），已经被转换成能力谱曲线（S_a-S_d 曲线）。

5.2.4 结构等效阻尼比的计算

我们先将推复得到后转换成的能力谱，近似为双线形的骨架曲线，以便简化等效阻尼比推导。

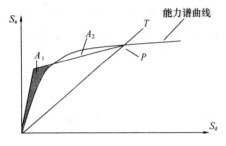

图 5.2.3 等效双线形化的能力谱曲线

图中假定三角形 A_1 面积和三角形 A_2 面积相等，这样在耗能相等的条件下，可将原来的曲线转化为双线形的骨架。以方便进一步的等效阻尼比计算。

结构在侧推过程中，有的杆件进入塑性状态，结构具有的耗能能力也随着增加。能力谱曲线上的每一点，都可计算与该时刻相对应的结构阻尼比。假定需计算能力谱曲线上某点 P 的结构阻尼比，见图 5.2.4。按图 5.2.3 所示构造一等效双线形能力线，此时结构由于构件进入塑性状态而消耗的能量，近似为平行四边形面积，它按最大位移反应的一个周期内的滞回耗能来确定：

$$E_D = 4(a_y d_{pi} - d_y a_{pi}) \tag{5.2.13}$$

式中：E_D——结构等效的滞回阻尼耗能（详见[24]）；

$\quad E_E$——最大应变能；

d_{pi}、a_{pi}——等效单自由度体系的最大位移和对应加速度；

d_y、a_y——屈服时相应的单自由度体系的位移和对应加速度。

其他参见图 5.2.4

结构最大弹性应变能为深色三角形面积：

$$E_E = a_{pi} d_{pi}/2 \tag{5.2.14}$$

由能量法计算结构进入塑性产生的附加阻尼比为：

$$\beta_0 = \frac{E_D}{4\pi E_E} = \frac{2(a_y d_{pi} - d_y a_{pi})}{\pi a_{pi} d_{pi}} \tag{5.2.15}$$

等效单自由度体系的周期 T_{eff} 可按下式计算：

$$T_{eff} = 2\pi \sqrt{\frac{M_{eff}}{K_{eff}}} \tag{5.2.16}$$

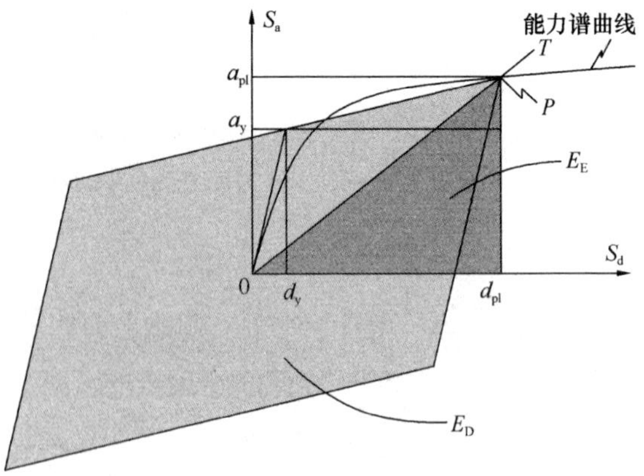

图 5.2.4 结构等效耗能双线形化的能力谱曲线

结构等效阻尼比：

$$\beta_s = \beta_e + k\beta_0 \tag{5.2.17}$$

式中：β_s——结构塑性状态下总阻尼比；

$\quad\quad\beta_e$——结构弹性状态下的阻尼比；

$\quad\quad k$——附加阻尼修正系数，取 0.3～1.0（详见下面说明）。

钢筋混凝土结构的阻尼比可取：$\beta_s = 0.05 + k\beta_0$；

钢结构的阻尼比可取：$\beta_s = 0.02 + k\beta_0$。

其中附加阻尼修正系数 K，反映结构的滞回耗能能力。"ATC-40"中，在做了大量调研的基础上，将结构划分为 A、B、C 三种类型（详见表 5.2.1），根据不同的结构类型和它的滞回耗能能力，K 取不同的值：A 类结构代表了稳定性好，具有饱满滞回环的结构，能够有效耗能，K 值取 1；B 类结构代表了稳定性较好，滞回环存在捏拢现象的结构，耗能较 A 类结构差，K 值取 2/3；C 类结构代表了稳定性较差，滞回环存在严重捏拢现象，耗能较差的结构，K 值取 1/3。根据经验和调查统计分析，"ATC-40"将各种耗能类型结构的 K 值规定了范围，见表 5.2.2。

结构耗能类型　　　　　　　　　　　　　　　　　　　表 5.2.1

地震持续时间	新建建筑	现存一般建筑	现存抗震性能较差的建筑
短	A	B	C
长	B	C	C

注：新建建筑——新建的而且具有良好的抗侧力体系的建筑；

　　现存一般建筑——已建建筑，具有良好的原有抗侧力体系和新增抗侧力体系；

　　现存抗震性能较差建筑——没有明确的抗侧力体系，较差的滞回性能。

不同结构类型的 K 值　　　　　　　　　　　　　　　表 5.2.2

结构类型	β_0（%）	k
A	$\leqslant 16.25$	1.0
	> 16.25	$1.13 - \dfrac{0.51(a_y d_{pi} - d_y a_{pi})}{a_{pi} d_{pi}}$
B	$\leqslant 25$	0.67
	> 25	$0.845 - \dfrac{0.446(a_y d_{pi} - d_y a_{pi})}{a_{pi} d_{pi}}$
C	任何值	0.33

折减系数不能低于（表 5.2.3）中所列的下限值，也不能高于上限值，后者主要为了限制大延性比对弹性反应谱的过度折减。

折减系数 K 的下限值　　　　　　　　　　　　　　　表 5.2.3

结构类型	S_{RA}（等加速度区折减系数）	S_{RVv}（等速度区折减系数）
A	0.33	0.50
B	0.44	0.56
C	0.56	0.67

5.2.5　构造需求谱的方法简介[15，16]

一般来说可以采用两种方法构造弹塑性需求谱：一是采用弹塑性反应谱；二是采用等

效阻尼比来间接考虑结构的弹塑性特性，并据此建立需求谱。

弹塑性反应谱也可以通过两种方法得到，一是通过大量的统计计算得到；二是通过强度折减系数 R，对弹性反应谱进行折减，从而获得弹塑性反应需求谱。理论上采用第一种方法较好，但是要做大量的统计工作，且现在有关的地震记录有限，不能得到一般意义上的弹塑性反应谱，在工程中常采用第二种方法，我们下面对它做一简介。

1. 通过强度折减系数 R，对弹性反应谱进行折减，从而获得弹塑性反应需求谱。

现在许多国家的规范，在构造结构的弹塑性需求谱时，采用了对弹性地震反应谱予以折减的方法。其中一种方法是引入力的折减系数 R（结构性能系数）的概念，采用等价线性化方法近似考虑结构的非线性特征。R 的物理意义为：在相同的外荷载作用下，结构所承受的弹性力同实际承受的非弹性力的比值。由文献[15、25]中得知，当结构自振周期大于相应的弹性谱峰值反应的周期时，由非弹性等效得到的最大位移，类似于从与非弹性系统的初始弹性刚度相等的弹性系统所得的最大位移，如图 5.2.5a 所示，其几何形状表示非弹性系统的延性，大约等于力的折减系数，即：

$$\mu = \frac{\Delta_m}{\Delta_y} = R \tag{5.2.18}$$

这种现象被称为位移等价原则。对于短周期结构上式（5.2.18）不够准确。峰值位移延性系数，可用非线性力—挠度曲线下的面积，与具有相同初始刚度的弹性系统的等效面积来估算，如下图所示，这称为能量等价原则。延性系数与力的折减系数的关系可表示为：

$$\mu = \frac{\Delta_m}{\Delta_y} = (R^2 + 1)/2 \tag{5.2.19}$$

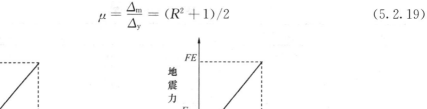

图 5.2.5 延性系数与力的折减系数关系曲线
(a) 等效位移示意图；(b) 等效能量示意图

实际上力的折减系数不仅与延性系数和结构周期有关，还与震级、震源机制、地震波传播途径、地震动持续时间、场地条件、阻尼比、滞回模型等因素有关。国内外很多学者都研究过这个课题，其中 Vindie 及我国范立础院士比较具有代表性，这里仅介绍他们二人的模型与计算方法。

（1）范立础院士提出的 $R-\mu$ 关系模型[26]：

$$R = 1 + (\mu - 1)(1 - e^{-AT}) + \frac{\mu - 1}{f(\mu)} Te^{-BT} \tag{5.2.20}$$

式中：$f(\mu)$、A 和 B 根据不同的场地条件取值，见表 5.2.4。此模型对于滞回曲线为双线型的单质点结构体系具有足够的精度。

场地类别	$f(\mu)$	A	B
I	$f = 0.80 + 0.89\mu$	4.84	0.40
II	$f = 0.76 + 0.09\mu - 0.03\mu^2$	3.95	0.65
III	$f = 0.41 + 0.06\mu - 0.03\mu^2$	1.38	0.87

建立了较准确的 $R-\mu$ 关系后，便可以通过对弹性反应谱进行折减来建立弹塑性反应谱。

（2）Vindic 提出的 $R-\mu$ 关系模型：

$$R = C_1(\mu - 1)^{c_R}\frac{T}{T_0} + 1 \qquad (T \leqslant T_0) \qquad (5.2.21)$$

$$R = C_1(\mu - 1)^{c_R} + 1 \qquad (T > T_0) \qquad (5.2.22)$$

$$T_0 = C_2\mu^{C_T}T_g \qquad (5.2.23)$$

式中：　　　　T_g——建筑场地的特征周期；

C_1、C_2、C_R、C_T——与结构滞回性能和阻尼比有关的参数，有关数值可参见表 5.2.5。

阻尼比为 5% 时的 Vindic 模型参数　　　表 5.2.5

模型		系数取值			
滞回性能	阻尼	C_1	C_R	C_2	C_T
Q 型	与质量成正比	1.00	1.00	0.65	0.30
Q 型	与质量成正比	0.75	1.00	0.65	0.30
双线型	与瞬时刚度成正比	1.35	0.95	0.75	0.20
双线型	与瞬时刚度成正比	1.10	0.95	0.75	0.20

（3）基于规范弹性反应谱的需求谱的建立

文献 [15] 根据 99《抗规》征求意见稿的加速度反应谱求得需求谱，介绍如下供参考：

$$\alpha = 5.5\alpha_{max}T + 0.45\alpha_{max} \qquad (0 < T \leqslant 0.1s) \qquad (5.2.24)$$

$$\alpha = \alpha_{max} \qquad (0.1s < T \leqslant T_g) \qquad (5.2.25)$$

$$\alpha = \left(\frac{T_g}{T}\right)^\gamma\alpha_{max} \qquad (T_g < T \leqslant 5T_g) \qquad (5.2.26)$$

$$\alpha = \alpha_{max}[0.2^\gamma - \eta(T - 5T_g)] \qquad (5T_g < T \leqslant 6s) \qquad (5.2.27)$$

其中：γ 和 η——相对于阻尼比 $\xi \neq 0.05$ 时的相对系数，其算式为：

$$\gamma = 0.9 + \frac{0.05 - \xi}{0.5 + 5\xi} ; \quad \eta = \frac{\eta_1}{\eta_2} ; \quad \eta_1 = 0.02 - (0.05 - \xi)/8$$

$$\eta_2 = 1 + \frac{0.05 - \xi}{0.06 + 1.4\xi} ; \quad \alpha_{max} = \alpha_{max}(T, 0.05) = \frac{1}{\eta_2}\alpha_{max}(T, \xi)$$

现在用折减系数 $R(\mu)$ 对弹性加速度反应谱进行折减，建立结构需求谱 S_a—S_D 曲线。

对于弹性单自由度体系有：（由 5.2.2 节可知）

$$S_{dc} = S_{ac}/\omega^2 = (T^2/4\pi^2)S_{ac} \qquad (5.2.28)$$

式中：S_{dc} 和 S_{ac}——分别为弹性谱位移和谱加速度；

ω——圆频率；

T——周期；

由折减系数 R 的物理意义可得：

$$S_a = S_{ac}/R \qquad (5.2.29)$$

$$S_{ay} = S_{ac}/R \qquad (5.2.30)$$

$$\alpha = k\beta = \frac{S_{ac}}{g} = \frac{RS_a}{g} \qquad (5.2.31)$$

式中：R——在相同的外荷载作用下，结构所承受的弹性力与实际承受的非弹性力的比值。称为结构强度折减系数。

由式（5.2.24）～式（5.2.31）可得：

$$S_d = S_{dc}\frac{\mu}{R} = \frac{\mu S_a(RS_a - 0.45g\alpha_{\max})^2}{121\pi^2 g^2 \alpha_{\max}^2} \qquad (0 < T \leqslant 0.1\text{s}) \quad (5.2.32)$$

$$S_d = S_{dc}\frac{\mu}{R} = \frac{\mu S_a T^2}{4\pi^2} \qquad (0.1\text{s} < T \leqslant T_g) \quad (5.2.33)$$

$$S_d = S_{dc}\frac{\mu}{R} = \frac{\mu}{R}\frac{T_g^2}{4\pi^2}(RS_a)^{1-\frac{2}{\gamma}}(\alpha_{\max}g)^{\frac{2}{\gamma}} \qquad (T_g < T \leqslant 5T_g) \quad (5.2.34)$$

$$S_d = S_{dc}\frac{\mu}{R} = \frac{\mu S_a}{4\pi^2}\left(\frac{0.2^\gamma}{\mu} - \frac{RS_a}{g\alpha_{\max}\eta} + 5T_g\right)^2 \qquad (5T_g < T \leqslant 6\text{s}) \quad (5.2.35)$$

由以上各公式，不难将加速度反应谱转换成以谱位移和谱加速度为坐标的需求谱。（此时取折减系数 $R=1$）

这个方法的正确性直接与 $R-\mu$ 的关系相关。若 R 值过大，能力谱曲线和需求谱曲线的交点过早，计算所得到的结构塑性铰数量限值较真实值的少，低估了结构的抗震能力，则不经济；若 R 值过小，分析结果将夸大结构的真实抗震能力，则不够安全。又因为地震作用下结构的滞回耗能和累积损伤将使 R 值略微减小，而能力谱方法只考虑一次加载破坏，并没有考虑 R 的变化。这些因素都会使结果的正确性产生影响。以上推导的需求谱因《抗规》有关参数变化较大，故未被采用。

2. 通过等效阻尼比的方法，求得需求谱。

采用等效阻尼比的方法构造需求谱，它根据结构共振时的粘滞阻尼能耗，和结构稳态简谐振动的最大应变能的关系，求得"等效阻尼比"，然后再考虑了需求谱值与等效阻尼比的关系，可得到若干条不同等效阻尼比值的需求谱。但是它们没有实际的物理意义，因为结构在发生塑性变形的过程中，实际阻尼的变化比假定的复杂得多，而且变化的幅度也没有那么大，但是用这种方法构造需求谱比较容易操作，概念容易理解，因此已被广泛采用。

采用等效阻尼比求得需求谱的过程大致如下：我们知道每一个不同的阻尼比就有一条相应的反应谱，也就会有一条对应的需求谱，随着阻尼比的增加，反应谱与需求谱都相应地下降。等效阻尼比也一样，每一个不同的等效阻尼比就会有一条对应的需求谱，阻尼比越大，需求谱越低。在推复过程中，随着推复荷载的增加，顶点位移也相应地逐步增加，能力谱 S_a-S_d 曲线，也随着 S_a 增加而相应 S_d 逐步增加；同时因为结构局部呈现塑性而使耗能增加，使得等效阻尼比增加，因此导致需求谱下降，直至加到某一步时二者相交，此交点就是性能点，相应的弹塑性位移、弹塑性层间位移角、底部最大剪力等等参数就可求得。如果无交点，这说明结构不能满足抗震需求，结构不安全，需要重新进行布局设计。一般推复过程初始曲线常常选取从5%阻尼比的弹性反应谱开始的，能力谱与其相交的交点就是第一个试验点；但这时没有考虑阻尼比的增加，因此再根据推复的双线性模型计算等效阻尼比，这样交点就会下移；但下移后阻尼比又会减少，因此交点又会上移；这样反复收缩，最后使二者误差最小的那点就是目标性能点。根据初始曲线选择不同，可有多种求解方法，一般软件中有提供不同选择。这里不作详细介绍。

以上运算一般都由计算机自动进行，现在有不少专业软件中都有这种静力弹塑性分析的功能。

5.2.6　能力谱的性能分析方法

采用能力谱方法对钢筋混凝土结构进行抗震性能分析评估过程如下：

1. 确定结构的使用功能和地震动水平，确定该工程结构的性能目标与各类结构构件的抗震性能水平；

2. 按照设计图纸资料，建立钢筋混凝土框架分析模型；

3. 指定塑性铰。有关塑性铰的问题将在第六章中论述，这里只简单地介绍一下有关概念，包括塑性铰的性质与位置，对梁一般定义主方向的弯矩铰和剪力铰，现在一般对静力弹塑性分析只考虑二维问题，因此柱一般是定义 PM 铰，三维问题采用 PMM 铰。目前一般程序中的塑性铰，可选择集中铰或者分布铰，集中铰假定塑性只考虑在一个截面，因此不计长度；分布铰考虑塑性发展的一个区域，因此要考虑塑性区长度，要采用弹塑性单元，但是它比集中铰计算耗时多，因此一般只在关键部件才采用分布铰。塑性铰可以被指定到框架单元的任一位置。一般在构件某处布置塑性铰后，在该处就会呈现不同颜色的圈，以便识别。不同软件对此会有不同规定，如采用纤维模型时要在构件上选择积分点位置，每个积分点处就是一个"塑性铰"，软件会在计算结果中用颜色来表示该"塑性铰"处的材料应力水平，和达到这个水平数的构件比例；

4. 选定一种水平力分布模式，逐级加载，进行 Pushover 分析；

5. 建议通过至少两次的 Pushover 分析，确定结构在多遇地震和罕遇地震需求下的结构顶点位移和层间位移，第一次 Pushover 分析得到结构在预估地震需求作用下的顶点位移；第二次 Pushover 分析，可采用第一次 Pushover 分析得到的顶点位移作为监测位移，实施推复分析，也可以更换一种水平力分布模式，重复加载，得到结构在预估地震需求作用下的层间位移，以此来评估结构的变形位移水平与性态；

6. 分析在预估地震需求作用下，结构各构件的塑性铰弹塑性发展程度及位置，统计各类构件塑性铰进入塑性状态的程度、数量和比例，确定弹塑性发展程度不同的塑性铰的分布特点，判别结构的破坏模式，评估结构的耗能指数和危险程度。

7. 根据综合指标，评估结构的总体抗震性能是否满足性能目标与各类构件的抗震性能水平。

能力谱方法分析最后可得到上述的曲线图，图中需求谱曲线与能力谱曲线相交的点，就是性能点，由此可求得最大弹塑性位移角、顶点位移、基底剪力、附加阻尼比等一系列结果（详见图 5.2.6）。分析结果的图坐标，有采用（A-T 格式）与（A-D 格式）两种表达格式，一般习惯了反应谱的坐标格式，所以在 PUSH&EPDA 软件中还是采用（A-T

格式），而且把地震影响系数与层间位移角同画在一个纵坐标上，这样直观给出结果，给设计人带来很大方便；而在其他软件中大多采用（A-D格式），在其上得到性能点坐标，再在数值计算结果中得到有关层间位移等其他参数。

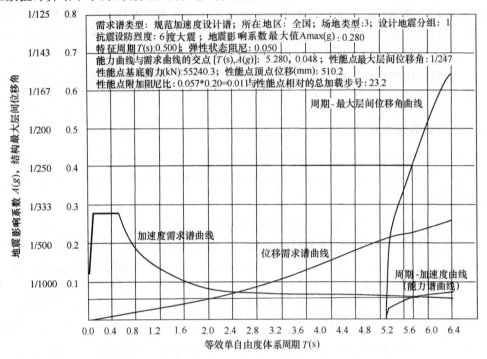

图 5.2.6　能力谱方法进行静力弹塑性分析的结果示意图

5.3　静力弹塑性分析结果的评估与说明

5.3.1　对静力弹塑性分析结果的评估

结构静力弹塑性分析的结果，不但提供了顶点弹塑性位移和最大层间位移角、基底剪力、结构周期、附加阻尼比等定量参数，而且还可从中对结构抗震性能设计的安全性、经济性进行总体评价。我们认为可以应用计算结果，做如下的结构抗震性能评估工作：

1. 从最大层间位移角来判别是否满足规范的要求；

2. 从顶点弹塑性位移和静力推复的基底剪力来判别是否满足性能目标；

3. 从已经进入屈服的塑性铰出现次序，先梁后柱还是先柱后梁，来判别设计是否符合概念设计要求，以及是否满足抗震目标中设定的关键构件、关键部位抗震性能要求；

4. 从已经屈服的塑性铰的分布位置与比例，可以判别是否出现薄弱层，整体的抗震性能好坏，以及可能的破坏模式；

5. 从其他设定塑性铰处的应力水平与比例，可以判断结构抗震的耗能水平与总体抗震能力以及设计的实际安全度；

6. 从层间位移分布曲线图，可以看出薄弱层的可能位置；

7. 从顶点位移曲线图，可以判断结构侧向刚度配置是否合理，是属于剪切型、弯曲型还是弯剪型结构（图 5.3.1）；

8. 还可以采取缺杆验算的方法，判别抗倒塌的能力和结构局部破坏的危险性影响；

9. 也可以采取不设定加载上限的方法，求得实际的倒塌载荷；

10. 还可以从性能点的位置高低判别设计的总体安全度，如果相交点位置太低，甚至还未到屈服点，这说明设计太保守，宜调整设计截面与配筋；如果太高接近倒塌点处，说明设计总体抗震安全度太小，应该适当考虑加强。

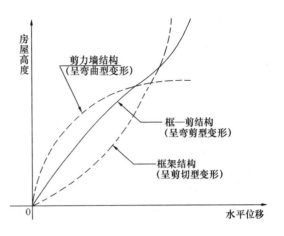

图 5.3.1　一般高层结构的三种变形模式

根据以上分析就可以对设计的安全性、经济性进行总体评估。根据评估情况，确定是否进行下一步深化施工图设计，还是再进行修改设计作依据。

5.3.2　有关说明

1. 有关静力弹塑性分析方法的结构计算模型问题。因为这时只考虑平面问题和静力逐级单调加载的方式，不考虑扭转和循环加载问题，所以计算模型也比动力分析简单。一般可以采用层间模型，有的软件也提供了杆系—层间模型供选择；有关塑性铰模型，一般可采用集中铰模型（弯矩—转角铰），但现在很多软件采用纤维模型，因此在选用杆系—层间模型时，也可采用分布铰模型（弯矩—曲率铰）；其他有关材料本构关系骨架曲线等，在一般专业软件中都有自带多种，以供用户选择。

2. 塑性铰模型问题。塑性铰模型是静力弹塑性分析一个重要内容，有关概念将在下一章介绍，在一般专业软件中都有应用介绍。例如应用较多的 MIDAS Building 软件中就提供了各种塑性铰类型（梁、柱、墙、支撑）、结构材料（钢筋混凝土、型钢混凝土、钢管混凝土、钢结构）、铰非线性单元（弯矩—转角铰、弯矩—曲率铰）、铰内力关系（铰的有关内力是否相关，如果相关会自动激活屈服面特征值选择，不相关就默认软件自带的正负受弯特征值相同）、多种骨架曲线等等；当采用纤维模型时，软件会提供有关纤维数量、材料本构骨架曲线、屈服评估标准、配筋等供选择，配筋（如果选择"自动"将会按计算配筋或者实际配筋来计算塑性铰的特性值，如果选择"用户"将会按用户设定的配筋率计算），所以还是比较方便采用的。在应用 PUSH&EPDA 时，页面会出现"是否保留结构中曾经布置的塑性铰？"，如果你点击了"是"，程序就可以自动生成塑性铰，那所有塑性铰的特性、参数全部按照软件设定的进行；如果点击了"否"，就要"手工定铰"——进行定义选择：塑性铰类型编号与名称、铰长度、选择各类铰的相关维度等等，一旦用户"手工定铰"，就要删除软件定义的铰的相应项，软件还用不同颜色来表示选择的结果，因此使用更方便。对于以上有关专业名词的含义，也将在下一章中说明。

3. 有关加载工况确定。一般软件中都有几种水平荷载分布模式，我们可以选用 2～3 种模式，取其结果的包络值；加载工况对对称的结构一般一个坐标方向进行一次推复就可以了，对于不对称的结构，就要进行正负各一次，这样才能得到最不利结果。

4. 有关塑性铰设置位置。当梁的弯矩铰采用弯矩－转角铰模型时可布置在两端，采用弯矩－曲率铰模型时可布置在多处，采用纤维模型时可按积分点对称布置；柱取轴力弯矩铰，与剪力铰，对一般柱可设在两端，和集中力和集中弯矩作用处，错层柱可将剪力铰，设置在错层处；对剪力墙轴力弯矩铰设置在两端，剪力铰可设在层高中部。

5. 静力弹塑性分析方法的适用性问题。

静力弹塑性分析方法虽然因为它的优点让大家乐于使用，但是毕竟不能适用于任何条件的结构，因为它还存在先天性的问题：

（1）因为它是基于单自由度体系的等效线性化分析方法，将多自由度体系转化为单自由度体系，将动力问题转化为静力问题来处理。因此，对于不规则的结构，当高阶振型的影响不可忽略时，就会产生较大误差；

（2）对长周期的结构和高阶振型影响较大的结构，该方法中的一些假定不一定适用，如谱位移和谱加速度的关系、侧向水平力的分布形式、等效阻尼比的假定以及需求谱的构建方法等等；

（3）它采用二维宏观控制的办法所构建的等效结构本构关系，又不能考虑平面外作用力和扭矩的影响，无法明确表示结构构件屈服后的刚度和强度退化的关系，也无法反映结构实际的屈服机制；

（4）由于上述原因，使一些不规则的有较大扭转效应的结构，用不同方法分析结果会产生较大误差[19]。

因此我们建议静力弹塑性分析方法，应该只适用于比较规则的高层结构；而且应该采用两种侧向水平力分布形式进行计算比较，并取包络值；对于特别不规则的结构，B级高度的高层建筑结构可以作为一种初算，应该有动力弹塑性分析作比较。

基于静力弹塑性分析方法中的一些问题，ATC 和 FEMA 后来针对等效阻尼、等效周期和需求谱的折减方面，做了大量的数值分析和实验研究。在确定等效阻尼、等效周期时，采用了基于实验研究和统计分析方法，还考虑了滞回类型和屈服后刚度的变化；另外在需求谱折减方面也做了很多工作，它在构建需求谱时，除了根据场地特征外，还考虑了基础与上部结构的共同作用和结构的滞回耗能作用，以及等效周期和割线周期的关系等，使需求谱折减更符合实际，因此更安全可靠了。有关研究改进成果已经列入 ATC-55 和 FEMA440，有需要可参见有关文献。这里不做详细的阐述。

参考文献

［1］ 侯爱波，汪梦甫，周锡元. Pushover 分析方法中各种不同的侧向荷载分布方式的影响［J］. 世界地震工程. 2007.23(3)：120-128

［2］ 薛彦涛，徐培福，肖从真，徐自国. 静力弹塑性分析(PUSH-OVER)方法及其工程应用［J］，建筑科学，2005.121(6)：1-6.

［3］ 熊向阳，戚震华. 侧向荷载分布方式对静力弹塑性分析结果的影响［J］. 建筑科学，2000，17(5)：8-13.

［4］ 杨溥，李英明，王亚勇，赖明. 结构静力弹塑性分析(Push-over)方法的改进［J］. 建筑结构学报，2000，21(1)：44-50.

［5］　段宁博. 高层建筑结构的可靠度分析与优化设计[D]. 哈尔滨：哈尔滨建筑大学硕士论文，1994

［6］　方鄂华，钱稼茹，赵作周，弹塑性静力分析与时程分析[A]. 第十五届全国高层建筑结构学术交流会论文［C］，1998；38-43

［7］　钱稼茹，罗文斌. 静力弹塑性分析[J]. 建筑结构，2000，(6)：23-26.

［8］　叶燎原，潘文. 结构静力弹塑性分析（push-over）的原理和计算实例[J]. 建筑结构学报，2000，21(1).

［9］　汪梦甫，周锡元. 关于结构静力弹塑性分析（Pushover）方法中的几个问题[J]. 结构工程师，2002，(4)：17-22.

［10］　叶献国，周锡元. 建筑结构地震反应简化分析方法的进一步改进[J]. 合肥工业大学学报(自然科学版)，2000.23(2)：149-153

［11］　候爽，欧进萍. 结构 Pushover 分析的侧向力分析及高阶振型影响[J]. 地震工程与工程抗震，2004，24(3)：56-57.

［12］　汪梦甫，周锡元. 高层建筑结构静力弹塑性分析方法的研究现状与改进策略[J]. 工程抗震，2003.98(4)：12-15

［13］　刘畅，邹银生. 多层偏心结构的 Pushover 分析[J]. 重庆建筑大学学报，2007.29(3)：61-65

［14］　沈蒲生，龚胡广. 多模态静力推覆分析及其在高层混合结构体系抗震性能评估中的应用[J]. 工程力学.2006.23(8)：69-73

［15］　何浩祥，李宏男. 基于规范弹性反应谱建立需求谱的方法[J]. 2002.18(3)：57-63

［16］　梁仁杰，吴京，孟少平. 两种不同需求曲线的能力谱评价方法比较[J]. 东南大学学报(自然科学版)，2009.39 增刊(2)：169-173

［17］　刘清山，梁兴文，黄雅捷. 结构静力弹塑性分析方法的几点改进[J]. 建筑科学.2005.21(4)：28-33

［18］　刘暾. 考虑剪切铰的 pushover 分析原理与应用[D]. 广州：华南农业大学，2003.

［19］　李刚，刘永. 不同加载模式下不对称结构静力弹塑性分析[J]. 大连理工大学学报，2004，44(3)：33-34.

［20］　薛伟伟. 考虑土-桩-结构相互作用下的生态复合墙结构 pushover 分析[D]. 西安建筑科技大学硕士论文，导师黄炜，2011

［21］　胡忠志，简文彬. 基于推覆分析方法的支护桩位移监控研究[J]. 岩石力学与工程学报，2007.26(增1)：3149-3154

［22］　高涛，许哲，钱国桢. 能力谱方法要点和拟反应谱问题介绍[J]. 浙江建筑 2014.31(6)：12-16

［23］　袁楱. 基于 MATLAB 的地震反应谱计算方法的比较[D]. 西安建筑科技大学硕士学位，2012

［24］　扶长生. 抗震工程学[M]. 北京：中国建筑工业出版社，2013

［25］　Veletsos A S, Newark N M. Effect of inelastic behavior on the response of simple system to earthquake motion. ［C］，. Proc. 2nd World Conf. on Earthquake Engineering，1960.895－912.

［26］　范立础，卓卫东. 桥梁延性抗震设计[M]. 北京：人民交通出版社，2001

第6章　动力弹塑性分析方法简介

6.1　概述[1～10]

通常所说的时程分析法包括弹性时程分析和弹塑性时程分析，后者也称动力弹塑性分析。它是直接将地震波（地震动加速度），作为右边项，输入结构地震激励下的运动方程，即第5章中的式（5.1.2），进行数值积分求解，因此又称直接法。它的目的主要是为了验证抗震性能设计的目标有没有达到。例如，其最大的弹塑性层间位移角是否满足规范要求，发现薄弱层、薄弱构件与薄弱部位，检查设计是否符合强柱弱梁与强剪弱弯的要求，得到底部剪力与顶点位移曲线以及层剪力与层间变形曲线等等。这种分析方法是十分复杂的，可以说到现在为止还没有一个公认的统一的假定与求解方法，还处在百花齐放的阶段，它涉及到以下一些基本问题：

1. 确定结构抗震目标、进行结构抗震性能设计（详见第4章）。

2. 选择计算模型。首先要考虑的是工程结构采用什么计算模型，一要能够反映结构的基本力学特性，二要在满足计算精度的基础上，具有计算的可行性和经济性。以前由于计算机的运算能力问题，只能采用一些比较简单的简化模型，如层间模型与非线性平面杆系模型，现在计算机的发展为我们提供了强有力的支持，因此可以采用三维空间和一些精细化的模型。当然具体采用什么模型要看结构的复杂程度，对于简单的结构当然用不着用大量精力来采用复杂的模型而增加工作量，这时采用层间模型也是合适的。

3. 选择计算软件。现有很多商用软件都具有结构动力弹塑性分析的功能，如国产的PUSH&EPDA、GSNAP、Strat（佳构）、YJK（盈建科），国外的 MIDAS、SAP2000、ABAQUS、MSC. MARC、Perform-3D、OpenSEES、ETABS、Canny 等等。在一般设计中应用较多的，比较简单且容易操作的，而且和我国规范接轨的，是国产的软件与韩国的MIDAS Building，大部分已经通过评估鉴定。而大多美国软件主要以美国的有关规程如FEMA 和 ATC-40 等为依据，由于现在并没有限制它们在国内的应用，因此也被很多设计人员采用。还有国产的 YJK（盈建科）软件，它还提供了很多有弹塑性分析功能软件的双向接口，可以方便的将静力分析的建模与结果转接到相关软件，进一步进行动力分析比较。我们认为对求解结构动力弹塑性问题，ABAQUS 是比较完善的软件。选择软件还取决于结构的复杂程度，如果比较简单、规则，就可采用层模型，这在很多专业软件中都会有的；如果比较复杂、不规则程度很高、楼层高度超限又采用精细算法，这样自由度就非常多；或者采用新材料新结构，在软件自带的本构关系中找不到相应的曲线，这样对有些软件可能就显得无能为力，这时就应采用 ABAQUS、MSC. MAR、SAP2000 这样的大型通用分析软件。

4. 确定材料本构骨架与恢复力模型。这一点十分重要，因为不同的材料组合就会有不同的本构骨架与恢复力模型。假如我们只进行弹性时程分析，那么只要按照本构骨架曲线的线性段进行输入地震时程的分析就可以了。在一般软件中都提供了可供选择的常规材料本构骨架与恢复力模型，如果设计没有特殊要求，那么只要选用就可以。假如设计采用了特殊材料，需要自己输入特定的恢复力模型，很多软件都提供了接口，可以自编程序段输入，后面将介绍采用 ABAQUS 软件时，如何利用接口的一般知识。

5. 选择塑性铰模型与分布。结构工程中最初的塑性铰概念是从钢筋混凝土受弯构件来的，即适筋梁受拉纵筋屈服后，截面可有较大转角，形成类似于铰一样的效果，称作塑性铰。同时每一个塑性铰将使结构释放一个自由度，因此结构内力也将重新分布。塑性铰是一种特殊的铰，它能承受一定的弯矩（构件截面的塑性极限弯矩），而理想铰弯矩为零，这是它区别于一般理想铰最本质的特征。塑性铰对抗震安全是否有利，主要看它先产生在何处？如果先出现在梁上或者耗能构件上，就有利于保护主结构。如果先出现在柱上就会导致结构产生整体倒塌。所以我们抗震设计时常常坚持的"强柱弱梁"原则就是为了使梁上先出现塑性铰耗能，以保护主结构墙柱不破坏。后来塑性铰的概念被扩大到受压、受剪、受扭、压弯等等复杂受力情况，被用于作为结构弹塑性分析时的一种模型，而且与材料本构关系骨架曲线相关。在结构抗震分析时常在梁柱端部、剪力墙底部等高应力区先进入塑性状态，从而改变了整个结构的受力性能。我们在弹塑性分析中，实际上是对这些特征截面设置了假定的模型，在计算中分析它在整个受力过程的变化，以及对整个结构的影响，这个特征截面的模型就是塑性铰。

塑性铰的设置可以说是结构动力弹塑性分析的基本问题之一，它涉及许多假定、理论、模型、试验、计算等多方面的问题，也存在很多不同的学术观点。塑性铰的类型，依据出发点的不同可有多种分类方法，其中包括：是集中铰还是分布铰；是弯矩铰还是轴力铰；是单轴铰还是多轴铰；是以构件为对象的塑性力学模型铰，还是以截面为对象的纤维模型铰，前者需要先得到恢复力模型，后者可直接由材料的本构关系求解，如此等等。我们将在后面有关塑性铰问题的章节中作简单介绍。实际应用软件都提供了有关塑性铰的多种选择，只要我们了解有关塑性铰的基本知识，就可方便选用适用于不同情况的塑性铰类型与分布。

6. 选择剪力墙的模型。要考虑有关剪力墙的弹塑性分析，与杆件体系不同，它首先取决于剪力墙的模型。剪力墙的模型一般可分为两大类，一类是宏观模型，另一类是微观模型。

所谓宏观模型是建立在试验研究和一定的理论假设基础上，将一面剪力墙简化为一个单元。目前提出的钢筋混凝土剪力墙宏观模型主要有：等效梁模型、等效支撑模型、二维墙板单元模型、三垂直杆元模型、多垂直杆元模型、空间薄壁杆件模型和三维壳元模型等。它主要在结构整体内力和地震响应分析时应用，这类模型因为在等效代换时，采用了很多假定，所以无法分析剪力墙自身的实际的应力分布，其中空间薄壁杆件模型和三维壳元模型目前仅限于弹性分析；对于等效杆系类模型，集中塑性铰的模型仍然可以应用，对于墙板类模型就要采用塑性发展程度的概念。应该指出，因为模型采用了很多简化假定，如果与实际情况差别较大时，在动力弹塑性分析中，判别剪力墙某个部位的应力是否达到屈服等方面，也会产生较大失真。但是宏观模型具有简单、力学概念直观、计算简便的优点，所以目前在高层建筑钢筋混凝土剪力墙研究和分析中还有人在应用。

所谓微观模型就是要把剪力墙分割为很多单元，其中可采用非线性壳单元、分层壳单元、复合墙单元等。所谓壳单元是由膜单元与板单元的组合。由于它增加了大量的自由度，因此计算工作量较大，而且要处理剪力墙和杆件单元之间的自由度协调问题，需要一定的理论基础。一般二维的剪力墙采用较多的是壳单元，这将在剪力墙模型一节中介绍。在国产的 PUSH&EPDA、国外的 SAP2000、ABAQUS 等软件中配置了有关壳单元模型，MIDAS Building、Perform-3D 等软件也配置了复合墙单元模型，提供用户选用，我们可以根据设计结构的具体情况进行选择。

7. 选择地震波。即地震加速度记录，包括天然波与人工波，可参见 6.4 节。

8. 确定合理的时程分析方法与输入步长。一般在选用某一种数值方法时主要考虑三方面因素：一为稳定性，就是初始误差和计算中的删减误差不会影响结果的精度与收敛，这对于一个涉及许多自由度的高层结构是十分必要的，有时步长较小时是稳定的，但是步长加大后就不稳定了，这是有条件稳定；与步长无关的稳定，叫无条件稳定；二是对"伪阻尼"的控制，所谓"伪阻尼"是指计算方法本身的原因，使计算振幅衰减，好像增加了阻尼，"伪阻尼"对低频影响不大，对高频影响很大，会使计算结果偏小，因而产生不安全的隐患，特别对不规则的超限高层结构，常常高振型时还具有较大的能量；三是计算速度，这一点在计算机技术发达的今天已经不是控制条件了。还要确定输入步长，根据不同的方法与要求而确定，一般步长小耗时长，但是精度高，不容易漏掉最不利工况，而且可避免因"伪阻尼"而导致的计算结果失真，一般步长应取 $\Delta t \leqslant 0.318 T_{\min}$，其中 $T_{\min}$ 为计算时取用的结构最短周期，并且宜取 $\Delta t \leqslant 0.06 T_{\max}$，其中 $T_{\max}$ 为自振第一周期[10]。

9. 隐式与显式方法求解问题[11,12]。所谓隐式方法是对平衡方程组同时进行求解，每一个增量步结束时都要求解一组方程计算整个刚度矩阵，以求得每个节点的位移，因此工作量是很大的；显式方法并不需要每一个增量步都要求解一组方程来计算整个刚度矩阵，而是通过动态方法，从一个增量步推到下一个增量步得到的，因此可以节省很多时间。隐式算法在 SBAQUS/Standard 中采用的是隐式分析模块，而显式算法在 SBAQUS/Explicit 中采用的是显式模块。因为动力分析常常采用静力分析结果作为初始步，所以需要通过"Import"的操作，将隐式模块中的静力分析的原始模型资料与计算结果"导入"到显式模块。如 ABAQUS 等软件在求解动力方程时采用了显式方法，而在静力分析中采用的是隐式方法，一般动力分析常常采用静力分析结果作为初始步，所以有必要进行说明。如果在静力分析中出了问题，或者杆件损坏，那么动力分析就会通不过，因此进行动力分析实际上也对静力分析部分进行了一次校核。一般显式方法耗时与结构自由度成正比，而隐式方法耗时近似与结构自由度的平方成正比，所以对采用精细模型的高层结构，就有显著的优越性，但是显式方法不是无条件稳定的，因此在选用时要注意对输入步长的控制，一般要比隐式方法小一个数量级以上。

10. 阻尼问题。阻尼是结构重要的动力特性之一，它的实质是物体运动的阻力。在保守体系中，我们认为动能与位能之和保持不变，但是如果一部分能量转变为热能，耗散到周围介质中，那么二者间就不守恒了。所谓阻尼，就是运动的物体通过内摩擦与外摩擦使部分能量，转化为热能耗散掉了，因此使振动慢慢衰减。我们一般把材料内摩擦而产生的阻尼，称为黏滞阻尼，假定它与速度相关；把外摩擦产生的阻尼称为摩擦阻尼，假定它与位移相关。一般在振动方程中仅考虑黏滞阻尼，而且假定它可以分解为质量矩阵、刚度矩阵的线性组合，其中比例参数 α 和 β 一般由试验确定，这种阻尼称为瑞利（Reyheigh）阻尼，这样做的目的是为了可以对多自由度的方程组进行解耦，在数学计算上带来极大的方便。又因为瑞利阻尼要由比例参数 α 和 β 的来确定，因此又称为比例阻尼。在抗震分析中常常用阻尼比来表示阻尼的大小，大大简化了阻尼的影响，在分析中常将它作为一个固定的参数值，而且在动力弹塑性分析时一般也不考虑阻尼的变化。仅仅在静力弹塑性分析的能力谱方法中考虑了一个等效阻尼的概念，但是它和实际的阻尼变化不是一回事。实际上结构在弹塑性变形过程中，阻尼的变化是十分复杂的，很多是属于摩擦阻尼，根本不能够采用比例阻尼的假定。在求解多自由度方程时就要考虑振动耦联，这种复杂的情况实际上是很难求解的。现在阻尼问题作为一个学术分支有很多学者在研究，这里只能简单地介绍一下。

6.2 动力弹塑性分析模型

6.2.1 结构动力分析模型[1~10, 13~25]

1. 层模型

所谓层模型就是将高层建筑结构视为一个变截面的悬臂构件，将楼层各构件刚度之和作为悬臂构件的刚度，将各层的质量集中于楼层处。由于层模型大大减少了结构的自由度，从而使弹塑性时程分析的计算工作量极大地减小，可以方便快捷地得到层剪力、位移等，但层模型的各层单元刚度和滞回模型来自于本层所有杆件的组合，经过了大量简化处理，分析计算结果只能得到整体结构的宏观地震响应控制数据，无法直接得到结构各杆件的具体内力和变形。根据结构变形特点和简化假定，层模型又可以分为剪切型、弯曲型和剪弯型三种形式。

（1）剪切型层模型

它假定楼板在平面内绝对刚性，框架梁的线刚度远大于框架柱的线刚度，结构的水平位移是由于楼层之间的剪切变形引起的。这种模型的刚度矩阵为对角形，求解非常方便。剪切型模型主要适用于以剪切变形为主的纯框架结构，见图 6.2.1。

剪切型模型刚度矩阵为：

$$[K_s] = \begin{bmatrix} K_1 + K_2 & -K_2 & & & & \\ -K_2 & K_2 + K_3 & -K_3 & & 0 & \\ & -K_3 & K_3 + K_4 & -K_4 & & \\ & & & \vdots & & \\ & & & -K_{n-1} & K_{n-1} + K_n & -K_n \\ & & 0 & & -K_n & K_n \end{bmatrix} \quad (6.2.1)$$

式中：K_i（$i = 1，2 \cdots n$）——第 i 层的层间抗推刚度。

（2）弯曲型层模型

弯曲型层模型假定楼盖在其平面外刚度为零，将楼层竖向杆件的截面刚度简单相加，即可得类似于变截面悬臂梁的简化模型，如图 6.2.1 所示。在 j 层施加单位水平力，根据各层的抗弯刚度 EI 与抗剪刚度 GA，可以求出结构各层的水平位移，从而建立结构的柔度矩阵，进而得到弯曲型层模型的刚度矩阵，

$$[K_b] = [F_b]^{-1} = \begin{bmatrix} \delta_{11} & \delta_{12} & \cdots & \delta_{1n} \\ \delta_{21} & \delta_{22} & \cdots & \delta_{2n} \\ \cdots & \cdots & \cdots & \cdots \\ \delta_{n1} & \delta_{n2} & \cdots & \delta_{m} \end{bmatrix}^{-1} \tag{6.2.2}$$

式中：δ_{ij} 为在 j 层施加单位水平力时 i 层的相应位移。

弯曲型层模型主要适用于以弯曲变形为主的剪力墙结构。

（3）剪弯型层模型

对于绝大多数的结构而言，以上两种模型的假定与计算都有一定局限性。剪弯型层模型是将框架与剪力墙分别按剪切杆与弯曲杆处理，形成总框架与总剪力墙，通过链杆使两者协同工作，见图 6.2.1。总框架的层刚度可按 D 值法计算。剪弯型层模型的刚度矩阵为：

$$[K_{sb}] = [K_s] + [K_b] \tag{6.2.3}$$

其中：$[K_s]$，$[K_b]$ 分别为剪切杆与弯曲杆的刚度矩阵。

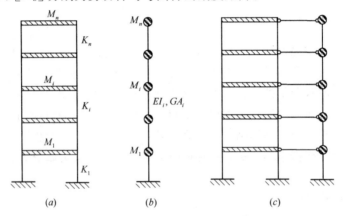

图 6.2.1 三种层模型

(a) 剪切型层模型；(b) 弯曲型层模型；(c) 剪弯型层模型

层模型主要用来检验结构在罕遇地震作用时是否存在薄弱层，校核建筑的顶点位移与层间位移是否满足允许值，但层模型计算不能得到各构件的内力和变形。在层模型中，层的恢复力特性是各构件恢复力特性的集合。由于实际结构千差万别，很难找出一种具有代表性的滞回曲线，对不同的结构需要根据具体情况确定，否则将产生较大误差。

2. 平面非线性杆系模型

为了在弹塑性分析时更准确地模拟框架结构体系和框架－剪力墙体系，人们提出了非线性杆系模型。所谓非线性杆模型，是在进行结构的弹塑性分析时，将梁、柱、支撑及剪力墙等构件作基本单元，将其质量堆聚在节点处或者采取杆件质量分布的单元质量矩阵；一般在分析中，杆件的剪切变形、轴向变形均予以考虑。当考虑剪切变形时，大多将弯曲刚度和剪切刚度处理成一定比例，恢复力模型仍可取弯曲－曲率关系。对短柱来说，由于剪切破坏的可能性较大，因此有学者建议取剪力－剪切变形恢复力关系。通过判断单元的弹塑性状态，建立非线性杆单元的弹塑性刚度矩阵；集成整体结构的瞬时刚度矩阵，求解动力方程，求得时间段后的位移、速度、加速度及各种内力分量的增量；通过对时间的逐步积分，可以得到在整个地震过程中结构各构件位移与内力的变化情况。杆系模型比较适用于强柱型框架体系或混合型框架体系。采用杆系模型进行弹塑性时程分析的优点是，能够明确各个构件在地震作用下每一时刻的受力和弹塑性状态，结构的总刚度由各单元的单刚集合而成，可根据各杆件弹塑性状态确定其刚度。可以较细致地求得结构各个构件、各个部位的内力和变形状态，并可求出地震过程中各个构件进入开裂和屈服状态的先后次序。但是它对剪力墙、筒体非线性性能的模拟存在一定的局限，比如在构件开裂、受弯屈服以后，构件的实际几何形心发生变化会影响到结构的内力重分配；杆系模型可放弃楼面刚性假定，动力自由度将增大，计算速度比较慢。下一节将对它分类作一介绍。

3. 平面子结构型平扭模型

真正的三维有限元弹塑性分析模型存在很多困难，譬如是柱的多相材料非线性模型问题；剪力墙在平面外力作用下的多相材料非线性模型问题；空间结构涉及到三维屈服面问题，这关系到复合材料的强度破坏准则，以及计算方法和时间积分等困难，这些问题目前都有很多学者在研究，但是还没有一个公认的理想的模型和方法。现在很多三维模型实质上还是采用刚性楼板假定，而且在剪力墙与柱的弹塑性分析中，提出了很多简化假定。不过，虽然这些假定与真实情况有差距，但是比平面模型前进了一步。我们在这一节与下一节中，分别介绍两种简化的三维有限元弹塑性分析模型，供参考：

平面子结构平扭模型采用了下列的基本假定：

(1) 楼板在平面内刚度无限大，平面外刚度可以忽略；

(2) 整个结构体系可以在正交的两个方向上分解为平面结构；

(3) 将各层柱、墙的质量集中到各层楼面，每层楼面的质量集中到其质量中心；

(4) 每层楼面考虑三个自由度 u_x，v_y，θ_z，整个结构的自由度数目为 $3n$（n 为结构的层数）。

根据上述假定，实际结构可简化为图 6.2.2 所示的模型：当结构为 n 层时，它就成为一个具有 $3n$ 个自由度的体系。分别在各层质量中心处建立动平衡方程，即可得体系的运动方程。对于 n 层楼盖的全部 $3n$ 个运动方程，可用矩阵形式表达为：

$$m\ddot{U} + c\dot{U} + kU = -m \begin{Bmatrix} \{1\}a_{gx} \\ \{1\}a_{gx} \\ \{0\} \end{Bmatrix} \tag{6.2.4}$$

其中：$U = \begin{bmatrix} u^T & v^T & \theta^T \end{bmatrix}^T = \begin{bmatrix} u_1 & \cdots & u_n & v_1 & \cdots & v_n & \theta_1 & \cdots & \theta_n \end{bmatrix}^T$

$$k = \begin{bmatrix} k_{xx} & 0 & k_{x\theta} \\ 0 & k_{yy} & k_{y\theta} \\ k_{\theta x} & k_{\theta y} & k_{\theta\theta} \end{bmatrix}$$

在通过上述的平面子结构平扭模型简化后，结构的质量通过静力等效的方法集中在各个楼层的质量中心上。相应地，各个楼层的转动惯量 J 也以该楼层的质量中心为计算基点。可得结构的集中质量矩阵为：

$$m = \begin{bmatrix} m_x & & \\ & m_y & \\ & & J \end{bmatrix} \tag{6.2.5}$$

其中：子矩阵 $k_{\theta x}$ 与 $k_{\theta y}$ 分别是当某一层沿 x 轴或 y 轴发生单位位移，而其他各层保持不动时，分别在各层需施加的扭矩。又根据刚度矩阵的性质可知：$k_{\theta x} = k_{\theta x}^T$，$k_{\theta y} = k_{\theta y}^T$。

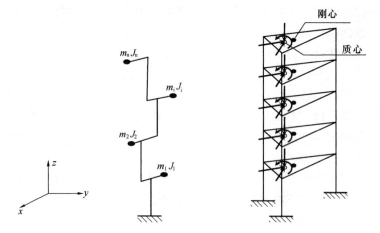

图 6.2.2　平面子结构型平扭简化模型　　图 6.2.3　空间杆系型平扭模型

由平行于 x 轴或 y 轴方向的各榀平面框架相互间的自由度为主自由度，将平面框架的总刚度矩阵进行缩聚，得到各榀平面框架缩聚后的抗侧移刚度矩阵 k_{xx}^i（$i=1，2，\cdots r$），其中 r 为平行于 x 轴的平面框架的榀数，及 k_{yy}^j（$j=1，2，\cdots s$），其中 s 为平行于 x 轴的平面框架的榀数。最后，将所有平行于 x 轴的平面框架缩聚后的刚度矩阵相加，就得到 k_{xx}；将所有平行于 y 轴的平面框架缩聚后的抗侧移刚度矩阵相加，就得到 k_{yy}，即

$$k_{xx} = \sum_{i=1}^{r} k_{xx}^i \,；\, k_{yy} = \sum_{j=1}^{s} k_{yy}^j 。$$

4. 空间杆系型平扭模型

空间杆系型平扭模型也称为杆系—层模型，它的基本假定为：

（1）采用刚性楼板假定。即楼板在其自身平面内刚度无限大，故在其自身平面内，楼板只能做刚体运动，而不能发生任何变形。

（2）各层的质量集中于楼面，各层楼面的刚体运动可以用质量中心的位移（包括两个正交水平方向上的线位移及扭转角位移）来表示。这 3 个自由度作为同一个楼面的所有梁柱节点的公共自由度。

（3）各个楼面上的梁柱节点考虑 6 个自由度，除了各个楼面的 3 个公共自由度外，还有 3 个独立的自由度。

根据杆系型平扭模型的基本假定，当结构层数为 n，总节点数为 m（不包括节点 3 个公共自由度）时，结构的总自由度数为 $3n + 3m$，根据各个梁、柱单元的刚度矩阵按直接刚度法组装成结构的总刚度矩阵 k^* 是 $3n + 3m$ 阶的。而在各个楼面质量中心处建立的运动方程只有 $3n$ 个，因此，要求得运动方程中的刚度矩阵 k，必须对结构的总刚度矩阵 k^* 进行缩聚，即将原来应为 $[3n \times 3m]$ 阶的矩阵缩聚为 $[(2m + n) \times (2m + n)]$ 阶的矩阵。以各个楼层的公共自由度为主自由度，以各个节点独立自由度为副自由度，将总刚度矩阵 k^* 分块为：

$$k^* = \begin{bmatrix} k_{mm} & k_{ms} \\ k_{sm} & k_{ss} \end{bmatrix} \tag{6.2.6}$$

其中：k_{mm}——k^* 中与主自由度相对应的行、列元素组成的子矩阵（为 $n \times n$ 阶）；

k_{sm}，k_{ms}——k^* 中与主自由度相对应的行（列）、列（行）元素组成的子矩阵，$k_{sm} = k_{ms}$
（分别为 $2m \times n$、$n \times 2m$ 阶）；

k_{ss}——k^* 中与副自由度相对应的行、列元素组成的子矩阵（为 $2m \times 2m$ 阶）。

那么，运动方程中刚度矩阵 k 的计算公式为：

$$k = k_{mm} - k_{ms}k_{ss}^{-1}k_{sm} \tag{6.2.7}$$

以上仅介绍了形成总刚度的框架概念，实际推导过程当然复杂得多，这里不详述。求解时，将水平地震作用逐级施加于每层的质量中心，求出空间结构中各个杆件的位移与内力，对杆件的状态进行判断，当杆件某个截面出现塑性、单元刚度发生变化时，重新形成新的结构刚度矩阵；继续求解动力方程，并对其状态进行判断，当所有杆件的状态都达到稳定时，再进行下一时间段的积分，直至整个地震持续时间结束。

上述的平面子结构型平扭模型与杆系型平扭模型，都基于刚性楼板假定，但它们形成结构总刚度矩阵的方法不同，用这两种模型计算的不规则结构的前几个模态周期存在的误差不大；线性顶点位移响应有一定区别，特别在扭转角方面差别稍大。但是对于弹性楼板问题或楼盖开洞的复杂情况，用这种模型会造成较大的误差，对于错层结构，用这种模型也很难模拟。可以说到目前为止，有关弹塑性分析的三维空间结构计算模型还有很多方面的问题值得探讨。

5. 几点说明

（1）有关柱的模型问题。三维弹塑性分析中有关柱的分析模型问题，因为以往有关杆系的研究大都只适用于梁，而柱在地震等荷载作用下的受力比梁复杂得多，它主要承受两个方向的弯矩与剪力、轴向拉力或压力还有扭矩的综合作用。在进入弹塑性状态后，这些作用在柱子上的力相互影响，都会对柱子的受力性能与恢复力模型曲线产生较大的影响，要全部而合理地考虑这些影响，是极其复杂的。目前还找不到一个合适的模型，有关试验也较难实施，因为要施加 6 个自由度方向的荷载，还要考虑合适的强度破坏准则来分析。

对二维模型都采用简化的方法，因为考虑到在柱子所承受的 6 个外力中，扭矩与两个方向的剪力对柱子的影响远不及轴力及两个方向的弯矩，因此一般在分析中主要考虑轴力与双向弯矩的综合作用，除了采用多轴滞回模型，考虑屈服准则外，并不考虑柱的剪切与扭矩与其他作用耦联，仅仅是独立考虑它们的影响，这样就使设计计算方便不少。但是用三维有限元模型分析时就不能采用很多的假定，这样会使计算结果产生误差，我们认为这里主要的困难是研究探讨屈服面的确定问题，它涉及到钢筋混凝土材料的多轴强度准则这样的基础理论问题。可以说到目前为止的研究成果，还没有一个能够达到可以推广应用的地步。

（2）剪力墙的问题。它比柱更加复杂，因为在平面问题中的模型，还没有很好解决开洞问题和两个方向受力的耦联问题，而且一般软件对剪力墙的分析处理，常常在平面内考虑了非线性问题，而对平面外的作用常常采用线性分析，所以真正的三维分析对剪力墙来说可能还要做更多的工作。

（3）屈服面模型。我们现在采用单轴铰的模型向多轴铰推广时，通常都忽略两个轴方向作用力之间的相互作用，或将它建立在实验或经验基础上，这样才能够达到应用的目的，虽然这种应用还有待于从理论上验证，但计算表明，其精度还能够满足一般情况下的使用要求。随着混凝土屈服面理论与试验研究的进展（详见塑性铰一节），有关屈服面理论已从以横截面为对象的塑性力学方法，发展到现在的空间有限元塑性力学方法。塑性力学模型认为杆端的变形由弹性和塑性两部分组成，其中塑性变形与杆端力的关系可以按塑性力学中的硬化规则、流动法则，结合空间杆元截面恢复力模型而确定。该理论研究的进展离不了试验验证，但是要施加6个自由度方向的荷载，本身就是一个研究课题。总之，从这些难题中我们知道，要较准确、合理又方便应用于解决三维弹塑性分析问题，还要走很长的路。

6.2.2 非线性杆系模型

杆件非线性分析模型的种类繁多，根据出发点的不同、概念不同、侧重不同，可以有很多分类方法，这些分类又互相交叉，实际上是很难归纳的，我们尝试介绍各种学者的分类方法。

1. 按截面计算模型与判别塑性的方法分类[26,27]

整个钢筋混凝土杆件按截面计算模型分类，大体可以分为整体式与离散式两大类。所谓整体式是将钢筋均匀地分布在混凝土中，分析时也采用它的综合力学性能指标，以往在结构弹性分析中大多采用这种模型。它在弹塑性分析中，对塑性的判别采用的是塑性力学模型，它要通过试验得到杆件恢复力模型求解；所谓离散式模型就是把截面中的钢筋与混凝土分开考虑，大致有纤维模型、弹簧模型、分层模型多种，现在在软件中最常用的是纤维模型，它可通过材料的本构关系直接替代恢复力模型求解。下面简单介绍以杆件为对象的塑性力学模型，以及直接以材料为对象的直接用本构关系求解的纤维单元模型，它们之间的不同与适用性。

（1）塑性力学模型。它是以往结构弹塑性分析中普遍采用的，假定杆端变形由弹性和塑性两部分组成。其中塑性变形与杆端力的关系遵循塑性力学的硬化规则和流动法则，并结合空间杆件截面的恢复力模型来确定；弹塑性性能是以整个截面考虑的，它需要根据受力情况预先计算出截面的单轴弯曲开裂弯矩、屈服弯矩等，这种模型概念直观，计算工作量小，因此现在大多计算软件中都包括这种模型。但是在应用中发现很多问题与难点，例如：计算中难以考虑轴力变化的影响；较难处理型钢混凝土、钢管混凝土、T型截面这样的混合结构与复杂截面的情况；复杂受力下的恢复力模型很难用试验来确定，常常依赖于经验，使得精度受到影响。因此现在很多新型大型结构，其中的一些关键构件，大多采用其他模型来分析。

（2）纤维模型。它假定杆件由一系列平行于轴线的"纤维"组成，将钢筋混凝土构件截面划分成若干混凝土纤维和钢筋纤维，纤维单元的受力状态仅为一维，每条纤维轴向的应力—应变关系遵循单轴拉压的变形规律，并符合平截面假定。纤维模型具有以下优点：首先，它直接用截面纤维材料本构关系的积分结果，来代替原来意义上的构件恢复力模型，使有关参数更加符合实际，而且避开了复杂截面、复杂受力下的恢复力模型很难确定的难题，因此大大扩大了应用范围，特别对一些新型结构、复杂结构也可以处理；其次，在其截面纤维的基本公式中，构件轴力与弯矩可采用同一截面上所有纤维内力的积分，因此，该模型能直接反映构件轴力与弯矩之间的耦合作用；第三，它可采用受横向约束的混凝土单轴应力—应变本构关系，以考虑横向约束作用对构件恢复力特性的影响，如钢箍或纤维布抗震加固钢筋混凝土柱等。由此可见，纤维模型出发点基础比较扎实，因而有更强的适应性；第四，该模型计算结果精确，概念清晰，容易理解。纤维模型在有关的结构动力分析程序中都采用柔度法，但由此引起的结构自由度和计算时间的增加，仍然是它的主要问题，而且如何在纤维模型中实现对剪切以及纤维间粘结性能的模拟也尚在探讨中。不过随着计算机性能的飞速发展和更先进算法的出现，这些问题将有望逐渐解决。因而，从发展的观点看，纤维模型是一种有生命力的模型，现在一般软件中都配有这种模型供用户选用，有的还备有接口以便用户有新的结构模型时，可自编程序段输入连接。

（3）弹簧模型实际上与纤维模型有相似之处，它不是将截面划分成很多单元，而是将截面的弹塑性性能用若干混凝土、钢筋弹簧（好比纤维束）来模拟，以"单轴屈服弯矩相等"的原则来确定弹簧的位置等参数。该模型在一定范围内能较方便地反映空间混凝土构件的塑性变形性能，可以用于边沿加固构件、集中配筋的梁等等。但不能精细地反映整个截面的弹塑性分布情况，使其适用范围受到限制。

2. 按塑性铰性质来划分非线性梁的类型[28~29]

（1）集中塑性铰模型。它假定塑性区主要集中在梁柱的端部。大致有以下几种：

1）双分量模型。它假定构件由两根平行的杆叠加而成，一根是描述屈服特性的弹塑性杆，一根是完全弹性杆。该模型只能使用双折线恢复力滞回模型，无法考虑混凝土的开裂影响，无法模拟刚度的连续变化和退化。

2）单分量模型。将杆件的塑性变形性质用杆端弹塑性弹簧的回转来表示，杆件本身仅发生弹性变形。克服了双分量模型不能考虑刚度退化的不足，它只利用一个杆端塑性转角来刻画杆件的弹塑性性能，杆件梁端的弹塑性参数相互独立，可以应用曲线或折线型恢复力模型，但它们无法考虑地震动过程中反弯点的移动。

3）三分量模型。它假设杆件由三根不同性质的分杆组成，分别反映杆件的弹性性质，混凝土开裂和钢筋屈服等性质，适用于三线型的恢复力模型。

4）多弹簧模型。是在构件的端部并联若干弹簧来模拟钢筋混凝土构件的双向恢复力关系。弹簧的刚度滞回模型有的采用一维杆构件的非线性分析模型，有的则是在截面离散法的基础上加以简化而得到。

（2）分布塑性铰模型。它考虑了塑性铰的长度，主要有三类：分段变刚度模型、曲线分布柔度模型和有限元模型。以下简单介绍前两种模型，有限元模型在下一小节介绍。

1）分段变刚度模型：该模型将杆分为三个区域，两端为弹塑性区域，中间为弹性区域。地震动过程中，弹塑性区域长度、刚度依弯矩曲率恢复力模型确定。分段变刚度模型考虑了地震动历程中沿杆长弯矩分布和反弯点移动对杆件刚度分布的影响，但其非弹性区域的过于笼统，将混凝土开裂和受拉钢筋屈服对刚度分布的影响等同看待，低估了非弹性区域的弯曲刚度，且在弹性区域和非弹性区域的界面上出现刚度突变。有学者提出了五区段变刚度模型，该模型将杆件分为中部弹性区域、两端开裂区域和塑性区域，这样可减少刚度突变影响。

2）分布柔度模型：将沿杆长方向的弯曲柔度假定为二次抛物线分布，抛物线形状由杆端刚度、弹性刚度以及沿杆长的弯矩分布确定。汪梦甫[30]在其五段变刚度模型的基础上提出了沿杆长弯曲柔度为三次曲线的分布柔度模型。分布柔度模型的缺点在于它仍然不

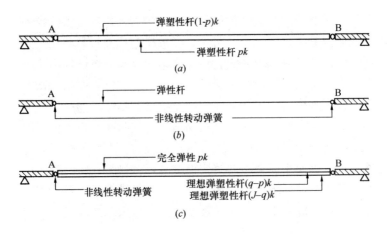

图 6.2.4　有关集中塑性铰杆单元模型

(*a*) 双分量杆单元模型；(*b*) 单分量杆单元模型；(*c*) 三分量杆单元模型

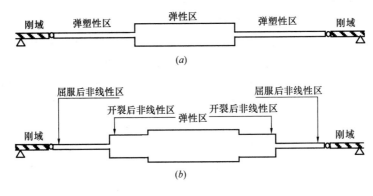

图 6.2.5　分布塑性区杆单元模型

(*a*) 三分段变刚度杆单元模型；(*b*) 五分段变刚度杆单元模型

能准确反映杆件在受力过程中的实际刚度分布极其复杂变化。

3. 按有限元模型分类[3]

一般按单元划分通常可分为两个层次：宏观单元和微观单元。宏观单元模型以结构中各构件，如梁、柱、墙等为基本的分析单元，通过简化处理将其划分为单个非线性分析单元，用于结构非线性分析的宏观单元，可包括以上介绍的集中塑性铰杆单元和分布塑性区杆单元。宏观单元着重分析单元力（包括力和弯矩）与位移（包括位移和转角）之间的关系。而微观单元则着重于分析单元的应力—应变关系。它根据对钢筋混凝土材料的不同处理方法又可分为：

（1）整体式模型，它把钢筋混凝土材料，假定为匀质连续体，钢筋混合于混凝土中，在计算时把弹性矩阵改为钢筋与混凝土两部分组成，从中考虑钢筋的贡献。计算工作量小，适合于主要考虑宏观反映的结构；

（2）分离式模型，它把钢筋与混凝土各自划分为小单元，按照它们的不同的物理力学性能、本构关系，构造单元，可反映它们的微观机理，因为它直接按材料各自的本构关系分析，避开了有关恢复力模型的假定，因此更符合实际，纤维模型实际上也属于这一类；

（3）组合式模型，它又可分为几种：一是分层组合模型，将梁沿纵向分成若干单元，每个单元在横截面上再分成若干层，分别为混凝土与钢筋层带，假定它们应力均布，符合平截面假定；二是复合单元模型，它把钢筋划入单元中，在刚度矩阵中也考虑了钢筋的贡献；三是分段模型，把梁分成若干段，在每一段可设置不同的配筋、刚度或者采用不同的子单元模型，比如在杆件两端弹塑性区采用非线性纤维模型子单元，在杆件中部采用弹性子单元。

4. 按纤维模型的分类[28, 31]

纤维模型具有以下优点：①纤维模型将构件截面划分为若干混凝土纤维和钢筋纤维，通过用户自定义每根纤维的截面位置、面积和材料的单轴本构关系，可适用于各种截面形状；②纤维模型可以准确考虑轴力和（单向和双向）弯矩的相互关系；③由于纤维模型将截面分割，因而同一截面的不同纤维可以有不同的单轴本构关系，这样就可以采用更加符合构件受力状态的单轴本构关系，如可模拟构件截面不同部分受到侧向约束作用（如箍筋）时的受力性能。纤维模型在有关的结构动力分析程序中都采用柔度法。因为纤维模型直接采用单轴混凝土和钢筋的本构关系去描述纤维的非弹性行为，可以避开研究尚未成熟的构件空间恢复力模型问题，但由此引起的结构自由度和计算时间的大量增加，而且如何在纤维模型中实现对剪切以及纤维间粘结性能的模拟也在探讨中。

纤维模型是将杆件沿长度划分成一定数量的控制截面，再将各控制截面细分为钢筋纤维和混凝土纤维。采用了平截面假定，认为每根纤维处于单轴应力状态，每根纤维断面上的应变是均匀分布的，从而各控制截面的力与变形的关系能完全由相应各纤维的应力应变状态决定，各纤维本构关系直接采用相对成熟的单轴受力条件下的钢筋和混凝土的单轴恢复力模型，因而在模拟复杂加载条件下构件的受力性能时是相当有效的。它根据纤维模型设置的位置、长度不同又可分为二类[32]：

（1）分段纤维单元模型。它由两端的纤维单元与弹性杆单元三段组成，如中部也设置塑性铰，并由五段组成，基本性能与曲率塑性铰模型相同，纤维单元的长度也可参照考虑长度的曲率塑性铰模型。这种单元也是一种分布塑性铰模型，可通过子单元法来建立。子单元法需要假定：将压弯构件弹塑性变形分为弹性变形和塑性变形两部分，这两种变形可分别用弹性子单元和刚塑性子单元来模拟，单元的柔度为各个子单元柔度的和，其中弹性子单元为一般的空间弹性梁单元，仅发生弹性变形；刚塑性子单元的塑性变形集中在塑性铰区，塑性铰之间由刚性杆连接，塑性铰长度范围内刚度性质保持一致。这与上述介绍的分段模型是相似的。

（2）沿单元长度积分的纤维弹塑性梁单元。梁的全长都采用纤维单元，梁单元的本构模型比较简单，所以被很多软件所采用。这种单元的特点是沿单元轴向离散成许多段，每一段的特性由中间横截面（或切片）的特性来代表，而该横截面又被离散成许多纤维（用矩形网格划分），每一根纤维都可直接定义混凝土或钢筋的本构关系，并由截面上的力和变形关系可以得到截面的刚度矩阵。这种模型更精确，每个积分点处就是一个塑性铰，全长可设置1~20个之多，一般都应对称设置，设置越多增加计算工作量越大。每个塑性铰位置都输出塑性发展的程度，它已经和最早的塑性铰概念不同了。

5. 常用软件中四种非线性单元模型

在常用的 MIDAS Building 软件中提供了四种非线性单元模型，其中包括两种非线性杆单元（梁柱单元）模型，如下表所介绍，以供选用时参考：

非线性单元类型	弯矩-转角类型 梁柱单元	弯矩-曲率类型 梁柱单元	非线性墙单元	非线性桁架单元 （用于支撑）
单元刚度（墙元为平面内刚度，平面外为弹性）	使用柔度矩阵	使用柔度矩阵	分割为纤维，数值积分计算各纤维刚度	反映到初始刚度矩阵中（弹性状态）
弯矩铰特性	弯矩-转角关系定义	弯矩-曲率关系定义		
内力相关关系（墙元为平面内非线性特性）	单轴模型（互不相关）或多轴模型（P-M，P-M-M）	单轴模型（互不相关）或多轴模型（P-M，P-M-M）	分别计算混凝土和钢筋的材料非线性，剪切应变非线性	
铰位置	单元两端	单元的积分点	各纤维的形心	单元中央
初始刚度	对初始的弹性刚度矩阵没有影响，对屈服后分析有影响	直接反映到初始的弹性刚度矩阵中	初始的弹性刚度矩阵不考虑泊松比	直接反映到初始的弹性刚度矩阵中

下面我们对 MIDAS 软件中采用的非线性梁柱单元作一简单介绍，它根据铰的位置分为集中型铰（弯矩-转角梁柱单元）和分布型铰（弯矩-曲率梁柱单元）两种模型，以供用户选择。这两种非线性梁柱单元都是常用的。

（1）弯矩-转角梁柱单元

这种单元在两端设置了长度为零的平动和旋转的非线性弹簧，单元内部由弹性材料所构成。其各成分的非线性特性如下表。

成 分	铰特性	初始刚度（单位）	铰位置
轴力（F_x）	轴力-轴向变形（相对位移）	EA/L（N/m）	构件 两端
剪力（F_y、F_z）	剪力-剪切变形	GAs（N）	
扭矩（M_x）	扭矩-旋转角	GJ/L（Nm）	
弯矩（M_y、M_z）	扭矩-旋转角	$6EI/L$，$3EI/L$，$2EI/L$（Nm）	

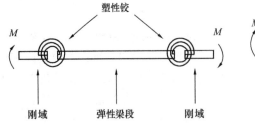
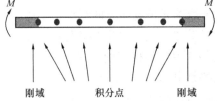

图 6.2.6 弯矩-转角梁柱单元示意　　图 6.2.7 弯矩-曲率梁柱单元积分点设置示意

（2）弯矩-曲率梁柱单元

这种单元一般采用纤维模型，因此塑性铰位置由积分点位置确定，构件全长都考虑为弹塑性，沿全长可设置 1-20 个积分点，也就是可以考虑在 20 处地方出现塑性，对一般梁柱单元取 1-5 个已足够，但是要求必须对称设置。对不同成分纤维可指定不同的积分点。其各成分的非线性特性如下表：

弯矩-曲率梁柱单元各成分的非线性特性 表 6.2.3

成 分	铰特性	初始刚度（单位）	铰位置
轴力（F_x）	轴力-轴向应变	EA（N）	积分点位置
剪力（F_y、F_z）	剪力-剪切应变	GAs（N）	
扭矩（M_x）	扭矩-旋曲率	GJ（Nm²）	
弯矩（M_y、M_z）	扭矩-旋曲率	EI（Nm²）	

6. 有关柱的分析模型问题

以上有关杆系的论述，实际上大都是针对梁的，而柱子在地震等荷载作用下的受力比梁复杂得多，它主要承受两个方向的弯矩与剪力、轴向拉力或压力、还有扭矩的综合作用。在进入弹塑性状态后，这些作用在柱子上的力相互影响，会对柱子的受力性能与恢复力模型曲线产生较大的影响，要全部而合理地考虑这些影响，是极其复杂的，目前还没有找到一个合适的模型；有关试验也较难实施，因为要施加 6 个自由度方向的荷载。还要考虑合适的强度破坏准则。

现在大都采用简化的方法，因为考虑到在柱子所承受的 6 个外力中，扭矩与两个方向的剪力对柱子的影响远不及轴力及两个方向的弯矩，因此一般在分析中主要考虑轴力与双向弯矩的综合作用。除采用多轴滞回模型、考虑屈服准则外，并不考虑柱的剪切与扭矩与其他作用耦联，仅仅是独立考虑它们的影响，这样使设计计算方便不少。我们认为这里主要的困难是屈服面的确定，它涉及到钢筋混凝土材料的多轴强度准则这样的基础理论问题，所以很困难进行深入探讨。

6.2.3 剪力墙模型[13~17,33~41]

剪力墙的模型一般可分为两大类，一类是宏观模型，另一类是微观模型。所谓宏观模型是建立在试验研究和一定的理论假设基础上，将一面剪力墙简化为一个单元。微观模型以钢筋混凝土有限元为基础，将剪力墙划分多个单元，根据钢筋与混凝土的本构关系，直接建立单元的计算模型，该模型力学概念清晰，求解精度高。

1. 微观模型

常用的非线性墙单元分为三大类：一为一般壳单元，二为复合墙单元，三为分层壳单元，以下对此作简单介绍：

（1）非线性壳单元

非线性壳单元是由非线性膜单元与非线性板单元组合而成。膜单元提供平面内刚度，板单元提供平面外刚度。对剪力墙来说，平面内的刚度对结构抗侧力发挥主要作用，因此一般对膜单元应按实际的本构关系，采用数值积分的方式分析弹塑性问题，而对平面外可以采用简化的方法折算考虑板单元的刚度贡献。在我国的 PUSH&EPDA 软件中采用了这种单元模型，并且对开洞剪力墙应用了一种"宏单元"的计算模拟方法。所谓"宏单元"其实是一种大单元，它在一个单元内再进行分块积分的方式，可大大节省运算工作量。单元的形状不再局限于三角形或四边形，并且在单元边界上可以布置任意数量的边节点，根据求解问题的需要，可以采用一个或多个宏单元进行计算。PUSH&EPDA 软件采用混凝土壳单元、分布钢筋膜单元、和主要受力钢筋束组成，它与一般的壳单元不同，经过处理后可在膜单元中加入任意布置的加强筋，可以考虑边沿构件的加强钢筋对整个刚度的贡献，以及剪力墙的弹塑性性质。从给出的算例分析效果看，还是比较理想的，因此初学者应用此单元是比较方便的。我国的 GSNAP、Stratd 软件中也包括这种单元。

（2）复合墙单元

它假定复合墙由两个基本组件组成："纤维截面"和"剪切材料"，并假定平面内竖向、水平向、斜向的位移互相独立，不考虑泊松比影响；弯曲变形、剪切变形、形心处的轴向变形都互相独立。而剪力墙的受力特征可分解为五个可以独立分析的"层"，即竖向的轴力-弯矩层，水平向的轴力-弯矩层，混凝土受剪层、右向的斜压层、左向的斜压层。墙单元由这五种层组成的复合单元。其中两个轴力-弯矩层由纤维截面组成，可考虑 P-M 互相作用，称为"纤维截面"，其余三个层由"剪切材料"组成，可模拟剪力墙的剪切变形以及斜压-斜拉杆传力机制。但是它们不是物理意义上的把他分割为子截面，而仅仅是一种解耦的简化计算假定。分析时每一种墙单元可分成多个竖向与水平向的纤维，每一个纤维有一个积分点，剪切变形可由计算每个墙单元的四角的高斯积分点的位置求得，单元分得越多，结果越精确，但是计算量将成倍增加。在 MIDAS Building、Perform 3D 软件中，备有这种模型，可供选择。

必须说明，这种单元模型仅仅适用于剪力墙，不能用于楼板、壳体、斜屋面板等等；它对各层间的分析仅仅隐含了形函数的存在，但是因为它不与有限元一样使用形函数确定变形场，因此不能保证在边界上变形的连续性，如果出现这种情况就要设法人工调整。

（3）分层壳单元

很多基于宏观模型的方法对剪力墙剪切破坏行为的模拟都不甚理想，且难以考虑轴力、墙面内和墙面外的耦合问题。以下介绍的基于分层壳模型的剪力墙模型，就能对剪力墙的剪切破坏行为、轴力和墙面内外耦合问题，进行较好的模拟。

它与一般壳单元一样，是一种膜单元与板单元的组合单元，但是对膜单元只考虑两个平动方向的自由度。使用形函数确定变形场，在厚度方向采用平截面假定，并且是把壳单元的截面按材料性能和受力特性不同，划分为层子截面，并且不考虑层间互相作用。它是实体的分层，而复合墙单元的分层仅仅是一种分析模型。理论上它可以在厚度方向划分任意层，每层都具有独立的位置、厚度、材料、厚度方向的积分点（膜单元每层可设一个，受弯的板要不少于二个）；每层材料可以是混凝土、钢筋、钢板等等，可以是各向同性体，也可以是正交异性体；每层材料性质可以是线性的，也可以是非线性的，每层间应变互相独立，因此它特别适用于不同材料组成的剪力墙。在有限元计算时，首先得到壳单元中心层的应变和曲率，然后根据各层材料之间满足平截面假定，就可以由中心层应变和曲率得到各钢筋和混凝土层的应变，进而由各层材料的本构关系求得各层相应的应力，并积分得到整个壳单元的内力。与其他的剪力墙计算模型相比，分层壳剪力墙单元可以直接将混凝土和钢筋的本构行为与剪力墙的非线性行为联系起来，可以考虑平面内弯曲、平面内剪切与平面外弯曲之间的耦合，因而在描述实际剪力墙复杂非线性行为方面有着明显的优势。它有很多特点：①可考虑多层分布钢筋；②可适用于钢板剪力墙等等新型结构；③可采用二维弹塑性损伤模型的本构关系，模拟大震时大变形、大应变的特点；④对转角位移可分别插值，与梁单元连接比较容易；⑤便于考虑剪力墙内设置暗柱与斜撑。

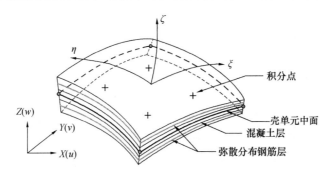

图 6.2.8　分层壳模型

在 ABAQUS 与 SAP2000-V14 等等软件中都带有这种单元，其中后者提供了一个分析算例，有需要的工程师可以参考应用。它不但可分析剪力墙，而且还可应用于楼板、壳体等结构。

（4）纤维束模型

它将每片非线性墙单元分割成具有一定数量的竖向和水平的纤维。每个纤维都有一个积分点，竖向刚度由竖向的纤维积分所得，水平向刚度由水平纤维积分所得，暗柱钢筋作为分布筋一部分。对于剪力墙采用纤维模型的设置，在各种计算软件中有不同的处理方法。考虑到混凝土裂缝后，会使各向变形间关系中断，故可不考虑泊松比的影响，因此可假设水平向、竖向、剪切变形间都互相独立，这样就大大简化了运算。Perform-3D 采用纤维截面来模拟剪力墙的 P-M 相关行为。钢筋纤维和混凝土纤维组成了钢筋混凝土剪力墙。钢筋纤维能够屈服，能够模拟钢筋纤维屈服后的刚度滞回退化效应；混凝土能够开裂，也能够滑移。在非线性计算时，截面的中性轴是变化的，可不断偏移，它取决于 P/M 的比值和混凝土开裂的数量和滑移。对于剪力墙的剪切行为，Perform-3D 需要定义等效剪切模量来考虑混凝土和钢筋的共同作用。

在复合墙单元中采用纤维模型时，可以把复合剪力墙的截划分为多个墙单元，同样每个墙单元又可分割成一定数量的竖向和水平向纤维（如图 6.2.11），每一条纤维设一个积分点。而对剪切变形，每个"剪切材料"墙单元设置四个高斯积分点，计算它们位置可得剪切变形。因为假定各层间内力不耦联，又不考虑泊松比，所以各内力与变形都互相独立，从而简化了计算。采用纤维模型还可回避复杂的构件恢复力模型问题，它判别塑性的程度可直接以纤维材料的本构关系为依据，不但简化了计算，而且减少了假定，使计算减少误差。

（5）若干软件中的剪力墙模型介绍

PERFORM 3D 的墙单元只能使用纤维模型，我们对它作一简单介绍。它带有两种墙单元可供选择：剪力墙单元（SHEAR WALL ELEMENT）与通用墙单元（GENERAL WALL ELEMENT），这两种单元都是二维单元，只能使用四节点，并且单元形状要求较规则。

1）剪力墙单元（Shear Wall Element）

剪力墙单元主要是用于受力明确简单，适用于截面变形基本符合平截面假定的大高跨比墙肢，如高层结构中的一般剪力墙。它是一种基于材料的分析模型，对钢筋混凝土墙单元，其纤维由混凝土纤维和钢筋纤维组成，单元的纤维布置为竖向的，剪切弹簧的布置为水平的，剪切的模拟较简单，用剪切弹簧来计入剪切变形，剪切弹簧可以是线性的，也可以是非线性的，单元的上下部设置了保持平面状态的刚性杆，竖向纤维弹簧 k_1，k_2…k_n 分别承受轴力，可模拟整个墙截面的压弯效应，k_H 是用来模拟上下边的剪切错动变形。从这里可知，剪力墙单元的弯曲变形和剪切变形是分开来模拟的，然后再将其叠加，如图 6.2.10 所示。它可以模拟出混凝土开裂，压溃，钢筋屈服等信息。任何一个四节点的二维墙单元的位移，可分解为八种变形的叠加，它们分别为：竖向轴向变形，竖向弯曲变形，水平轴向变形，水平弯曲变形，剪切变形，竖向位移，水平位移，扭转位移。由于所有的墙单元都是二维的，其中扭矩和剪切，以及平面外的压弯剪都采用弹性假定，因此它的适用范围受到限制。

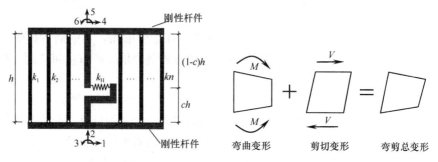

图 6.2.9 纤维模型的剪力墙单元　　　图 6.2.10 平面内弯剪变形计算示意图

2）通用墙单元（General Wall Element）

通用墙单元实际上就是采用了复合墙单元的分层模型，它的基本组件包括"纤维截面"与"剪切材料"，它假定平面内竖向、水平向、斜向位移互相独立，弯曲、剪切、形心处的轴向变形互相独立，这样剪力墙就可以分解为：竖向轴力-弯矩层、水平轴力-弯矩层、混凝土剪切层、下斜受压层、上斜受压层共五种层的受力分析。其中两个轴力-弯矩层由纤维截面组成，以模拟 P-M 互相作用；其余三个层由"剪切材料"组成，模拟墙的剪切变形和斜向拉压的传力机制。如上述的复合墙单元的说明一样，它们不是物理意义上分割为子截面，而仅仅是一种解耦的简化计算假定。平面外的特性仍然为弹性假定。通用墙单元主要是用于低矮墙肢，在受力复杂，剪切变形严重，墙体形状不规则条件下使用，该单元比较复杂，定义参数多，通常使用它用来模拟深连梁、开洞不规则墙体、低矮墙等。

图中：（a）为竖向布置的纤维，用来模拟竖向压弯；（b）为水平布置的纤维，用来模拟水平向压弯；（c）为模拟剪切变形的剪切弹簧；（d）和（e）为斜向的压杆。

在 PERFORM 3D 软件中还提供了梁柱节点单元、剪力墙与框架梁柱结构的连接处理方法，其中节点单元只能用于二维平面内，在此不做介绍。以下仅对梁、柱与墙连接处理方法做一简介。

3）梁、柱与墙连接处理

PERFORM 3D 梁或柱单元和墙单元通过节点连接时，在平面内的连接都会被视为是铰接，为了实现墙和梁、柱的"刚接"，需要在墙单元间嵌入一根特殊的虚拟梁，称为"inbedbeam"（见图 6.2.12）。

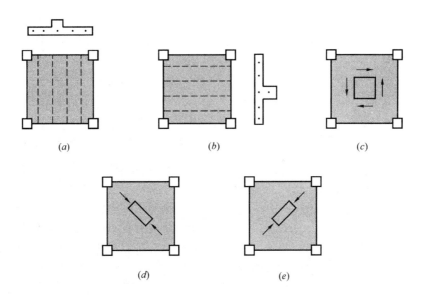

图 6.2.11　五层复合墙单元分解示意图

(a) 竖向轴力-弯矩层；(b) 水平轴力-弯矩层；(c) 混凝土剪切层；

(d) 下斜受压层；(e) 上斜受压层

(混凝土剪切层和斜压层都假定为连续等厚，斜压的角度不一定是 45 度)

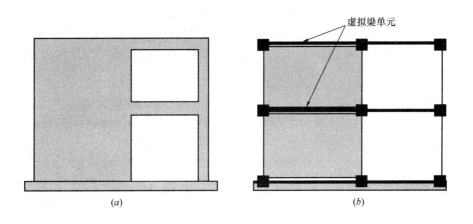

图 6.2.12　梁墙连接处理

(a) 实际的墙-框架结构；(b) 分析模型

　　虚拟梁的目的是将梁端弯矩或柱端弯矩传入墙内，所以虚拟梁在梁或柱弯矩传递方向的弯曲刚度应该足够大；为了减少虚拟梁对墙体的影响，虚拟梁其他方向的刚度都应该足够小。

　　4）一般连接单元

　　在 MIDAS 软件中提供了一个具有 6 个自由度的一般连接单元 (General Link)，简介如下。它由沿单元坐标系三个平动方向和三个转动方向的六个弹簧构成。程序中在定义一般连接单元的特性值时，在单元类型中选择"弹簧"类型后可定义弹簧的铰特性值。此时一般连接单元具有各方向的弹性刚度，其弹簧的非线性特性由其铰特性值决定。非线性一般连接可以用于模拟结构的特定部位的塑性变形或者地基的塑性变形。因为一般连接没有具体的截面形状，因此需要用户直接输入各成分的刚度值，这些刚度值将作为非线性分析时的初始刚度。

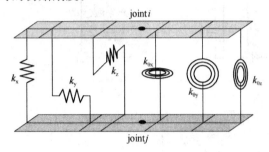

图 6.2.13　一般连接单元示意图

2. 宏观模型

宏观模型是建立在试验研究和一定的理论假设基础上，将构件简化为一个单元。这种模型的缺点是通用性不强，只有当实际结构满足其简化假设条件时，该模型才能较好地模拟结构的非线性动力性能。但是宏观模型具有模型简单、力学概念直观、计算简便的优点，所以仍是目前钢筋混凝土剪力墙研究分析中应用最广泛的计算模型。如果用在设计中，它可以在结构整体分析时计算位移、层间位移，但在计算剪力墙本身的应力时，因为它采用了很多假定，所以会产生较大失真。目前提出的钢筋混凝土剪力墙宏观模型很多，我们这里主要介绍以下四种：等效梁模型、等效桁架模型、三垂直杆元模型、多垂直杆元模型等。

（1）等效梁模型

对宽度较小、高宽比较大的剪力墙，其变形以整体弯曲变形为主，这时可以把剪力墙等效为一根钢筋混凝土梁单元。梁单元可以采用单分量模型，该单元的全部非线性变形集中在两端的塑性铰上，中间部分为线性段。由于该模型忽略了轴力变化对结构反应的影响，且不考虑中心轴的位置移动，因此，它的应用受到很大的限制，该模型主要应用于弹性分析。

（2）等效桁架模型

它是用一个等效的桁架来模拟剪力墙，如图 6.2.14。该模型可以计算由对角开裂引起的应力重分布。但是当桁架模型进入非线性后，如何确定斜向桁架几何力学行为比较困难。因此该模型的应用较少，但是在新型结构比较性能数据时常有采用。

（3）三垂直杆元模型

在三垂直杆元模型（如图 6.2.15）中，用三个垂直杆元通过代表上下楼板的两个刚性梁连接，两个外侧杆元代表墙两端边柱的轴向刚度，中心杆元由垂直、水平和弯曲弹簧组成，在中心杆元和下部刚梁之间加入一高度为 ch 的刚性元素，ch 即为底部和顶部刚性梁相对转动中心的高度。通过参数 c（$0 \leqslant c \leqslant 1$）的不同取值可以模拟不同的曲率分布。这一模型优点是可以模拟剪力墙进入非线性后中心轴的移动，且该模型物理概念清晰。其缺点是确定弯曲弹簧的取值和参数 c 的取值比较困难，以及弯曲弹簧与两边柱变形协调困难。恢复力特性等包含在弯曲弹簧中，即将剪力墙单元理想化为一个连接上下楼面水平无限刚梁的串联水平弹簧和转动弹簧组件。水平弹簧代表剪力墙的横向剪切刚度，转动弹簧代表墙的弯曲刚度。在弹簧组件和下部刚性梁之间可以加入一高度为 ch 有限刚度元件，此元件顶点代表上下楼面的相对旋转中心，根据 c 值可以确定相对位移 Δv 和相对转动 $\Delta \theta$ 之间的关系。

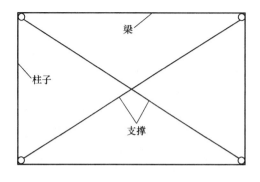

梁

柱子

支撑

图 6.2.14　等效桁架模型

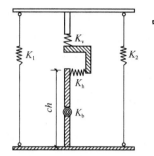

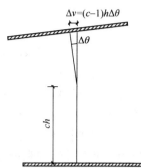

图 6.2.15　三垂直杆元模型

（4）多垂直杆元模型

多垂直杆元模型的提出，是为了解决三垂直杆元模型中弯曲弹簧刚度取值困难，以及它与两边柱的杆单元变形协调困难的问题。在多垂直杆元模型中，用几个垂直弹簧来代替弯曲弹簧，剪力墙的弯曲刚度和轴向刚度由这些垂直弹簧来代表，单元的剪切刚度仍由一水平弹簧来代表。该模型克服了三垂直杆元模型弯曲刚度取值和变形协调的缺点，只需给出拉压和剪切恢复力模型，避免了弯曲弹簧弯曲恢复力模型较难确定的困难。同时该模型还可以考虑在非线性分析中剪力墙中性轴的移动。但该模型同样存在 c 值较难

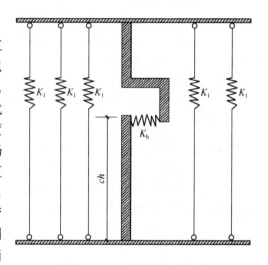

图 6.2.16　多垂直杆元模型

取定的问题。三垂直杆元模型和多垂直杆元模型都需要事先确定水平剪切弹簧离底部刚性梁的距离 ch。不同的学者根据自己的研究成果给出了不同的取值，一般都在 $0.33\sim0.50$ 之间。

6.2.4　恢复力模型问题[10, 16, 18, 42]

1. 何谓恢复力模型

所谓恢复力是指结构或构件在外荷载去除后企图恢复原有状态的能力。就钢筋混凝土结构而言，恢复力模型建立在 3 个层次上：材料恢复力模型、构件恢复力模型和结构恢复力模型。其中第一层次是材料的恢复力模型，主要用于描述钢筋及混凝土的应力-应变滞回关系，它是钢筋混凝土构件恢复力模型计算的基础；第二层次是构件的恢复力模型，主要用于描述构件截面的 $M\text{-}\theta$ 滞回关系或构件的 $P\text{-}\Delta$ 滞回关系；第三层次结构恢复力模型，是将一层柱，或者一部分结构汇总一起考虑的恢复力模型，例如采用层间模型进行弹塑性分析时，采用的层间滞回模型。

一个钢筋混凝土结构构件的恢复力模型必须具备：①具有一定的精度，能体现实际结构或构件的滞回性能，并能在可接受的限度内再现试验的结果；②简便实用，不会因模型本身的复杂性而造成结构动力非线性分析不能有效进行。它一般是对结构或构件进行反复

循环试验求得的，将此试验曲线进行实用化规则化处理后的恢复力特性曲线，称为恢复力模型（restoring model）。其两大要素为：骨架曲线及滞回曲线环（简称滞回环）。骨架曲线是恢复力特性曲线的外包线，一般都取为多折线型。恢复力与变形之间的关系曲线就称为恢复力特征曲线。骨架曲线应确定关键参数，能反映开裂、屈服、破坏等主要特征；恢复力特征曲线可用以表达构件的应力-应变、荷载-位移、弯矩-曲率、弯矩-转角等的对应关系来表示。滞回规则一般要确定正负向、加卸载过程中的行走路线及强度退化、刚度退化和滑移等特征。确定恢复力模型的方法有试验拟合法、系统识别法、理论计算法等。恢复力模型分曲线型和折线型，折线型因应用简便而被普遍采用，目前提出的折线型恢复力模型主要有双线型、三线型、四线型、退化双线型、退化三线型、定点指向型和滑移型等。

若仅用于静力非线性分析，恢复力特征曲线一般是指力与变形关系骨架曲线的数学模型；而当用于结构的动力非线性时程分析，恢复力特征曲线不仅包含骨架曲线，同时也包括各变形阶段滞回曲线环的数学模型。

2. 恢复力模型的影响因素

恢复力模型的滞回环的形状及面积与很多因素有关，如：

（1）材料性质

阻尼大的材料滞回环的面积大。对于不同材料，下列介绍的有关性质都会不同；

（2）受力性质

构件弯曲、压弯、受剪、弯剪、滑移都能够从滞回环的形状中看出它们的大致情况。以下是这四种滞回环的基本类型：梭形、弓形、反 S 形和 Z 字形（详见图 6.2.17）。

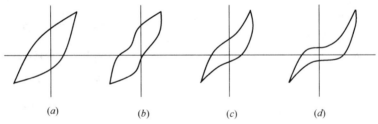

图 6.2.17　滞回环的四种基本类型
（a）梭形；（b）弓形；（c）反 S 形；（d）Z 字形

由上图可知，这四种滞回环的类型，反映了它们不同的受力位移性质，如：（a）梭形表示无剪切破坏无滑移的情况，为常规的受弯、压弯构件；（b）弓形表示受剪力、滑移影响的构件，其曲线向内凹陷，称为捏拢。受剪力影响越大捏拢越厉害，这是因为剪切破坏为斜裂缝，在卸载过程中斜裂缝要闭合，在闭合前刚度很小，一旦闭合刚度一下增加，所以造成曲线斜率突变。而且将使滞回环面积变小，说明结构阻尼比变小；（c）反 S 形表示受剪力、滑移影响更大的构件，这种剪力常常是扭矩作用产生的，这种情况阻尼比更小；（d）Z 字形是表示有严重滑移的情况，这种变形对结构十分不利。

（3）强度与刚度的退化性质

在小变形时，滞回环是稳定的，在循环荷载作用下滞回环始总是重合封闭的，但是随着荷载递增，构件材料开始屈服、裂缝，滞回曲线将不再是一个封闭环。而在荷载增幅相同的情况下，每循环一次位移都要增加，这种现象称为刚度退化；如果在变形幅值不变的情况下，每循环一次荷载都要降低，这种现象称为强度退化。这种性质的差别影响了滞回曲线的形状。因为结构中的所有杆件不会同时产生退化现象，所以整个结构的刚度强度退化总要滞后于单个构件。

（4）裂面效应与包兴格（Baushinger）效应

所谓裂面效应是指，混凝土结构的裂面重新受压时，由于骨料间的咬合作用，使裂缝还没有完全闭合时已经能够传递较大的压力的现象。所谓包兴格效应，是指在循环荷载作用下，正反向的屈服点并不完全对称，如果正向先屈服，则此循环的反向屈服强度会降低的现象。

3．几个典型的恢复力模型

（1）双线型模型

双线型模型最初是由金属材料恢复力特性曲线简化形成的。其正反向加载的骨架曲线均取两段折线，故称之为双线型模型。目前进行钢结构弹塑性时程分析时，常采用此模型，有时亦用于钢筋混凝土构件。

图 6.2.18 为理想弹塑性双线型模型，图 6.2.19 为 Clough 退化双线型模型。双线型恢复力模型需要屈服力 S_y、刚度 k_1 和 k_2 三个参数来确定。S_y 和 δ_y 可由试验数据或经验公式确定。$k_1 = S_y/\delta_y$，k_2 值则根据最大恢复力和相应变形确定。

1）理想弹塑性双线型模型的特点为：

① 正、反向加载的骨架曲线均用两段折线来代替，折点相对于屈服点；

② 卸载时刚度不退化，仍等于弹性刚度；

③ 反向加载与正向加载骨架曲线反对称。

2）退化双线型模型的特点为：

为考虑钢筋混凝土构件的刚度退化性质（图 6.2.19）。其特点是：

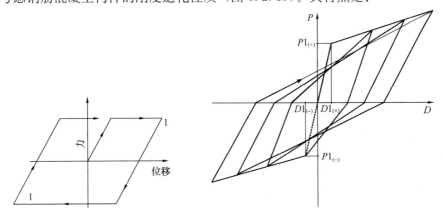

图 6.2.18　理想弹塑性双线型恢复力模型　　图 6.2.19　Clough 退化双线型模型

① 在前一次循环之后再加载时，刚度的降低与前一次循环的最大变形有关；

② 屈服以后卸载时的斜线，与第一次加载时的直线平行；

③ 反向加载时的直线指向前一次循环的最大变形点。

此类模型的确定也只需要上述的三个参数。

3）克拉夫（Clough）双折线滞回模型的特点为：

它也是退化双线型模型，由克拉夫（Clough）首先提出而命名，现在工程设计中经常采用的。它的加载路劲为（见图 6.2.19 箭头所示）：初次加载时沿着双折线骨架曲线移动，屈服后卸载路径沿着退化后的斜率移动；当反向加载时，指向反向最大变形点；反向没有发生屈服时，屈服点为最大变形点。克拉夫模型中认为全截面处于开裂状态，截面的刚度由受拉钢筋的受弯屈服状态决定。对正向和负向可定义不同的屈服后的刚度折减系数，适用于梁、柱、支撑构件。

（2）三线型模型[16]

有关三折线恢复力模型有多种，比较典型的是武田三折线模型，它也属于退化模型。

武田模型是根据构件试验结果整理的恢复力模型，卸载刚度由卸载点在骨架曲线上的位置和反向是否发生了第一屈服决定。对正向和负向可定义不同的屈服后的刚度折减系数，适用于梁、柱、支撑构件。

图中滞回模型骨架曲线的非线性特性由下列参数决定。

$P1(+)$、$P1(-)$——正向和负向的第一屈服强度；

$P2(+)$、$P2(-)$——正向和负向的第二屈服强度；

$D1(+)$、$D1(-)$——正向和负向的第一屈服变形；

$D2(+)$、$D2(-)$——正向和负向的第二屈服变形；

K_0——初始刚度；

$K2(+)$、$K2(-)$——正向和负向的第二条折线的刚度，$K2(+)=\alpha1(+)\cdot K_0$，$K2(-)=\alpha1(-)\cdot K_0$；

$K3(+)$、$K3(-)$——正向和负向的第三条折线的刚度，$K3(+)=\alpha2(+)\cdot K_0$，$K3(-)=\alpha2(-)\cdot K_0$；

$\alpha1(+)$、$\alpha1(-)$——正向和负向第一屈服后刚度折减系数；

$\alpha2(+)$、$\alpha2(-)$——正向和负向第二屈服后刚度折减系数；

β——计算卸载刚度的幂阶；

α——内环卸载刚度折减系数，用于对内环的卸载刚度进行折减。

4. 恢复力模型的求得方法

恢复力模型可以通过三种方法来获得：

（1）由低一层次的恢复力模型经计算并简化以得到高一层次的模型。例如以混凝土和钢筋的 $\sigma\text{-}\varepsilon$ 模型得到构件截面上的 $M\text{-}\Phi$ 模型。$\sigma\text{-}\varepsilon$ 模型经过一定的简化，计算又是建立在一定的假设基础上，而最终的 $M\text{-}\Phi$ 模型又要经过一步简化，这样的过程大大降低了最终结果的可信度。

（2）由反复静荷载试验求得。即根据试验散点图，利用一定的数学模型，定量的确定出骨架曲线和不同控制变形下的标准滞回环。这种方法的依据是地震荷载作用下，结构变形速度不高且多次反复循环变形过程，可较为精确地反映出结构的主滞回特征和骨架曲线。由于其所依据的是周期性加载的拟静力试验，所以很难全面反映地震作用下的结构动力性能，例如一些次滞回规律等。

（3）利用系统识别的方法。上文介绍了确定钢筋混凝土结构恢复力模型的三个参数，这些规律是从现有的模型中总结出来的，能较全面地反映结构在动力作用下的几大特性，所以可在此基础上依据振动台试验或计算结果进行动力参数的识别。这种方法克服了以上两种的缺点，使结果更符合地震作用下结构的真实反应。

目前比较常用的方式是根据理论分析来确定骨架曲线参数，根据试验结果来总结滞回规律。确定恢复力模型的实验方法主要有三种，分别是反复静荷载试验法、周期循环动荷载试验法和振动台试验法。目前采用反复静荷载试验较多。

5. MIDAS 软件中结构常用滞回模型

MIDAS BUILDING 软件提供了

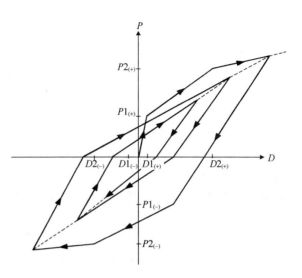

图 6.2.20 武田三折线恢复力模型

很多滞回模型的类型，供用户选用，我们选取了一些常用的列入下表供参考：

MIDAS BUILDING 软件提供的滞回模型的类型   表 6.2.4

滞回模型	分类	适用构件	内力相关关系	主要用途
随动硬化三折线模型	简化模型	梁 柱 支撑	P-M-M	钢材
标准双折线模型			P-M	钢材
标准三折线模型			P-M	钢材
指向原点三折线模型			P-M	桥梁上部结构
指向极值点三折线模型			P-M	桥梁上部结构
指向原点极值点三折线模型			P-M	桥梁上部结构
克拉夫双折线模型	退化模型		P-M	钢筋混凝土构件
刚度退化三折线模型			P-M	
武田三折线模型			P-M	
武田四折线模型			P-M	
滑移双折线模型（Slip Bilinear）	滑移模型		P-M	钢材、橡胶支座
滑移三折线模型（Slip Trilinear）			P-M	
滑移三折线只受拉模型（Slip Trilinear/Tension）			P-M	
滑移三折线只受压模型（Slip Trilinear/Compression）			P-M	

6.2.5 塑性铰模型问题[19~25]

塑性铰是一种度量结构材料塑性发展程度的模型，它涉及很多理论与技术领域，包括：材料的本构关系骨架曲线、结构杆件的模型、材料二维三维的破坏准则、有关构件的试验的滞回曲线、阻尼以及计算分析方法等。这里每一个分支都存在各种学术观点，都可以成为一个专题，我们无法一一叙述，只能简单介绍一些与实际应用有关的概念。实际上考虑材料塑性的方法有集中塑性（塑性铰）模型和分布塑性（塑性铰）模型两类。分布塑性模型以截面任意点（面）的应变作为状态判定依据，根据材料本构关系曲线可直接确定该点（面）的弹塑性状态，由各点（面）的应力应变状态进而可获得整个截面和单元的弹塑性刚度。集中塑性铰模型将塑性集中在个别截面，以应力合力作为基本量，根据半经验性的屈服面方程确定截面的整体弹塑性状态，通过间接方法近似考虑分布塑性对单元刚度的削弱。显然，分布塑性模型能够更准确地模拟塑性沿截面及杆长的分布和发展，弹塑性分析时精度高，但同时所需的计算资源也较多；而集中塑性模型只能间接、近似地模拟塑性的分布和发展，其优点是概念直观、工程师容易接受，而且计算效率高。

1. 塑性铰的分类

按照出发点和概念的不同，可以有不同的分类方法。这些分类方法还不是很严密，有些分类还存在互相交错，以下尝试作简单介绍：

按受力特征可分为：弯矩铰（M）、剪力铰（V）、轴力铰（P）、轴力弯矩铰（$P\text{-}M\text{-}M$）等；

按各内力关系是否相关可分为：单轴铰、多轴铰。其中单轴铰模型中各内力成分互相独立，主要适用于支撑、无轴力的梁；多轴铰分 $P\text{-}M$ 相关型与 $P\text{-}M\text{-}M$ 相关型，前者弯矩由 PM 屈服面决定，屈服弯矩仅由初始轴力决定，它在使用初始轴力计算初始屈服面时，P 与 $M_y M_z$ 才相关，但不随轴力变化，其他轴力与扭矩、剪力互不相关；后者弯矩由 PMM 屈服面决定，并且随轴力变化，有关屈服面还要应用二维三维的强度破坏准则模型确定，其他与扭矩、剪力互不相关。

弯矩铰按变形量度不同可分为：弯矩-转角铰、弯矩-曲率铰；其中弯矩-转角铰具有刚塑性的力-变形曲线，它在截面弯矩未到达塑性时，塑性铰不转动，它是集中铰模型；而弯矩-曲率铰，在与其连接的弹性杆产生转动时，塑性铰也相应产生塑性转动，它是分布铰模型；

按是否考虑构件的塑性分布长度可分为：集中铰、分布铰（分布塑性区），其中集中铰模型，它是将塑性集中在某一个截面，因此塑性铰长度为零，以应力合力作为基本量，根据半经验性的屈服面方程确定截面的整体弹塑性状态，通过间接方法近似考虑塑性对单元刚度的削弱，它认为构件单元的其他部分仍然保持完全弹性，不考虑铰区塑性的扩散和两铰之间残余应力的影响，而且它只能考虑轴向和弯曲变形之间的耦合，不能考虑弯曲和扭转变形的耦合，以及剪切变形的影响；分布塑性铰模型是以截面任意点的应变作为状态判定依据，根据材料本构关系曲线可直接确定该点的弹塑性状态，由各点的应力应变状态进而可获得整个截面和单元的弹塑性刚度，考虑了塑性铰的长度。目前很多国家以及我国的《公路桥梁抗震设计细则》（JTG/T B02-01-2008）中，已经在结构弹塑性分析时在薄弱截面处设置了塑性单元，并且规定了塑性铰的长度[20, 21]，分析表明，这会使结构的延性系数增大，使计算结果更符合实际。各国规范对塑性铰长度的假定与计算不同，但是我国建筑结构的有关规范中还没有对此作出规定。

2. 塑性铰的设定依据和骨架曲线

对于集中铰常设定为某个固定值，以往对钢筋混凝土结构受弯构件，其弯矩铰常常认为受拉区的钢筋开始屈服，使截面承载力达到设计极限弯矩值时就会出现塑性铰，因此其值就可以根据设计配筋从《混凝土结构设计规范》中求得。一般考虑一定的安全度，所以将钢筋屈服应力乘于一个小于1的系数（比如0.7-0.9）。对钢结构也有类似设定，一般设定为钢构件边缘应力屈服为依据，如型钢混凝土结构与钢管混凝土结构等采用纤维模型时也类同。

现在对它的设定更加细致、规范了，常常依据骨架曲线。因为塑性铰是在结构逐级加载时产生的，可以通俗地说，对静力弹塑性分析加载遵循的路径就是骨架曲线，骨架曲线是指各次滞回曲线峰值点得连线；对循环加载的动力弹塑性分析遵循的路径就是滞回曲线，因此何时出现塑性铰，必须先设定加载的路径，也就是骨架曲线。一般软件中大都采用根据骨架曲线来定义构件截面的屈服状态，也有简单的定义为屈服应力，或者极限值的比例，可以设定比例值，作为出现塑性铰的依据，这种做法比较粗，在有的软件的用户设定中还存在。这里先介绍几个常用简单的骨架曲线，对滞回曲线问题将在另外章节中介绍。一般根据材料不同、构件不同、受力性质不同可采用不同的骨架曲线，如下表所示。

骨架曲线的类型　　　　　　　　　　　　　　　　表 6.2.5

类型	双折线铰	三折线铰	FEMA 铰
骨架曲线简介	荷载变形关系为双折线，屈服点后刚度退化，刚度折减系数为退化刚度与初始刚度比值。可考虑刚度退化不能考虑屈服后的强度退化	荷载变形关系为三折线，屈服点后刚度退化，刚度折减系数为退化刚度与初始刚度比值。可考虑刚度退化不能考虑屈服后的强度退化	经过对钢筋混凝土和钢构件的循环荷载试验得到的曲线，再规则化后得到的，较符合实际，适用性好。先后由美国规范 FEMA237、306、356、440 推荐，因此而命名
适用单元	梁、柱、支撑	梁、柱、支撑	转角弯矩铰梁、柱、支撑
适用铰类型	单轴铰、多轴铰	单轴铰、多轴铰	单轴铰、多轴铰
适用结构	钢结构、钢筋混凝土结构	钢筋混凝土结构	钢筋混凝土结构的静力弹塑性分析

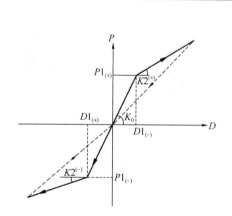

图 6.2.21　双折线骨架曲线

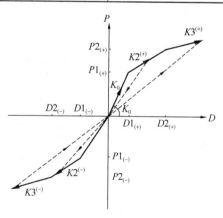

图 6.2.22　三折线骨架曲线

以上骨架曲线在应用时可以作为塑性发展程度的依据。一般专业软件常用带颜色的圆点表示塑性铰：对双折线只有一种屈服状态；对三折线有两种状态，第一个是开裂和开裂到屈服前的状态，第二个屈服及屈服后的状态；对四折线有三种状态，第一是开裂，第二是屈服，第三是极限状态；对 FEMA 推荐的骨架曲线（图 6.2.23），整个曲线分为四个

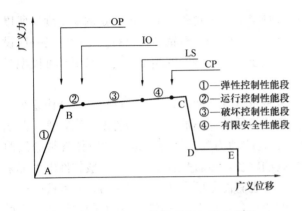

图 6.2.23 FEMA 推荐的骨架关系曲线

阶段，弹性段（AB）、强化段（BC）、卸载段（CD）、塑性发展段（DE）。其中 B 点表示出现屈服（屈服点），C 点为倒塌点。B 点的确定，涉及杆件屈服力和屈服位移的确定，确定方法主要有两种，一种是自定义，输入某一具体值，另外一种是由程序自动计算给出。一般程序可以给出有六种状态，即 B、IO、LS、CP、C、D，其中 B 为出现屈服状态、IO 为直接居住状态、LS 为使用安全状态、CP 为防止倒塌状态、C 和 D 为极限状态、E 为倒塌状态。一般软件中会用不同的颜色表示不同的阶段的状态与比例，使用者是比较容易识别的。对国外的软件 FEMA 骨架曲线大都用于静力弹塑性分析。其他都常应用于动力弹塑性分析，对于比较重要的新型结构，可以根据试验确定的骨架曲线与恢复力模型来计算，在 ABAQUS、SAP2000、OPENSees 等软件中都有接口，可以根据自编程序段进行分析，其中塑性状态的定义也可以由自己确定。但是对其他多轴铰，涉及三维复杂受力情况就比较有难度，我们在下面仅做简单介绍，因为它要采用多轴滞回模型，需要应用混凝土多轴强度破坏准则。所谓混凝土强度破坏准则，就是将混凝土破坏包络面用数学函数描述，作为是否达到破坏状态或者极限强度的条件，则称为破坏准则或者强度准则。以往采用的单轴强度，在三向受压时偏安全，但是在有一向受拉时将偏不安全，现在有关这方面的多轴破坏准则有很多，在我国的混凝土结构设计规范（GB 50010—2010）的附录 C 中，也给出了混凝土二维（二轴）三维（三轴）的强度准则，它给出了二轴受压、二轴受拉、二轴拉压、三轴受压、三轴拉压五种准则与系数，可供设计应用。现在国内外学者对此研究提出了很多破坏准则模型，如表 6.2.6 所示。其中我国学者王传志、过镇海也提出了一个破坏准则[24]。

有关混凝土多轴强度与破坏准则的数学表达式　　　　　　表 6.2.6

破坏准则	参数数目	数学表达式
Bresler-Pister 准则	3	$\dfrac{\tau_{oct}}{f_c} = a - b\dfrac{\sigma_{oct}}{f_c} + c\left(\dfrac{\sigma_{oct}}{f_c}\right)^2$
Reimann 准则	4	$\dfrac{\xi}{f_c} = a\left(\dfrac{r_c}{f_c}\right)^2 - b\dfrac{r_c}{f_c} + c, r = \varphi r_c$
Willam-Warnke 准则	5	$\theta = 0°, \dfrac{\tau_{mt}}{f_c} = a_0 + a_1\dfrac{\sigma_m}{f_c} + a_2\left(\dfrac{\sigma_m}{f_c}\right)^2$ $\theta = 60°, \dfrac{\tau_{mc}}{f_c} = b_0 + b_1\dfrac{\sigma_m}{f_c} + b_2\left(\dfrac{\sigma_m}{f_c}\right)^2$
Willam-Warnke 准则	3	$\dfrac{\tau_m}{f_c} = r(\theta)\left(1 - \dfrac{1}{\rho}\dfrac{\sigma_m}{f_c}\right)$
Ottosen 准则	4	$a\dfrac{J_2}{f_c^2} + \lambda\dfrac{\sqrt{J_2}}{f_c} + b\dfrac{I_1}{f_c} - 1 = 0$
Hsieh-Ting-Chen 准则	4	$a\dfrac{J_2}{f_c^2} + b\dfrac{\sqrt{J_2}}{f_c} + c\dfrac{\sigma_1}{f_c} + d\dfrac{I_1}{f_c} - 1 = 0$

破坏准则	参数数目	数学表达式
Kotsovos 准则	5	$\theta = 0°$，$\dfrac{\tau_{oct,t}}{f_c} = a\left(c - \dfrac{\sigma_{oct}}{f_c}\right)^b$ $\theta = 60°$，$\dfrac{\tau_{oct,c}}{f_c} = d\left(c - \dfrac{\sigma_{oct}}{f_c}\right)^e$
Podgorski 准则	5	$\sigma_{oct} - c_0 + c_1 P \tau_{oct} + c_2 P \tau_{oct}^2 = 0$
过-王准则	5	$\tau_0 = a\left(\dfrac{b - \sigma_0}{c - \sigma_0}\right)^d$

3. 多轴铰模型简介[16]

采用多轴铰模型来模拟柱的非线性状态，相比用实体单元模拟柱的复杂的受力状态的仿真分析，可简化计算节省时间。多轴铰模型不仅可以像单轴铰模型那样分别定义各方向的非线性特性，还可以考虑轴力和弯矩以及两个弯矩之间的相关性。

MIDAS 和 PUSH&EPDA 的新版本软件中提供了两种多轴铰模型，即其中有直接从材料本构关系定义的纤维模型（Fiber Model），以及从内力本构关系定义的多轴滞回模型。二者简介如下：

（1）纤维模型（Fiber Model）

纤维模型是按梁单元建模后将梁截面分割为多个纤维，包括混凝土纤维与钢筋纤维，因为每一种纤维是单一材料，所以可直接从材料本构关系出发来定义纤维的非线性特性，以模拟构件的非线性特性。这样可避开有关恢复力模型等很多假定，减少很多环节使模型更加直观和符合实际情况，但是对于较大的模型如果所有构件都采用纤维模型时分析时间会很长，所以为了提高效率，可只对一些关键构件关键部位采用纤维模型，这里不再详述。

（2）多轴铰滞回模型

多轴铰是按内力本构关系定义的，它要假定分析的滞回模型，也可以考虑轴力和两个方向的弯矩内力相关，以及两个方向的弯矩之间的相关。但是多轴铰模型要考虑屈服面的确定，它涉及到混凝土多轴强度与破坏准则问题，这是一个非常困难的问题，一直有很多学者在研究，但是还没有一个得到大家的公认。因为多轴铰模型比纤维模型的计算效率高、省工时，所以一般较大型结构的动力弹塑性分析中还常常被采用。有关软件中应用了具有随动硬化特性的滞回模型。它假定卸载刚度与弹性刚度相同，且两个屈服面（第一和第二屈服面）的位置可以移动，但是其形状和大小没有变化。铰状态和柔度矩阵是由加载数值点在屈服面的位置决定的（对照相应的加载路径骨架曲线图）。当荷载点在图 6.2.24 中的第一屈服面内部时表示处于弹性状态，继续加载荷载到达第一屈服面时，意味着处于第一屈服状态，到达第二屈服面时，表示处于第二屈服状态。对钢筋混凝土材料的截面，第一屈服面对应开裂时的强度，第二屈服面对应屈服时的强度。

铰的柔度矩阵由一个弹性弹簧和两个非线性弹簧（两个屈服面）的柔度组成，初期加载时只有弹性柔度，加载点上升到各屈服面时，才会激活相关非线性弹簧的柔度。柔度矩阵在弹性状态中三个内力成分完全独立，在屈服时由于非对角线位置的成分的影响，三个内力之间才产生耦联。加载点向屈服面外移动时，屈服面为了维持与加载点的接触状态，

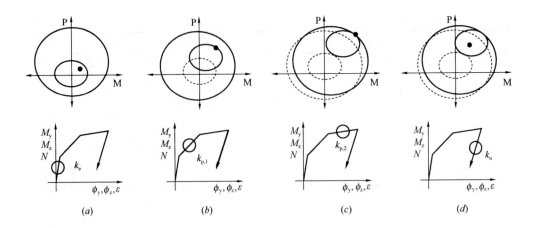

图 6.2.24　屈服面的移动和刚度变化

(a) 弹性状态；(b) 开裂后状态；(c) 屈服后状态；(d) 卸载

会随着荷载点的移动而移动，移动方向遵循修正的莫罗兹（Mroz）硬化规律。加载点向屈服面里侧移动时将判定为卸载，卸载刚度取弹性刚度值，卸载过程中屈服面不移动。

软件中采用的 P-M-M 型相关关系只支持以上介绍的随动硬化模型的铰特性。

4. 有关精细化模型和塑性铰理论发展概述

有关的精细化模型分析中，很多已经不采用以往简单的定性的塑性铰，这种评价结构出现弹塑性发展程度的方法，因为它具有很多局限性，它只能表达一种固定的状态，不能反映结构塑性发展的过程，而且由于它人为设定了很多假定，使得很多复杂的受力状态，在软件中无法表述，所以常常不能反映结构的实际塑性发展程度。因此不少软件中已经直接根据结构材料的骨架曲线，按其上的非线性发展情况，来定量的描述结构塑性发展的过程与程度，这样可以给工程师们一个更加科学实际的结果。但是大多数工程师还是习惯于塑性铰比较简单明了的表示方法。上面所谈到的有关屈服到倒塌的多种状态，实际上已经不是原来意义上的塑性铰了，但是为了工程师容易理解，大多还是应用了塑性铰的名称来处理。精细模型与精细分析方法到目前为止还有待完善，所以有关塑性铰的概念我们还要应用下去。

有关屈服面强度破坏准则模型有很多，我国不少学者也做了很多工作，国内外有很多学者对此发表了论文，有兴趣的读者不妨去参考有关文献。

5. 几点说明

（1）有关塑性铰的假定，它的应用有一个前提。比如对于受弯构件必须是适筋梁，它的前提是受拉区钢筋先达到流限屈服，使受拉区产生裂缝扩大而成为塑性铰；如果不是适筋梁，而是配筋超限，使受压区先破坏、或者抗剪不满足产生产生斜截面破坏，那么我们设定的塑性铰假定不符，计算结果就会失真。所以我们在进行弹塑性分析的前提，是我们的设计配筋是合理的，在静力分析时是没有问题的。

（2）对剪力墙处理：因为原来塑性铰的概念出自框架杆件体系，对剪力墙有的也沿用了所谓塑性铰概念，但是由于剪力墙的模型还存在多种学术观点，因此有关如何合理的表达剪力墙的塑性发展的程度，也存在多种观点，其中大多数模型还是采用了塑性铰的概念。对此我们将在剪力墙的模型问题一节中再介绍。

（3）在应用软件计算时每一种软件都有设置说明，因此用户操作还是方便的。

（4）塑性铰的假定不是一个孤立的问题，它还与结构的材料相关，因此其分析还与材料的本构关系的骨架曲线有关，在循环载荷下与构件的恢复力模型有关，多轴铰还与强度破坏准则理论有关，对它的计算的精度与效率还与计算方法有关。

（5）有关塑性铰问题的理论和处理技术仍在发展中，比如如何考虑与扭转、剪切的耦合、如何更好地考虑型钢混凝土结构、钢管混凝土结构与预应力结构等等新型结构中的塑性发展情况、如何更完善地考虑二维三维的塑性面问题、如何更好地考虑各种形状的剪力墙结构模型问题、如何加快计算速度以及混凝土强度破坏准则理论等等问题，都有待在科学实验与理论探讨中进一步深入研究。在工程技术方面实际问题总是跑在有关理论的前面，由它先发现问题提出问题，给科学研究提供研究了课题，通过科学实验来探讨研究解决问题，再应用到工程实践中去，这就是实践——理论——实践的模式。综上所述，我们认为塑性铰的问题是结构动力弹塑性分析的基本问题之一。

6.2.6　ABAQUS 与纤维模型简介[11, 12, 43, 44]

1. ABAQUS 简介

作为一种功能强大的有限元分析软件，ABAQUS 在商业有限元软件中占有了极其重要的角色。贯穿了简单的线弹性问题到复杂的几何非线性和材料非线性问题均获得了广泛应用。其有效性不论是工程应用还是科学研究方面均得到了验证。ABAQUS 包含了丰富的单元库和材料库，能够模拟各种材料受力和变形行为，特别在工程结构的动力弹塑性分析方面，具有开放性和运算速度的优势，因此越来越多地得到中国的工程师们的青睐，为此我们尝试对它做一个简介。

（1）ABAQUS 功能简介

以 ABAUQS6.13-4 为例，ABAQUS 安装完成后，在程序菜单出现的 ABAQUS 6.13-4 工具条下包括：

ABAQUS CAE

ABAQUS Command

ABAQUS Documentation

ABAQUS Licensing

ABAQUS Verification

ABAQUS Viewer

My Support

Uninstall ABAQUS 6.13-4

选项，经常用到的主要是前三者，为了使 ABAQUS 计算所涉及的文件均存储到同一目录下，运行 ABAQUS Command 比较方便，在 ABAQUS Command 的 Dos 窗口下，运行批处理文件 abq 6134.bat，该文件存放在 C:\ABAQUS\Command（假定 ABAQUS 安装在 C 盘根目录下）目录下，为了方便可将该文件另外保存为 aba.bat。该文件所包含的内容为

@echo off

C：\ABAQUS\6.13-4\code\bin\abq6134.exe ％ *

接下来就可以运行 ABAQUS 不同模块了。如：

Aba cae   进入 CAE 界面；

Aba viewer   进入后处理；

Aba job＝wang interactive 交互式运行 wang. inp 文件；

Aba job＝wang datacheck interactive 交互运行 wang. inp 文件，且仅对其进行数据检查；

Aba fetch job＝terzaphi ＿ cpe8p. inp 将 terzaphi ＿ cpe8p. inp 解压释放到当前目录下，因为文件名字比较长，可以仿前面定义批处理文件的方式进行类似处理，如定义文件名为 f. bat，其内容为 Aba fetch job＝terzaphi ＿ cpe8p. inp，在当前目录下执行 f 并回车，即可完成文件的释放存储。

有限元软件主要由前处理、计算和后处理三部分组成，ABAUQS 有限元软件也不例外。图 6.2.25 为 ABAQUS/CAE 界面图，由图可知，ABAQUS/CAE 由 10 部分构成，分别为 Part、Property、Assembly、Step、Interaction、Load、Mesh、Job、Visualization 和 Sketch 十部分构成，界面左侧为与之部分对应的树状图，界面底部分别为输出窗口和 Python 脚本语言输入窗。

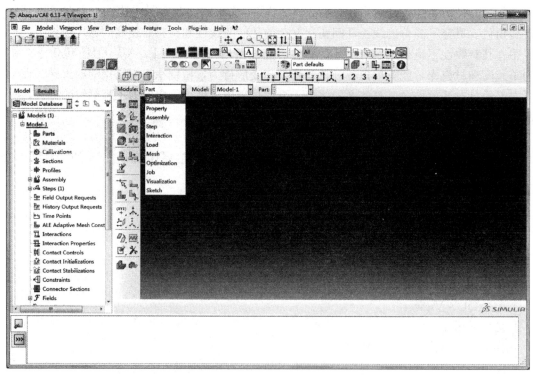

图 6.2.25 ABAQUS 界面图

1）Part 模块

ABAQUS/CAE：Part module→Part→Create，可以创建 3D、2D Planar 和 Axisymmetric 三种类型几何模型，几何模型的类型可以是变形体和刚体，几何属性可以为实体、壳、线和点。这里值得注意是轴对称问题被单独提出来进行分析，而平面应力和平面应变

144

问题则被包含在 2D Planar 中。

生成 Part 后，为了对 Part 不同部分赋予不同材料参数、接触的定义、规则网格划分等原因，往往需要对 Part 进行切割，常常通过创建辅助线/面进行切割。以 3D 模型为例，首先是定义切割平面，定义方式：Part module→Tools→Datum 进行定义，对于切割平面很多时候是采用 Offset from principal plane（xy plane，xz plane 和 yz plane）、Offset from plane 和 3 Points。工作定义完成后就可以进行切割了，切割的操作方式为：Part module→Tools→Partition，并依次选择切割对象和切割线/面。

2）Property 模块

该模块主要用于定义材料的本构模型，ABAQUS 中封装了大量可用于土木工程的本构模型，通过 Property→Material→Create→Mechanical 进行定义。其中 Elasticity 和 Plasticity 所包含的内容见图 6.2.26 和图 6.2.27 所示。本书所涉及的本构模型见后面章节所示。

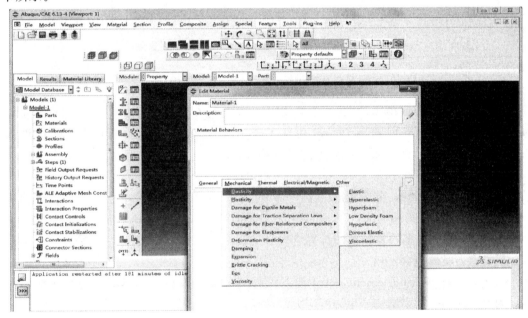

图 6.2.26　弹性部分所涵盖内容示意图

完成材料力学行为并给定材料名称后，接着通过 Property→Section→Create 定义断面（Section），建立与材料属性相关联的断面，然后通过 Property→Assign→Section 对不同 Part 或 Part 的不同部分进行材料赋值。这里需要强调的是对于梁单元需要通过 Property→Profile→Create 建立梁的几何断面，同时还要通过 Property→Assign→Beam Section Orientation 对梁单元断面方向进行赋值。

3）Assembly 模块

任何一个结构都可以视为一个 Instance，它由很多个 Part 构成，Part 间连续、接触或通过螺栓连接等。通过 Assembly→Instance→Create 建立由不同 Part 构成的 Instance，可以对 Instance 中的 Part 进行移动、旋转等操作，更主要的是可以对 Instance 中的 Part 进行布尔运算，如 Assembly→Instance→Merge/Cut，在合并操作中对相交边界有移除

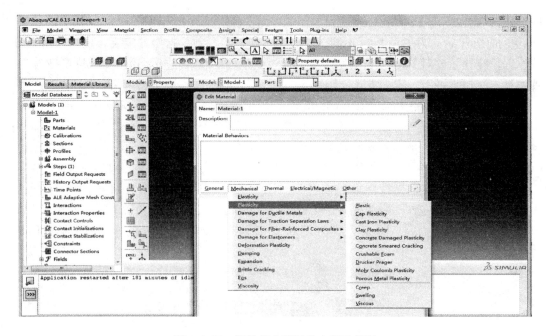

图 6.2.27　塑性部分所涵盖内容示意图

(Remove) 和保留（Retain）两个选项，后一选项在很多时候用的更多，因为进行
Merge/Cut 操作后，先前的多个 Part 生成了一个新的 Part，选择保留选项后可以进入
Property 对同一 Part 不同部分赋予不同材料参数。

4）Step 模块

进入 Step→Create，分析类型（Procedure type）有两类，其一为 Linear perturba-
tion，包括 Buckle，Frequency，Static，Linear pertubation 和 Steady-state dynamics，Di-
rect 各部分，应用更多的是频率的计算和振型的提取；其二为 General，几乎包含了所有
的分析类型，具体包含：

Coupled temp-displacement，用于温度位移场的耦合分析，如热辐射使结构温度升
高，因变温而使受约束结构产生温度应力；

Coupled thermal-electric，主要用于压电材料的分析中；

Dynamic，Implicit，隐式动力分析；

Dynamic，Explicit，显示动力分析；

Dynamic，Temp-disp，Explicit，显示温度位移分析；

Geostatic，地应力场计算，在岩土工程中地应力场的准确确定决定了后继计算结果的
有效性；

Heat transfer，传热分析；

Mass diffusion，质量扩散分析；

Soils，土的固结分析；

Static，General，一般的静力分析；

Static，Riks，弧长法静力分析；

Visco，黏弹性及蠕变分析。

荷载步中增量步分为两种，自动增量法和固定时间增量法，同时在荷载步中要给出最大迭代次数等参量。

5）Interaction 模块

结构各个构件间的连接形式千差万别，连接形式对结构在外荷载作用下的响应的影响至关重要。在该模块中，主要包含四部分，具体为 Interaction，Constraint，Connector，Special。

Interaction→Interaction→Property 定义接触面间的接触属性，包括定义摩擦系数等参量；

Interaction→Interaction→Create 创建由接触面和目标面构成的接触对，应用最多的是 Surface-to-surface contact 接触问题，如结构物与土之间的接触问题。

Interaction→Constraint→Create 建立 Tie，Coupling，Shell-to-solid coupling，Embedded region，Equation 等约束条件，其中 Tie 约束适用于约束面间网格划分不一致但变形又连续的情况。而 Embedded region 功能可能模拟加筋对基体的增强功能，如钢筋混凝土实体结构（不是采用壳或梁进行模拟），分别创建钢筋和混凝土，然后将钢筋埋置到混凝土结构中去。

Interaction→Connector→Create 主要用于构件间的 U 型连接、焊接、铰接等连接的模拟，这一点在机械工程中具有重要的应用价值。

Interaction→Special→Inertia 用于定义结构中的集中质量和惯性矩，这在悬索桥梁及高层建筑的地震分析中进行应用。Interaction→Special→Crack 用于定义结构中的裂纹及裂尖，为后继网格划分生成奇异单元奠定基础。Interaction→Special→Spring/Dashpot 定义弹簧和阻尼器。

6）Mesh 模块

网格划分前需要对 Part 定义种子（Seeds），通过 Mesh→Seed→Edge By Number（Edge By Size，Edge Biased）完成种子的定义，对几何模型的边可以均匀划分也可按等比数列进行划分。具体划分的数目和方法要通过数值模拟试验确定，最终与理论解或试验结果进行对比以确定经济合理的网格划分规模。

7）Job 模块

通过 Job→Job→Create 创建 Job 的名字，分析完成后存储的相关文件的主文件名均为该 Job 名字。在 Submission 中包含了 Job type，Run mode 和 Submit time；在 General 下主要是 User subroutine file 的选择；在 Memory 下主要是内存的划分；Parallelization 设置并行计算的一些内容；Precision 定义问题分析的精度。

8）Visualization 模块

后处理部分主要包括变形图显示（Visualization→Plot→Deformed shape），输出变量的云状图（Visualization→Plot→Contours）。

输出结果包括场变量输出（Visualization→Result→Field output）和与时间有关的变量的输出（Visualization→Result→History output）。

也可以将后处理结果导出到外部文件中去（Visualization→Report→XY，Field output），以便进一步编辑和处理。

9）Sketch 模块

通过该模拟可以生成轮廓线或由外部文件导入生成轮廓线，对于土木工程来说，用得比较多的是 Autocad，在 Autocad 中生成的二维线转存为扩展名为 DXF 的文件，然后在 ABAQUS/CAE 下 File→Import→Sketch 就可导入到 Sketch 模块中。在创建 Part 时进入到 Sketch 界面下，由 Sketch→Add→Sketch 就可以将先前由 Autocad 导入的 Sketch 显示于当前界面下，进而创建所需要的 Part。

（2）ABAQUS 帮助文档

典型的 ABAQUS DOCUMENTATION 帮助功能模块见图 6.2.28 所示。

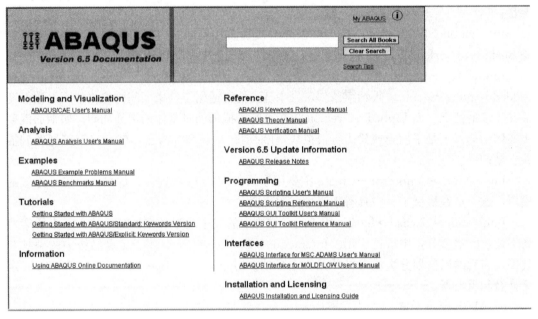

图 6.2.28　典型的 ABAQUS 帮助功能图

其中包含从简单到复杂的算例的模块分别为 Example、Benchmarks 和 Verification，在后面章节中均不同程度上引用了这三块模块中与土木工程有关的算例，为了方便起见将 Example 简记为 E、Benchmarks 简记为 B 以及将 Verification 简记为 V，这些字母后面的数字 ABAQUS 中算例的编码。

（3）单元库介绍

1）基本信息

在不同的模型中，由于简化方法及模型的特点不同，需要使用不同的单元类型，常见的单元类型如平面应力单元、平面应变单元、梁单元、实体单元等。

ABAQUS 中，单元类型在 Mesh 模块中定义。在 Mesh 功能模块中，可以实现布置网格种子、设置单元类型、网格划分技术和算法、划分网格以及检验网格质量等。如图 6.2.29 所示。

命名规则：

ABAQUS 单元名称通常由 5 个部分组成，依次为单元类型、自由度、节点数、方程和积分方法组成。例如 C3D8R 的含义依次为：C，应力/位移连续；3D，三维；8，8 个节点；R，采用减缩积分。

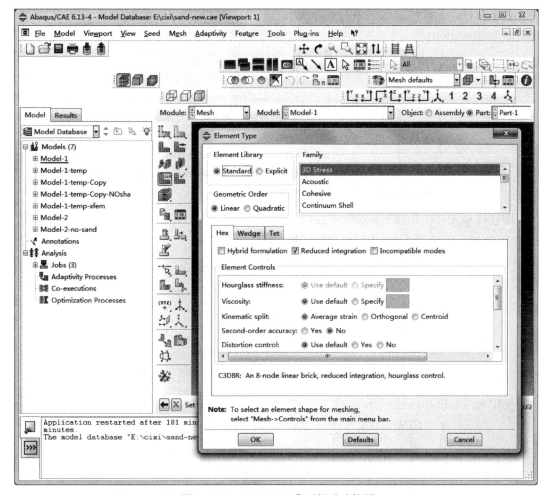

图 6.2.29 ABAQUS 典型帮助功能图

2）常见单元命名

一维、二维、三维及轴对称单元（One-dimensional，two-dimensional，three-dimensional，and axisymmetric elements）

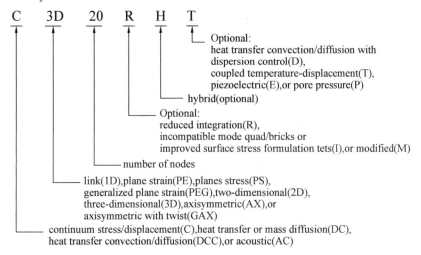

含非对称、非线性变形的轴对称单元（Axisymmetric elements with nonlinear asymmetric deformation）

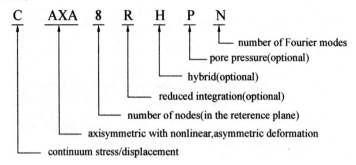

圆柱体单元（Cylindrical elements）

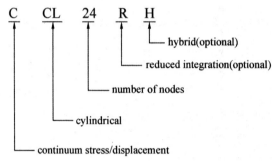

无限元（Infinite elements）

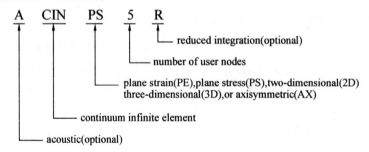

翘曲元（Warping elements）

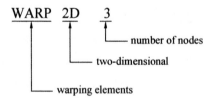

通用膜单元（General membrane elements）

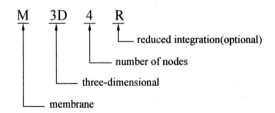

圆柱体膜单元（Cylindrical membrane elements）

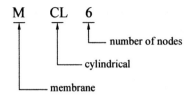

桁架单元（Truss elements）

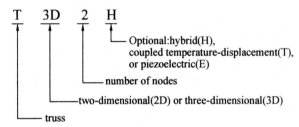

梁单元（Beam elements）

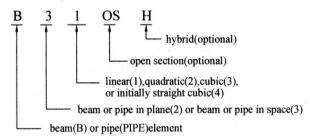

三维壳单元（Three-dimensional shell elements）

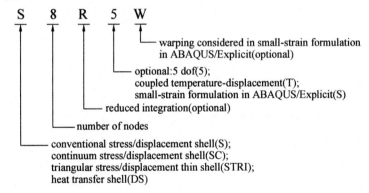

轴对称壳单元（Axisymmetric shell elements）

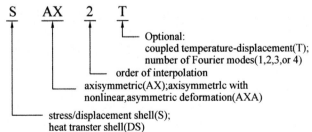

（4）用户子程序

除了 ABAQUS 本身提供的材料模型外，ABAQUS 还提供了一些用户子程序（User

151

Subroutines) 和实用程序 (Utility Routines)，允许用户自行定义符合自己的问题模型，这大大增强了 ABAQUS 的应用面和灵活性，其中与材料本构关系直接相关的子程序是 UMAT。

用户子程序 UMAT 具有如下特点：

1）用来定义材料的本构关系；

2）当材料的定义包含用户自定义材料模型时，每一个计算单元的材料积分点都可以调用 UMAT；

3）可以用于力学行为分析的任何分析过程；

4）可以使用状态变量；

5）对于力学本构关系，必须在 UMAT 中提供材料本构模型的雅可比矩阵，即 $\dfrac{\partial \Delta \sigma}{\partial \Delta \varepsilon}$；

6）可以和用户子程序"USDFLD"联合使用，通过"USDFLD"重新定义任何场变量的值并传递到 UAMT 中。

①用户子程序 UMAT 接口

ABAQUS 用户材料子程序采用 Fortran 编写，从主程序获取数据，计算单元的材料积分点（高斯点）的雅可比矩阵，并更新应力张量和状态变量，UMAT 的接口格式如下：

```
SUBROUTINE UMAT(STRESS, STATEV, DDSDDE, SSE, SPD, SCD,
1 RPL, DDSDDT, DRPLDE, DRPLDT,
2 STRAN, DSTRAN, TIME, DTIME, TEMP, DTEMP, PREDEF, DPRED, CMNAME,
3 NDI, NSHR, NTENS, NSTATV, PROPS, NPROPS, COORDS, DROT, PNEWDT,
4 CELENT, DFGRD0, DFGRD1, NOEL, NPT, LAYER, KSPT, KSTEP, KINC)
C
     INCLUDE'ABA _ PARAM.INC'
C
     CHARACTER * 80 CMNAME
     DIMENSION STRESS(NTENS), STATEV(NSTATV),
1 DDSDDE(NTENS, NTENS), DDSDDT(NTENS), DRPLDE(NTENS),
2 STRAN(NTENS), DSTRAN(NTENS), TIME(2), PREDEF(1), DPRED(1),
3 PROPS(NPROPS), COORDS(3), DROT(3,3), DFGRD0(3,3), DFGRD1(3, 3)

     user coding to define DDSDDE, STRESS, STATEV, SSE, SPD, SCD
     and, if necessary, RPL, DDSDDT, DRPLDE, DRPLDT, PNEWDT

     RETURN
     END
```

②用户子程序 UMAT 主要变量说明：

DDSDDE (NTENS, NTENS)：本构关系的雅可比矩阵（D 矩阵），即 $\dfrac{\partial \Delta \sigma}{\partial \Delta \varepsilon}$，$\Delta \sigma$ 是

应力增量，$\Delta\varepsilon$ 是应变增量，DDSDDE（I，J）表示增量步结束时第 J 个应变分量的改变引起的第 I 个应力分量的变化；

STRESS（NTENS）：应力张量数组，在增量步开始时，该数组从主程序（ABAQUS）获得数据，并且必须在增量步结束时在子程序中更新应力张量中的数值。如果定义了初始应力，那么分析开始时该应力张量的数值即为初始应力；

STATEV（NSTATV）：用于存储状态变量的数组，数值在增量步开始时从主程序传递到子程序，或者在子程序 USDFLD 或 UEXPAN 中更新并传递到 UMAT 子程序，在增量步结束时，必须把 STATEV 数组中的数值返回主程序。

SSE，SPD，SCD：分别指弹性应变能、塑性耗散和蠕变耗散；

STRAN（NTENS）：总应变数组，存储增量步开始时的总应变；

DSTRAN（NTENS）：应变增量数组；

NDI：法向应力分量的数量；

NSHR：剪切应力分量的数量；

NTENS：应力和应变分量数组的大小（NTENS＝NDI＋NSHR）；

NSTATV：状态变量的数量，在 ABAQUS 中通过命令 * Depvar 定义；

PROPS（NPROPS）：用户自定义材料参数，即用户自定义材料本构关系的模型参数；

NPROPS：用户自定义本构模型的参数个数；

③应用程序（Utility Routines）

ABAQUS 提供了一些实用的应用程序（Utility Routines），供用户在开发 UMAT 子程序时调用，这些程序包括应力不变量的计算，主应力的计算等功能。

应力不变量计算：

CALL SINV（STRESS，SINV1，SINV2，NDI，NSHR）

STRESS：应力张量；

NDI：法向应力分量的数量；

NSHR：剪切应力分量的数量；

SINV1：第一应力不变量；

SINV2：第二应力不变量。

主应力值计算：

CALL SPRINC（S，PS，LSTR，NDI，NSHR）

S：应力或应变张量；

PS（I），I＝1，2，3：三个主应力值；

LSTR：标识，LSTR＝1 表示 S 为应力张量，LSTR＝2 表示 S 为应变张量；

主应力值和方向计算：

CALL SPRIND（S，PS，AN，LSTR，NDI，NSHR）

AN（K1，I），I＝1，2，3：PS（K1）法向应力的方向余弦。

（5）钢管混凝土柱的约束本构模型

钢管混凝土柱中，混凝土受到钢管的约束作用。在荷载作用下，混凝土在泊松效应下发生形变时，将受到侧向压力，侧压力将改变混凝土的受力性能，处于三轴受压状态的混凝土材料抗压强度将大幅提高。

在杆系混凝土结构有限元分析中，直接建立箍筋模型的方法是不经济的。建议通过混凝土应力-应变全曲线方程来反应箍筋的作用，即采用约束混凝土本构模型。Mander 等提出的约束混凝土本构模型，适用于圆形箍筋（圆形截面）和矩形箍筋（矩形截面）。

$$\begin{cases} f_c = \dfrac{f_{cc}xr}{r-1+x} \\ x = \varepsilon/\varepsilon_{cc} \\ \varepsilon_{cc} = \varepsilon_{c0}\left[1 + \eta\left(\dfrac{f_{cc}}{f_{c0}} - 1\right)\right] \end{cases}, \qquad (6.2.8)$$

其中，f_c、ε 为混凝土轴向应力和应变；f_{c0}、ε_{c0} 为非约束混凝土轴心抗压强度和峰值应变；f_{cc}、ε_{cc} 为约束混凝土轴心抗压强度和防止应变；η 为峰值应变修正参数纤维混凝土模型介绍。

2. 纤维模型

在分析结构的过程中，常把结构离散为许多单元，然后把各个单元的刚度矩阵集合成结构的整体刚度矩阵来分析结构受力变形性能。线性分析中，刚度矩阵是固定的，与截面的几何特性和材料性质有关。在非线性分析中，刚度矩阵将随着应力状态的变化而改变。由于横截面上每一点的受力情况可能都不一样，形成适应于每一点应力状态的刚度矩阵是非线性分析的关键。

纤维模型最初是由 Kaba 和 Mahin 提出，其基本思想是将构件沿纵向划分成若干子段，然后再沿构件截面划分成若干纤维束，如图 6.2.30 所示，通过采用单轴本构关系得到单个纤维的受力状态，在通过积分得到截面的抗弯刚度和轴向刚度，最后沿着长度方向积分得到整个单元的刚度矩阵。

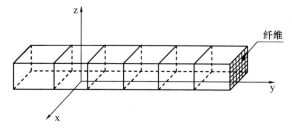

图 6.2.30　纤维模型示意

如图 6.2.30 所示，单元沿纵向（y 方向）划分有若干积分点，将两端分成若干段，单元的柔度阵通过这些积分点的截面柔度阵积分得到，每个积分点处的横截面又进一步被离散成许多纤维（如用图中网格划分，每个网格内的部分即为纤维，纤维的长度也就是该积分点的积分权系数）。一般情况下，纤维可能是混凝土，也可能是钢材，也可以通过等效，将混凝土和钢材的共同作用等效成一种材料。

（1）纤维模型介绍

一般的梁单元是基于 Kirchhoff 假设：变形前后，截面总垂直于轴线（如图 6.2.31a）。它在实际中得到了广泛的应用，一般情况下也会得到满意的结果。但是该假设成立的条件是梁的高度要远远小于跨度。因为只有在这种情况下，才能忽略剪切变形对其的影响。但是在实际工程中，大多数梁构件需要考虑剪切变形的影响。例如土木工程中经常用到的深梁，在横截面上引起的剪切变形是不可以忽略的，而剪切变形引起的挠度也不可忽视，而且变形后的截面已经不能够再按照 Kirchhoff 假设计算了，截面已经偏离与轴线垂直的方向，即发生翘曲。但是在考虑剪切变形的梁弯曲理论中，仍假设原来垂直于中面的截面在变形后仍为平面。这种考虑剪切变形的梁单元就是 Timoshenko 梁单元，如下图 6.2.31b 所示。

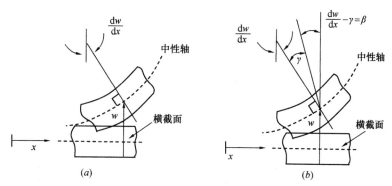

图 6.2.31　横截面特性
(a) Euler-Bernoulli 梁截面变形；(b) Timoshenko 梁截面变形

ABAQUS 软件中梁单元基于 Timoshenko 梁单元模型，考虑了横向剪切变形。ABAQUS 假定梁的剪切刚度为线性或是常量并建立了数学表达式，使梁的横截面面积可以作为变形的函数而变化。而且这种变化只有在几何非线性模拟中，当截面的泊松比为零时才有效（即在计算过程中几何非线性应该打开）。通常这种计算适合于截面尺寸与轴向尺寸比值小于 0.1 的梁，而且梁在弯曲变形过程中横截面要始终与轴线垂直。扭转变形一般只发生在三维空间结构中，取决于构件截面的形状（见图 6.2.32）。在通常情况下，梁的扭转会使构件产生翘曲和平面外的非均匀位移。而 ABAQUS 规定只在三维梁单元中考虑扭转和翘曲对构件的影响。在翘曲计算中假设翘曲产生的位移非常小。

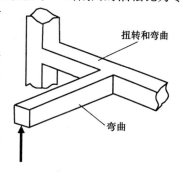

图 6.2.32　扭转变形

　（2）ABAQUS 的纤维杆件模型

　　梁单元可以用来模拟的构件是一个方向的尺寸远远大于另外两个方向的尺寸，而且仅有沿梁轴线方向上的应力最为显著。在 ABAQUS 软件中，梁单元的名字以大写字母 B 开头。下一个字符表示单元的维数：数字"2"表示二维的梁，数字"3"表示三维的梁。第三个字符表示采用的插值方法：其中数字"1"代表线性插值，数字"2"代表二次插值，数字"3"代表三次插值。

　　基本假定：①构件截面变形满足平截面假定；②不考虑钢筋与混凝土之间的相对滑移；③不考虑构件的剪切非线性及与其他变形的耦合关系。

　　ABAQUS 显式分析模块中的 B31 梁单元是基于 Timoshenko 梁理论构建的，可以考虑剪切变形。B31 梁单元具有两个节点，一个积分点，转角和位移采用线性插值，如图 6.2.33a 所示。采用矩形梁截面描述核心混凝土，可将截面划分为 25 个积分点或更多，如图 6.2.33b 所示。采用箱型截面描述混凝土保护层和钢筋，其截面可划分为 16 个积分点或更多，如图 6.2.33c 所示。截面积分点可以分别赋予不同的材料属性，截面的力学行为则由积分点上的行为积分得到。

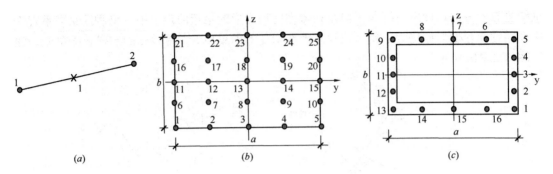

图 6.2.33 B31 梁单元的积分点设置

(a) 轴线方向积分点；(b) 矩形截面积分点；(c) 箱形截面积分点

假设梁单元的横截面坐标轴分别为 y 轴和 z 轴，纵向坐标轴为 x 轴。由单元节点位移通过插值函数可以得到轴向积分点处变形向量

$$d(x) = \{\phi_z(x) \quad \phi_y(x) \quad \varepsilon_0(x)\}^T \tag{6.2.9}$$

根据截面积分点的位置，由轴向积分点处变形向量可以得到纤维的应变向量

$$\{\varepsilon\}_{25\times1} = [H]_{25\times3} d(x) \tag{6.2.10}$$

其中，截面集合转换矩阵

$$[H] = [H_1 H_2 \cdots H_{25}]^T, [H_i] = [-y_i \quad z_i \quad 1] \quad (i = 1, 2, \cdots 25)$$

由纤维的应变向量与材料的本构关系可得截面应力向量 $\{\sigma\} = [E]\{\varepsilon\}$，其中 $[E]$ 为纤维切线刚度对角阵。截面恢复力向量

$$F(x) = \{M_z \quad M_y \quad N\}^T = [H]^T[A]\{\sigma\} = [H]^T[A][E]\{\varepsilon\} = [H]^T[A][E][H]d(x) \tag{6.2.11}$$

式中，M_z，M_y，N 分别为截面上绕 z、y 轴的弯矩和轴向力，$[A]$ 为纤维面积对角阵。整理可得单元截面的刚度矩阵为：

$$[K] = [H]^T[A][E][H] \tag{6.2.12}$$

运用变形协调矩阵可以从截面刚度矩阵推得单元刚度矩阵 $[K]$。变形协调矩阵为 $[B]$

$$[B] = \begin{bmatrix} 1-\dfrac{x}{L} & 0 & -\dfrac{x}{L} & 0 & 0 \\ 0 & 1-\dfrac{x}{L} & 0 & -\dfrac{x}{L} & 0 \\ 0 & 0 & 0 & 0 & 0 \end{bmatrix} \tag{6.2.13}$$

单元的节点位移与节点力关系为

$$\{F\} = [B][K][B]^T\{\varepsilon\} \tag{6.2.14}$$

（3）二次开发

1）Fortran 语言

Fortran 是目前国际上广泛流行的一种高级编程语言。它是为科学、工程技术领域中的能够用数学公式表达的问题而设计的语言，主要用于数值计算。与其他高级编程语言，例如 C 语言、C++、Matlab 等相比，Fortran 语法严谨，兼容性强，数组计算功能强大，而且运行速度快、计算效率较高，十分适合进行严谨的科学计算领域。目前绝大多数的结构分析软件都是采用 Fortran 语言编写的。

156

Fortran 语言自诞生以来不断地改进，目前其最新版本为 Fortran 95。Fortran 95 吸收了 C、Pascal 等高级语言的长处，增加了许多具有现代特点的特性与语句，如用户定义的数据类型（类类型）、指针、动态数组、模块数据、函数重载等，使得 Fortran 语言的功能得到了极大的扩充与完善，编程更加灵活、方便，并具有了一定的面向对象编程语言特性。鉴于 Fortran 95 语言所具有的优点，并考虑到 ABAQUS 软件二次开发接口所用的也是 For 格式，因此本文采用 Fortran 95 语言编制结构分析程序，并在 Visual Fortran 10.1 编译环境下编译生成可执行文件。

2）UMAT 接口程序

利用 ABAQUS 强大的分析求解平台，可使困难的分析简单化，使复杂的过程层次化，设计人员可不再受工程数学解题技巧和计算机编程水平的限制，节省了大量的时间，避免了重复性的编程工作，使工程分析和优化设计更加方便实现，同时能使 ABAQUS 具备更多特殊的功能和更广泛的适用性。在非线性分析中经常涉及到材料的非线性问题，有很多材料在材料库中没有足够的描述，这时就需要用户自定义材料的力学性质。ABAQUS 软件中虽然缺乏用于三维杆单元计算的混凝土本构模型及合理的钢筋本构模型，但是它建立了开放的结构体系，提供了二次开发的接口 Umat、Vumat，其中隐式分析求解模块中用到 Umat，显式分析求解模块中用到 Vumat。二者的区别就是前者必须更新雅可比矩阵，后者则无需更新雅可比矩阵。

为了实现 ABAQUS 子程序的调用，ABAQUS 定义了 VUMAT 子程序接口，如下所示。此接口可以一次调用不同的本构模型，但是必须在接口程序中分别定义 MAT1、MAT2 等等。由于 ABAQUS 默认的调用材料名称为 MAT，所以 INP 文件中材料的名称必须与其对应，定义为 MAT1、MAT2 等以此类推。本文以一根钢筋混凝土柱为例，描述该柱需要定义三种材料本构模型，包括核心混凝土、钢筋、混凝土保护层，所以 MAT1 代表核心混凝土，MAT2 代表钢筋，MAT3 代表混凝土保护层。VUMAT 子程序接口：

```
subroutine vumat (
C Read only (unmodifiable) variables -
1   nblock, ndir, nshr, nstatev, nfieldv, nprops, 1 anneal,
2   stepTime, totalTime, dt, cmname, coordMp, charLength,
3   props, density, straininc, relSpinInc,
4   tempOld, stretchOld, defgradOld, fieldOld,
5   stressOld, stateOld, enerlntemOld, enerlnelasOld,
6   tempNew, stretchNew, defgradNew, fieldNew,
C Write only (modifiable) variables -
7   stressNew, stateNew, enerlntemNew, enerlnelasNew )
C
      include'vaba _ param. inc'
C
      dimension props (nprops), density (nblock), coordMp (nblock, * ),
```

```
1 charLength (nblock), strainInc (nblock, ndir + nshr),
2 relSpinInc (nblock, nshr), tempOld (nblock),
3 stretch01cl (nblock, ndir - i - nshr),
4 defgrad01d (nblock, ndir + nshr + nshr),
5 field01d (nblock, nfieldv), stress01d (nblock, ndir + nshr),
6 stateOld (nblock, nstatev), enerlntemOld (nblock),
7 enerlnelasOld (nblock), tempNew (nblock),
8 stretchNew (nblock, ndir + nshr),
8 defgradNew (nblock, ndir + nshr + nshr),
9 fieldNew (nblock, nfieldv),
1 stressNew (nblock, ndir + nshr), stateNew (nblock, nstatev),
2 enerlntemNew (nblock), enerlnelasNew (nblock),
C
      character * 80 cmname
C
      do 100 km = 1, nblock
      user coding
100   continue
      Return
      End
```

（4）纤维模型的优点与缺点

纤维单元模型又称截面离散单元，是钢筋混凝土框架结构非弹性分析中最为细化并接近实际结构受力性能的分析模型。纤维模型介于宏观模型和微观模型之间，它利用微观的材料单轴应力-应变关系得到宏观截面或者构件的刚度矩阵，因此它即具有微观模型准确度高的特点也具有宏观模型计算量小的特点，比较适合分析大型建筑结构。

由于纤维模型的特点，导致在分析弯曲作用时，截面纤维束划分对计算结果有很大影响。纤维模型不考虑剪切与其他变形的耦合关系，因此在分析剪切作用时存在一定的误差。

6.3 结构动力分析的数值方法简介[10,45]

结构动力学问题，归结为下列微分方程：
$$[M]\{\ddot{y}(t)\} + [C]\{\dot{y}(t)\} + [K]\{y(t)\} = \{P(t)\} \qquad (6.3.1)$$
通常初始条件为：
$$\{y(t)\}\,|_{t=0} = \{y_0\}$$
$$\{\dot{y}(t)\}\,|_{t=0} = \{\dot{y}_0\} \qquad (6.3.2)$$

其中，$[M]$、$[C]$、$[K]$ 分别为系统的质量、阻尼和刚度矩阵；$\{\ddot{y}(t)\}$、$\{\dot{y}(t)\}$、$\{y(t)\}$ 和 $\{P(t)\}$ 分别为加速度、速度、位移和荷载向量。

对于一些简单的非耦合问题，可直接从上述方程出发，寻求用解析表达式表示的精确解。而对于一般问题，就要寻求数值解法。对结构动力学问题的数值解法一般有两大类，即模态叠加法和数值积分法。模态叠加法以无阻尼振型（模态）为空间基底，通过坐标变换使原动力方程解耦，求解 n 个相互独立的方程，而获得模态位移，进而通过叠加各阶模态的贡献而求得系统的响应。该方法仅适用于线性系统，且阻尼为比例阻尼的情况。如果通过变换不能消除耦合，以及任意阻尼、非线性等问题，则需要借助数值积分方法进行响应分析。本节仅对数值积分法作一简要介绍。

结构动力响应分析通常采用时间步长直接积分法，直接积分法按照是否需要联立求解耦联方程组，又可分为两大类：

1. 显式方法。这个方法直接求解耦联的方程组，工作量至少与自由度数成正比，不需每一个增量步结束时都要求解一组方程计算整个刚度矩阵，但是要求步长很小，而且求解的刚度矩阵不是对角矩阵，当结构自由度特大时，采用这种方法，可以节省很多时间。采用的方法有中心差分法等。

2. 隐式方法。这个方法需迭代求解耦联的方程组，增加的工作量至少与自由度的平方成正比，刚度矩阵是对角矩阵，但是积分步长可以取得较大，如有 Newmark-β 法、Wilson-θ 法等。

另外，钟万勰教授在 1994 年提出了精细时程积分法[45]。即通过引入哈密顿体系中的对偶变量，将动力学方程从 Lagrange 体系引入到了 Hamilton 体系，从而将二阶的动力微分方程降阶为一阶微分方程，然后再结合指数矩阵的精细算法得到高精度的解。这样大大减少了求解方程的难度与工作量，而且提高了解的精度。它同时还具有显式方法效率高、无条件稳定、零振幅衰减率、零周期延长率及无超越现象等优良特性。感兴趣的学者可以参阅有关文献，这里不作专门介绍。下面我们介绍几种在结构动力弹塑性分析时常用的方法。

6.3.1 中心差分法 (Central of difference method)

如果用差分公式表示位移向量对时间的导数，即（用位移表示速度、加速度）

$$\{\dot{y}\}_t = \frac{1}{2\Delta t}(\{y\}_{t+\Delta t} - \{y\}_{t-\Delta t}) \qquad (6.3.3)$$

$$\{\ddot{y}\}_t = \frac{1}{(\Delta t)^2}(\{y\}_{t+\Delta t} - 2\{y\}_t + \{y\}_{t-\Delta t}) \qquad (6.3.4)$$

代入方程（6.3.1），则以中心时刻 t 的差分表示方程的近似表达式为

$$\left(\frac{1}{(\Delta t)^2}[M] + \frac{1}{2\Delta t}[C]\right)\{y\}_{t+\Delta t}$$

$$= \{P\}_t - \left([K] - \frac{2}{(\Delta t)^2}[M]\right)\{y\}_t - \left(\frac{1}{(\Delta t)^2}[M] - \frac{1}{2\Delta t}[C]\right)\{y\}_{t-\Delta t} \qquad (6.3.5)$$

记：

$$a_0 = \frac{1}{(\Delta t)^2}; \quad a_1 = \frac{1}{2\Delta t}; \quad a_2 = 2a_0 。$$

将上述方程写为：

$$[\overline{M}]\{y\}_{t+\Delta t} = \{\overline{P}\}_t \qquad (6.3.6)$$

其中：$[\overline{M}] = a_0[M] + a_1[C]$，$\{\overline{P}\} = \{P\}_t - ([K] - a_2[M])\{y\}_t - (a_0[M] - a_1[C])\{y\}_{t-\Delta t}$

求解方程（6.3.6），可得到在 $t+\Delta t$ 时刻的位移响应 $\{y\}_{t+\Delta t}$。再利用式（6.3.3）和式（6.3.4），可进一步得到计算 t 时刻的速度和加速度响应。

在上述计算中，初始条件只给出了 $\{y\}_0$ 和 $\{\dot{y}\}_0$ 的值，而计算时需要知道 $\{y\}_{-\Delta t}$ 的值，

由式（6.3.3）和式（6.3.4）消掉 $\{y\}_{t+\Delta t}$ 得：

$$\{y\}_{-\Delta t} = \{y\}_0 - \frac{1}{2a_1}\{\dot{y}\}_0 + \frac{1}{2a_0}\{\ddot{y}\}_0 \qquad (6.3.7)$$

其中的加速度的初始值 $\{\ddot{y}\}_0$，可由初始时刻的平衡条件确定：

$$[M]\{\ddot{y}\}_0 + [C]\{\dot{y}\}_0 + [K]\{y\}_0 = \{P\}_0 \qquad (6.3.8)$$

于是，基于上述过程，可以逐步解得各个时刻的 $\{y\}_{0+i\Delta t}$，$\{\dot{y}\}_{0+i\Delta t}$ 和 $\{\ddot{y}\}_{0+i\Delta t}(i=1,2,\cdots)$。为了保证中心差分法的计算稳定性，时间步长 Δt 需满足以下条件：

$$\Delta t \leqslant \Delta t_{cr} = \frac{T_n}{\pi} \qquad (6.3.9)$$

Δt_{cr} 为时间步长的临界值，T_n 为体系的最小周期，n 为体系的自由度数。T_n 是保证计算收敛的关键，可通过解自由振动问题，求体系最小周期。

中心差分法的计算步骤归纳如下：

1. 初始值计算

（1）形成刚度矩阵 $[K]$、质量矩阵 $[M]$ 和阻尼矩阵 $[C]$；

（2）确定初始位移 $\{y\}_0$，速度 $\{\dot{y}\}_0$ 和加速度 $\{\ddot{y}\}_0$；

（3）选择时间步长 Δt，使 $\Delta t < \Delta t_{cr}$，并计算 a_0、a_1 和 a_2 的值；

（4）计算 $\{y\}_{-\Delta t}$：$\{y\}_{-\Delta t} = \{y\}_0 - \frac{1}{2a_1}\{\dot{y}\}_0 + \frac{1}{2a_0}\{\ddot{y}\}_0$

（5）形成等效质量矩阵 $[\overline{M}]$：$[\overline{M}] = a_0[M] + a_1[C]$

2. 每一时刻的响应计算

（1）计算时刻 t 的等效荷载：$\{\overline{P}\} = \{P\}_t - ([K] - a_2[M])\{y\}_t - (a_0[M] - a_1[C])\{y\}_{t-\Delta t}$

（2）求解时刻 $t+\Delta t$ 的位移 $\{y\}_{t+\Delta t}$：$[\overline{M}]\{y\}_{t+\Delta t} = \{\overline{P}\}_t$

（3）由差分公式计算时刻 t 的速度 $\{\dot{y}\}_t$ 和加速度 $\{\ddot{y}\}_t$：

$$\{\dot{y}\}_t = \frac{1}{2\Delta t}(\{y\}_{t+\Delta t} - \{y\}_{t-\Delta t}) \qquad \{\ddot{y}\}_t = \frac{1}{(\Delta t)^2}(\{y\}_{t+\Delta t} - 2\{y\}_t + \{y\}_{t-\Delta t})$$

6.3.2 纽马克法（Newmark method）

时刻 t 的响应 $\{y\}_t$、$\{\dot{y}\}_t$、$\{\ddot{y}\}_t$，满足微分方程：

$$[M]\{\ddot{y}\}_t + [C]\{\dot{y}\}_t + [K]\{y\}_t = \{P\}_t \qquad (6.3.10)$$

进一步求得在时刻 $t+\Delta t$ 的响应，$\{y\}_{t+\Delta t}$、$\{\dot{y}\}_{t+\Delta t}$、$\{\ddot{y}\}_{t+\Delta t}$，也应满足微分方程：

$$[M]\{\ddot{y}\}_{t+\Delta t} + [C]\{\dot{y}\}_{t+\Delta t} + [K]\{y\}_{t+\Delta t} = \{P\}_{t+\Delta t} \qquad (6.3.11)$$

纽马克法的思路是假定在时刻 t 和时刻 $t+\Delta t$ 间的加速度值 $\{\ddot{y}\}$ 介于 $\{\ddot{y}\}_t$ 和 $\{\ddot{y}\}_{t+\Delta t}$

之间，即有：

$$\{\ddot{y}\} = \{\ddot{y}\}_t + \gamma (\{\ddot{y}\}_{t+\Delta t} - \{\ddot{y}\}_t) \quad (0 \leqslant \gamma \leqslant 1) \tag{6.3.12}$$

Δt 足够小时，$\gamma \in (0,1)$ 可以取任意值。取 $\gamma = 0.5$，则在此时段内的加速度为：

$$\{\ddot{y}\} = \frac{1}{2}(\{\ddot{y}\}_t + \{\ddot{y}\}_{t+\Delta t}) \tag{6.3.13}$$

对一般情况，将 $\{\dot{y}\}_{t+\Delta t}$ 以时刻 t 为原点按一阶泰勒级数展开：

$$\{\dot{y}\}_{t+\Delta t} = \{\dot{y}\}_t + \{\ddot{y}\}\Delta t \tag{6.3.14}$$

将 (6.3.12) 代入 (6.3.14)，得：

$$\{\dot{y}\}_{t+\Delta t} = \{\dot{y}\}_t + (1-\gamma)\{\ddot{y}\}_t \Delta t + \gamma \{\ddot{y}\}_{t+\Delta t} \Delta t \tag{6.3.15}$$

选取不同的控制参数 δ，使

$$\{\ddot{y}\} = \{\ddot{y}\}_t + 2\delta(\{\ddot{y}\}_{t+\Delta t} - \{\ddot{y}\}_t) \quad (0 \leqslant \delta \leqslant 0.5) \tag{6.3.16}$$

将其代入下式

$$\{y\}_{t+\Delta t} = \{y\}_t + \{\dot{y}\}_t \Delta t + \frac{1}{2}\{\ddot{y}\}\Delta t^2 \tag{6.3.17}$$

得：

$$\{y\}_{t+\Delta t} = \{y\}_t + \{\dot{y}\}_t \Delta t + (0.5-\delta)\{\ddot{y}\}_t \Delta t^2 + \delta \{\ddot{y}\}_{t+\Delta t} \Delta t^2 \tag{6.3.18}$$

于是：

$$\{\ddot{y}\}_{t+\Delta t} = \frac{1}{\delta\Delta t^2}(\{y\}_{t+\Delta t} - \{y\}_t) - \frac{1}{\delta\Delta t}\{\dot{y}\}_t - \left(\frac{1}{2\delta}-1\right)\{\ddot{y}\}_t \tag{6.3.19}$$

将 (6.3.15)(6.3.19) 代入 (6.3.11) 得：

$$[\overline{K}]\{y\}_{t+\Delta t} = \{\overline{P}\}_{t+\Delta t} \tag{6.3.20}$$

其中：$[\overline{K}] = [K] + \dfrac{1}{\delta\Delta t^2}[M] + \dfrac{\gamma}{\delta\Delta t}[C]$

$$\{\overline{P}\}_{t+\Delta t} = \{P\}_{t+\Delta t} + [M]\left[\frac{1}{\delta\Delta t^2}\{y\}_t + \frac{1}{\delta\Delta t}\{\dot{y}\}_t + \left(\frac{1}{2\delta}-1\right)\{\ddot{y}\}_t\right]$$

$$+ [C]\left[\frac{\gamma}{\delta\Delta t}\{y\}_t + \left(\frac{\gamma}{\delta}-1\right)\{\dot{y}\}_t + \frac{\Delta t}{2}\left(\frac{\gamma}{\delta}-2\right)\{\ddot{y}\}_t\right]$$

通过解方程 (6.3.20) 得到位移响应 $\{y\}_{t+\Delta t}$。代回式 (6.3.15)，(6.3.19) 可得到相应的速度响应 $\{\dot{y}\}_{t+\Delta t}$ 和加速度响应 $\{\ddot{y}\}_{t+\Delta t}$。

然后，从时刻 $t+\Delta t$ 的响应出发，重复上述计算过程，就能求出以后各时刻的动力响应。

可以证明，当 $\gamma \geqslant 0.5$，且 $\delta \geqslant 0.25(0.5+\gamma)^2$ 时，纽马克算法无条件稳定（计算收敛），但计算精度与所选定的时间步长有关，当然也和荷载时间历程、体系固有特性等有关。

纽马克法计算步骤：

1. 初始值计算

(1) 形成刚度矩阵 $[K]$、质量矩阵 $[M]$ 和阻尼矩阵 $[C]$；

(2) 确定初始位移 $\{y\}_0$，速度 $\{\dot{y}\}_0$ 和加速度 $\{\ddot{y}\}_0$；

(3) 选择时间步长 Δt，以及参数 γ, δ，使得 $\gamma \geqslant 0.5$，$\delta \geqslant 0.25(0.5+\gamma)^2$；

(4) 计算下列积分常数的值

$$a_0 = \frac{1}{\delta\Delta t^2}; \quad a_1 = \frac{\gamma}{\delta\Delta t}; \quad a_2 = \frac{1}{\delta\Delta t}; \quad a_3 = \frac{1}{2\delta}-1;$$

$$a_4 = \frac{\gamma}{\delta} - 1; \; a_5 = \frac{\Delta t}{2}\left(\frac{\gamma}{\delta} - 2\right);$$

$$a_6 = (1 - \gamma)\Delta t; \; a_7 = \gamma \Delta t$$

形成等效刚度矩阵

$$[\overline{K}] = [K] + \frac{1}{\delta \Delta t^2}[M] + \frac{\gamma}{\delta \Delta t}[C], \; \text{即为} [\overline{K}] = [K] + a_0[M] + a_1[C]$$

2. 每一时刻的响应计算

（1）计算时刻 $t + \Delta t$ 的等效荷载

$$\{\overline{P}\}_{t+\Delta t} = \{P\}_{t+\Delta t} + [M]\left[\frac{1}{\delta \Delta t^2}\{y\}_t + \frac{1}{\delta \Delta t}\{\dot{y}\}_t + \left(\frac{1}{2\delta} - 1\right)\{\ddot{y}\}_t\right]$$

$$+ [C]\left[\frac{\gamma}{\delta \Delta t}\{y\}_t + \left(\frac{\gamma}{\delta} - 1\right)\{\dot{y}\}_t + \frac{\Delta t}{2}\left(\frac{\gamma}{\delta} - 2\right)\{\ddot{y}\}_t\right]$$

即为

$$\{\overline{P}\}_{t+\Delta t} = \{P\}_{t+\Delta t} + [M][a_0\{y\}_t + a_2\{\dot{y}\}_t + a_3\{\ddot{y}\}_t] + [C][a_1\{y\}_t + a_4\{\dot{y}\}_t + a_5\{\ddot{y}\}_t]$$

（2）求解时刻 $t + \Delta t$ 的位移响应 $\{y\}_{t+\Delta t}$，即由 $[\overline{K}]\{y\}_{t+\Delta t} = \{\overline{P}\}_{t+\Delta t}$ 解出 $\{y\}_{t+\Delta t}$

3. 计算速度响应 $\{\dot{y}\}_{t+\Delta t}$ 和加速度响应 $\{\ddot{y}\}_{t+\Delta t}$，即由（6.3.15）、（6.3.19）求出 $\{\dot{y}\}_{t+\Delta t}$ 和 $\{\ddot{y}\}_{t+\Delta t}$：

$$\{\ddot{y}\}_{t+\Delta t} = \frac{1}{\delta \Delta t^2}(\{y\}_{t+\Delta t} - \{y\}_t) - \frac{1}{\delta \Delta t}\{\dot{y}\}_t - \left(\frac{1}{2\delta} - 1\right)\{\ddot{y}\}_t$$

$$\{\dot{y}\}_{t+\Delta t} = \{\dot{y}\}_t + (1 - \gamma)\{\ddot{y}\}_t \Delta t + \gamma\{\ddot{y}\}_{t+\Delta t}\Delta t$$

6.3.3　威尔逊-θ 法（Wilson-θ method）

威尔逊-θ 法，是假设在 t 到 $t + \theta\Delta t$ 时间内加速度线性变化，即

$$\{\ddot{y}\}_{t+\tau} = \{\ddot{y}\}_t + \frac{\tau}{\theta \Delta t}(\{\ddot{y}\}_{t+\theta\Delta t} - \{\ddot{y}\}_t) \qquad (\theta \geqslant 1) \tag{6.3.21}$$

τ 表示时间的增量，且有 $0 \leqslant \tau \leqslant \theta\Delta t$。

由算法稳定性分析知，当 $\theta \geqslant 1.37$ 时，威尔逊-θ 法无条件稳定。参数 θ 的最优值是 1.40815，一般取 $\theta = 1.42$。

将（6.3.21）积分两次，可以得到在 $t + \theta\Delta t$ 时间段内任意时刻的位移和速度向量为：

$$\{\dot{y}\}_{t+\tau} = \{\dot{y}\}_t + \{\ddot{y}\}_t\tau + \frac{\tau^2}{2\theta\Delta t}(\{\ddot{y}\}_{t+\theta\Delta t} - \{\ddot{y}\}_t) \tag{6.3.22}$$

$$\{y\}_{t+\tau} = \{y\}_t + \{\dot{y}\}_t\tau + \frac{1}{2}\{\ddot{y}\}_t\tau^2 + \frac{\tau^3}{6\theta\Delta t}(\{\ddot{y}\}_{t+\theta\Delta t} - \{\ddot{y}\}_t) \tag{6.3.23}$$

当 $\tau = \theta\Delta t$，即在 $t + \theta\Delta t$ 时，有

$$\{\dot{y}\}_{t+\theta\Delta t} = \{\dot{y}\}_t + \frac{\theta\Delta t}{2}(\{\ddot{y}\}_{t+\theta\Delta t} + \{\ddot{y}\}_t) \tag{6.3.24}$$

$$\{y\}_{t+\theta\Delta t} = \{y\}_t + \theta\Delta t\{\dot{y}\}_t + \frac{1}{2}(\theta\Delta t)^2\{\ddot{y}\}_t + \frac{\theta^2\Delta t^2}{6}(\{\ddot{y}\}_{t+\theta\Delta t} - \{\ddot{y}\}_t)$$

$$= \{y\}_t + \theta\Delta t\{\dot{y}\}_t + \frac{\theta^2\Delta t^2}{6}(\{\ddot{y}\}_{t+\theta\Delta t} + 2\{\ddot{y}\}_t) \tag{6.3.25}$$

用位移向量 $\{y\}_{t+\theta\Delta t}$ 表示速度向量 $\{\dot{y}\}_{t+\theta\Delta t}$ 和加速度向量 $\{\ddot{y}\}_{t+\theta\Delta t}$，有

$$\{\dot{y}\}_{t+\theta\Delta t} = \frac{3}{\theta\Delta t}(\{y\}_{t+\theta\Delta t} - \{y\}_t) - 2\{\dot{y}\}_t - \frac{\theta\Delta t}{2}\{\ddot{y}\}_t \tag{6.3.26}$$

$$\{\ddot{y}\}_{t+\theta\Delta t} = \frac{6}{\theta^2\Delta t^2}(\{y\}_{t+\theta\Delta t} - \{y\}_t) - \frac{6}{\theta\Delta t}\{\dot{y}\}_t - 2\{\ddot{y}\}_t \tag{6.3.27}$$

荷载采用线性变化假设，即

$$\{P\}_{t+\theta\Delta t} = \{P\}_t + \theta(\{P\}_{t+\theta\Delta t} - \{P\}_t) \tag{6.3.28}$$

体系在时刻 $t+\theta\Delta t$ 的平衡方程为

$$[M]\{\ddot{y}\}_{t+\theta\Delta t} + [C]\{\dot{y}\}_{t+\theta\Delta t} + [K]\{y\}_{t+\theta\Delta t} = \{P\}_{t+\theta\Delta t} \tag{6.3.29}$$

将（6.3.26）（6.3.27）（6.3.28）代入上式，得：

$$[\overline{K}]\{y\}_{t+\theta\Delta t} = \{\overline{P}\}_{t+\theta\Delta t} \tag{6.3.30}$$

其中：

$$[\overline{K}] = [K] + \frac{6}{(\theta\Delta t)^2}[M] + \frac{3}{\theta\Delta t}[C]$$

$$\{\overline{P}\}_{t+\theta\Delta t} = \{P\}_t + \theta(\{P\}_{t+\Delta t} - \{P\}_t) + [M]\left[\frac{6}{(\theta\Delta t)^2}\{y\}_t + \frac{6}{\theta\Delta t}\{\dot{y}\}_t + 2\{\ddot{y}\}_t\right]$$

$$+ [C]\left[\frac{3}{\theta\Delta t}\{y\}_t + 2\{\dot{y}\}_t + \frac{\theta\Delta t}{2}\{\ddot{y}\}_t\right]$$

解出 $\{y\}_{t+\theta\Delta t}$，代入（6.3.27）即可得到 $\{\ddot{y}\}_{t+\theta\Delta t}$。求得 $t+\Delta t$ 时刻的动力响应：

$$\{\ddot{y}\}_{t+\Delta t} = \left(1 - \frac{1}{\theta}\right)\{\ddot{y}\}_t + \frac{1}{\theta}\{\ddot{y}\}_{t+\Delta t}$$

$$= \frac{6}{\theta(\theta\Delta t)^2}(\{y\}_{t+\theta\Delta t} - \{y\}_t) - \frac{6}{\theta(\theta\Delta t)}\{\dot{y}\}_t + \left(1 - \frac{3}{\theta}\right)\{\ddot{y}\}_t \tag{6.3.31}$$

$$\{\dot{y}\}_{t+\Delta t} = \{\dot{y}\}_t + \frac{\Delta t}{2}(\{\ddot{y}\}_{t+\Delta t} + \{\ddot{y}\}_t) \tag{6.3.32}$$

$$\{y\}_{t+\Delta t} = \{y\}_t + \Delta t\{\dot{y}\}_t + \frac{\Delta t^2}{6}(\{\ddot{y}\}_{t+\Delta t} + 2\{\ddot{y}\}_t) \tag{6.3.33}$$

威尔逊-θ 法的计算步骤如下：

1. 初始值计算

（1）形成刚度矩阵 $[K]$、质量矩阵 $[M]$ 和阻尼矩阵 $[C]$；

（2）确定初始位移 $\{y\}_0$、速度 $\{\dot{y}\}_0$ 和加速度 $\{\ddot{y}\}_0$；

（3）选择时间步长，取 $\theta = 1.42$，并计算下列积分常数的值

$$a_0 = \frac{6}{(\theta\Delta t)^2};\quad a_1 = \frac{3}{\theta\Delta t};\quad a_2 = 2a_1;\quad a_3 = \frac{\theta\Delta t}{2};\quad a_4 = \frac{a_0}{\theta};$$

$$a_5 = -\frac{a_2}{\theta};\quad a_6 = 1 - \frac{3}{\theta};\quad a_7 = \frac{\Delta t}{2};\quad a_8 = \frac{\Delta t^2}{6}$$

（4）形成等效刚度矩阵 $[\overline{K}]$，即 $[\overline{K}] = [K] + a_0[M] + a_1[C]$

2. 每一时刻的响应计算

（1）计算时刻 $t+\theta\Delta t$ 的等效荷载 $\{\overline{P}\}_{t+\theta\Delta t}$ 即

$$\{\overline{P}\}_{t+\theta\Delta t} = \{P\}_t + \theta(\{P\}_{t+\Delta t} - \{P\}_t) + [M][a_0\{y\}_t + a_2\{\dot{y}\}_t + 2\{\ddot{y}\}_t]$$
$$+ [C][a_1\{y\}_t + 2\{\dot{y}\}_t + a_3\{\ddot{y}\}_t]$$

（2）求解时刻的位移响应 $\{y\}_{t+\theta\Delta t}$；

（3）计算时刻 $t+\theta\Delta t$ 的加速度、速度和位移响应（即 6.3.31，6.3.32，6.3.33 式）。

$$\{\ddot{y}\}_{t+\Delta t} = a_4(\{y\}_{t+\theta\Delta t} - \{y\}_t) + a_5\{\dot{y}\}_t + a_6\{\ddot{y}\}_t$$

$$\{\dot{y}\}_{t+\Delta t} = \{\dot{y}\}_t + a_7(\{\ddot{y}\}_{t+\Delta t} + \{\ddot{y}\}_t)$$

$$\{y\}_{t+\Delta t} = \{y\}_t + \Delta t\{\dot{y}\}_t + a_8(\{\ddot{y}\}_{t+\Delta t} + 2\{\ddot{y}\}_t)$$

6.4 地震波的选用[46~52]

6.4.1 选波的一般原则

目前，时程分析中输入地震记录常用的选取有三种做法：一种是对本场地实际地震记录进行修正，使其地震影响系数曲线与规范的地震影响系数曲线在统计意义上相符；另一种是通过一定的方法直接在大量的实际地震记录中选取一些满足规范要求的地震记录；第三种是以拟合标准反应谱而生成的人工地震波。

正确选择输入的地震加速度时程曲线，要满足地震三要素要求，即频波特性、有效峰值加速度和持续时间三者都要符合规范的规定。其中频波特性可用地震影响系数表征，依据所处的场地类别和设计地震分组确定；加速度有效峰值可按规范给定的表值确定，即以地震影响系数的最大值除以放大系数（约 2.25）得到；输入地震加速度的有效持续时间，一般从首次到达该时程曲线最大峰值的 10% 那一点算起，到最后一点达到峰值的 10% 为止，大约为结构基本周期的 5~10 倍。

规范对选波具体规定如下。

1. 频波特性

频谱即地面运动的频率成分及各频率的影响程度。由于地震是突发的随机过程，每次地震的地震动特性都是不同的，其频谱特性取决于震源机制，传播介质和场地条件。对于未来可能发生的地震，正确预测它的波形是很困难的，但场地却能通过一定的方法来划分确定。因而按场地特征来选择地震记录，可使已发生的实际地震记录与未来可能发生的地震影响有其相似性。也可需要根据场地特征周期对地震波进行频谱调整，使其富含频率成分处于场地特征周期之内。频率调整是考虑到场地的卓越周期，调整地震动时程的时间步长，即将记录的时间步长直接拉长或缩短，改变其卓越周期，还可用数字滤波的方法滤去某些频率成分，保留有效频率成分。

规范对选波的规定：应按建筑场地类别和设计地震分组，选取实际地震记录和人工模拟的加速度时程曲线，其中实际地震记录的数量不应少于总数量的 2/3，多组时程曲线的平均地震影响系数曲线，应与振型分解反应谱法所采用的地震影响系数曲线在统计意义上相符；弹性时程分析时，每条时程曲线计算所得结构底部剪力不应小于振型分解反应谱法计算结果的 65%，也不能大于 135%；多条时程曲线计算所得结构底部剪力的平均值不应小于振型分解反应谱法计算结果的 80％，也不能大于 120％。

2. 加速度有效最大峰值

应按规范给定的值取用，详见下表。

时程分析时输入地震加速度的最大值（cm/s²）　　　　表 6.4.1

设防烈度	6 度	7 度	8 度	9 度
多遇地震	18	35（55）	70（110）	140
设防地震	50	100（150）	200（300）	400
罕遇地震	125	220（310）	400（510）	620

一般不容易找到的地震波其峰值刚好符合规范的要求，当然小于规范值是不容许的，但是超过很多也会造成不经济，因此常常需要峰值调整。峰值调整是将地震动加速度时程各时刻的值按一定比例放大或缩小，使其峰值加速度等于设计地震动加速度峰值，这种调整只是针对原地震波的幅值强度进行的，基本上保留了实际地震动记录的频谱特征。因而在对结构进行时程分析时，应对所选地震记录进行调幅，使其峰值加速度达到规范的要求。调整峰值的方法如下：

$$a'(t) = \frac{A'_{\max}}{A_{\max}} a(t) \tag{6.4.1}$$

式中：$a'(t)$、$A'_{\max}$ ——调整后地震加速度曲线及峰值；

$a(t)$、$A_{\max}$ ——原记录的地震加速度曲线及峰值。

地震波的加速度峰值是反映地面地震动强度特性的一个重要参数。在确定输入地震波时，目前的简单做法是选择 3 条以上类似场地上的实际地震动加速度记录或者其他场地的人工地震动时程，根据结构场地的地震特性以及不同烈度水准下的地震动峰值，在时域进行时间调整或峰值调整，峰值调整是将地震动加速度时程各时刻的值按一定比例放大或缩小，使其峰值加速度等于设计地震动加速度峰值，这种调整只是针对原地震波的幅值强度进行的，基本上保留了实际地震动记录的频谱特征。《抗规》GB 50011—2010 中明确规定了时程分析法最大加速度限值。因而在对结构进行时程分析时，应对所选地震记录进行调幅，使其峰值加速度达到规范的要求。

3. 有效持续时间

地震动持续时间是影响结构稳定的重要因素。地震动持续时间越长，结构在地震波的反复作用下破坏也越严重，会造成所谓的低周期疲劳破坏。地震动的持续时间不同，地震能量损耗不同，结构地震响应也不同。工程实践中确定地震动持续时间的原则是：①地震记录最强烈部分应包含在所选持续时间内；②若仅对结构进行弹性最大地震响应分析，持续时间可根据需要适当减少，但峰值必须包括在内；若对结构进行弹塑性最大地震响应分析或耗能过程分析，持续时间应较长；③一般取地震动持续时间，不宜小于建筑结构基本自振周期的 5 倍和 15s，地震波的时间间距可取 0.01s 或 0.02s。

4. 结构地震作用效应取值

当取三组时程曲线进行计算时，结构地震作用效应宜取时程法计算结果的包络值与振型分解反应谱法计算结果的较大值；当取七组及七组以上时程曲线进行计算时，结构地震作用效应可取时程法计算结果的平均值与振型分解反应谱法计算结果的较大值。

6.4.2 实用选波方法介绍

弹塑性动力时程分析时，不同的地震波有时得到的结构响应差别很大，因此单纯依靠规范较难选取合理的地震波。这里介绍几种地震波选取的方法。

1. 弹性时程分析的结果比较法

因为进行弹性时程分析比弹塑性时程分析容易得多，而且节省时间，所以考虑先对拟采用的若干条波对结构进行弹性时程分析，依据振型分解反应谱法基底剪力的"下限"与"上限"要求，以及波的离散性两个方面筛选地震波，最终确定选取哪几条地震波，用于动力弹塑性时程分析。具体做法如下：

（1）依据振型分解反应谱法基底剪力的"下限"与"上限"，对拟采用的 7 组以上波的加速度反应谱与规范反应谱的弹性时程分析计算结果进行对比，比较每条时程曲线计算所得结构底部剪力与振型反应谱法计算结果，先去掉超出上下限要求的地震波；再对余下的若干条波取其平均值的比较均值与规范反应谱计算结果比较，检查是否满足规范的上下限要求，如果满足说明这些波可以采用，如果超出再进行离散性分析。

（2）比较地震波的离散性。比较这些波 3 条、5 条、7 条组合，分别采用多遇地震弹性时程分析法，和反应谱分析法计算得到的顶点位移、基底剪力响应结果，比较它们间的均方差与均值的比值，删去离散性在 20% 以上的组合，留下的取离散性最小组合，即可用于弹塑性时程分析。

2. 其他选波方法介绍

我国很多学者都做过这方面的研究工作，以下做一简介：

（1）杨溥和李英民等[52]曾经以结构底部剪力、顶点位移和最大层间位移为主要反应统计量，采用了四种方法来选波，包括：依据场地类别，同时考虑震中距及加速度峰值（或烈度）两项因素来选波；依据场地特征周期 T_g 选波；依据反应谱的两个频率段选波；依据采用反应谱曲线与周期坐标所围成的面积表征反应谱，通过对面积偏差的控制选波。从选择地震动的反应谱特征以及动力时程分析结构响应对比分析可以知：按两频率段（基于规范设计反应谱平台段和结构基本自振周期段）方案选择地震波，离散性最小。

（2）曹资，薛素铎，王雪生等建议[50]，采取下列办法选波。先确定建筑场地的特征周期；再初选实际地震波，按实际地震波的卓越周期尽量与设计场地特征周期值相接近的原则，初步选择数个实际地震波；第三步，从初步选择的数个实际地震波中，用选择的加速度时程曲线计算单质点体系，得出的地震影响系数曲线与振型分解反应谱法所采用的地震影响系数曲线相比，在不同周期值时均相差不大于 20%；第四步，选择加速度时程曲线的持续时间，输入的加速度时程曲线的持续时间应包含地震记录最强部分，并要求选择足够长的持续时间，一般对大跨度结构，建议选择的持续时间取不少于结构基本周期的10 倍，且不小于 10 秒；第五步，调整地震记录加速度时程曲线强度，为了与设计时的地震烈度相当，对选用的地震记录加速度时程曲线应按适当的比例放大或缩小，根据选用的实际地震波加速度峰值，与设防烈度相应的多遇地震时的加速度时程曲线最大值相等的原则，实际地震波的加速度峰值的调整，调整后的加速度时程的最大值，按现行建筑抗震设计规范的表采用（见表 6.4.1）。

（3）邓军和唐家祥[48]，采用了按峰值和场地初选再划频段拟合的方法。即初选时，先去掉加速度峰值过大或过小，且持时过短的地震记录，再根据反应谱卓越周期选出适应Ⅰ、Ⅱ、Ⅲ、Ⅳ类场地的地震记录，再将［0s，6s］频段划分为 6 段，对每一类场地，在每一个频段上选出拟合得最好的 3 条地震记录，以供工程使用。

3. 人工合成地震波

自 1947 年 Housner 首次合成人工地震波至今，人工合成地震波的理论和技术已得到很快的发展，成为地震工程理论研究和工程抗震设计的有力工具。目前，被用来合成人工地震波的方法很多，但大体上可分为两类：一类是把地震看成不同频率的具有随机相角的三角级数的叠加；另一类是把地震看成具有一定幅值的随机脉冲（δ 函数）的叠加。所采用的随机数学模型将地震看成由一个确定的时间强度函数和一个平稳的高斯过程相乘的非平稳过程。

生成的人工波虽然不能反映历史上的真实的地震影响，但是它能满足适用于相关建筑场地地震波的三要素要求，而且与现行的振型分解反应谱方法相衔接，所以也被规范认可而应用。

一般拟合标准反应谱而生成的人工地震波，要先由标准反应谱推算功率谱，再由功率谱来构造人工地震波，最后将峰值调整到与规范反应谱对应烈度下的地面运动加速度峰值一致。这样就生成了相应的人工波。

6.5 结构动力分析的结果与安全性评估[13~17, 33, 34]

6.5.1 一般软件输出的基本数据资料

一般软件都以图形和数据输出计算结果，以 PUSH&EPDA 为例示意如下：

1. 结构输入模型图

一般有整体模型、按层显示、局部放大，可改变视角，以此校核输入模型数据的正确性。

2. 楼层最大响应曲线

（1）楼层最大位移响应曲线。一般按输入地震波方向为主方向，另一方向为次方向，对最大楼层位移有 X、Y、Z 三个方向的最大楼层响应曲线，同样对两个主方向应该有两组响应曲线（下同）；

（2）楼层最大层间位移响应曲线。同样按输入地震波方向为主方向，另一方向为次方向，应有 X、Y 两个方向的最大层间位移响应曲线；

（3）楼层最大速度响应曲线；

（4）楼层最大加速度响应曲线；

（5）楼层最大惯性力响应曲线；

（6）楼层最大剪力响应曲线；

（7）楼层最大弯矩响应曲线。

3. 楼层平均时程响应

（1）楼层平均位移响应曲线；

（2）楼层平均层间位移响应曲线；

（3）楼层平均速度响应曲线；

（4）楼层平均加速度响应曲线；

（5）楼层平均惯性力响应曲线；

（6）楼层平均剪力响应曲线；

（7）楼层平均弯矩响应曲线。

4. 结点时程响应曲线

对主轴方向每个结点有三种结点时程响应曲线，包括结点位移、结点速度、结点加速度。

5. 楼层弹塑性状态分布图

因为时程分析输入的力的大小、方向每一步都在变化，因此其弹塑性状态也在变化，所以我们必须确定是哪一条波，哪一时间步，才能得到确切的弹塑性状态。它可以显示以下内容：

（1）所有曾经设定的梁柱塑性铰的位置。以便了解是否有不应该出现塑性铰的地方，出现过塑性铰；

（2）选择有可能发生最不利塑性铰的时间步。一般可选择结构顶点最大位移的时刻，和产生最大层间位移角的时刻；或者楼层产生最大位移或者最大层间位移角的时刻；

（3）塑性铰判断。对弯矩-曲率铰非线性梁，在采用纤维模型时，单元的柔度是通过对积分点的柔度积分求得的，一般每个杆件单元上可设置1~20个积分点，沿全长都可以设置，一般取5个已足够，因为太多会花费过多时间。积分点的数量就是单元内弹塑性铰的数量，可采用保持弹性的积分点比例来判断是否出现塑性铰。用户可以通过平面显示、立面显示、三维显示、动画显示多种方式来显示结构在某种地震波作用下，某个时间步位移时结构的弹塑性状态。可以采用文本方式输出结果。MIDAS软件还可输出截面曲率延性系数、杆件位移延性系数、变形、内力、塑性变形、屈服状态等参数。从上述可知，输出需要的最不利的弹塑性状态也是一门艺术。

6.5.2 结构性能的判别与安全性评估

1. 验证大震时的最大弹塑性层间位移角。从楼层最大层间位移响应曲线中，可以知道最大层间位移角，是否满足规范要求，这是检查设计是否满足"大震不倒"的要求。

2. 验证大震时各关键构件的性能目标是否满足，可从楼层弹塑性状态分布图中，选择有可能发生最不利塑性铰的时间步，逐步检查关键构件的弹塑性状态。

3. 通过弹塑性层间位移曲线的突变情况，检查有没有出现薄弱层，确定是否出现在必须控制的楼层，否则相应楼层应该加强。

4. 从楼层弹塑性状态分布图中，验证中震、大震时的关键构件与其他构件，是否达到相应的性能目标。

5. 从楼层弹塑性状态分布图中，检查塑性铰的出现发展次序、状态、比例与分布规律，来判别结构整体安全度，并且判别是否符合概念设计要求。

6. 从楼层最大剪力响应，对比底部最大剪力与小震底部最大剪力之比是否在大约4.5～6.5的范围内，以从宏观上检查二者的地震反应量级差是否合理，从而知道选择的地震波是否符合统计意义的要求。

7. 从楼层最大位移响应曲线，来判别设计结构整体刚度是否合理，检查整个结构的变形是属于剪切型、弯-剪型还是弯曲型以判别结构计算方法的适用性，或者作为调整结构总刚度的依据。从曲线是否光滑可以判断结构侧向刚度是否有突变。

8. 从延性系数大小检查有关耗能构件是否充分发挥作用。

9. 从剪力墙中混凝土与钢筋纤维的应力应变量级以及延性系数的大小、比例、发展与分布可以判别破损程度。

10. 时程分析如果未出现异常，也可反证小震计算内力与截面配筋是合理的。

11. 必要时可以采用缺杆的方法，来验证结构抗连续倒塌的能力。

12. 可采用加大地震动参数的方法，来检验结构抗倒塌的安全度。

参考文献

[1] 陆新征，叶列平，缪志伟. 建筑抗震弹塑性分析—原理、模型与在 ABAQUS，MASMAR，SAP2000 的实践[M]. 北京：中国建筑工业出版社，2009.

[2] 吕西林，复杂高层建筑结构抗震理论与应用 [M]. 北京：科学出版社，2007.

[3] 吕西林，金国芳，吴晓涵. 钢筋混凝土结构非线性有限元理论与应用[M]. 上海：同济大学出版社，1997，72-76，173-174[20]

[4] 傅学怡. 实用高层建筑结构设计[M]. 北京：中国建筑工业出版社，2010.

[5] 汪梦甫. 钢筋混凝土高层结构抗震分析与设计[M]. 长沙：湖南大学出版社，1999，14-24

[6] 吕西林. 超限高层建筑工程抗震设计指南[M]. 上海：同济大学出版社，2009

[7] 上海现代建筑设计(集团)有限公司技术中心，动力弹塑性时程分析技术在建筑结构抗震设计中的应用[M]. 上海：上海科学技术出版社，2013

[8] 扶长生. 抗震工程学[M]. 北京：中国建筑工业出版社，2013

[9] 江见鲸，陆新征，叶列平. 混凝土结构有限元分析[M]. 北京：清华大学出版社，2005.

[10] 曹宏，李秋胜，李桂青. 工程结构抗震[M]. 北京：气象出版社，1992

[11] 王金昌，陈页开. ABAQUS 在土木工程中的应用[M]. 杭州：浙江大学出版社，2006.

[12] 徐珂. ABAQUS 建筑结构分析应用，[M]. 北京：中国建筑工业出版社，2013

[13] 中国建筑科学研究院，建研科技股份有限公司. PUSH&EPDA 用户手册及技术条件[S]. 北京 2011

[14] 曹伟良，王卫忠，张良平. 结构超限分析系统 EPAD 的研究与开发[J]. 建筑结构 2011.41(s1)：1458-1460

[15] 李云贵，邵弘，田志昌，陈岱林. 弹塑性动力时程分析软件 EPDA[J]. 建筑科学 2001.17(1)：21-25

[16] 北京迈达斯技术有限公司. MIDAS Building 结构大师技术手册[S]. 北京：2014.

[17] 北京金土木软件技术有限公司. SAP2000 中文版使用指南[M]. 北京：人民交通出版社，2000

[18] 陈亚亮. 钢纤维预应力混凝土扁梁框架抗震性能研究[D]. 福州大学博士论文，导师：郑建岚，2005.6

[19] 王彬. 大震下钢筋混凝土框架结构塑性铰破坏机制研究[D]. 吉林大学硕士学位论文，指导教师：

邱建慧教授杨红卫教授，2009.06

[20] 解伟，李天超，贾明晓. 国内外规范关于塑性铰长度计算比较[J]. 华北水利水电学院学报，2013.6(34)：85-87

[21] 重庆交通科研设计院. YTG/ T B 02-01-2008 中国公路桥梁抗震设计细则[S]. 北京：人民交通出版社，2008.

[22] 徐文显. 基于改进 I-K 塑性铰恢复力模型的 RC 框架抗震性能分析[D]. 哈尔滨工业大学硕士论文，导师吕大刚教授，2013.6

[23] 李锐康. 弥散—嵌入式塑性铰模型在结构非线性分析中的应用[D]. 浙江大学硕士论文，导师徐世烺教授、吴建营副教授

[24] 陈元江. 混凝土多轴强度与破坏准则[D]. 兰州理工大学硕士学位论文，导师王万祯，2010.05

[25] 齐虎，孙景江，林淋. OpenSees 中纤维模型的研究[J]. 世界地震工程，2007，23(4)：45-54.

[26] 姬守中，江欢成，吕西林. 双轴反复荷载作用下钢筋混凝土空间框架结构滞回全过程分析[J]. 力学季刊，2002.23(4)：455-462

[27] 张强，周德源，伍永飞，邹翾. 钢筋混凝土框架结构非线性分析纤维模型研究[J]. 结构工程师，2008，24(1)：15-20，25.

[28] 马银. 基于纤维模型的型钢混凝土梁柱单元理论[D]. 西安建筑科技大学硕士学位论文，指导教师：冯仲齐教授，2010.05

[29] 汪梦甫，王海波，尹华伟，杨景. 钢筋混凝土平面杆件非线性分析模型及其应用[J]. 上海力学1999. 20 (1)：83-88

[30] 汪梦甫. 钢筋混凝土空间杆件精细非线性分析模型[J]. 计算力学学报 2005.22(3)：339-343

[31] 宁超列. 基于纤维铰模型的框架结构非线性地震反应分析[D]. 哈尔滨工业大学硕士论文，导师：段忠东教授，2008. 7

[32] 混凝土结构设计规程 GB 5000—2010[S]. 北京：中国建筑工业出版社，2010.

[33] 秦宝林. 在 PERFORM 3D 软件支持下对超高层结构实例抗震性能的初步评价[D]. 重庆大学硕士学位论文，指导教师：白绍良教授，2012.05

[34] 齐虎，孙景江，林淋. OpenSees 中纤维模型的研究[J]. 世界地震工程，2007，23(4)：45-54.

[35] 陈勤，钱稼茹，李耕勤. 剪力墙受力性能的宏模型静力弹塑性分析[J]. 土木工程学报. 2004，37 (3)：35-43

[36] 郭泽英. 基于精细算法的短肢剪力墙结构弹塑性动力时程分析[D]. 西安建筑科技大学博士学位论文，指导教师：李青宁教授，2007.10

[37] 鲁小兵. 高层框架—筒体剪力墙结构罕遇地震作用下弹塑性时程分析[D]. 西南交通大学硕士研究生学位论文，指导教师赵世春教授，陈正祥教授级高工，2003

[38] 汪梦甫，周锡元. 钢筋混凝土剪力墙单元非线性分析模型及其应用[J]. 力学季刊，2002. 23 (1)：1-8

[39] 李兵，李宏男. 钢筋混凝土剪力墙弹塑性分析方法[J]. 地震工程与工程振动，2004.1(24)：76-81

[40] 汪梦甫，宋兴禹，阴斌松，区达光. 钢筋混凝土剪力墙非线性单元模型的研究[J]. 地震工程与工程振动，2012.2(32)：82-89

[41] 吕西林，卢文生. 纤维墙元模型在剪力墙结构非线性分析中的应用[J]. 力学季刊，2005.1(26)：72-80

[42] 郭子雄，杨勇. 恢复力模型研究现状及存在问题[J]. 世界地震工程，2004.20(4)：47-51

[43] Kaba S，Mahin S A. Refined modeling of reinforced concrete columns for seismic analysis[R]. California，University of california. Berkeley，1984.

[44] 朱丽丽. ABAQUS 显式分析梁单元的混凝土、钢筋本构模型研究(D). 沈阳建筑大学硕士学位论

文，导师 王强 副教授，2013.

[45] 钟万勰. 结构动力方程的精细时程积分法[J]. 大连理工大学学报，1994，34(2)：131-135

[46] 王亚勇，程民宪等. 结构抗震时程分析法输入地震记录的选择方法及其应用[J]. 建筑结构，1992 (5)：3-7

[47] 王亚勇，刘小弟等. 建筑结构时程分析法输入地震波的研究[J]，建筑结构学报，1991，12 (2)：51-60

[48] 邓军，唐家祥. 时程分析法输入地震记录的选择与实例[J]. 工业建筑，2000，30(8)：9-13

[49] 赵伯明，王挺. 高层建筑结构时程分析的地震波输入[J]. 沈阳建筑大学学报：自然科学版，2010，26(6)：1111-1118.

[50] 曹资，薛素铎，王雪生等. 空间结构抗震分析中的地震波选取与阻尼比取值[J]. 空间结构. 2008 (9)：3-8.

[51] 王智军，王斌，李银文. 结构动力弹塑性分析地震波的选取原则[J]. 2013 4(39)：138-142

[52] 杨溥，李英民，赖明. 结构时程分析法输入地震波的选择控制指标[J]. 土木工程学报，2000，33 (6)，33～37.

第7章 建筑结构振动控制简介

7.1 概述

从近年来超限高层建筑结构的特点，可以看出，在建筑高度不断增加的同时，结构的形体日趋复杂，内部结构多变。我国超限高层建筑结构的复杂程度已位居世界前列，各种新的复杂体型及复杂结构大量出现。超高超大、功能复杂、造型新奇，使得许多建筑突破了我国现行相关技术标准与规范的要求。怎样保证这些超限高层建筑结构符合抗震、抗风要求，关乎国计民生。

随着高强轻质材料的应用和建筑物高度的增加，超限高层建筑结构的相对刚度不断下降，导致结构自振周期长、阻尼小，结构对风荷载更加敏感。在不少地区，抗风研究和设计已经成为控制超限高层建筑结构安全性和实用性的关键因素。传统上采用的增加结构断面的抗风设计，不仅不经济，而且难以满足建筑物刚度和舒适度要求。

在动力荷载作用下，结构将产生振动反应。过大的振动反应会降低结构的舒适性和安全性。通过采取一定的控制措施以减轻或抑制结构由于动力荷载所引起的反应的技术就是结构振动控制技术。该技术在机械、宇航、船舶等领域发展较早并得到了广泛应用。而在土木工程领域的研究和应用相对晚些。1972 年美籍华裔学者姚治平（Yao J. T. P）首次阐述了结构控制这一概念[1]，此后，土木工程领域的结构振动控制技术得到了广泛重视和迅速发展，成为一个十分活跃的研究领域。

结构振动控制技术根据所采取的控制措施是否需要外部能源可分为：被动控制、主动控制和混合控制。以下将分别对这些控制技术做简要介绍。

结构振动控制技术分类　　　　　　　　　　　　　　　　　　表 7.1.1

	类型	原理或方法	常用技术措施
结构振动控制	被动控制	基础隔振	滚珠隔震层
			滑移隔震层
			叠层橡胶隔震垫
			金属弹簧隔震层
			改性沥青阻尼隔震垫
			约束砂垫层隔震
		耗能吸能减振	金属屈服阻尼器
			屈曲约束支撑
			摩擦阻尼器
			黏弹性阻尼器
			黏性液体阻尼器
			调谐质量阻尼器
			调谐液体阻尼器
			液压质量控制系统
			质量泵

类型		原理或方法	常用技术措施
结构振动控制	主动控制	控制力型	主动质量阻尼系统
			主动拉索系统
			主动支撑系统
			主动空气动力挡风板系统
			气体脉冲发生器系统
		结构性能可变型（半主动控制）	可变刚度系统
			可变阻尼系统
			主动调谐参数质量阻尼系统
			可控（电流变或磁流变）液体阻尼器
			摩擦式隔振系统
	混合控制	主动质量阻尼系统（AMD）与调谐质量阻尼系统（TMD）或调谐液体阻尼系统（TLD）相结合的混合控制	
		主动控制与阻尼耗能相结合的混合控制	
		主动控制与基础隔振相结合的混合控制	

7.2 被动控制

被动控制是一种不需要外部能源的结构控制技术，一般是指在结构的某个部位附加一个子系统，或对结构自身的某些构件做构造上的处理以改变结构体系的动力特性。被动控制因其构造简单、造价低、易于维护且无需外部能源支持等优点而引起了广泛的关注，并成为目前应用开发的热点。许多被动控制技术已日趋成熟，并已在实际工程中得到应用。被动控制从控制机理上可分为基础隔振和耗能吸能减振两大类。

7.2.1 基础隔振

基础隔振是在上部结构与基础之间设置某种隔振消能装置，以减小地震能量向上部的传输，从而达到减小上部结构振动的目的。

1. 滚珠隔震层

早在 1906 年，德国人 J. Bechtold 就提出用滚球作为隔振基础，并申请了美国专利。它在地基基础与上部结构间，铺设了一层钢滚珠，当地基产生水平振动时，滚珠将产生转动，使地基基础与上部结构基底间产生相对位移，因此无法将振动向结构上部传播，使上部结构避免了受地震影响而保证了安全。但实际上效果并不好[2]。因为：①由于滚珠在压力下不可能在地震时产生理想的自由转动，所以实际效果将大打折扣；②对隔除垂直振动无能为力；③在地震时产生的位移常为不可恢复。由于这些问题，滚珠隔震的做法很难做到实用化。

2. 滑移隔震层

1909 年，英国人 J. A. Calantarients 提出了在房屋基础上设置滑石粉层用于抗震，并申请了英国专利，这是最早见诸文献的隔振方法。滑移隔震层是在地基基础与上部结构基底间，铺放了一层剪切强度（或摩擦系数）十分低的材料。如：石墨、砂、滑移板等。因此可限制地震作用向上部结构传递，同时在滑移过程中还可通过摩擦耗散地震能，因而可达到隔震减震的效果。由于这种方法技术简易、造价低廉、设计施工方便，而且隔震效果受地面频率特性影响较少，可避免结构产生共振现象，当隔震层处产生位移后，几乎不会影响结构的垂直承载能力，因此引起了人们的广泛兴趣。我国在 20 世纪 80 年代后，曾对此进行了一系列研究[3~6]，并已在辽宁、陕西、山西、云南、四川、北京、湖北、黑龙江等地建造了一大批滑移隔震建筑。在辽宁等省市还编制了地方技术规程。但因为一般建材间最小的摩擦系数常在 0.1 左右，所以对于 7 度及其以下的较小的地震仍无减震作用，这样其上部建筑仍需要按 7 度或低烈度区的规定设防烈度采取抗震措施。因此这种技术较适用于大于 7 度的高烈度地震区。它也可与其他隔震技术如叠层橡胶隔震垫串联使用，小震时后者起减震作用，大震时滑移层起作用可避免房屋倒塌。目前我国各地对此进行了系列数值研究和模型实验，对滑移隔震的机理做了较深入的分析，并提出了设计计算模型及一系列的设计参数与构造限制措施，如：限制高宽比与长度；保证滑移面的平整度；滑移层上设闭合圈梁；减少上部建筑偏心；用支墩式滑移层代替满铺带状滑移层；增设限位装置以防产生过大滑移；上部仍应按 7 度要求采取抗震构造措施等等。

3. 叠层橡胶隔震垫

一种典型的叠层橡胶隔震垫就是铅芯叠层橡胶垫，它是用一层橡胶一层钢板叠合而成，其中心灌注铅芯。在垂直荷载作用下钢板受拉，橡胶处于三向受压状态。一般将它设置在基础与底层柱间，当地面震动时，因它的水平刚度远小于上部结构，所以变位将集中产生在隔震垫上，而且是可恢复的。上部结构将保持不动或只产生很小的平移。铅芯由于被强迫变形而发热融化产生了阻尼。这样将产生良好的综合减震效果。

20 世纪 60 年代叠层橡胶垫的应用使基础隔振技术进入了实用化时代。陆续被多个国家成功地应用于工程隔震技术中。最早采用天然橡胶隔振垫的隔振建筑大概是南斯拉夫的斯考比市的柏斯坦劳奇小学（1969 年）。由于隔振技术的发展历史比较长，因此它是目前应用最广泛，也是最成熟的一项结构控制技术。如法国采用普通叠层橡胶垫建造的 GAPEC 组织的小学（1977 年）；新西兰采用铅芯叠层橡胶垫建造的 Willian Clayton Building（1981 年）；美国采用高阻尼叠层橡胶垫建造的加利福尼亚市法院大楼等（1985 年）；我国在 20 世纪 90 年代分别于广东汕头、河南安阳、四川西昌、云南大理和浙江杭州等地先后建造了一些采用叠层橡胶垫隔振的建筑。目前，我国已建成采用这种隔震垫的建筑超过 1000 幢。

4. 金属弹簧隔震层

它是在地基基础与上部结构基底间，设置了很多弹簧，对隔除水平、垂直两个方向的振动都有良好的效果。在机器隔震中常采用这种技术，但工程结构的重量常常是一般机器所无法比拟的。因此在工程中应用将要制造很多受压强度和刚度十分大的弹簧。而且隔震弹簧常设置在地下潮湿的环境中，很难保证它的耐久性，而且不经济。

5. 改性沥青阻尼隔震垫

这是一种专利技术[7~8]，它中间层为拉力材料，其两面外涂以改性沥青作粘合剂的阻尼材料组成。它受力原理与叠层橡胶隔震垫十分相似，可单层应用，也可叠层应用。因它阻尼比特大，最大可达 0.40 以上，并具有较高的抗压强度，较低的弹性模量与抗剪强度，因此在小震时可耗散地震能，降低结构自振周期减少地震响应。大震时，沥青因吸收大量地震能而软化呈塑性状，这时它实际上已成为一个滑移隔震层，所以它不但在小震时起减震作用，而且在大震时也可与滑移隔震层一样隔离地震作用，防止建筑倒塌。由此可知，这种隔震技术不但适用于高烈度区，也适用于低烈度区。杭州市已应用该技术建造了两幢试点建筑，实践证明它价格低廉，施工方便，而且采用人工地震响应对比测试与模型实验结果可知，隔震效果是理想的。此项目已获得浙江省科技进步奖[2]。

6. 隔震技术优缺点与适用性

目前，国内外已有一些隔震建筑经受了地震的考验。其中最突出的是在 1994 年美国洛杉矶北岭地震和 1995 年日本神户大地震中，隔震建筑显示了令人惊叹的隔震效果，经受了强震的检验。美国南加州大学医院是一栋 8 层钢结构房屋，体型复杂，采用铅芯橡胶垫隔震技术，1991 年建成。在 1994 年 1 月 6.8 级北岭地震中经受了强烈地震的考验，震后照常履行医疗救护任务。地震时地面加速度为 0.49g，而屋顶加速度仅为 0.27g，衰减系数为 1.8。而另一家按常规高标准设计的医院，地面加速度为 0.82g，顶层加速度高达 2.31g，放大倍数为 2.8。在极震区内共有 8 座医院，其余 7 座均因地震破坏而关闭停诊，震后的修复费用高达数亿美元。1995 年 1 月日本 7.2 级阪神地震中，震区内有两座隔震建筑均未遭受破坏。其中一座是邮政省计算中心，主要采用铅芯橡胶垫和钢阻尼器。初步结果表明，最大地面加速度为 0.40g，而第 6 层的最大加速度为 0.13g，衰减系数为 3.1。此外，这次地震中采用铅芯橡胶垫隔震的 6 座桥梁均表现极佳。经过这两次强地震的考验，隔震技术的可靠性和优越性进一步为人们认识和承认。在国际上兴起了"隔震应用热"，在日本，阪神地震后的 1996 年一年内隔震建筑的数量超过了过去 10 年的总和。在我国，已有云南大理、广东汕头、陕西咸阳等地的隔震建筑经过远震的考验，据报道，隔震建筑内的住户基本无震感，甚至不知地震发生，而一般的常规建筑则晃动明显，住户震感强烈[9]。

隔震建筑一般都是采取释放建筑基础约束的办法。将固定端处理成铰支（活动铰），使其传递水平剪力与弯矩的能力退化，这样一方面可使水平地震作用无法向上传递，另一方面可使上部结构自振周期延长以减少地震响应，再者还可通过隔震层本身的阻尼吸收地震能，因此确是一种机理直观、有效的建筑隔震技术。但是所有隔震技术其使用皆有限制条件：其一必须限制高宽比，一般仅限用于十层以下的建筑，且常用于刚性建筑；其二因其对垂直振动的减震能力较差，所以对直下型地震的震中附近的建筑减震效果较差，这时宜采用阻尼器或其他消震、抗震的方法与隔震技术联合使用较妥。

以上诸多隔震技术中，叠层橡胶隔震垫在技术上已较成熟，对自振周期较短的房屋和桥梁等减震效果都是比较好的，技术经济指标也是合理可行的。其产品已有国家技术标准，其设计应用方法已编入现行的建筑抗震设计规范，因此一般应用在技术上已无大问题。其不足之处是对竖向震动和长周期水平震动基本没有减震效果，而且它为点支承，所以一旦其中一个损坏将影响整个建筑，因此这影响它的推广应用。其次是滑移隔震技术，由于它简单、廉价，对大震十分有效，可防止建筑倒塌，因此目前在我国一些 7 度以上的高烈度地区已有较多应用。有的省市还编制了地方规范。这是一种有发展前景的隔震技术，但在 7 度及其以下烈度区应用时，对上部建筑仍要采取当地设防烈度设防，其优越性较难显示，因此应用较少，而且位移常不可恢复，因此宜加设限位装置。并且，最好是将滑移技术与其他减震技术联合应用，这样可得到更理想的效果。再次是改性沥青阻尼隔震垫，由上述介绍可知，在小震时它的作用与叠层橡胶隔震垫相当，大震时因改性沥青吸收了地震能发热软化，失去了剪切强度，其作用类似一层滑移层，即相当于滑移隔震技术。这是一种较理想的隔震技术。而且价格低廉（与滑移隔震相当），设计施工技术简单，类似滑移隔震技术。但其隔震机理虽然已经华中理工大学、浙江大学、浙江省与杭州市抗震办、浙江省工程地震研究所等进行过一系列实验研究，但总的还未达到十分完善的地步，因此建议有关部门与大专院校能对此做进一步系统研究与编制相应的标准与规范，以便广泛应用此种隔震技术。

7.2.2 耗能吸能减振

输入结构的地震能转变为结构的弹性应变能与动能的仅为很少的一部分，另外我们知道钢结构的阻尼比仅为 $0.02 \sim 0.03$，RC 结构的阻尼比也只有 0.05 左右，因此传统结构的阻尼能耗是很小的，为了增大结构的抗震能力，最有效最经济的办法是增大结构的阻尼，因为增加阻尼不但可增加结构能耗总容量，还可减小地震反应。

阻尼耗能按耗能材料的耗能机理不同，可分为摩擦耗能、黏滞阻尼耗能、黏弹性阻尼耗能、塑性变形耗能、电磁阻尼耗能等。摩擦阻尼一般假定为与位移相关，黏滞阻尼假定为与速度相关。耗能吸能减振装置主要有：金属屈服阻尼器、摩擦阻尼器、黏弹性阻尼器、黏性液体阻尼器、调谐质量阻尼器、调谐液体阻尼器、液压质量控制系统和质量泵等。

1. 金属屈服阻尼器

金属屈服阻尼器是用软钢或其他软金属材料做成的各种形式的阻尼耗能器。它对结构进行振动控制的机理是将结构振动的部分能量通过金属的屈服滞回耗能耗散掉，从而达到减小结构反应的目的。

金属屈服后具有良好的滞回性能。20 世纪 70 年代初，Kelly 和 Skinner 等[10]美国学者开始研究利用金属的这种性能来控制结构的动力反应，并提出了金属屈服阻尼器的几种形式，包括扭转梁、弯曲梁、U 形条耗能器等。随后，其他学者又相继提出许多形式各异的金属屈服阻尼器，其中比较典型的如 X 形和三角形板阻尼器（又称附加阻尼和刚度装置)[11]。经过国内外许多学者的理论分析和实验研究，证实金属屈服阻尼器具有稳定的滞回特性，良好的低周疲劳性能，长期的可靠性和不受环境、温度影响等特点，是一种很有前途的耗能器。

金属屈服阻尼器最早被应用于结构控制是在新西兰。随后，在意大利 Naples 的一幢29 层的钢框架结构、美国 San Francisco 的一幢 2 层的非延性钢筋混凝土结构和墨西哥城的三幢钢筋混凝土结构上均安装了金属屈服阻尼器[12]。

为了改善地震作用下结构的工作性能，近年来国内外已开发出了各种耗能阻尼器。其中用极低屈服点钢材制成的软钢屈服阻尼器可避免或减小中震后的修复工作，并能显著降低大震作用下结构的损伤，越来越受到工程界的重视。

金属阻尼器一般用低屈服点软钢制作，在大震作用时，阻尼器在主体结构发生塑性变形前首先进入屈服，其屈服荷载较低且相对稳定，同时具有足够的塑性变形能力，以吸收大量的地震能量。要达到以上特性[13]，一种途径是调整钢材中碳和其他微量元素的含量，控制轧制温度，以达到极低屈服点的要求。表7.2.1为某钢铁公司生产的极低屈服点钢材化学成分。此种钢材屈服强度在200MPa左右，抗拉强度200～300Mpa[14]。

钢材的化学成分 表7.2.1

种类	C	Si	Mn	P	S
极低屈服点钢材	≤0.02	≤0.02	≤0.2	≤0.030	≤0.015
普通低碳刚	≤0.10	≤0.35	≤1.40	≤0.030	≤0.015

2. 屈曲约束支撑

普通支撑受压会产生屈曲现象，当支撑受压屈曲后，刚度和承载力急剧降低。在地震或风的作用下，支撑的内力在受压和受拉两种状态下往复变化。当支撑由压曲状态逐渐变至受拉状态时，支撑的内力以及刚度接近为零。因而普通支撑在反复荷载作用下滞回性能较差。

为解决普通支撑受压屈曲以及滞回性能差的问题，国外的一些研究者开发出了一种在受压时不发生屈服的构件，称为屈曲约束支撑（buckling-restrained braces 简写 BRB）或者无屈曲消能支撑，把它们作为支撑或阻尼器使用在超限高层建筑结构中。它的原理是：在核心支撑（芯板）的外面套一个套管作为约束构件，仅芯板与其他构件连接，所受的荷载全部由芯板承担，外套筒和填充材料仅约束芯板受压屈曲，使芯板在受拉和受压下均能进入屈服，因而，屈曲约束支撑的滞回性能优良。从而能够大量吸收输入整个体系的地震能量（图7.2.1）。

屈曲约束支撑一方面可以避免普通支撑拉压承载力差异显著的缺陷，另一方面具有金属阻尼器的耗能能力。因此，屈曲约束支撑的应用，可以全面提高传统的支撑框架在中震和大震下的抗震性能。

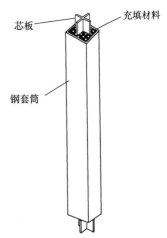

图7.2.1 屈曲约束支撑构成原理图

该技术最早发展于1973年的日本，Wakabayashi[15]等人研制了内藏钢板无粘结支撑耗能器，如图7.2.2所示。这种耗能器是将钢板支撑夹在一对预制钢筋混凝土板之间，也称为内藏钢板支撑。Wakabayashi对这种耗能支撑进行了加入不同无粘结材料的拉压试验。试验结果表明：滞回曲线丰满，具有良好的滞回耗能能力。

在Wakabayashi研究的基础上，日本在20世纪80和90年代对芯材加钢管的屈曲约束支撑进行了多次研究。Fujimoto等人[16]在1988年研制成功了不易屈服的钢支撑阻尼器，并对各种不同钢套管进行了试验，得出了钢套管的刚度和强度设计准则。

1999年Clark在加州大学伯克利分校进行了3个大比例屈曲约束支撑的试验[17]，为美国第一座使用屈曲约束支撑的建筑（加利福尼亚大学的植物与环境科学大楼）的结构设计和施工提供了技术支持。2002年在伯克利加州大学验证了屈曲约束支撑结构的稳定性并且测试结构在罕遇地震下的弹塑性变形能力，给出了滞回模型。2003－2004年，在圣迭戈加州大学，利用SRMD（结构减震设施）大型试验系统完成了足尺寸屈曲约束支撑

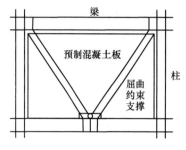

图 7.2.2 内藏钢板无粘结
支撑耗能器

构件的拟动力加载试验[18]。SEAOC（美国加州结构工程师学会）与 AISC（美国钢结构学会）联合委员会于 2001 年制定了"屈曲约束支撑推荐规定"，并于 2005 年 1 月将这些规定写入了最新的 AISC（钢结构建筑抗震规定）。

屈曲约束支撑在我国的研究已处于试验应用阶段，较早的有陈正诚对用低屈服点钢材制成的屈曲约束支撑的恢复力特性进行了研究[19]。蔡克荃等人研制出了双钢板的核心屈曲约束支撑[20]。该支撑由两个独立的部分组成，每个部分都有芯材，可以是板或 T 形钢，外套一个矩形钢管，在施工现场两部分支撑很容易地连接到节点板上。双核心屈曲约束支撑的截面形式多种多样。为提高双钢管约束屈曲支撑的抗侧刚度，殷占忠等[21]对这种约束屈曲支撑进行了改进。在内核钢管上增设了接触环，通过系列试验研究表明，该类型的约束屈曲支撑的承载能力、延性与耗能性能等都有较好改善。

郭彦林对屈曲约束支撑进行了有限元分析[22]，研究了长细比、内核板件宽长比、初始缺陷、间隙等参数对支撑性能的影响，同时也给出了屈曲约束支撑在实际工程中的初步设计方法。邓长根研究了屈曲约束支撑的整体稳定性能，并提出了一种新型屈曲约束支撑。这种支撑的压力只由内核钢支撑承担，内核受力构件与侧撑构件之间留有一定的间隙，外钢管在端部收缩，使两者在端部间隙很小，同时设置一定厚度的挡板并与内钢管焊接，用来限制外钢管的滑移，并对这种新型屈曲约束支撑的稳定性问题做了相应的研究[23~24]。现在很多新建工程与加固工程中都已有应用。

3. 摩擦阻尼器

摩擦阻尼器的基本组成是金属（或其他固体材料）元件，这些元件之间能够相互滑动并且产生摩擦力。它对结构进行振动控制的机理是将结构振动的部分能量通过阻尼器中元件之间的摩擦耗能耗散掉，从而达到减小结构反应的目的。

摩擦阻尼器的发展始于 20 世纪 70 年代后期，随后为适应不同类型的结构，国内外学者陆续研制开发了多种摩擦阻尼器，如 1982 年 Pall 和 Marsh 提出的十字型双向摩擦阻尼器（Pall 摩擦阻尼器）[25]，1990 年 Aiken 和 Kelly 提出的可复位的 Sumitomo 单向摩擦阻尼器等[26]。Pall 摩擦阻尼器已在加拿大得到应用，Sumitomo 摩擦阻尼器在日本也已得到应用。摩擦阻尼器耗能能力强、性能稳定、价格低廉，是一种很有应用前景的耗能减振装置。

通过一些模拟研究，表明摩擦阻尼器应用于高层结构的风振控制效果非常明显。例如，一座 50 层总高度为 200m 的某钢结构大楼，通过安装摩擦阻尼器可以使顶层的风致振动最大位移降低了 71.57%，振动最大加速度降低了 73.95%[27]。

4. 黏弹性阻尼器

黏弹性阻尼器由黏弹性材料和约束钢板组成。它对结构进行振动控制的机理是将结构振动的部分能量通过阻尼器中黏弹性材料的剪切变形耗散掉，从而达到减小结构反应的目的。

黏弹性材料用于振动控制可追溯到 20 世纪 50 年代，当时它们被用于控制飞机因振动而引起的疲劳破坏。而被应用于土木工程结构则是始于 1969 年建造的纽约世界贸易中心大厦，为了减小结构的风振，每个塔楼安装了近 1 万个黏弹性阻尼器[28]。阻尼器从第 10 层到第 100 层均匀分布于结构之中。所有黏弹性阻尼器均设置于水平桁架下弦与外墙柱之间。塔楼在使用年限内，经历了多次中等及强风暴袭击，所测得的黏弹性阻尼器的性能与理论值吻合得很好，同时，阻尼器的抗老化性能也很好。

近年来，各国学者还广泛开展了用黏弹性阻尼器控制结构地震反应的研究和实验[29]。结果表明，黏弹性阻尼器也能有效地抑制结构的地震反应。

黏弹性阻尼器是一种简单、方便和性能十分优良的耗能减振装置。它与其他耗能减振装置相比具有以下优点：

（1）只要在微小干扰下结构开始振动，它就能马上耗能。因此，即使在弹性小幅振动的情况下它也起制振作用。这使它既能同时用于抑制结构的地震和风振反应，又避免了其他耗能阻尼器存在的阻尼器初始刚度如何与结构侧移刚度相匹配的问题。

（2）它的"力-位移"滞回曲线近似于椭圆形，因此它的耗能能力很强。计算和试验表明，设置了黏弹性阻尼器的高层钢结构的整体阻尼比可提高几倍，所以它能十分有效地抑制钢结构高层建筑的地震和风振反应。

但是，由于黏弹性阻尼器所用的黏弹性材料是一种高分子聚合物，因此它对环境因素是十分敏感的。其中尤以环境温度和工作频率最为突出。一般来说，它的剪切模量随温度升高而降低，随频率的增高而变大。它的耗能能力对应于某个温度和某个频率存在一个最大值。因此，我们在设计黏弹性阻尼器时，必须合理设计黏弹性阻尼材料。一方面应使它在高层建筑的工作频率段（超低频）和工作温度下耗能能力尽量地高，另一方面又需使它的剪切模量和极限变形能力适应实际工作的需要。

对设置黏弹性阻尼器的 50 层全钢结构超高层建筑—首都规划大厦主楼的抗震抗风设计的结果表明：黏弹性阻尼器是一种十分有效的减振耗能构件，它有效地减小了结构构件的地震设计内力和结构横风向的风振加速度。将内筒普通人字形支撑用黏弹性阻尼器支撑代替后，第四层柱的地震轴力平均减少了 21%，结构的层间地震位移平均减少了 17%。显然，结构在强度和刚度方面的抗震能力大大提高了。设置黏弹性阻尼器结构第 41～50 层横风向的风振加速度平均减少了 54%，减振效果是十分显著的。它使结构各层完全满足了舒适度的抗风设计要求[30]。

5. 黏性液体阻尼器

黏性液体阻尼器一般由缸体、活塞和液体所组成。缸体筒内盛满液体，液体常为硅油或其他黏性流体，活塞上开有小孔。当活塞在缸体筒内做往复运动时，液体从活塞上的小孔通过，对活塞和缸体的相对运动产生阻尼。因此它对结构进行振动控制的机理是将结构振动的部分能量通过阻尼器中流体的黏滞耗能耗散掉，从而达到减小结构反应的目的。当液体为纯黏性时，输出力与活塞运动的速度成正比。在相当的频率范围内，阻尼器表现为一种黏弹性行为，这种行为可用 Maxwell 模型进行描述[31]。

黏性液体阻尼器早就广泛应用于军事、航空航天和机械工程的减振中，近十几年，黏性液体阻尼器已在建筑结构物上得到应用，如在美国洛杉矶建造的民用住宅，其基础隔振系统就是由螺旋弹簧和黏性液体阻尼器构成的。在意大利的一座长 1000m，重 25000t 的桥梁的每一个桥台下都安装了黏性硅胶阻尼器，每个阻尼器重 2t，长 2m，活塞杆的行程大

0.5m，能抵抗 500t 的力，同时耗散 2000kJ 的能量[32]。测试结果显示，黏性液体阻尼器能够有效地控制建筑结构的响应。

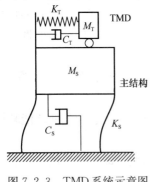

图 7.2.3　TMD 系统示意图

6. 调谐质量阻尼器（TMD）

调谐质量阻尼器是一个小的振动系统，由质量块、弹簧和阻尼器组成，它是一个动力吸振器。它对结构进行振动控制的机理是：原结构体系由于加入了 TMD，其动力特性发生了变化，原结构承受动力作用而剧烈振动时，由于 TMD 质量块的惯性而向原结构施加反方向作用力，其阻尼也发挥耗能作用，从而使原结构的振动反应明显衰减。ＴＭＤ对建筑功能影响较小，且便于安装、维修和更换，在高层和高耸结构抗风振动控制中得到了良好应用，在抗震控制中的研究也不断取得进展，展示了广泛的应用前景。

TMD 在土木工程中也有着较早的应用历史。苏联于 20 世纪 50 年代初就在钢电视塔及烟囱上安装了撞击式摆锤，使得风荷载作用下的振动得到较大的衰减。20 世纪 70 年代，美国波士顿 60 层的 John Hancock 大楼和纽约 274m 高的世界贸易中心大楼也分别安装了数百吨重的 TMD 装置，有效地控制了结构的风振反应。1977 年在美国高 244m 的 Hancock 大厦的第 58 层设计安装了 TMD 系统。当 TMD 系统的地板振动达到 3mg 时，系统启动发挥减振作用，测试结果显示，减振效果可达到 50％。1987 年美国纽约高 287m 的花旗银行大厦也安装了 TMD 系统，现场测试结果表明，该系统减震效果达到 40％[33]。1980 年，澳大利亚的悉尼电视塔也成功安装了 TMD 风振控制装置。在日本，1980 年第一个 TMD 安装于 Chiba Port 塔上，随后，大阪 Funade 桥的桥塔也安装了 TMD[34]。

台北 101 大厦位于高地震区和台风频发区，为降低大厦的风振和地震反应，设计实施了一套 TMD 系统。该系统属于单摆型 TMD，从第 92 层悬挂到第 87 层。该系统由 8 组直径为 90mm 的高强度钢索通过支架拖住球体质量块，将 660t 载重悬吊支撑于 92 层结构。支架周围设置 8 组油压式阻尼器以达到消能减震的目的，直径约为 5.5m 的球体质量块在 87 层焊接组合而成。为避免大风及地震作用时质量块振幅过大，87 层夹层楼板上方另外设置缓冲钢环及 8 组防撞油压式阻尼器，一旦质量块振幅超过 1.0m 时，质量块支架下方的筒状钢棒则会撞击缓冲钢环以减缓质量块的运动。安装该系统后，在每半年一遇的风载作用下，顶层最大加速度大约从 8mg 降低到 5mg，减振效果显著[33]。

一般来说，TMD 对结构地震反应的控制不如对结构风振反应的控制效果好。目前在一些工程中应用 TMD 的主要目的也在于抗风振。尽管如此，对于 TMD 在地震工程中的应用研究也在不断取得进展。

当 TMD 与结构某一振型调谐时，TMD 对此振型地震反应控制效果最佳；对较调谐振型高阶的振型的地震反应有一定的控制作用，对较调谐振型低阶的振型的地震反应可能有控制作用，也可能有放大作用，决定于 TMD 系统参数与结构参数之间的关系。TMD 对振型地震反应的影响随结构振型远离与 TMD 调谐的振型而减弱。结构的地震反应往往以第一振型分量为主。设置的 TMD 应与结构的第一振型调谐。为某一特定控制目标的需要，TMD 可能与第二振型或某一较高振型调谐，TMD 对较调谐振型低阶的振型的地震反应可能放大。但是，对这些振型反应稍许放大不会严重影响 TMD 对结构地震反应总的控制效果[35]。

超限高层建筑结构可能需设置多个 TMD，此时可根据一个 TMD 控制一个振型的原则进行设计，忽略 TMD 间的相互影响[36]。

7. 调谐液体阻尼器（TLD）

调频液态阻尼器是一种固定在结构楼层（或楼面）上的具有一定形状的盛水容器。可以是浅水的，也可以是深水的；可以是大型水箱，也可以是多个小型容器的组合。它对结构进行振动控制的机理是：在结构振动的过程中，容器中水的惯性力和波浪对容器壁产生的动压力构成为对结构的控制力，同时结构振动的部分能量也将由于水的黏性而耗散掉，从而达到减小结构反应的目的。

目前，调频液态阻尼器主要分为两类：第一类是日本学者 Sato 等人在 1987 年首先提出的，它是一种矩形或圆柱形的水箱；第二类是日本学者 Fujikazu Sakai 等人 1988 年率先提出来的，它是一种在 U 型管状水箱中间设有增加阻尼的隔栅装置。

由于 TLD 具有造价低，自振频率调节方便，适合临时使用，易于在已建成结构上安装等优点，自提出以来就受到国内外学者的广泛关注，并很快运用到实际结构的减振控制中。如日本的 Nagasaki（长崎）机场指挥塔和 Yokohama（横滨）海洋塔都已安装了 TLD 装置，我国的南京电视塔也采用了 TLD 进行风振控制研究[37]。

8. 液压质量控制系统和质量泵

液压质量控制系统由液压缸、活塞、管路、液压油、支撑等组成，该系统是我国学者刘季等人研制的[38]。它对结构进行振动控制的机理是：在结构振动的过程中，活塞将推动管路中的液体，使液体和质量块随之振动，结构的一部分振动能量就传给了液体和质量块，从而减小了结构的振动。

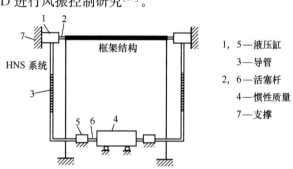

图 7.2.4　液压质量控制系统

质量泵由波纹管、导管和支撑等组成，是由日本学者发明的。它对结构进行振动控制的机理是：当结构发生振动时，导管中的液体也产生相对运动，由于液体的质量、黏性以及泵体的液力放大作用，使得结构的自振特性发生了变化，从而减小了结构的振动。

除了上述一些被动控制措施外，尚有一些结构被动控制体系，如拉索体系、悬挂结构体系、多结构联系振动控制体系、柔性底层结构体系等等。

7.3　主动控制

主动控制是一种需要外部能源的结构控制技术，它是通过施加与振动方向相反的控制力来实现结构控制的。图 7.3.1 所示是一种最简单的主动控制结构体系示意图，它一般由传感器（包括反馈信号）、运算器（包括滤波、调节）、驱动器（包括伺服控制和能源供应）三大部分组成。其工作原理如下：传感器监测结构的动力响应和外部激励，将监测的信息送入计算机内，计算机根据给定的算法给出应施加的力的大小，最后，由外部能源驱

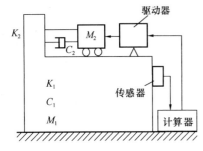

图 7.3.1　主动控制示意图

动，控制系统产生所需的力。如果传感器仅测量结构响应的信号，称控制系统为闭环控制；如果传感器仅测量外部激励的信号，称控制系统为开环控制；如果传感器同时测量结构响应和外部激励的信号，则称控制系统为闭-开环控制。

关于主动控制的早期研究，可追溯到 1954～1965 年间胜田千利等人的工作[39]。然而，真正从理论上和实践两方面研究主动控制并取得成果，应用到实际建筑物上，还只是 1990 年左右的事情。首例应用主动控制系统的实际结构是 1989 年在日本东京都建造的一栋十一层办公楼[40]。目前从世界范围来看，主动控制技术在建筑中的应用还处在试验阶段。由于主动控制系统价格昂贵，因此对其工程应用会产生一定影响。主动控制可分为以下三类。

7.3.1　主动施力控制

它通过对主结构主动施加外控制力以衰减其振动响应。它的特点是采用能检测结构及外干扰振动的传感器，将传感器获得的信号作为控制振动的控制信号，通过作动器随时向结构施加控制力，以便及时控制结构的动力反应。控制装置大体上由仪器测量系统（传感器）、控制系统（计算器）、动力驱动系统（驱动器）等组成。

它按驱动器的不同可分为：主动质量阻尼/驱动系统（AMD）、主动拉索控制、主动挡风板等等。

目前研究开发的控制力型主动控制装置主要有[41~43]：主动质量阻尼系统、主动拉索系统、主动支撑系统、主动空气动力挡风板系统、气体脉冲发生器系统等。

1. 主动质量阻尼/驱动系统（AMD）

主动质量阻尼器（Active Mass Driver/Damper，简称 AMD）是在被动调谐质量阻尼器（Tuned Mass Damper，简称 TMD）的基础上而发展起来的。它是在 TMD 装置上增设伺服作动器使质量块的运动适应控制力对结构的作用（图 7.3.2（a））。形式上最简单的 AMD 系统仅由质量块和主动作动器组成（图 7.3.2（b））。其优点是控制灵活且对时间滞后不敏感，可以很方便地将 TMD 改成 AMD。在主动控制作动器失效或停止工作时，还可以发挥其被动控制的作用和效果，缺点是需大量能源供给。1989 年日本鹿岛公司建成了世界上第一幢采用主动质量阻尼系统的大楼，该楼为坐落于东京都的 11 层京桥成和大厦，内部装有 2 套 AMD 装置，附加质量块分别为 4t 和 1t，占结构总重的千分之一[12]。

主动质量驱动控制（Active Mass Driver，AMD），主动质量驱动器与主动质量阻尼器区别在于伺服作动器直接驱动质量块来产生控制力。目前在实际结构应用中大多采取此装置。

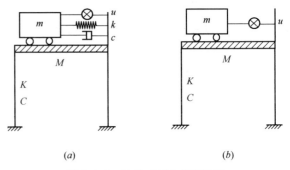

(a)　　　　　　　　　　　(b)

图 7.3.2　结构-AMD 控制系统

（a）标准 AMD 系统；（b）不含刚度和阻尼的 AMD 系统

主动质量阻尼/驱动系统 AMD 由于控制效果好、作动器少等优点在高层建筑、高耸结构抗风抗震反应控制的应用中获得了巨大成功. 但传统的 AMD 系统也存在体积大、造价高, 系统复杂, 能源利用率低等问题.

2. 主动锚索控制系统（Aetive Tendon System）

主动锚索控制系统是在结构某些位置安装预应力锚索, 在锚索上安装电液伺服系统, 并在结构中设置传感器, 传感器把测到的结构反应传给控制器, 控制器则按预先设定的控制算法得出控制力, 由液压伺服作动器调节锚索的拉力, 使锚索产生张拉作用而对结构施加控制. 多项试验研究表明, 这种装置有很好的控制效果, 是一种理想的主动控制装置.

3. 主动空气动力挡风板控制系统

主动空气动力挡风板系统是通过改变主动控制挡风板的通风面积来调节挡风板的风压力, 从而减小结构风振反应. 控制系统只需提供改变挡风板受风面积的操控能量, 因此, 该系统成本较低, 而且节能.

4. 气体脉冲发生器控制系统

气体脉冲发生器是通过气体喷射的方向和强度来实现控制力, 脉冲控制力的方向和幅度调节灵活, 该装置控制效果较好, 是界限状态控制的理想装置.

7.3.2　结构性能可变控制

它通过控制机构对主结构的参数设置进行主动调节, 而使其动力特性改变, 使结构参数处于最优状态, 以达到衰减其振动响应的目的. 所需的外部能量比控制力型小得多. 比起控制力型主动控制, 结构性能可变型主动控制更容易实施而且也更为经济, 而控制效果又与前者相近, 因此具有更大的研究和应用价值. 较为典型的结构性能可变型主动控制装置有主动变刚度系统, 主动变阻尼系统、主动调谐参数质量阻尼系统、主动支撑系统等.

1. 可变刚度系统（AVS）

可变刚度系统的基本思想是: 通过可变刚度装置使受控结构的刚度在每一采样周期内根据特定的控制律而在不同刚度值之间实时进行切换, 从而使得受控结构在每一采样周期内都尽可能远离共振状态, 达到减振的目的. 可变刚度系统由可变刚度构件、机械装置和控制器三部分组成.

2. 可变阻尼系统（ADS）

可变阻尼系统实质上是一种节流孔的大小可以调节的黏性液体阻尼器, 在每一采样周期内根据特定的控制律实时调节节流的大小, 使得受控结构在每一采样周期内都尽可能远离共振状态, 从而达到减振的目的[44].

3. 可控 TMD（或 TLD）系统

可控 TMD（或 TLD）系统与 TMD（或 TLD）系统的不同之处在于前者在系统内安装了一套控制装置可以对 TMD（或 TLD）的参数（刚度、阻尼）进行实时调整. 美国 MTS 公司在 63 层的 Citicorp 大厦顶层安装了可控 TMD 系统, 其中采用了双向 TMD. TMD 的质量块是一个 400t 的混凝土块, 下设 12 个液压平衡支撑. 弹簧刚度由压缩空气弹簧提供, 并可实时地调整 TMD 的振动参数.

4. 主动支撑系统

主动支撑系统是指在抗侧力构件上设置斜撑, 并利用电液伺服系统来控制斜撑的收缩运动。该装置可利用结构上已有的支撑构件，适用于高层、高耸和大跨结构。对于承受侧向荷载的超限高层建筑结构，由它代替以往的固定支撑可控制结构的水平位移和扭转。

7.3.3 结构智能控制

结构智能控制包括采用智能控制算法和采用智能驱动器或智能阻尼器装置的两类智能控制。采用诸如模糊控制、神经网络控制和遗传算法等智能控制算法为标志的结构智能控制，它与主动控制的差别主要表现在不需要精确的结构模型，采用智能控制算法确定输入或输出反馈与控制增益的关系，而控制力还是需要很大外部能量输入下的驱动器来实现。

另一类是采用诸如电/磁流变液体、压电材料、电/磁致伸缩材料和形状记忆材料等智能驱动材料和器件为标志的结构智能控制，它的控制原理与主动控制基本相同，只是实施控制力的作动器是智能材料制作的智能驱动器或智能阻尼器。智能阻尼器与半主动控制装置类似，只需要少量的能量调节以使其主动地利用结构振动的往复相对变形或相对速度实现主动最优控制力。目前代表性的智能阻尼器主要有磁流变液阻尼器和压电摩擦阻尼器。

结构智能控制具有良好的应用前景。有理由相信，结构智能控制技术将会在未来发挥重要作用。

7.3.4 主动控制的优点与问题

从理论分析可知它存在下列优点：

（1）有广泛的适应性。理论上它可适用于一切结构体系，对航空、建筑、桥梁结构都适用，对高层、多层都适用，且对地震激励、风振、海浪、机械振动都适用。

（2）减振效果佳，而且可随意控制。

（3）结构重量轻、体积小，不影响原结构使用功能。

（4）良好的设计可达到最经济的效率。

但也存在着不少问题，因此在土建结构中还很少被采用。在日本 20 世纪 90 年代曾建造了二十多幢采用主动控制系统的建筑，但只有东京鹿岛技术研究所第 21 号楼（三层）采用的主动变刚度系统在东京地震时施行了有效的控制。可见这种技术还不是十分成熟。一般说来还存在如下五个方面问题：

（1）由于土建工程的质量远远大于航空航天器及机械设备，因此要影响控制其振态，必须施加很大的控制力，这在技术上是很难的和不经济的。

（2）因需外界能源输入，在地震时要确保能源供应的及时与不间断也是很难做到的。

（3）时间滞后。由于控制系统处理传递信息、计算机运算、控制力施加设备的开启都需要时间，往往滞后结构振动反应而产生相位差，这会引起负阻尼而导致系统不稳定，这对高振型影响更严重。

（4）模型误差和溢出影响。一般主动控制计算中也只考虑了前几个振型，因此传感器的信号输出常常会被高振型信号的干扰而产生观测溢出现象，从而导致系统控制的不稳定，当系统阻尼较小时，这种影响更甚。

（5）结构非线性误差。一般主动控制计算结构主振型，常常采用线弹性理论，而实际上它仅适用于小变形时，一般结构稍有裂缝出现或某些截面出现塑性变形，将大大影响初始刚度的大小与分布，主振型也随之改变，这将直接影响主动控制的可靠性。

主动控制技术对已知的谐振激励条件下应用是可靠的，对自身质量并不十分大的航天航空结构中已有成功应用的经验，对控制风振也有一些成功的先例。但对地震激励下的控制，由上节分析可知在建筑结构上的应用还有待很多具体问题的解决。

实际应用中将以上介绍的两种或两种以上的控制技术结合使用，可以取得更好的效果。例如：将隔震技术与阻尼耗能技术联合使用；将 TMD，AMD 与阻尼耗能技术联合使用；或将滑移层隔震与叠层橡胶隔震垫串联应用；以及下节介绍的混合控制等等，皆可达到更经济有效的结果。

7.4 混合控制

混合控制是主动控制和被动控制的联合应用，使其协调起来共同工作。这种控制系统充分利用了被动控制与主动控制各自的优点，它既可以通过被动控制系统大量耗散振动能量，又可以利用主动控制系统来保证控制效果，比单纯的主动控制能节省大量的能量，因此有着良好的工程应用价值。世界上第一个安装混合质量阻尼器（HMD）控制系统的建筑是日本东京清水公司技术研究所的七层建筑（1991 年）[45]。

我国的广州塔的主塔采用主被动复合的质量调谐控制系统（HMD），桅杆结构采用多质量被动调谐控制系统（TMD）。HMD 系统由以水箱为质量的 TMD 系统和坐落在其上的直线电机驱动的 AMD 系统组成。AMD 系统工作时，需要及时得到结构当前状态的反馈信息。因此，需要建立一个广州塔振动控制结构状态反馈系统，为振动控制系统提供重要的结构参数，同时也与结构健康监测系统有机的结合起来，并作为健康监测的子系统便于统一管理。结构状态反馈系统的主要功能为：

（1）数据（结构状态）采集

（2）数据实时预处理

（3）实时数据传输

（4）数据循环缓存

（5）数据操作（包括查询、格式转换、备份与恢复等）

（6）数据可视化

（7）系统远程控制

（8）系统信息管理

（9）用户管理

振动控制结构状态反馈系统由传感器子系统、数据采集与传输子系统、数据可视化子系统和软件子系统组成。其框架与流程如图 7.4.1 所示。

结构状态反馈系统的监测对象包括：主塔结构加速度、主塔结构速度、TMD 质量位移、TMD 质量加速度。此外，"广州塔运营期结构健康监测系统"的地震和风速风向信息也将提供给本系统共享。共包括 12 个加速度传感器、4 个速度传感器、4 个位移传感器，以及与"广州塔运营期结构健康监测系统"共用的 1 个地震仪、1 个风速仪。传感器汇总如表 7.4.1 所列，共有 22 个传感器，其采集与传输的分布如图 7.4.2 所示。

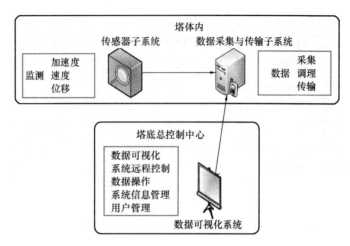

图 7.4.1 结构状态反馈系统的组成与流程

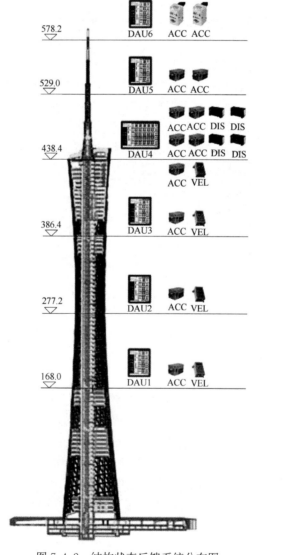

图 7.4.2 结构状态反馈系统分布图

序号	名称	代码	数量
			表 7.4.1
1	加速度传感器	ACC	12
2	速度传感器	VEL	4
3	位移传感器	DIS	4
4	地震仪	SEI	1
5	风速仪	ANE	1
	合计		22

结构状态反馈系统传感器汇总

混合控制技术是今后土木工程结构控制的重要发展方向，因此应进一步加强对它们的实验研究以及试点工程的研究，以验证其实际控制效果及可靠性，并不断总结、完善，以期尽快达到实用化的要求。

7.5 加层结构的被动控制

7.5.1 地震波激励下加层结构被动控制[46]

此方法已在杭州某办公楼加层时应用（图 7.5.16），它将整个加层结构当成一个被动控制（TMD）附加阻尼质量块 m_2，并等效阻尼为 c_2，等效侧移刚度为 k_2，把原结构简化为一等效单自由度体系，它具有原结构总质量 m_1，等效阻尼 c_1 和等效侧移刚度 k_1，二者组成两个自由度的被动控制系统（图 7.5.1 所示）。现需求地面加速度 a_g 激励下，二者间关系的最优参数，使主结构在给定地震波激励下的位移响应 $x_1(t)$ 最大幅值达到最小。

图示系统的运动方程如下：

$$\begin{cases} m_1(a_g + \ddot{x}_1) = -k_1 x_1 + k_2(x_2 - x_1) - c_1 \dot{x}_1 + c_2(\dot{x}_2 - \dot{x}_1) \\ m_2(a_g + \ddot{x}_2) = -k_2(x_2 - x_1) - c_2(\dot{x}_2 - \dot{x}_1) \end{cases}$$

$$(7.5.1)$$

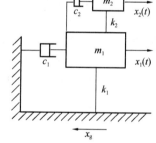

图 7.5.1 地震波作用下的 TMD 模型

经整理后式（7.5.1）改写成如下矩阵形式：

$$M\ddot{X} + C\dot{X} + KX = F \tag{7.5.2}$$

其中：

$$X = \{x_1 x_2\}^T \tag{7.5.3}$$

$$F = \{a_g \quad \alpha a_g\}^T \tag{7.5.4}$$

$$M = \begin{bmatrix} 1 & 0 \\ 0 & \alpha \end{bmatrix} \tag{7.5.5}$$

$$C = \begin{bmatrix} 2(\omega_1 \xi_1 + \alpha \omega_2 \xi_2) & -2\alpha \omega_2 \xi_2 \\ -2\alpha \omega_2 \xi_2 & 2\alpha \omega_2 \xi_2 \end{bmatrix} \tag{7.5.6}$$

$$K = \begin{bmatrix} \omega_1^2 + \alpha \omega_2^2 & -\alpha \omega_2^2 \\ -\alpha \omega_2^2 & \alpha \omega_2^2 \end{bmatrix} \tag{7.5.7}$$

187

式中
$$\alpha = \frac{m_2}{m_1}, \quad \omega_i^2 = \frac{k_i}{m_i}, \quad \xi_i = \frac{c_i}{2\sqrt{k_i m_i}} = \frac{c_i}{2\omega_i m_i} \qquad (i = 1,2) \qquad (7.5.8)$$

用逐步积分方法，可以求得地震激励下主结构的最大位移响应。并以此为目标函数，用复形法[47]，可以求得最优参数值。

引进记号 β，γ，
$$\beta = \frac{\omega_2}{\omega_1}, \quad \gamma = \frac{k_2}{k_1} \qquad (7.5.9)$$

则 α 为质量比，β 为频率比，γ 为刚度比。并有
$$\gamma = \alpha \quad \beta^2 \qquad (7.5.10)$$

标记无 TMD 时，结构的位移响应为 x_N，最大位移响应为 X_N；加对应地震波激励最优参数 TMD 的位移响应为 x_s，最大位移响应为 X_s；加对应谐波激励最优参数 TMD 的位移响应为 x_H，最大位移响应为 X_H。并记最大位移响应和无 TMD 时的最大位移响应比值为 θ_{max}，即
$$\theta_{max} = \frac{X_{max}}{X_N} \qquad (7.5.11)$$

而 X_{max} 为对应各种 TMD 参数下得到的最大位移响应。下面，我们就以一实际算例来说明 TMD 的有效性，并给出最优的质量比、阻尼比和刚度比。

考虑一钢筋混凝土框架结构房屋，具体结构参数见文献[48]，房屋总质量 $m_1 = 5.57 \times 10^6 kg$，基振周期用基底剪力法计算得到 $T_1 = 0.62s$，对应的角频率 $\omega_1 = 10.22rad/s$，阻尼比取为 $\xi_1 = 0.05$。以 $0.0 \leqslant \alpha \leqslant 0.3$，$0.0 \leqslant \beta \leqslant 3.0$，$0.0 \leqslant \xi_2 \leqslant 0.3$ 为优化设计变量的约束条件。地震波选择 El-Centro 波，Taft 波两条天然地震波和两条人工波。以这四条地震波为激励，可以求得相应的最优参数，见表 7.5.1。为了比较用谐波激励和地震波激励下的最优参数得到的结果，把各个不同最优参数得到的最大位移响应比较结果也列于表 7.5.1。

不同地震波对应的最优参数　　　　　表 7.5.1

地震波	质量比 α	频率比 β	TMD 阻尼比 ξ_2	X_N (cm)	X_s (cm)	X_H (cm)	X_s/X_N （%）	X_H/X_N （%）
Elcentro	0.300	0.860	0.129	7.70	4.71	5.63	61.2	73.1
Taft	0.300	0.656	0.036	2.86	1.84	2.13	64.3	74.5
人工波 1	0.264	0.624	0.182	1.89	1.13	1.28	59.5	67.9
人工波 2	0.300	0.623	0.213	2.96	1.44	1.56	48.7	52.7

为说明不同 TMD 参数对结构最大位移响应的影响，令所得的最优参数中的两个不变，而另外一个在一定范围内变化，做了大位移响应比 θ_{max} 与变化参数关系曲线图。图 7.5.2～图 7.5.4 是 El-Centro 波激励下，质量比、刚度比和频率比分别变化，而另外两参数取自 El-Centro 波优化得到最优参数对应的 θ_{max} 曲线，图 7.5.5～图 7.5.7 则对应于人工波 1、人工波 2。从图中可以看出，TMD 参数的取值对结构最大位移响应的影响很大。图 7.5.8 是 El-Centro 波激励下，优化后所能达到的效果与主结构阻尼比的关系曲线，随着主结构阻尼比的增大，优化效果呈递减趋势。图 7.5.9 则是在 El-Centro 波激励下，无

TMD、加对应 El-Centro 波激励最优参数 TMD 和加对应谐波激励最优参数 TMD 结构的时程响应曲线。我们会发现，后两种情况比第一种有明显改善。

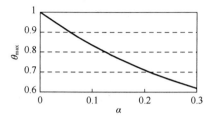

图 7.5.2　El-Centro 波激励 θ_{max} 与
质量比关系曲线

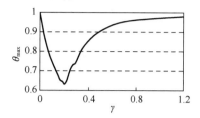

图 7.5.3　El-Centro 波激励 θ_{max} 与
刚度比关系曲线

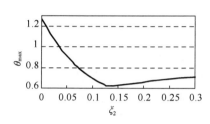

图 7.5.4　El-Centro 波激励 θ_{max} 与
阻尼比关系曲线

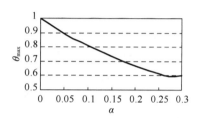

图 7.5.5　人工波 1 激励 θ_{max} 与
质量比关系曲线

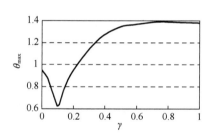

图 7.5.6　人工波 1 激励 θ_{max} 与
刚度比关系曲线

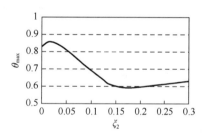

图 7.5.7　人工波 1 激励 θ_{max} 与
阻尼比关系曲线

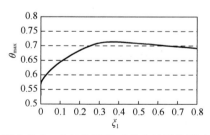

图 7.5.8　主结构阻尼对优化效果的影响

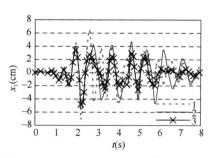

图 7.5.9　El-Centro 波激励下的时程响应
（1）无 TMD；（2）加对应地震波优化最优参数
TMD；（3）加对应谐波优化最优参数 TMD；

由文献[49]和上述实例分析可知：

1. 用 TMD 方法实施结构加层，确能有效减少谐波与地震波激励响应，在一定参数选取下，最多能将谐波激励的最大位移响应减少到原来的 1/3，对地震波激励，一般也能减少一半左右。

2. 从减小主结构位移响应来说，在一定条件下，质量比一般是越大越好。此处从经济考虑，限制质量比在一定范围内变化，通常优化得到的结果是质量比为给定范围的上限，但有时是稍低于上限值（图 7.5.2、图 7.5.5）。

3. 隔震器阻尼比 $\xi \geqslant 0.2$ 时减震效果明显，而且此时阻尼比值的变化对减震效果影响不敏感（图 7.5.4、图 7.5.7），但当 $\xi < 0.2$ 时，减震效果可能明显下降。因此在设计这种体系 TMD 的阻尼比时，只要控制使 $\xi_2 \geqslant 0.2$ 即可。

4. 刚度比 γ 较小时（图 7.5.3、图 7.5.4），减震作用不大，当 γ 逐渐增大时，原结构响应随之减小，直到最优刚度比。此后 γ 再增大将会使响应增大，这实际上反映了常规加层的情况。

5. 主结构自身阻尼比较小（R.C. 结构为 0.05），TMD 效果显著，若主结构本身阻尼较大（例如为隔震结构时），TMD 作用大大降低（图 7.5.8）。

6. 考虑地震的随机性质，它随地点、时间变化甚大，无法作为设计选取最优参数的依据，因此可考虑采用谐波激励下的最优参数作为设计取值的依据，而可用当地典型地震波与常规标准波激励再复核。

7.5.2 谐波激励下加层结构被动控制试验研究[50]

1. TMD 被动控制系统最优侧向刚度的求解

对加层结构，以原结构位移响应为目标函数，采用黄金分割法[47]，求解在地面加速度谐波激励下加层结构与原结构间的最优侧向刚度比。

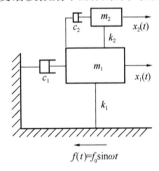

图 7.5.10 地面谐振作用下 TMD 模型

在谐波激励 $f(t) = f_0 \sin\omega t$（f_0 为常数）下，$x_1(t)$ 的稳态响应幅值 A_1 应为：

$$\| A_1 \| = \sqrt{\frac{[\omega^2 - \omega_2^2(1+\alpha)]^2 + 4\omega_2^2\xi_2^2(1+\alpha)^2\omega^2}{|M|}} f_0$$

(7.5.12)

而 $|M|$ 有如下形式：

$$|M| = \{\omega^4 - [\omega_1^2 + \omega_2^2(1+\alpha) + 4\omega_1\omega_2\xi_1\xi_2]\omega^2 + \omega_1^2\omega_2^2\}^2 + 4\{[\omega_1\xi_1 + \omega_2\xi_2(1+\alpha)]\omega^2 - \omega_1\omega_2(\omega_1\xi_2 + \omega_2\xi_1)\}^2\omega^2$$

(7.5.13)

对于没有 TMD 的单自由度系统，在谐波激励 $f(t) = f_0\sin\omega t$ 下的稳态响应最大幅值为：

$$\| A_0 \|_{\max} = \frac{f_0}{2\xi_1\sqrt{1 - \xi_1^2}\omega_1^2}$$

(7.5.14)

考虑加 TMD 时的结构稳态响应的幅值 $\| A_1 \|$ 与 $\| A_0 \|_{\max}$ 的比值 θ：

$$\theta = \frac{\| A_1 \|}{\| A_0 \|_{\max}}$$

(7.5.15)

把式（7.5.12）和式（7.5.14）代入式（7.5.15）得：

$$\theta = \parallel \frac{\Phi_1}{\Phi_0} \parallel \qquad (7.5.16)$$

式中

$$\Phi_1 = 2\xi_1 \sqrt{1 - \xi_1^2} \left[\overline{\omega}^2 - \beta(1+\alpha) + i2\beta\xi_2(1+\alpha)\overline{\omega} \right] \qquad (7.5.17a)$$

$$\Phi_0 = \overline{\omega}^4 - \left[1 + \beta(1+\alpha) + 4\beta\xi_1\xi_2 \right]\overline{\omega}^2 + \beta^2$$
$$+ i2\overline{\omega}\{ [\xi_1 + \beta\xi_2(1+\alpha)]\overline{\omega}^2 - \beta(\xi_2 + \beta\xi_1) \} \qquad (7.5.17b)$$

而

$$\overline{\omega} = \frac{\omega}{\omega_1} \qquad (7.5.18)$$

从式（7.5.16）和式（7.5.17）可以看出，在一定频率范围内（即给定 $\overline{\omega}$ 的取值范围）加 TMD 所能得到的效果（由 θ 决定），只和质量比 α，频率比 β 和阻尼比 ξ_1, ξ_2 有关。若质量比和阻尼比皆已知，则可以由频率比的最优值求得最优刚度比。

2. 试验算例

模型试验采用钢板焊接剪切型结构。实验设计质量比 $\alpha = 0.125$，原结构的阻尼比取 $\xi_1 = 2\%$，橡胶隔震垫的阻尼比取 $\xi_2 = 8\%$，下面分析模型试验中加层结构和原结构最优刚度比 γ_{opt}。令 γ 的变化范围为 $0.0 \leqslant \gamma \leqslant 1$，而 $\overline{\omega}$ 在区间 $[0.2, 2.2]$ 内的 θ 的最大值 θ_{max} 为目标函数，求得最优刚度比 $\gamma_{opt} = 0.0872$，对应的 $\theta_{max} = 0.152$。图 7.5.11 是 θ_{max} 和 γ 的关系曲线，从图中可以看出，结构加上适当刚度比参数后，其最大位移响应比加层前有明显的降低，当刚度比很小时，加层结构减震作用不大，而当刚度比很大时，加层结构会使原结构地震作用增大。

3. 模型实验

为了了解加层结构的基本动力特性，并验证理论分析的正确性，进行了模型实验，下面对实验的仪器设备和结果作简单介绍。

（1）仪器设备和试验模型

主要仪器与设备有：振动台，计算机信号发生及数据采集系统 R&S，B&K 加速度计，B&K 电荷放大器，激振器，功率放大器等。测试仪器的布置如图 7.5.12 所示。

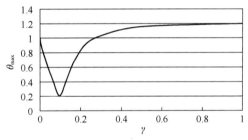

图 7.5.11　谐波激励下 θ_{max} 与刚度比 γ 关系曲线（$\alpha = 0.125$; $\xi_2 = 8\%$）

模型结构是一个一层的钢板焊接剪切型结构，具体尺寸参数见图 7.5.13。模型结构总重量为 44.2kg。用瞬态撞击法测得该模型结构未加层时的阻尼比 0.019，自振频率为 22.075Hz，刚度为 754.1kN/m。实验用的橡胶垫是由浙江三门县橡胶厂生产的 300mm×300mm 厚 35mm 和 25mm 的方型橡胶上割锯下来的。由得到的最优刚度比来设计橡胶隔震垫的几何尺寸，即用两端固定梁来模拟橡胶隔震垫的受力状态，两端相对水平单位位移时所需外加的力就是它的侧向刚度。同时用试验方法来测定橡胶垫块的侧向刚度及阻尼值，测试橡胶垫刚度及阻尼的测试布置图见图 7.5.14。橡胶垫块上下接触面均与钢板胶合，上表面竖向作用一个 50N 的静载，下表面为一

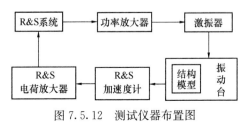

图 7.5.12　测试仪器布置图

质量巨大的台面，采用瞬态激振法测其自由振动的衰减曲线，从而得到其频率与阻尼，可以计算得到其刚度及阻尼比。测试软件采用南京汽轮机厂的瞬态测试软件包 Cras4.3 版，测试结果见表 7.5.2。

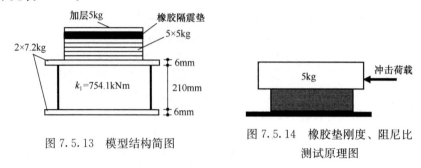

图 7.5.13　模型结构简图

图 7.5.14　橡胶垫刚度、阻尼比测试原理图

橡胶垫参数　　　　　　　　　　　　　　　　　　　　　　　　　　　表 7.5.2

刚度（kN/m）	阻尼比（%）
91.66	7.38

（2）测试及分析原理

测试时输入振动台面正弦波激励，保持振动台面激励（加速度）幅值不变。测试包括模型结构未搁置橡胶垫和加层以及加搁置橡胶垫和加层的原结构频率响应的二组对比实验。由武汉岩海公司 Rock&Sea 软件包中的 Stb-im（机械阻抗法桩基测试系统）分别记录振动台面和模型顶层的加速度响应，振动台台面的加速度运动：

$$a_g = A_g(\omega)\sin\omega t \tag{7.5.19}$$

模型结构主质量加速度运动：

$$a_m = A_m(\omega)\sin\omega(t - \tau) \tag{7.5.20}$$

式中 τ 是滞后时间。由此，计算机可以自动处理得到模型结构主质量的绝对加速度频响函数：

$$H(\omega) = \left| \frac{A_m(\omega)}{A_g(\omega)} \right| \tag{7.5.21}$$

（3）试验结果分析与比较

首先把模型系统的各个参数列于表 7.5.3。图 7.5.15 中给出模型结构加上被动控制质量块前后的绝对加速度的频响函数实测结果以及理论结果的比较，理论结果按照表 7.5.3 给出的实测参数求得。从图中可以看出，理论结果和实验结果基本上符合，理论和试验曲线存在的差异主要由于模型按照两自由度处理有一定的误差，橡胶隔震垫的本构关系的非线性，而按理论尺寸制作的橡胶隔震垫尺寸有误差，模型实际上不可能做到两端固接，另外橡胶隔震垫的弹性模量的取值与实际值之间也有误差。但不论从理论结果还是实验结果来看，都说明了加上被动控制质量块后加速度频响函数的峰值有显著降低。如果对侧向刚度进行准确的制作调控，将会得到更好的结果。图 7.5.16 所示为加层结构被动控制应用实例。这种做法也可供高层中采用 TMD 时参考。

	主结构	子结构
质量（kg）	39.2	5.0
阻尼比（％）	1.9	7.4
侧向刚度（kN/m）	754.1	91.66
基频（Hz）	22.08	21.55

模型试验等效参数　　　　　　　　　　　　　　表 7.5.3

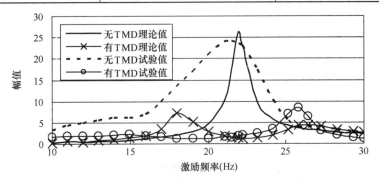

图 7.5.15　加层前后主结构频响曲线的理论与数值结果

(a)

(b)

图 7.5.16　加层实例：杭州市技术监督局办公楼

(a) 加层施工中；(b) 竣工后外景

193

7.6 带鞭梢效应的塔式结构 TMD 抗风设计

塔式结构的上部（如桅杆）通常截面较小。由于空间有限，不适宜在上部安装大质量或大行程的 TMD，尽管其振动控制的效果会更好些。下部结构（primary structure）和上部结构（secondary structure）之间质量和刚度的突变会引起所谓的鞭梢效应（whipping effect），导致上部结构的振动幅度达到下部结构的数倍到十几倍。仅仅在下部结构上安装 TMD 难以对上部结构的振动产生有效的抑制。因此，为了有效地抑制塔式结构的风振，在上下结构上都设置 TMD 还是有利的。

不同于一般的多目标优化方法，这里提出一种带鞭梢效应的塔式结构面向性能（performance oriented）的多点 TMD 抗风设计方法。通过分项性能指标（partial performance index，PPI）和位移、加速度、层间位移、阻尼器行程等分项权重系数（partial weighting coefficients，PWC）的结合，提出了性能函数（performance function）。通过适当地定义分项性能指标，调整分项权重系数和最小化的性能函数，可获得满足所提性能要求的设计方案。下面是一个主塔 450m，桅杆 90m 的塔式结构的研究案例，用来说明面向性能的设计方法以及其有效性和实用价值。图 7.6.1 (a) 为结构动力模型，图 7.6.1 (b) 为 TMD 子系统模型。

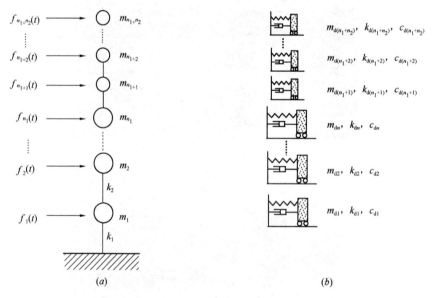

图 7.6.1 结构-TMD 系统模型
(a) 结构子系统；(b) TMD 子系统

7.6.1 面向性能的 TMD 设计

1. 塔式结构的性能函数

根据我国《混凝土电视塔结构技术规范》GB 50342—2003[51]和《高耸结构设计规范》GBJ 135—90[52]，对塔式结构的风振响应的控制有三方面要求：（1）任一点的风致水平位移不应大于从该点与地面之间距离的某一比例；（2）在具有观光设施或其他人员使用的房间，其风致加速度不应大于容许值；（3）在对倾斜度有限制的仪器设备安放处，结构的倾斜度应在容许范围内，以及对于桅杆结构的层间位移不应大于层高的某一比例。考虑到上述规定，以及对阻尼器行程的空间约束，采用如下 4 个控制要求：

$$r_{\text{disp}} = \max\left\{\frac{\overline{D}}{H}\right\} \leqslant [r_{\text{disp}}] \tag{7.6.1}$$

$$r_{\text{drif}} = \max\left\{\frac{\overline{d}}{h}\right\} \leqslant [r_{\text{drif}}] \tag{7.6.2}$$

$$r_{\text{acc}} = \max\{\overline{A}\} \leqslant [r_{\text{acc}}] \tag{7.6.3}$$

$$r_{\text{stroke}} = \max\{\overline{S}\} \leqslant [r_{\text{stroke}}] \tag{7.6.4}$$

其中，$\overline{D}$，$\overline{d}$，$\overline{A}$，$\overline{S}$ 分别为均方根水平位移、均方根层间位移、均方根加速度（下部结构）、均方根阻尼器行程；H 为结构地上高度，h 为层间高度；$[r_{\text{disp}}]$ 代表相应指标的容许值，余类推。

为了便于阻尼器设计，引入一个性能函数：

$$J_1 = (1-\alpha)\{(1-\beta)[(1-\gamma)R_{\text{disp}}] + \gamma R_{\text{drift}}] + \beta R_{\text{acc}}\} + \alpha R_{\text{stroke}} \tag{7.6.5}$$

这里 R_{disp}，R_{drift}，R_{acc}，R_{stroke}，取值区间 0~1，分别是位移、层间位移、加速度和阻尼器行程分项性能指标。它们被定义为：

$$R_{\text{disp}} = \frac{r_{\text{disp}}}{[r_{\text{disp}}]}, \ R_{\text{drift}} = \frac{r_{\text{drift}}}{[r_{\text{drift}}]}, \ R_{\text{acc}} = \frac{r_{\text{acc}}}{[r_{\text{acc}}]}, \ R_{\text{stroke}} = \frac{r_{\text{stroke}}}{[r_{\text{stroke}}]} \quad (7.6.6a\text{~}d)$$

在式（7.6.5）中，α，β 和 γ 分别是阻尼器行程、加速度和层间位移分项权重系数，取值均为 0~1。具体来说，α 是阻尼器行程的权重，$(1-\alpha)$ 是包括加速度、层间位移和位移等结构响应的权重；在结构响应中，β 是加速度权重，$(1-\beta)$ 是其他响应（包括层间位移和加速度）的权重。类似地，γ 是层间位移的权重，$(1-\gamma)$ 是位移的权重。由于所有的分项性能指标 R_{disp}，R_{drift}，R_{acc}，R_{stroke} 和分项权系数 α，β 和 γ 取值范围都是 0~1，所以性能函数 J_1 也在 0~1 范围取值。通过使性能函数 J_1 最小化，可以得到阻尼器参数的条件优化结果。然而，得出的分项性能指标可能不符合下列要求：

$$R_{\text{disp}} \leqslant 1; \ R_{\text{drift}} \leqslant 1; \ R_{\text{acc}} \leqslant 1; \ R_{\text{stroke}} \leqslant 1 \tag{7.6.7}$$

因此，有必要对分项权重系数 α，β，γ 进行调整，以满足式（7.6.7）的要求。

（1）权重系数 γ 的调整

当 $\alpha=0$，$\beta=0$，$\gamma=0$ 时，对 J_1 的最小化仅仅是对位移（相对地面）的最小化，没有考虑层间位移、加速度和阻尼器行程。当 $\alpha=0$，$\beta=0$，$\gamma=1$ 时，仅将层间位移纳入了优化。当 $\alpha=0$，$\beta=0$，$0<\gamma<1$ 时，是在位移和层间位移之间的折中。γ 越大，对层间位移的减振效果越好。当 R_{drift} 在 $\gamma=0$ 时不能满足式（7.6.7）和 R_{disp} 在 $\gamma=1$ 时不能满足式（7.6.7）的情况下，这是特别有用的。

（2）权重系数 β 的调整

当 $\alpha=0$ 和 $\beta=0$，只有位移和层间位移纳入了考虑。当 $\alpha=0$ 和 $\beta=1$，只有加速度出现在性能函数式（7.6.5）中。当 $\alpha=0$，$0<\beta<1$，是在加速度与位移、层间位移之间的折中。下面的情况是可能的，当 $\beta=0$ 时，R_{disp} 和 R_{drift} 满足而 R_{acc} 不满足式（7.6.7）要求；或者是当 $\beta=1$ 时，R_{acc} 满足而 R_{disp} 和 R_{drift} 不满足式（7.6.7）要求。因此，一个适当的非零 β 对实现加速度与位移、层间位移之间的平衡是必要的。

（3）权重系数 α 的调整

当 $\alpha=0$，只有结构响应纳入考虑，而阻尼器行程没有被考虑。在这种情况下，得到的阻尼器行程可能超出容许值。当 $\alpha=1$，只有阻尼器行程纳入考虑，而结构的响应没有被考虑。优化结果的极端情况是阻尼器的阻尼比和刚度足够大使得阻尼器处于停滞状态，减振功能完全丧失。当 $0<\alpha<1$ 时，阻尼器行程和结构响应都纳入考虑。对于上部截面小的结构，阻尼器的运动空间是受限的。因此，一个非零 α 是必要的。这对于具有"鞭梢效应"的结构是特别重要的，因为如果不把阻尼器行程纳入考虑，其值通常会很大。

2. 带鞭梢效应的塔式结构的性能函数

对于带鞭梢效应的塔式结构，上、下部结构的截面通常都设计成随着高度的增加逐渐减小。然而，通常在上下结构之间往往有一个突然变化，上部结构的质量和刚度会比下部结构的小得多。于是，位移与高度（相对地面）的最大比（r_{disp}）发生在最高层，层间位移与层高的最大比（r_{drift}）发生在上部结构的最低层；而需要控制的最大加速度发生在下部结构的最高层。注意到上下部结构的顶部之间的相对位移反映了上部结构的最大位移和层间位移，并且上部结构顶部（或靠近顶部）的阻尼器行程是最需要控制的，因此我们引入一个简化的性能函数：

$$J_2 = (1-\alpha)\big[(1-\beta)R_{relative,TPS} + \beta R_{acc,TP}\big] + \alpha R_{stroke,TS} \qquad (7.6.8)$$

其中，$R_{relative,TPS}$，$R_{acc,TP}$，$R_{stroke,TS}$ 是三个分项性能指标，分别对应上下结构顶部之间的相对位移、下部结构顶部的加速度、上部结构顶部（或靠近顶部）的阻尼器行程。$R_{acc,TP}$ 是下部结构顶部加速度与其容许值之比，$R_{stroke,TS}$ 是上部结构顶部（或靠近顶部）的阻尼器行程与其容许值之比，$R_{relative,TPS}$ 由下式定义：

$$R_{relative,TPS} = \frac{r_{relative,TPS}}{\left[r_{relative,TPS}\right]} \qquad (7.6.9)$$

其中，$r_{relative,TPS}$ 是上下部结构顶部间的相对位移与它们之间的高度之比。在式（7.6.8）中，α 和 β 分别是阻尼器行程和加速度的分项权重系数，取值范围均为 $0\sim1$。给定适当的 α 和 β 值，便可通过性能函数 J_2 最小化对 TMD 做出面向性能的设计。

3. 面向性能的阻尼器设计过程

面向性能的阻尼器设计过程如图 7.6.2 所示。

7.6.2 案例研究

塔式结构总高度 540m，下部结构 450m，上部结构 90m。下部结构模型化为 9 个集中质量（m_i，k_i，$i=1$，2，$\cdots$，9），上部结构 3 个集中质量（m_j，k_j，$j=10$，11，12）。其中：

$m_i=2\times10^7\text{kg}$，$k_i=4\times10^7\text{N/m}$，$i=1$，2，$\cdots$，9；$m_{10}=2.6\times10^6\text{kg}$，$k_{10}=6\times10^6\text{N/m}$，$m_{11}=2.08\times10^6\text{kg}$，$k_{11}=4.8\times10^5\text{N/m}$，and $m_{12}=1.66\times10^6\text{kg}$，$k_{12}=3.84\times10^5\text{N/m}$。

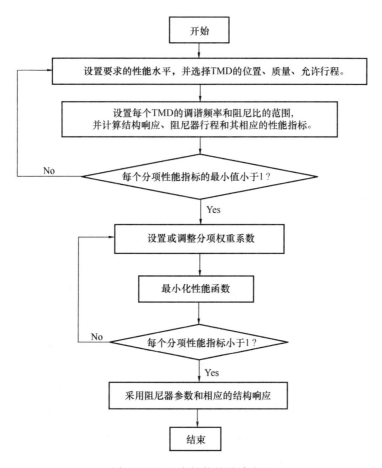

图 7.6.2　面向性能的设计流程

整个结构的前 2 阶阻尼比假设为 3%。

1. 鞭梢效应

表 7.6.1 列出了上部结构、下部结构和整体结构的模态频率，图 7.6.3 为模态振型，表 7.6.2 所列为整体结构振型中上部最大变形与下部最大变形之比。从表 7.6.1 可见，上下结构的第 1 阶模态频率十分接近，因此，存在明显的鞭梢效应。整体结构的前两个频率都接近于上部和下部结构的第 1 阶频率。从图 7.6.3（a）和表 7.6.2 可明显地看到前两个模态所展示的这种鞭梢效应，上部结构的最大挠度是下部结构的 5 倍。由图 7.6.3（a），（b）和表 7.6.2 清楚地看到，整体结构的第 3 和第 5 模态频率几乎和上部结构的第 2 和第 3 模态相同，因而这两个模态由上部结构的局部振动所主导。整体结构的第 4 模态频率非常接近下部结构的第 2 模态频率，并且介于上部结构的第 2 和第 3 阶之间。从图 7.6.3（b）和表 7.6.2 看到，上下结构的最大变形在振型上是类似的。对于其余模态（6—12）频率几乎都与下部结构的 3 至 9 阶模态相同（表 7.6.1），并且振型都由下部结构的变形所主导（见图 7.6.3（c），（d）和表 7.6.2）。图 7.6.4 所示仅为下部结构的振型，它清楚地表明下部结构的第 3 到 5 阶振型与整体结构的第 6 到 8 阶振型很像。

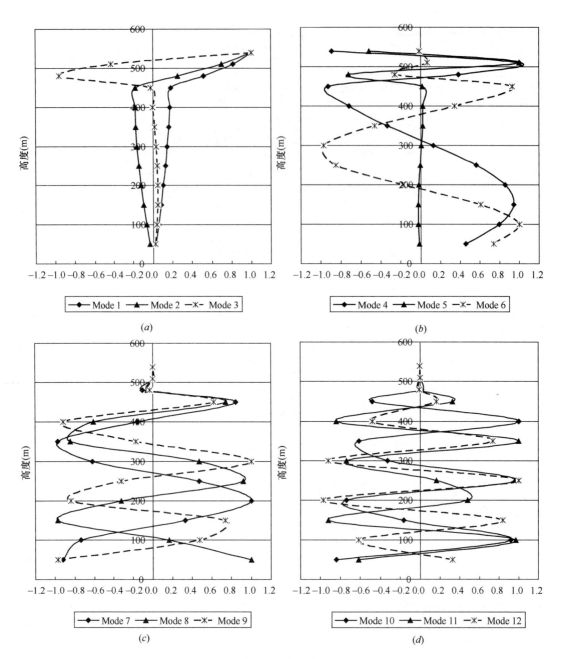

图 7.6.3 整体结构振型

(a) 模态 1～3；(b) 模态 4～6；(c) 模态 7～9；(d) 模态 10～12

模态频率（Hz）   表 7.6.1

模态号	1	2	3	4	5	6	7	8	9	10	11	12
上部结构	0.1179	0.290	0.414	—	—	—	—	—	—	—	—	—
下部结构	0.1176	0.349	0.572	0.779	0.964	1.123	1.252	1.346	1.404	—	—	—
整体结构	0.104	0.132	0.288	0.353	0.414	0.573	0.779	0.965	1.124	1.252	1.346	1.404

上部与下部结构振型最大值之比   表 7.6.2

模态号	1	2	3	4	5	6	7	8	9	10	11	12
比值	5.47	5.54	42.34	1.08	49.60	0.26	0.10	0.05	0.03	0.02	0.01	0.01

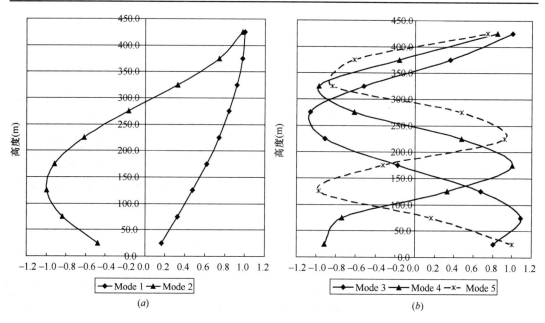

图 7.6.4　下部结构振型

(a) 模态 1~2；(b) 模态 3~5

2. 风速剖面和频谱

图 7.6.5 所示为沿高度的风速剖面图（wind profile）和达文波特风谱（Davenport

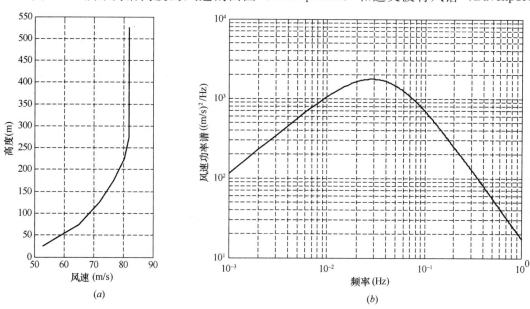

图 7.6.5　风速剖面图和功率谱

(a) 风速剖面图；(b) 功率谱

wind spectrum)[53]。根据香港的相关规范（Code of Practice on Wind Effects，1983）[54]，一般地形 250m 及以上的风压为 4.3kN/m²。相应的 250m 处的梯度风速为 81.96m/s。低于 250m 的边界层风速沿高度 z 由下式获得：

$$v_z = \bar{v}_{(10)} \left(\frac{z}{10} \right)^{0.19} \tag{7.6.10}$$

其中，$\bar{v}_{(10)} = 44.467$m/s 为高度 10m 处风速。

3. 采用 TMD 的结构振动控制

考虑到实际安装空间和 TMD 的工作原理，首选的振动控制策略是在下部结构的顶部安装一个 TMD，因此，首先探讨在下部结构的顶部安装 TMD 的整体结构振动控制。为了揭示鞭梢效应的影响，在不考虑上部结构的情况下，对在下部结构（没有上部结构）顶部设置同样的 TMD 的振动控制也做了探讨。在揭示只用一个 TMD 在振动控制效果上的不足后，应用所提出的面向性能的设计方法。对采用两个 TMD（分别布置在上下结构的顶部）对整个结构的控制进行了研究。

（1）在下部结构顶部使用一个 TMD 的振动控制

这里研究在下部结构顶部使用一个 TMD 的整体结构振动控制，采用上面描述的风激励。图 7.6.6 所示为无控制时整体结构在上、下部结构顶部的位移反应谱。可见，虽然第 1 阶模态响应仅仅是第 2 阶模态响应的几倍，但是，第 2 阶模态响应却比第 3 阶模态响应大出几个数量级，因此，应该将前两个模态纳入响应分析。实际上，前两个模态带有典型的鞭梢效应。这与没有"鞭梢效应"的高层结构的特点是不同的，通常，没有"鞭梢效应"时只需把第 1 阶模态纳入风振响应计算。图 7.6.7 所示为未安装阻尼器时沿结构高度的均方根（RMS）位移、层间位移和加速度反应。很明显，最大位移发生在上部结构的顶部，最大层间位移发生在上部结构的第一层，下部结构的最大加速度发生在其顶部。

对整体结构在下部结构顶部布置一个 TMD 的控制进行参数研究，调频范围为 0.062～0.187Hz（$0.6f_1 \sim 1.5f_2$，其中 f_1 和 f_2 为整体结构的第 1 和第 2 阶模态频率），阻尼比范围为 0.05～0.25。图 7.6.8 显示了上部结构顶部（540m）和下部结构顶部

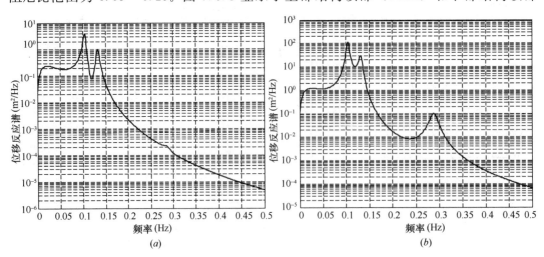

图 7.6.6　整体结构的位移反应谱

（a）下部结构顶部；（b）上部结构顶部

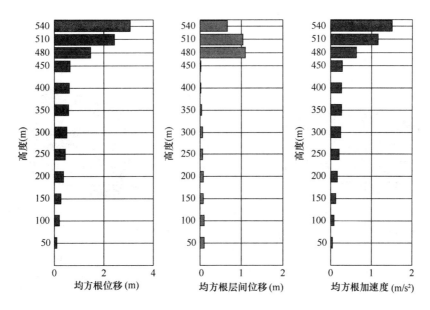

图 7.6.7　无控制时整体结构沿高度的均方根（RMS）响应

（450）的均方根（RMS）位移响应、安装在下部结构顶部的阻尼器行程均方根（RMS）随阻尼比和频率的变化。从图 7.6.8（a），（b）可见存在具有恰当阻尼比和频率（接近结构模态频率）的最优阻尼器，使结构位移响应最小。从图 7.6.8（c）看到，当调谐频率接近结构的模态频率时阻尼器行程增加，而阻尼比增加时阻尼器行程减小。

图 7.6.9 所示为上、下部结构顶部和阻尼器质量的均方根（RMS）加速度响应随阻尼比和阻尼器频率的变化。与位移响应的情况类似，对最大加速度的抑制效果也存在一个最优阻尼比和调谐频率比。阻尼器质量的加速度也随着阻尼器频率相结构频率的靠近而增大，随着阻尼比的增大而减小。

表 7.6.3 列出了在下部结构顶部设置一个 TMD 的各种控制策略下的结果。阻尼器质量占下部结构质量的 3％。表 7.6.3 中的第 2 列为无控制响应，第 3 到 8 各列分别对应一种控制策略。例如，第 3 列为控制上部结构顶部位移策略的结果：上部结构顶部的均方根位移是 2.193m，与不加控制的情况（3.097m）相比，减小了 29.2％；下部结构顶部的均方根加速度是 0.228m/s²，与不加控制的情况（0.285m/s²）相比，减小了 20.0％；对于本控制策略的最佳阻尼参数：频率 0.104Hz，阻尼比 0.09，相应的阻尼器均方根（RMS）位移 1.422m，阻尼器均方根（RMS）加速度 0.653m/s²。

在本例中，性能水平（performance level）设置如下：

$$[r_{\text{disp}}] = 0.01, [r_{\text{drift}}] = 0.25, [r_{\text{acc}}] = 0.2\text{m/s}^2, [r_{\text{stroke}}] = 2.7\text{m} \qquad (7.6.11)$$

在探讨采用两个 TMD 的振动控制之前，我们先对带有"鞭梢效应"的整体结构与下部结构的振动控制做一个比较。图 7.6.10 所示为无控制时下部结构沿高度的均方根（RMS）响应。我们看到，从下往上均方根（RMS）位移和加速度是逐渐增加的，而层间均方根（RMS）位移是逐步减小的，均没有突变。

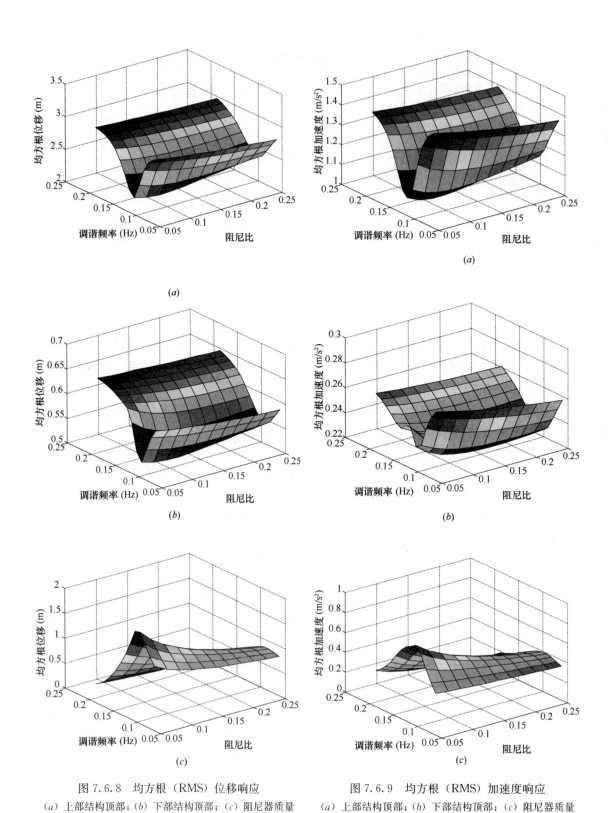

图 7.6.8　均方根（RMS）位移响应

（a）上部结构顶部；（b）下部结构顶部；（c）阻尼器质量

图 7.6.9　均方根（RMS）加速度响应

（a）上部结构顶部；（b）下部结构顶部；（c）阻尼器质量

整体结构在下部结构顶部应用 TMD 控制   表 7.6.3

控制策略 结构响应		无控制	最大减振 (上部结构顶部)		最大减振 (下部结构顶部)		最大减振 (最大层间位移)	最大减振 (相对位移)
			位移	加速度	位移	加速度		
	(1)	(2)	(3)	(4)	(5)	(6)	(7)	(8)
上部结构 顶部	RMS 位移 (m)	3.097	2.193	2.270	2.363	2.260	2.270	2.270
	位移减振比	—	0.292	0.267	0.237	0.270	0.267	0.267
	RMS 加速度 (m/s²)	1.514	1.094	1.051	1.199	1.099	1.051	1.051
	加速度减振比	—	0.278	0.306	0.208	0.274	0.306	0.306
下部结构 顶部	RMS 位移 (m)	0.642	0.531	0.573	0.522	0.534	0.573	0.573
	位移减振比	—	0.172	0.106	0.186	0.168	0.106	0.106
	RMS 加速度 (m/s²)	0.285	0.228	0.234	0.231	0.223	0.234	0.234
	加速度减振比	—	0.200	0.176	0.187	0.218	0.176	0.176
最大层 间位移	RMS (m)	1.107	0.793	0.791	0.863	0.807	0.791	0.791
	减振比	—	0.284	0.285	0.220	0.271	0.285	0.285
相对位移	RMS (m)	2.810	2.030	1.988	2.214	2.053	1.988	1.988
	减振比	—	0.278	0.293	0.212	0.269	0.293	0.293
下部结构 顶部的 TMD	调谐频率 (Hz)	—	0.104	0.114	0.094	0.104	0.114	0.114
	阻尼比	—	0.090	0.090	0.110	0.170	0.090	0.090
	RMS 位移 (m)	—	1.422	1.241	1.316	1.019	1.241	1.241
	RMS 加速度 (m/s²)	—	0.653	0.632	0.573	0.487	0.632	0.632

表 7.6.4 所列为下部结构在其顶部设置一个 TMD 的控制结果,阻尼器质量仍然为下部结构总质量的 3%。比较表 7.6.3 和表 7.6.4,我们看到风激励下的下部结构其顶部均方根 (RMS) 位移与加速度比风激励下的整体结构的大,尽管风力在 0～450m 高度上两者是一样的,同时对于后者在 450～540m 高度范围还有附加风激励。出现这一现象是因为上下部结构的基频接近,上部结构本身就像下部结构的一个 TMD。这也是带有"鞭梢效应"的塔式结构中上部结构比下部结构具有更大的响应的原因。对于下部结构,上部结构可能不是一个"最优的"TMD,因为其固有阻尼可能较小。

仅下部结构控制   表 7.6.4

控制策略 结构响应	下部结构顶部				TMD			
	RMS 位移 (m)	位移减 振比	RMS 加速度 (m/s²)	加速度 减振比	调谐频率 (Hz)	阻尼比	RMS 位移 (m)	RMS 加速度 (m/s²)
无控制	0.734	—	0.419	—	—	—	—	—
最大位移控制	0.503	0.315	0.296	0.292	0.106	0.130	1.190	0.651
最大加速度控制	0.513	0.301	0.289	0.309	0.118	0.130	1.115	0.636

(2) 在上下结构顶部各设置一个 TMD

表 7.6.5 列出了在上、下结构顶部各设置一个 TMD 的振动控制结果。上、下部阻尼

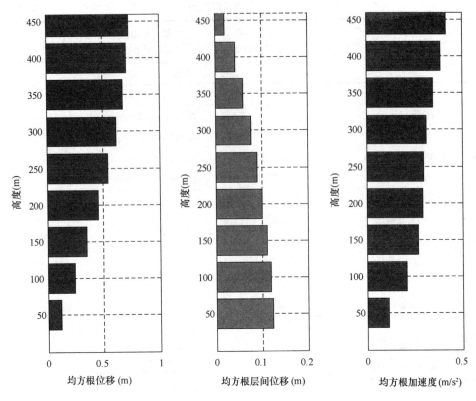

图 7.6.10　无控制时下部结构沿高度的均方根（RMS）响应

器的质量分别为对应的上、下部结构质量的 3%。对于两个阻尼器，探讨的阻尼比范围为 0.05～0.25，频率范围为 0.06～0.187 Hz。从表 7.6.5 的第 3～8 列看到，对位移、层间位移和加速度的最大减振幅度在 10% 到 20%，小于表 7.6.3 所列的对应数值。然而，上部结构顶部的阻尼器行程明显大于容许值。

在上、下结构顶部同时应用 TMD 的整体结构控制　　　　　　　　　　　　　表 7.6.5

结构响应	控制策略	无控制	最大减振（上部结构顶部）		最大减振（下部结构顶部）		最大减振（最大层间位移）	最大减振（相对位移）	面向性能的控制 $\alpha=0.1$ $\beta=0.8$
			位移	加速度	位移	加速度			
	(1)	(2)	(3)	(4)	(5)	(6)	(7)	(8)	(9)
上部结构顶部	RMS 位移 (m)	3.097	1.841	2.009	1.890	1.968	1.870	1.873	2.052
	位移减振比	—	0.405	0.351	0.390	0.365	0.396	0.395	0.337
	RMS 加速度 (m/s²)	1.514	0.901	0.838	0.892	0.871	0.866	0.865	0.895
	加速度减振比	—	0.405	0.446	0.411	0.424	0.428	0.428	0.409
下部结构顶部	RMS 位移 (m)	0.642	0.517	0.532	0.482	0.509	0.539	0.546	0.508
	位移减振比	—	0.195	0.170	0.248	0.206	0.160	0.149	0.208
	RMS 加速度 (m/s²)	0.285	0.212	0.220	0.201	0.196	0.215	0.219	0.200
	加速度减振比	—	0.257	0.227	0.294	0.313	0.246	0.229	0.284

结构响应	控制策略	无控制	最大减振（上部结构顶部）		最大减振（下部结构顶部）		最大减振（最大层间位移）	最大减振（相对位移）	面向性能的控制 $\alpha=0.1$ $\beta=0.8$
			位移	加速度	位移	加速度			
	(1)	(2)	(3)	(4)	(5)	(6)	(7)	(8)	(9)
最大层间位移	RMS (m)	1.107	0.649	0.702	0.678	0.682	0.640	0.640	0.722
	减振比	—	0.587	0.634	0.612	0.616	0.422	0.422	0.348
相对位移	RMS (m)	2.810	1.648	1.772	1.729	1.714	1.601	1.601	1.824
	减振比	—	0.587	0.631	0.615	0.610	0.430	0.430	0.351
TMD1（下部结构顶部）	调谐频率 (Hz)	—	0.114	0.104	0.094	0.125	0.125	0.125	0.104
	阻尼比	—	0.090	0.070	0.090	0.190	0.090	0.070	0.170
	RMS 行程 (m)	—	1.124	1.478	1.286	0.622	0.954	1.041	0.907
	RMS 加速度 (m/s²)	—	0.591	0.664	0.526	0.361	0.562	0.621	0.432
TMD2（上部结构顶部）	调谐频率 (Hz)	—	0.094	0.135	0.114	0.104	0.094	0.094	0.125
	阻尼比	—	0.070	0.070	0.130	0.110	0.070	0.070	0.250
	RMS 行程 (m)	—	6.652	3.940	4.571	5.855	7.087	7.172	2.648
	RMS 加速度 (m/s²)	—	2.734	2.545	2.509	2.649	2.880	2.906	1.440

因此，有必要应用前面提出的面向性能的设计方法，以得到合适的阻尼器参数，不仅能提供足够的振动控制效果，还能将阻尼器行程限制在容许范围。这一问题就是采用适当的 α 和 β 值使式（7.6.8）的性能函数 J_2 最小化。在式（7.6.8）中，α 为上部结构顶部阻尼器行程权重，$(1-\alpha)$ 为结构响应的权重，β 为下部结构顶部加速度响应权重，$(1-\beta)$ 为上、下部结构顶部之间的相对位移权重。

图 7.6.11 所示为分项性能指标随 β 的变化情况。由于 $(1-\alpha)$ 为结构响应的权重，所以这些分项性能指标与权系数 β 的关系也受 α 的影响（参见图 7.6.11 (a)，(b)）。

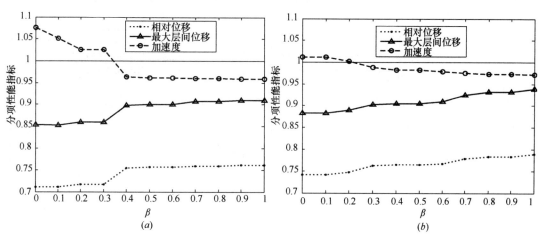

图 7.6.11 分项性能指标随 β 的变化
(a) $\alpha=0$；(b) $\alpha=0.04$

图 7.6.12 所示为分项性能指标随 α 的变化情况。随着 α 的增大，阻尼器行程的分项性能指标下降，而其他分项性能指标增加。当 α 不大于 0.1，结构响应渐渐增大，而阻尼器行程迅速减小。因此，牺牲一点控制效果，会使阻尼器行程明显减小。从图 7.6.12 （a）（$\beta=0$），当 $\alpha=0.1$ 时，阻尼器行程、相对位移、层间位移各性能指标多小于 1，而加速度性能指标大于 1。由于为 β 加速度权重，为了使所有指标都小于 1，增大 β 是必要的也是可行的。在图 7.6.12 （b）（$\beta=0.8$），当 $\alpha=0.1$ 和 0.12 时，所有的性能指标都小于 1。这种情况下，这个设计可采用 $\alpha=0.1$ 和 $\beta=0.8$。

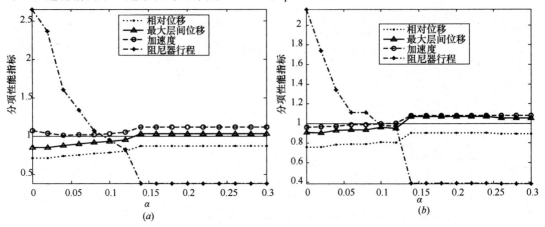

图 7.6.12　分项性能指标随 α 的变化
(a) $\beta=0$；(b) $\beta=0.8$

图 7.6.13 所示为通过取 $\beta=0.8$ 时改变 α 使性能函数式（7.6.8）最小化所得到的阻尼器参数。可见，为了减小阻尼器行程，上部结构顶部 TMD 的阻尼比随着 α 的增大而增大。还可以看到，当 α 大于 0.14 时，上部结构顶部 TMD 的频率已达到限定范围（0.06Hz～0.187Hz）的上限（0.187 Hz）。当 α 大于 0.07 时，其阻尼比也达到了限定范围（0.05～0.25）的上限（0.25）。这也解释了为什么在图 7.6.12 中 α 当大于 0.14 时，分项性能指标几乎为平直线。TMD 相应的均方根（RMS）位移和加速度响应如图 7.6.14

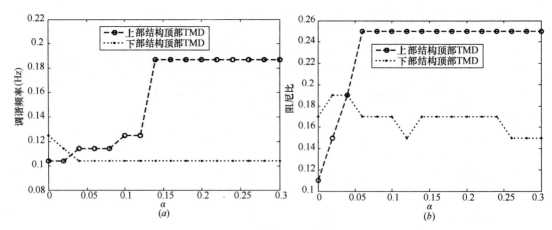

图 7.6.13　TMD 参数随 α 的变化（$\beta=0.8$）
（a）调谐频率；（b）阻尼比

所示。可见，随着 α 的增大，上部结构顶部 TMD 的响应迅速减小。

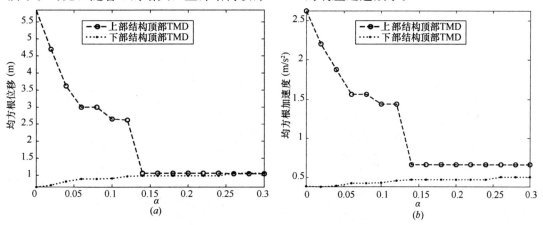

图 7.6.14　TMD 响应随 α 的变化（$\beta = 0.8$）
(a) 均方根（RMS）位移；(b) 均方根（RMS）加速度

　　图 7.6.15 所示为带所设计的 TMD 的整体结构沿高度的均方根响应。与代表无控制的整体结构的均方根（RMS）响应的图 7.6.7 比较，我们看到，均方根（RMS）位移、层间位移和加速度响应被消减了大约 30% ～ 50%。响应、减振幅度、阻尼器行程列入表 7.6.5 的第 9 列。与采用单一目标优化策略的控制结果（见表 7.6.5 的第 3 至 8 列）比较，可见，虽然稍微牺牲点控制效果，但是上部结构的顶部却从 7.2m 或 3.9m 减小到

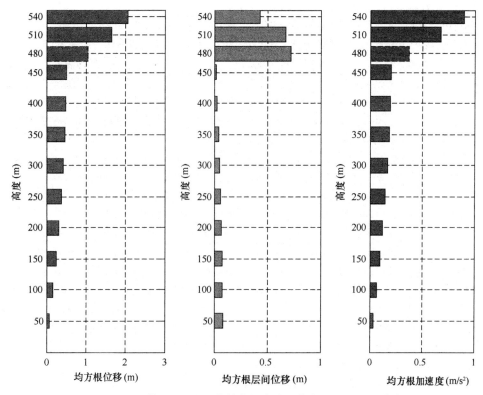

图 7.6.15　带 TMD 的整体结构沿高度的均方根（RMS）响应

2.6m。因此，所提出的面向性能的设计方法可以获得实用和有效的控制方案。

参考文献

[1] J. T. P. ，Yao. Concept of Structural Control，Journal of Structural Division[J]．ASCE，Vol. 98，1972.

[2] 钱国桢等．浅述各种结构控制技术及其适用性[J]．《结构工程师》21(3)：75-81，2005

[3] 樊水荣、苏经宇等．建筑基础摩擦滑移隔震技术及其应用[J]．工程抗震，1997.3(1)：39～43.

[4] 张文芳．程文瀼等．九层房屋基础滑移隔震的试验、分析及应用研究[J]．建筑结构学报，2000.6 (3)：60～68.

[5] 李忠献、刘颖等．滑移隔震结构考虑土-结构动力相互作用的动力分析[J]．工程抗震，2000.8(4)：1～6.

[6] 李黎，樊爱武等．滑移隔震结构滑移位移的数值研究，[J].2000.12(6)：30～34.

[7] 钱国桢．一种新型沥青阻尼隔震垫及其应用[J]．浙江建筑，2001.(1)：.24-26

[8] 宋新初、钱国桢、庄表中．阻尼隔震垫的性能及应用介绍[A]．现代地震工程进展[C]．南京，东南大学出版社，2002.599～602.

[9] 曾树民．面向新世纪的建筑减灾技术——基础隔震技术[J]．建筑知识，1999 年 05 期第 9 页

[10] Kelly J M. Skinner R I，Heine A J. Mechanisms of energy absorption in special devices for use in earthquake resistant structures[J]．Bulletin of New Zealand National Society for Earthquake Engineering，1972，5(3)：63-88.

[11] Whittaker，A. S.，et al. Seismic testing of steel plate energy dissipation devices[J]．Earthquake Spectra，7(4)，563-604，1991.

[12] 孙树民．土木工程结构振动控制技术的发展[J]．噪声与振动控制，2001.(1)：22-28

[13] 新日本制铁株式会社．新日铁的耐震·耐火建筑构造用钢材[技术编][M]．1996，1-28

[14] 王桂萱，汪宇，赵杰．设置金属阻尼器的某高层建筑耗能减震分析[M]．世界地震工程，27(4)：1-6，2011

[15] Wakabayashi M，Nakamura T，Kashibara A，Morizono T，Yokoyama H. Experimental study of elasto-plastic properties of precast concrete wall panels with built-in insulating braces [A]．*Architectural Institute of Japan*，1973. 1041-1044.

[16] Watanabe Hitomi Y，Saeki E，Wada A，Fujimoto M. Properties of Brace Encased in Buckling-Restraining Concrete and Steel Tube[A]．*Proceedings of the Ninth Worldr conference on Earthquake Engineering*，August，Tokyo-Kyoto，Japan，1988，4

[17] Clark P，Aiken I，Kasai K，Ko E，Kimura I. Design procedures for buildings incorporating hysteretic damping devices[A]．*Proceedings of 69ᵗʰ annual convention*，SEAOC，Sacramento，CA，1999.

[18] JAMES NEWELL. Sub assemblage Testing of Core brace Bucking-restrained Braces（F Series），[*Report No. TR-*2005/01，*Department of Structural Engineering*，UCSD][R]．2005.

[19] 陈正诚．韧性同心斜撑构架与韧性斜撑构材之耐震行为与设计[J]．结构工程师，2000，15(1)：53-78.

[20] 蔡克荃等．双管式挫屈束制支撑之耐震行为与应用[J]．建筑钢结构进展，2005，7(3)：1-8

[21] 殷占忠、陈伟、陈生林等．改进型双钢管约束屈曲支撑试验研究[J]．建筑结构学报，2014，35 (9)：90-97.

[22] 郭彦林．结构的耗能减震与防屈曲支撑[J]．建筑结构，2005，35(8)：18-23

[23] 哈敏强．普通与新型抑制屈曲支撑的力学性能及其应用研究[D]．上海：同济大学，2004

［24］ 罗树青．新型抑制屈曲支撑在结构失稳监测中的应用［D］. 上海：同济大学，2005

［25］ Pall，A. S．，and Marsh，C. Response of friction damped braced frames［J］. of Struct. Div．，ASCE，108(6)，1313-1323，1982.

［26］ Aiken，I. D．，and Kelly，J. M. Earthquake simulator testing and analytical studies of two energy-absorbing systems for multistory structures［M］. Rep. No. UCB/ EERC-90-03，Univ. of California，Berkeley，Calif. 1990.

［27］ 温建明，冯奇．摩擦阻尼器在高层建筑风振控制中的应用［J］. 石家庄铁道学院学报(自然科学版)，21(2)：5-8，2008. 6

［28］ Nielsen，E. J．，et al. Viscoelastic Damper Overview for Seismic and Wind Application［J］. Proc.，First World Conf. on Struct. Control，Vol. 3，1994.

［29］ Chang，K. C．，et al. Viscoelastic dampers as energy dissipation devices for seismic applications［J］. Earthquake Spectra，9(3)：371-388，1993.

［30］ 瞿伟廉，程憨荃，毛增达，张学俭，周笋，沈莉，蓝晓琪，梁枢果，刘雯彦．设置黏弹性阻尼器钢结构高层建筑抗震抗风设计的实用方法．建筑结构学报，1998，19(3)：42-49，57.

［31］ Makris N，Constantino MC. Fractional derivative Maxwell model for viscous dampers. *J Strct Engrg*，ASCE，1991，117(9)：2708-2724

［32］ Constantiou，M. C．，et al. Fluid Viscous Dampers in Application of Seismic Energy Dissipation and Seismic Isolation，Proc．，ATC 17-1 Seminar on Seismic Isolation［J］. Passive Energy Dissipation，and Active Control，2：581-592，1993.

［33］ 腾军．结构振动控制的理论、技术和方法，科学出版社，2009 年 7 月，第一版，P163

［34］ Ou Jinping，and Wu Bo. Recent Advances in Research on and Application of Passive Energy Dissipation Systems［J］. Earthquake Engineering and Engineering Vibration，16(3)，1996.

［35］ 龙复兴，张旭，顾平，姚进．调谐质量阻尼器系统控制结构地震反应的若干问题［J］. 地震工程与工程振动，1996，16(2)：87-94.

［36］ 李春祥，刘艳霞．地震作用下高层建筑 TMD 控制优化设计［J］. 同济大学学报，1999，27(3)：287-291.

［37］ 李爱群等．南京电视塔风振的混合振动控制研究［J］. 建筑结构学报，1996，17(3)：9-17.

［38］ 刘季等．液压-质量控制系统试验研究［J］. 哈尔滨建筑工程学院学报，1993，26(4)：57-63.

［39］ 武田寿一著，纪晓惠，等译．建筑物隔震、防振与控振［M］. 北京：中国建筑工业出版社，1997.

［40］ Yutaka Inoue. State of Art of Active and Hybrid Structural Response Control Research in Japan，Proceeding of US/China/ Japan Trilateral Workshop on Structural Control［R］. Shanghai，1992.

［41］ Soong T. T. Active Strutural Control-Theory and Practice［R］. Longman Scientific & Technical，1990.

［42］ Susumu Otsuka，et al. Development and Verification of Active/Passive Mass Damper，First World Conference on Structural Control［M］. Los Angeles，USA，1994.

［43］ Soong T. T．，Hanson R. D. State-of Art of Active Structural Control Research in the U. S．，Proceeding of US/ China/ Japan Trilateral Workshop on Structural Control［R］. Shanghai，China，1992.

［44］ 刘季，孙作玉．结构可变阻尼半主动控制［J］. 地震工程与工程振动，1997，17(2)：92-97.

［45］ Maebayashi K．，et al. Hybrid Mass Damper System for Response Control of Building，Proceeding of the Tenth World Conference on Earthquake Engineering［M］. Spain，1992.

［46］ 钱国桢，池毓蔚．地震波激励下加层结构被动控制的最优参数求解［J］. 工程抗震，1998，(3)：36-38

［47］ Rao，S. S. Optimizati on theory and application，Wiley Easten Ltd．，1984．

［48］ 魏琏，建筑结构抗震设计，万国学术出版社，1991

［49］ 池毓蔚、钱国桢．谐波激励下加层结构被动控制最大参数求解，第九届华东固体力学学术会议论文集，同济大学出版社，1997，5

［50］ 钱国桢，池毓蔚，王柏生，岑岗．加层结构被动控制最优侧向刚度的试验研究［J］．振动与冲击，1999，18(2)：35-38，78

［51］ 混凝土电视塔结构技术规范(GB 50342—2003)，2003.

［52］ 高耸结构设计规范（GBJ 135—90），1990.

［53］ Davenport AG. The spectrum of horizontal gustiness near the ground in high winds. *Journal of Royal Meteorological Society* 1961；87：194-211.

［54］ The Code of Practice on Wind Effects. Building Development Department，Hong Kong. 1983.

第8章　建筑结构的健康监测

8.1　结构健康监测系统

8.1.1　结构健康监测系统及其发展

超限高层建筑结构的使用期限通常长达几十年乃至上百年。在其使用过程中，由于超常荷载、材料老化、构件缺陷等因素的作用，结构将逐渐产生损伤累积，从而使结构的承载能力降低，抵抗自然灾害的能力下降。如遇地震、台风等灾难性荷载作用时，就可能遭受极为严重的破坏，给国家和人民的生命、财产带来巨大损失。因此，通过技术手段及时了解和掌握结构的运营环境和健康状态，从而对结构的安全性和耐久性做出评价是一项重要工作，并日益受到重视。早期的技术手段主要是基于传统的无损检测技术和人工巡检，然后根据经验对结构的状态和发展趋势做出判断和决策。然而，对于大型复杂结构，为了能够不失时机地获得结构的健康状况的信息，靠偶尔进行的试验检测是无法满足要求的。如能对结构的运行状况进行在线实时监测，并基于此对结构的工作状态和健康状况做出诊断、识别和预测，将对及时发现结构损伤，预测可能出现的灾害，进而对结构的安全性、可靠性、耐久性和适用性做出评估，具有重要的意义。因此，自20世纪后期开始，国际上出现了针对重要的工程结构的长期健康监测系统。

结构健康监测系统（Structural Health Monitoring System，简称SHM）是一种持久性安装在结构上的传感和数据采集、传输、管理、分析等软硬件系统。它综合利用了传感、通讯、信息、信号处理、数据管理和系统识别等领域的技术。它以结构的荷载、环境、响应等为监测对象，以及时地掌握和评价结构的健康状态为目标。为认识结构的运营环境和工作机理，识别结构的健康状态，评估结构的性能，指导结构的维护与管理提供了丰富的资料和技术手段。长期健康监测系统的出现，大大推动了结构识别与诊断技术的发展。

国际上结构健康监测的研究，大约开始于20世纪50年代的航空航天和机械领域。70年代末，开始土木工程领域的相关研究。早期的结构在线监测技术是基于一台计算机而完成数据采集、信号处理和分析的系统。随着监测对象的大型化和对监测系统功能要求的提高，发展成采用多台计算机通过通讯协作，而形成一个基于计算机网络的监测系统。目前，相关领域的新技术在健康监测系统中都得到广泛应用。这些技术主要包括，全球定位系统（GPS），光纤光栅传感技术，互联网技术，无线传输技术等。这些技术的应用，使结构健康监测技术得到空前发展。进一步提升了系统的性能，拓宽了系统的应用领域，实现了系统的远程访问和数据共享，为不同用户的需求提供更便捷的服务。

自20世纪90年代以来，结构健康监测已经广泛地应用于大型桥梁。开创性的大规模应用案例包括：主跨1640米的丹麦大贝尔特桥（Great Belt Bridge，1996），安装了164

个传感器组成的监测系统，对结构响应、风、温度等进行实时监测。加拿大的 Confederation Bridge、美国的 Commodore Barry Bridge、日本的 Akashi Kaikyo Bridge（主跨 1991m，1998）、韩国的 Seohae Bridge、中国香港的青马大桥（主跨 1337m，1997）以及中国内地的江阴大桥（1999）等。进入 21 世纪，健康监测系统在大型桥梁上的应用更为普遍，如青岛海湾大桥（2011），港珠澳大桥（在建）等，无论在系统规模，还是在技术水平上都有了空前的发展。

与此同时，结构健康监测的应用也开始了在大跨度空间结构、超限高层建筑结构领域尝试。较早的应用包括，M. Celebi 等于 20 世纪 80 年代初在美国旧金山一栋 24 层钢框架结构进行的长期地震监测[1]。F. H. Durgin[2] 对美国 Boston 的一栋 200 多米高度的建筑进行了监测。1996 年落成 280m 高的新加坡的共和大厦（Republic Palaza）的监测。T. Kijewski 等[3] 于 1998—2006 年间对高层建筑的监测做了大量的工作。期间主持了 Chicago Full-Scale Monitoring Project 计划，先后在芝加哥、波士顿、首尔进行了大量的高层建筑监测，得到一系列有价值的研究结论。在监测技术方面，将 GPS、网络技术等应用于高层建筑的监测和数据监控、存储、下载与处理。

建筑结构的健康监测在国内起步较晚，监测系统和数据分析处理的理念都较大程度的源于桥梁结构的监测。初期主要集中在结构的动力监测和风致响应的短期监测。进入 21 世纪以来，我国在高层建筑结构监测领域得到快速发展和应用。陆续在众多高层和超高层建筑结构上实施应用了短期或长期健康监测技术，其中包括深圳地王大厦[4]、香港中环广场[5]、广州中信广场[6]、上海金茂大厦[7]、深圳市民大厦[8]、杭州市民中心[9]等。结合这些实践应用，我国学者对高层建筑和超高层建筑结构的监测理论和技术都进行了较为全面而深入地研究，取得一系列成果。

而于 2009 年由香港理工大学研发实施的广州电视塔长期健康监测系统，是超高层建筑长期结构健康监测技术大规模应用的开创性案例[10~11]。

广州新电视塔具有结构超高、形体奇特、结构复杂的特点，在超高层建筑发展史上具有里程碑的意义。这个包括 700 多个各种类型传感器的长期健康监测系统，将施工监控与运营期间健康监测进行了无缝连接。该系统技术先进、特色鲜明，取得多项创新成果，技术水平高居国际领先地位。以此为依托的"大型结构诊断与预测系统：全寿命结构健康监测"获得第三十七届日内瓦国际发明展金奖及特别大奖（2009 年）。

8.1.2 健康监测系统的功能与目的

结构健康监测系统的基本功能和目的，可以归纳为如下几个方面：

1. 验证设计理论与方法，为改进设计规范和方法提供资料；

2. 为新技术、新材料的应用提供验证和评价资料；

3. 为掌握结构性能的演化规律，为结构可靠性、耐久性以及剩余寿命评估提供长期跟踪资料；

4. 及时获取荷载和结构响应的异常信息，尽早对结构的损伤或性能退化做出识别和预警，保证结构的安全运营；

5. 捕捉地震、台风、爆炸、火灾等偶发事件的发生过程，为结构的灾后评估提供技术支持；

6. 为结构的维修、加固、改建提供参考资料和技术支持。

在验证设计、积累资料、捕捉偶发事件等方面，监测系统可以得到相对直接的应用。T. Kijewski 等所实施的 Chicago Full-Scale Monitoring Project，一个重要目的就是通过对比分析评价结构设计中采用的假设和设计参数是否准确，并对结构设计提出建议。阻尼比是结构设计中一个不易确定的参数，经常由于选择不当，引起结构的风致响应与设计结果偏差较大。通过对实际结构的风致响应的监测，可以得到结构实际风致响应和阻尼比。通过对一些高层建筑的监测结果的对比分析，得出某钢结构的阻尼比稍小于设计阶段的使用值[12]。一些钢结构高层建筑设计中采用的假设基本准确，监测获得的结构性态参数与设计中使用的基本一致。但一些混凝土高层建筑，设计中采用的设计参数则存在一定误差[13]。

下图是深圳证券交易所营运中心超长悬挑抬升裙楼支架拆除过程中，上下两处应力的监测结果。清晰记录了悬挑结构恒载作用下应力的形成过程。从施工期开始监测过渡到运营期，通过对结构"诞生"过程的跟踪监测，可以更好的掌握结构的基本特性和运行规律，建立结构的健康档案和评价基准。

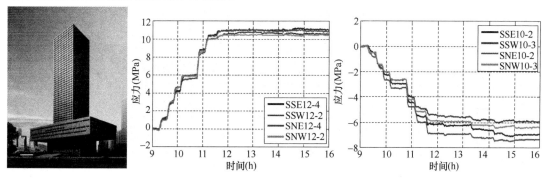

图 8.1.1　深交所营运中心悬挑裙楼拆架过程应力监测

健康监测的重要作用之一在于对一些偶然性灾害过程的捕捉，这是非在线的试验检测所不能实现的。为对结构的灾后评价提供了不可复制的珍贵资料。广州新电视塔施工期间发生汶川地震。正在实施的监测系统中部分传感器已开始工作。三个不同高度上的应变传感器明确记录了结构的地震响应。汶川地震发生于 14 时 28 分，应变记录显示地震波从汶川到达广州塔传递时间大约 7 分钟，由此计算的从汶川到广州地震波传播的平均速度约 3155m/s。假如地震发生在距离被监测结构较近处，那么，这些监测资料对结构的震后评价和维修决策就将发挥不可替代地作用。

在损伤识别、性能评价方面，属于健康监测的深层应用。结构和人类不同，通常它们没有统一的健康评价指标。对每个结构运营状态的全程监测有助于建立各自的健康指标和评价基准。基于此，通过实际运营环境下结构响应的监测结果的分析，结合结构损伤识别技术的应用，实现对结构在长期运营后或灾后可能处于的各种非健康状态的识别诊断。

8.1.3　结构健康监测的内容

高层建筑结构的特征，决定了对风和地震的作用更加敏感，对基础的要求更高。结构体系一般采用框剪、框筒、筒中筒、束筒、巨型框架结构等，因此在侧向荷载作用下，在

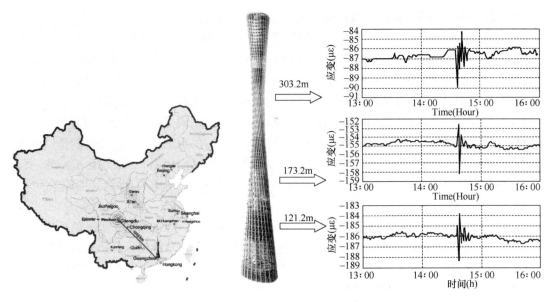

图 8.1.2　广州新电视塔在汶川地震期间的应变响应

产生显著的弯曲变形的同时，还伴随着较明显的剪切变形；对内外筒体间或内筒外框间，因为受力不同、材料不同而在混凝土收缩徐变影响下，随着时间进程使竖向结构产生变形差异，因此使结构的应力分布更为复杂多变。受力和变形也易于受温度与日照等环境因素的影响。特别在风与地震这样的随机动荷载作用下，结构还会产生扭转效应，使其内力变化将更加复杂，有时常常会超出设计的预期。而且超高层建筑结构的服役年限长，对安全性和耐久性都有更高的要求。因此，为了保证它在使用期间的安全，对它进行健康监测是十分必要的。

1. 变形监测

许多建筑结构在出现危险之前都常常发生较大的变形。变形监测目的是为了实时的了解结构的变形情况与变形的性质，以掌握结构性态的变化，分析结构变形规律、变形速率与变化趋势预测，可以预警结构的隐患，以确保结构的变形在设计容许范围之内。

（1）沉降与倾斜监测

沉降与倾斜监测一般属于静态变形监测，监测方法包括常规地面测量方法、近景摄影测量以及特定条件下采取一些特殊的测量方法。

对于沉降观测，从分析变形过程出发，变形速度值比变形绝对值具有更重要的意义。高层建筑结构的地基允许变形值一般是由设计单位给定的或者由相应的建筑规范规定的。地基允许变形值包括沉降量、沉降差、倾斜和局部倾斜等。

倾斜观测主要是为了保证建筑物各层轴线的位置所进行的竖向监测，即垂直度监测，它反映了施工质量和地基沉降的综合影响。

（2）水平位移监测

对于高层建筑结构，风荷载和地震作用往往成为结构的控制荷载。在侧向荷载作用下，结构的水平位移过大容易引起结构损坏或失稳，从而影响结构的可靠性和安全性，因此对结构的水平位移监测与控制是超限高层建筑结构健康监测的重要内容。

2. 应力/应变监测

超限高层建筑结构常包含有巨型柱、核心筒墙体、外伸桁架等重要的关键构件和一些结构重要节点和关键部位。这些构件、节点和部位的强度降低或损伤，容易引起结构局部或者整体的不稳定甚至倒塌，引发安全事故。因此，对这些构件的受力状态进行监测，及时发现异常表现和损伤部位是结构健康监测的重要内容。

3. 结构动力特性监测

对于结构的损伤或老化，会不同程度地引起结构参数如结构质量、刚度和阻尼的变化，进而引起结构自振频率、振型等动力特性的改变。通过对结构动力特性的监测，应用结构参数和损伤识别技术，有助于对结构的健康状态做出定性和定量地评价。所以结构的动力特性监测是超限高层建筑结构健康监测一项最主要内容。

4. 荷载监测

高层建筑结构荷载监测的对象主要是风荷载和地震作用。高层建筑结构属于风荷载敏感建筑。随着高度的增加，风荷载往往成为结构设计中的控制荷载。抗风设计历来是高层建筑结构设计的主要内容之一。现行结构规范对于超过一定高度的结构风荷载方面的理论和规定相对还不完善。通过对风向、风速、风压的监测，获得不同风场特性，不仅有助于高层建筑结构在风场中的行为及其抗风稳定性的分析，为结构安全、可靠性评估提供依据，同时，还促进了高层建筑结构抗风设计和风工程的理论研究。

地震作用也是健康监测系统的荷载监测内容之一。它主要的作用是记录地震作用响应历程，为结构的灾后评估和振动响应分析提供依据。同时，也是对丰富地震观测资料，促进相关研究做出贡献。

5. 耐久性监测

超限高层建筑结构的服役年限，一般要几十年甚至上百年，耐久性是十分重要的。混凝土劣化、钢结构锈蚀等直接影响着结构的使用寿命。通过耐久性监测技术，可以及时掌握材料的老化退化的程度和发展趋势，从而对结构的安全性和使用寿命做出评估。混凝土耐久性的演变是一个较为缓慢的过程，因此，对耐久性的监测一般并不要求动态实时监测，而采用人工定期读数就能满足要求。混凝土耐久性的监测技术是近年来才被一些大型土木工程结构所采用，这部分内容我们将在后面章节单独介绍。

8.1.4 系统的组成与结构

1. 系统结构

一个完整的结构健康监测系统主要包括以下几个部分：①传感器系统；②数据采集与传输系统；③数据处理与控制系统；④结构健康诊断与安全评估系统。典型的结构健康监测系统结构如图 8.1.3 所示。

2. 传感器系统

传感器系统是整个结构监测系统的硬件基础，用于结构安全预警、诊断、评定分析数据的正确性取决于传感器信号来源的可靠性。在结构健康监测系统，根据监测项目的特点和需求选择传感器。

（1）传感器选型需要考虑的主要因素

1）先进性：根据监测要求，尽量选用技术成熟、性能先进的传感器。技术指标应符

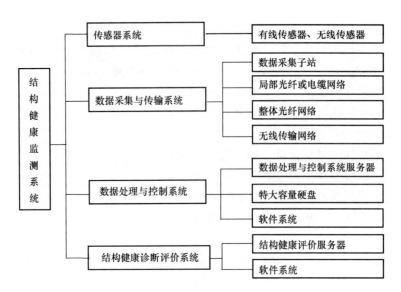

图 8.1.3　结构健康监测系统结构示意图

合监测目的与方法的技术要求；

2）可靠性：保证系统在施工和使用环境下安全可靠运行；

3）实用性：方便安装和使用，较高的设备性价比；

4）耐久性：对于超高层结构，系统运行周期较长，传感器应具备高耐久性；

5）可维护、可扩展：传感器易于维护和更换；

6）技术性能：主要包括量程、精度、灵敏度、分辨率、频响，以及正常工作的温、湿度范围。在满足监测要求的前提下，性能适中，性价比高；

7）冗余性：在满足监测要求的前提下，适度增加传感器的数量，保证传感器数量具有一定的冗余度。

（2）常用的传感器类型

1）结构变形监测传感器

高层建筑结构的变形监测主要是水平位移监测，其包括结构顶端位移监测和整体水平变形监测。传统的位移测量仪器和方法一般不太实用于高层建筑结构的实时监测。高层建筑结构水平位移监测主要采用倾斜仪和全球定位系统（GPS）。

倾斜仪通常用于测量结构主要竖向承重构件（核心筒、剪力墙等与结构整体变形相一致的构件）竖向的倾角变化。它的主要优点在于不仅可以计算获得结构顶端水平位移，还能获得结构沿竖直方向的倾角变化。一般情况下，高层建筑结构整体水平变形情况按照结构形式的不同可以分为剪切型、弯曲型、弯剪型；复杂高层建筑结构往往需要设置加强层，这时结构整体水平变形通常不是简单的上述三种类型，而是它们之间的组合[14]。因此，为了准确、实时地监测复杂高层建筑结构的整体水平变形状态，需要设置数个或者数十个竖直分布的倾斜仪。

目前，GPS在大型结构健康监测系统逐步得到应用。GPS具有实时、动态、操作方便等突出的特点，虽然它的测量精度有时不甚理想，但是其发展前景是非常好的。通常，GPS宜布置在高层建筑的顶部，空间开阔没有遮挡的位置，信号相对更加稳定，另外距离基站不要太远。这样，GPS对水平位移的测量精度还是有保障的。戴吾蛟对GPS测量动态位移的性能进行了细致的研究，认为GPS应用于超高层结构的位移监测，是符合测量精度要求的[15]。

2）应力/应变监测传感器

建筑结构构件监测主要包括对重要构件或节点的应变、温度的监测。目前，光纤光栅传感器被广泛应用于结构健康监测系统。光纤光栅传感器具有抗电磁干扰、耐腐蚀、耐久性好、灵敏度高、响应快、重量轻、体积小、传输带宽大以及可实现分布式测量等突出优点，特别适合于高层建筑、桥梁等大型建筑物应变、温度等多参量的实时监测，更符合结构长期健康监系统测对耐久性、长期性和可靠性的要求。

3）结构动力特性监测传感器

用于记录结构在动载下的速度和加速度响应。加速度传感器较速度传感器在构造上更容易实现，因此加速度传感器应用更为普遍。常用加速度传感器主要包括压电式加速度计、压阻式加速度计、电容式加速度计、力平衡式加速度计等。

用于建筑结构健康监测的加速度仪需重点考虑有效频带和分辨率两个指标。有效频带指传感器能有效测试各种频率振动的频率范围。该频率范围的下限应低于被测结构的基本频率，而上限应高于希望测试的结构高阶模态频率。

4）荷载监测传感器

荷载监测的传感器按照荷载类型的不同有强震观测仪器、风速仪、风压计等。由于不同建筑的结构形式、环境荷载以及建筑特征会有所不同，所以，荷载传感器的性能指标和安装方法、位置需要依据建筑结构的实际情况选用。风速仪主要有超声波和机械式（螺旋桨式）风速仪两大类。一般来说机械式（螺旋桨式）风速仪耐久性更好一些。

3. 数据采集与传输系统

数据采集与传输系统完成传感器数据的采集、信号调理与数据传输。各种不同类型的传感器采用不同的信号调理模块，数据采集模块完成对调理后的传感器信号的处理与转换，最终形成统一的数字信号；数据传输模块将经过采集模块获得的传感器监测参数的数字信号调制成为可供远程传输的信号，并完成信号的远程传输及解调的任务。数据采集与传输系统同时也应作为向传感器发送采集指令的载体与通道。

数据采集与传输系统设计的主要依据是：传感器输出信号类型，信号电缆的类型和长度，采样频率以及测试精度。

从高层建筑结构健康监测的需求看，一般会涉及多种类型的传感器，从而输出信号类型也多。必须根据不同的传感器种类、精度、采样频率的要求，采用不同的传输方案，并尽可能做好采集系统的集成化和可扩充性的有机结合。系统集成化程度高，便于统一管理控制；系统扩充性强，容易进行传感器升级。

数据采集与传输系统包括硬件部分和软件部分。硬件部分主要包括传输电缆/光缆、数模转换（A/D）卡，数据采集仪、工控机等。软件部分功能是集成并管理数据，并通过局域网或互联网传输数据。

远程数据采集系统是基于互联网（Internet）和内部网（intranet）的数据采集系统。通过远程数据采集技术可以将所有传感器数据的管理和使用工作、部分现场的非实时的数据分析工作和健康诊断工作在远程的计算机终端进行。管理人员和科研人员可通过网络随时掌握现场的系统运行情况和监测结果，以及控制系统运行状况，从而达到远程应用与控制的目的。

4. 数据处理与控制系统

数据处理与控制系统的功能是将各种监测数据进行分析、处理，生成对结构监测有指导意义并直观的信息，如报表、图文等。同时保证数据质量，提高设备利用率、减小数据损失风险。

数据处理与控制模块由服务器、存储设备及相关软件组成，负责实现数据的前处理、存储管理、数据处理与控制的功能。系统必须依托一个高效、可靠、安全、运行稳定、易于维护的服务器环境，以支持整个项目的可靠运行，确保数据的安全性。整个系统会产生大量的并发不间断的数据流，因此，可将整个服务器系统分为数据接收、数据库、数据后处理、应用平台几个部分。考虑到有大量数据需要存储及备份，需要建立独立的存储系统，以存储重要的数据。存储方式可分为集中式数据库和分布式数据库。集中式数据库把数据集中在一起进行集中管理，减少了数据冗余和不一致性。其不足是系统庞大，操作复杂，灵活性差。分布式数据库的数据分布在网络的各个结点上，大多数数据处理不通过主机而由网络结点上的局部处理机进行，响应速度快，负荷均衡，偶然性故障对全局的影响小。

5. 结构健康诊断评价系统

在验证设计、积累资料、捕捉偶发事件等方面，监测系统可以得到相对直接的应用。在结构健康诊断评价方面，属于健康监测的深层应用，既是重点也是难点。结构健康诊断评价系统，是基于监测数据的结构识别、评价分析方法及其软件实现。对于建筑结构，结构健康诊断评价的基本功能应该包括结构健康状态评估与结构安全预警。根据实时监测获得的信息，评价结构的安全性、耐久性和正常使用性能，为结构的维护与管理提供决策支持，同时，对异常情况和可能的安全隐患发出预警，以保证安全。

结构的健康诊断评价，主要是基于结构损伤识别技术、可靠度理论等。高层建筑结构的损伤诊断是一个复杂的系统识别问题。由于结构规模大，构造复杂，在结构损伤与结构响应之间很难建立明确的因果关系。另一方面，相对结构本身的自由度而言，监测系统的传感器数量总是微不足道地，而且监测数据总是要受到各种噪声的侵蚀。基于健康监测的损伤识别理论与方法，在国内外都进行了不少研究，同时也在实践中不断试用。目前，探讨较多的损伤识别方法主要有，模型修正法，动力指纹法，神经网络法等。

（1）模型修正法

所谓模型修正是指根据结构实测数据对结构仿真模型的建模参数进行修改，使结构仿真模型的计算结果与试验结果趋于一致。在健康监测的损伤识别中，主要使用动力监测信息，如频率、振型等模态参数和频率响应函数等。一般来说，结构损伤的主要表现就是刚度的下降，通过修正模型的刚度分布，使模型的计算结果与试验结果充分接近，从而由修正后的模型刚度相对原健康模型的变化来判别实际结构的刚度退化及分布。通常这一过程可以采用优化算法。

（2）动力指纹法

每座构筑物都有其固有的动力特性（动力指纹）。当结构发生损伤时，通常会导致结构的刚度、质量、阻尼等结构参数发生改变，进而表现为结构动力特性的改变。因此，理论上通过损伤前后结构动力特性（包括由动力特性进一步导出或构造的模态指标）的变化能够识别或部分识别结构的损伤。该方法的核心要基于一个高精度仿真模型。通常仿真模型要通过实际监测或试验检测结果的校正。利用仿真模型对可能的损伤工况进行模拟分析，结合监测系统建立结构损伤工况的动力指纹数据库。日后通过将实际监测到的结构动力指纹与结构损伤动力指纹的比较分析而进行损伤识别。常用的动力指纹有频率、振型、阻尼、模态曲率、模态柔度等。

（3）神经网络法

属于一种黑箱方法（也称"黑箱系统辨识法"）。所谓黑箱方法，就是通过考察系统的输入、输出及其动态过程，而不通过直接考察其内部结构，来定量或定性地认识系统的功能特性、行为方式，以及探索其内部结构和机理的一种控制论认识方法。神经网络在损伤识别领域的基本应用，需要足够的训练样本，通常为损伤工况与所对应的结构响应已知数据资料。通过训练样本对网络的训练而使网络具备损伤工况的辨识能力。通常，训练样本的获取渠道包括数值模拟、模型试验。如果损伤识别的目标仅仅是报告损伤的发生，训练样本也可以仅仅是健康结构的实测响应，而不需要结构模型的支持。

结构安全性评估方法常用的理论是可靠度理论。安全评定分为正常使用状态安全评定和极限承载力状态安全评定。可靠度理论主要是根据系统或构件的失效模式以确定结构的极限状态，然后根据所定义的极限状态确定极限荷载、临界荷载和临界强度，得出相应的失效概率、可靠度及可靠性指标，从而进行安全性评定。目前，安全评定方法还有层次分析法、模糊理论以及专家系统等。

8.1.5 系统设计原则与方法

1. 系统设计原则

结构的健康监测是实时、长期、连续的在线监测。实施一个结构健康监测系统，必须先回答下列问题[16]：

（1）这一监测能够提供怎样的寿命安全和经济效益？

（2）如何定义被监测结构的损伤？

（3）系统的运行条件和环境是怎样的？

（4）运行条件对数据的采集传输具有哪些限制？

这些问题直接关系到对具体结构实施监测系统的必要性、可行性和实施方法。设计一个监测系统，首先是对结构监测功能和目标的实现；此外还有监测系统本身的可靠性、耐久性、易维护性的保证。因此，宜遵循以下设计原则：

（1）坚持"简洁、实用、性能可靠、经济合理"的设计原则；

（2）根据实际需要，可考虑采用实时监测和定期检测相结合的方法；

（3）传感器系统尽可能采用独立模块设计，利于传感器或数据采集单元的维护、更换，尽量减小对系统运行的影响；系统软件设计利于系统升级；

（4）在监测内容、测点布置和参数设置方面，充分尊重和采纳结构工程师的意见和建议；

（5）尽可能将施工监控与运营监测一体化实施，实现健康监测贯穿结构的全寿命周期；

（6）尽可能将健康监测与振动控制相结合。

2. 系统设计方法

在进行系统设计的时，首先必须对结构特性和结构易损性进行分析，由此确定结构受力特点、易损部位及危险点。在此基础上，结合结构的实际情况和传感器本身的特点确定监测内容、监测点和监测方法；其次根据测点布置，进行数据采集系统的设计，包括传感器选型和采样制度、数据采集、传输和处理；最后，进行结构健康诊断评价系统的设计，实现预警、状态评估、损伤识别等功能。几个主要方面简述如下。

（1）结构特性和易损性分析

建立结构的仿真模型，通常为有限元模型，根据需要还可能要建立试验模型。对结构在运营期常见的荷载组合下的静动态特性和响应进行分析。根据计算（或试验）结果，在对结构的静动态性能和特点进行深入分析和了解的基础上，确定结构的危险截面、易损点，结合既有同类型结构监测经验以及结构工程师的意见，确定各典型部位的监测内容、监测点和监测方法。监测内容及监测方法受传感器当前技术水平的制约，对于有些要监测的内容，可能要考虑通过人工巡检方式给予补充。

（2）数据采集传输与存储

监测内容和监测方法确定后，就是传感器的选型。传感器模块是整个健康监测系统的硬件基础，用于系统安全预警评定分析数据的正确性取决于本模块传感器信号来源的可靠性，根据监测项目的特点和需求，传感器选型必须满足先进性、实用性、耐久性、可靠性、可维护性和可扩展性原则，且在满足精度要求的前提下，适度增加传感器数量，保证传感器数量有一定的冗余度。

各种不同类型的传感器采集的信号类型是不同的，需要采用不同的信号调理技术。调理后的传感器信号被进一步处理与转换，形成统一的数字信号进行远程传输及解调。解调后的数据需要经过校验，进行结构化存储、管理和可视化显示。因此，根据选用的传感器类型和数量，以及数据采集和传输过程，设计和配置数据采集和传输系统、数据的管理、控制和存储系统。

长期健康监测系统每天都将产生大量的数据，从健康状态评估看，占数据量80%以上的大量微小荷载下的常态监测数据是不需要的，真正需要的是有异常变化的数据和典型的各时段的监测数据，而且监测数据一般并不是直接用来分析的物理量。因此，应该对监测数据及时处理，否则将形成大量的垃圾数据。不仅占用系统资源，也影响后续工作效率。为真正保存有意义的数据，在数据采集和前处理模块，可通过采样制度、数据过滤器和数据融合机制来减少需要存储的数据量。采样制度用于控制存储数据的时间段、触发存储的阀值等。数据过滤器按照设定的阀值或过滤规则过滤数据。数据融合机制用于将同一个通道或不同通道的原始数据融合成有实际物理意义的数据量。通过以上三种机制，可大大缩减实际存储的数据。

（3）结构安全预警

预警功能的设计作为结构监测系统的组成部分，对结构的安全性监测起着重要的作用。预警不仅仅要对结构的异常状况发出及时警报，还需对结构的异常状态进行定性、定量判别。有的监测系统采用事件预警模式，分两个等级：初级预警和综合预警。

初级预警从传感器出发，根据传感器异常及时发出警报，触发预案。综合预警则根据触发，提取相关传感器响应数据，进行时间、空间融合分析，并通过各类异常事件预案判别，判断异常产生的原因，并根据结构响应确定异常大小及对结构性能的影响。其中预案判别算法可采用神经网络法，适合在系统运行过程中不断学习和完善。

（4）结构状态评估

结构状态评估可以分别设计为在线评估和离线评估两部分。在线评估主要对实时采集的监测数据进行基本的统计分析、趋势分析，并与其阈值比对，给出结构的初步安全状态评价结果。离线评估是由结构专家根据多渠道信息（实时监测数据、人工检测数据、在线评估信息、结构设计资料、施工档案资料等）进行综合的分析判断。

8.2 监测信号处理

监测系统本身需要嵌入基本的信号处理分析功能，而基于监测或试验检测的离线识别诊断需要更细致的信号处理分析。这些信号是对模拟信号采样而得到的离散数字信号，本节仅就与结构监测相关的信号处理所涉及的基本内容做简要介绍。

8.2.1 信号采样

采样也称抽样，是信号在时间上的离散化，即按照一定时间间隔 Δt 在模拟信号 $s(t)$ 上逐点采集其瞬时值。显然，在监测和试验检测中，需要确定各类信号的采样周期，有时也需要在已有的离散信号上进行再采样。比如，为了观察连续 24 小时范围内结构物位移与环境温度之间的关系，可能会将位移信号每 30 分钟或 1 小时抽取 1 分钟平均值组成新的信号序列。

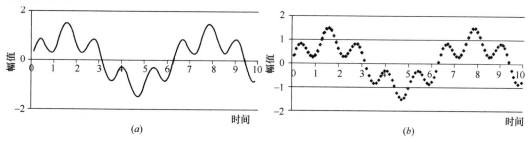

图 8.2.1 信号采样
（a）模拟信号；（b）数字信号

1. 采样频率的选择

对模拟信号采样首先要确定采样周期 Δt，或采样频率 $f_s = 1/\Delta t$。如何合理选择 Δt 涉及到许多需要考虑的技术因素。一般而言，采样频率越高，采样点数就越密，所得离散信号就越逼近于原信号。

但过高的采样频率，对于长期健康监测并不可取，对固定长度（T）的信号，采集到过大的数据量（$N = T/\Delta t$），给存储和计算处理都带来不便。而采样频率过低，采样点间隔过远，则离散信号不足以反映原有信号波形特征，无法使信号复原，造成信号混迭，也就是把本该是高频的信号误认为低频信号，造成折叠失真。

合理的采样间隔应该是即不会造成信号混淆又不过度增加不必要的存储和处理分析工

作量。采样定理证明，不产生频率混迭的最低采样频率 f_s 应为信号中最高频率 f_m 的两倍，即 $f_s \geqslant 2f_m$，考虑到计算机二进制表示方式的要求，一般取 $f_s = (2.56 \sim 4) f_m$。

显然，不同属性的监测信号应该设置不同的采样频率。例如，某结构监测系统对各种被监测物理量采用的采样周期如下。

某结构监测系统物理量采样周期与频率 　　　　　　　　　　表 8.2.1

	温度	风速风向	位移（GPS）	应变	加速度
采样周期（s）	60	1	0.1	0.05	0.02
采样频率（Hz）	1/60	1	10	20	50

2. 抗混滤波

需要注意的是采样定理只保证了信号不被歪曲为低频信号，但不能保证不受高频信号的干扰，如果传感器输出的信号中含有比所需信号频率还高的频率成分，A/D 板同样会以所选采样频率加以采样，混入有用信号之中。故此在采样前，应把比所需信号更高的频率成分滤掉，这就是抗混滤波，否则采样后便较难区分了。

3. 采样长度的选择

采样长度即采样时间的长短。对于长期监测而言，通常采样是连续不断的。有时也采用不连续采样，如定时采样、事件触发采样等，这就涉及采样长度的问题。另外，在数据处理时，总是要选取信号的长度，选取多长的一段数据合适，显然也是个采样长度的问题。

采样时，首先要保证能反映信号的全貌，对瞬态信号应包括整个瞬态过程。对周期信号，理论上采集一个周期信号就可以了，实际上，考虑信号平均的要求等因素，采样总是有一定长度的。信号采样要有足够的长度，这不但是为了保证信号的完整，而且也是为了保证有较好的频率分辨率。当然，数据处理分析时使用过长的数据，会大大增加计算工作量，降低数据处理效率。

8.2.2　信噪比与滤波

在采得的信号中，总是混有干扰成分的，即所谓噪声。噪声过大，有用信号不突出，便难以做出准确的分析。在技术上用信噪比来衡量信号与噪声的比例关系，用符号 S/N 表示。在做信号分析前，设法减少噪声干扰的影响，提高 S/N 是信号预处理的一项主要内容。提高信噪比 S/N 的途径一般主要是时域平均和滤波两种方法。

时域平均是在时域中从混有噪声的信号里提取周期性分量的有效方法。通过对所感兴趣的周期长度对信号截取进行平均处理，对任意波形的周期信号的提取，都可得到满意的结果。如果进行 N 次时域平均，可将信噪比提高 $\sqrt{N}$ 倍。

滤波是将信号中特定波段频率滤除的操作，是抑制和防止干扰的一项重要措施。本质上，时域平均也是一种滤波。滤波的主要目的是设法使噪声与有用信号分离，并予以抑制和消除。滤波有模拟滤波和数字滤波两种方式，有低通、高通、带通和带阻等四种基本类型。

matlab 中信号处理工具箱提供有滤波函数 filter 和 filtfilt。

例如：信号 $s(t) = \sin(3 \times 2\pi t) + 0.4\sin(40 \times 2\pi t) + 0.25\sin(100 \times 2\pi t)$ 包含三个频率 3Hz，40Hz，100Hz。通过下列 Matlab 语句可以滤除 20Hz 及以上频率成分。

```
fs = 300；   t = 0：1/fs：1；          %  fs 相当于采样频率
s = 1 * sin (3 * 2 * pi * t) + 0.4 * sin (40 * 2 * pi * t) + 0.25 * sin (100 * 2 * pi * t);
b = ones (1, 10) /10;               %10 点平均滤波，原采样频率是 300Hz，10 点平均后，相当
                                       于用 30Hz 重现采样，因此，会滤掉 40Hz 的而保留 3Hz 的成
                                       分。
y = filtfilt (b, 1, s);             % 非可溯滤波，滤波结果不影响信号的相位
plot (t, s, t, y, '−');             % 绘图
legend ('input', 'filtfilt');
```

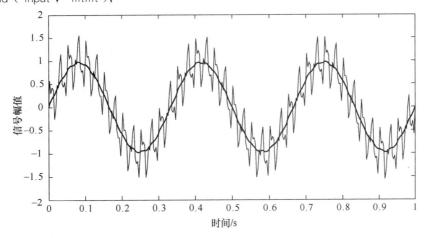

图 8.2.2   经 filtfilt 滤波的信号

8.2.3   信号的变换

1. 时域变换

根据数据时间先后顺序进行变换。有两种情况，一是自相关函数变换，二是互相关函数变换。

自相关函数变换的目的是了解某时刻信号和先前另一时刻信号之间的依赖关系或相似情况，它用两时刻信号之积的平均值来表示。即利用自相关函数可检验数据是否相关，其次可用于检验混于随机噪声中的周期信号。

互相关函数与自相关函数相似用以表示两组信号之间在时间顺序上的依赖关系，也用两个不同时刻信号乘积的平均值来表示，只是乘积的值来自两组不同信号。

2. 频域变换

将复杂的时间信号变换成以频率成分表示的结构形式就是频域变换。常用的经典变换，就是众所周知的对周期信号的傅里叶变换。对于离散信号，当所采样本长度足以反应信号的全貌了，可以将其看作经过周期延拓成为周期信号而进行傅里叶变换。此时是离散信号的傅里叶变换（DFT）。

对于随机信号的傅里叶变换，采样长度的选择与频率分辨率密切相关。信号采样要有足够的长度，这不但是为了保证信号的完整，而且也是为了保证做傅里叶变换时有较好的频率分辨率。使用的采样越长，傅里叶变换时频率的分辨率越高。在信号分析中，采样点数 N 一般选为 2^m 的倍数，如 512、1024、2048、4096 等。

对离散信号的处理，通常总是要截取有限长度的信号，即有限的采样点数（如1024、2048……）。一般来说，对信号的截断方式也会对信号的变换精度产生影响。

如果时域信号是周期性的，而截断又按整周期进行，那么，信号截断不会产生问题，因为每周期信号都能代表整个信号。若不是整周期截取，则截断将使信号波形两端产生突变，所截取的一段信号与原信号有很大不同。

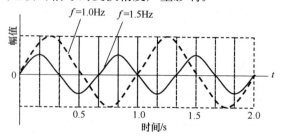

图8.2.3 含有两个频率成分的周期信号

举例：假设有周期信号是由两个频率分别为 $f_1=1.0$Hz 和 $f_2=1.5$Hz 正弦波的叠加组成。

（1）在0～1截断，即 $T=1$，则 $\Delta f=\dfrac{1}{T}=1$(Hz)$\left(\text{注}:\omega=\dfrac{2\pi}{T}\rightarrow\Delta\omega\right)$，那么，变换到频域将是在 1，2，3，4，5……上的离散谱。可见，便把 $f_2=1.5$Hz 的成分漏掉了。

（2）在0～3截断，即 $T=3$（还不是整周期），则 $\Delta f=\dfrac{1}{T}=\dfrac{1}{3}$(Hz)，那么，变换到频域将是在 1/3，2/3，3/3，4/3，5/3……上的离散谱。可见，还是把 $f_2=1.5$Hz 的成分漏掉了。

（3）在0～2截断，即 $T=2$（整周期），则 $\Delta f=\dfrac{1}{T}=\dfrac{1}{2}$(Hz)，那么，变换到频域将是在 1/2，2/2，3/2，4/2，5/2……上的离散谱。这回对整个信号是整周期截断了。所以，$f_1=1$Hz 和 $f_2=1.5$Hz 两个频率成分都在频域呈现了。

一些更复杂的信号，对非整周期截断的时域信号进行谱分析时，本来集中的线谱将分散在该线谱临近的频带内，产生原信号中不存在的新的频率成分，称这种效应为泄露。意思是原先集中的频率信息泄漏到旁边频段去了，影响谱分析的精度，干扰频谱识别。因此，一般尽可能使用更长数据进行傅里叶分析，以保证分析的精度和频率分辨率。

8.2.4 非平稳信号

平稳和非平稳一般都是针对随机信号说的。平稳随机信号（过程）概率密度不随时间平移而变化。这个条件是十分严格的，一般情况下很难满足，在实际应用中也是不容易验证的。因此，常常将上述条件放宽，用信号（过程）的数字特征来定义一个宽平稳（也叫广义平稳）信号，其数字特征的特点是：均值为常数，自相关函数为单变量（$\tau=t_2-t_1$）的函数。后一特点表明，状态 $s(t_1)$ 和 $s(t_2)$ 的线性依从关系只与差 t_2-t_1 有关。

非平稳信号是指分布参数或者分布律随时间发生变化的信号。

实际应用中，所遇到的信号大多数是不平稳的，至少在观测的全部时间段内不是平稳的。机械或结构物的运行过程属随机过程，在其监测信号中，存在大量突变和时变性特殊随机信号，如机械设备的启停、构件损伤以及系统的各类非线性动态响应。

傅立叶理论不仅仅在数学上有很大的理论价值，更重要的是傅立叶变换或傅立叶积分得到的频谱信息具有明确的物理意义。在传统的信号处理中，是人们分析和处理信号最常用，也是最直接的方法，是信号分析的基础。

但是，傅立叶变换也存在较严重的缺陷。时域信号变换为频域信号时丢失了时间信息，这样我们在观察频域图时就不能看到事件是在什么时间发生的。因此，傅立叶变换是建立在信号的平稳假设基础上的，严格的说，傅立叶变换只适应于平稳信号的分析。

例如，对于下列两个信号

$$s_1(t) = \sin20t + \sin10t \quad (0 \leqslant t \leqslant 2\pi)$$

$$s_2(t) = \begin{cases} \sin20t & (0 \leqslant t \leqslant \pi) \\ \sin10t & (\pi \leqslant t \leqslant 2\pi) \end{cases}$$

在时域它们存在显著的不同，但是，采用傅里叶变换，得到的频谱却完全抹杀了原始信号在时间上的差异。

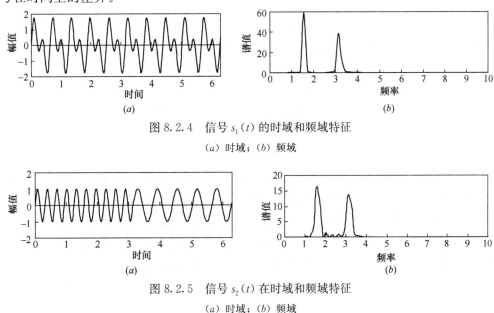

图 8.2.4　信号 $s_1(t)$ 的时域和频域特征

（a）时域；（b）频域

图 8.2.5　信号 $s_2(t)$ 在时域和频域特征

（a）时域；（b）频域

传统的信号分析方法无法有效地反映信号本质的局部特征。那么，是否可以通过采用更短的信号进行傅里叶分析，而实现对信号时域特征的保留呢？前面提到，基于傅里叶变换对随机信号的处理时，截取的时域信号过短，频率的分辨率就低。而加长时域信号，对信号在时间上的平均范围就加大，时间的分辨率就下降，就会抹掉更多的信号的时间细节。因此，用傅里叶变换，信号分析的时间分辨率与频率分辨率是一对矛盾，精度不可兼得。

对于非平稳信号而言，由于其频谱随时间有较大的变化，要求分析方法能够准确地反映出信号的局部时变频谱特性，只了解信号在时域或频域的全局特性是远远不够的。因此需要把整体谱推广到局部谱中来。

时频分析方法是将一维时域信号映射到二维时频平面，全面地反映信号的时频联合特征。其基本思想是设计时间和频率的联合函数，以同时描述信号在不同时间和频率的能量密度和强度。

这类对信号的局部瞬时分析和处理方法，具有重要的实用意义和理论价值，如更清晰的揭示系统运行状态，实现损伤或故障特征的精细分析。

已有的时频分析方法很多，目前较典型的有短时 Fourier 变换，Wigner-Ville 分布，

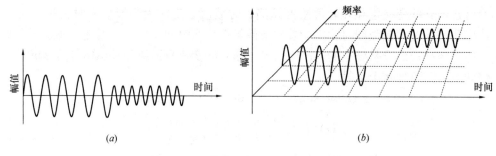

图 8.2.6　信号的二维时频分析示意图
(a) 时域；(b) 时频域

小波变换（WT）等。

短时傅立叶变换（STFT）是非平稳信号分析中使用得最广泛的方法之一，它在傅立叶变换框架内，将非平稳信号看做是由一系列短时平稳信号构成的，短时性通过时域加窗来实现，并通过一个平移参数来平移覆盖整个时域。所以，短时傅立叶变换又称加窗傅立叶变换。

短时傅立叶变换存在时间分辨力和频率分辨力的矛盾。它使用一个固定的窗函数，窗函数一旦确定了以后，其形状就不再发生改变，其分辨率也就确定了。如果要改变分辨率，则需要重新选择窗函数。短时傅里叶变换用来分析分段平稳信号或者近似平稳信号尚可，但是对于非平稳信号，当信号变化剧烈时，要求窗函数有较高的时间分辨率。而波形变化比较平缓的时刻，主要是低频信号，则要求窗函数有较高的频率分辨率。因此，它不能兼顾频率与时间分辨率的需求。短时傅里叶变换窗函数受到 W. Heisenberg 不确定准则的限制，窗函数的时间与频率分辨率不能同时达到最优。

Wigner-Ville 分布定义为信号中心协方差函数的傅立叶变换，它具有许多优良的性能，如对称性、时移性、组合性、复共轭关系等，不会损失信号的幅值与相位信息，对瞬时频率和群延时有清晰的概念。

其不足是不能保证非负性，尤其是对多分量信号或具有复杂调制规律的信号会产生严重的交叉项干扰，这是二次型时频分布的固有结果。大量的交叉项会淹没或严重干扰信号，模糊信号的原始特征。后续的有人对 Cohen 类中的核函数进行改造，提出了伪 Wigner-Ville 分布、修正平滑伪 Winger-Ville 分布等各种各样的新型时频分布，对交叉项干扰的抑制起了较大的作用，但是不含有交叉项干扰且具有 Winger-Ville 分布聚集性的时频分布是不存在的。

小波分析的思想可以追溯到 1910 年 Haar 提出的小波标准正交基，但小波分析这一概念是 1984 年由法国地球物理学家 Morlet 在分析地震信号时提出来的。当时 Morlet 发现，短时傅立叶变换在时、频分辨力方面的矛盾使得固定时宽的加窗方法并非对所有非平稳信号都合适。也就是说，窗宽应该依据非平稳信号的变化自动调节，形成所谓的小波。

尽管这些方法对非平稳信号的分析做出了较大的贡献，在工程实际中也获得了较广泛的应用，但它们大都还是以傅立叶变换为其最终的理论依据。傅立叶变换理论中表征信号交变的基本量是与时间无关的频率，基本时域信号是平稳的简谐波信号。这些概念是全局性的，因而用它们分析非平稳信号容易产生虚假信号和假频等矛盾现象。

对非平稳信号比较直观的分析方法是使用具有局域性的基本量和基本函数。瞬时频率是容易想到的具有局域性的基本量，也是很早就已提出的概念。瞬时频率比较直观的定义是解析信号相位的导数，但以往这一定义会产生一些伴缪的结果[17]，导致基于瞬时频率的时频分析方法和理论始终未真正建立和发展起来。

8.2.5　Hilbert-Huang 变换

1996 年，Norden E. Huang 等人提出了一种新的非平稳信号的时频分析方法，即 Hilbert-Huang 变换（HHT）[18]。

这一方法创造性地提出了固有模态信号的新概念以及将任意信号分解为一系列固有模态信号的方法—经验模态分解法，从而赋予了瞬时频率合理的定义、物理意义和求法。初步建立了以瞬时频率为表征信号交变的基本量，以固有模态信号为基本时域信号的新时频分析方法。

1. 瞬时频率

在 HHT 中表征信号交变的基本量不是频率，而是瞬时频率（Instantaneous Frequency，IF）。瞬时频率可以通过 Hilbert 变换获得。信号 $s(t)$ 的 Hilbert 变换 $H[s(t)]$ 被定义为 $s(t)$ 与 $1/\pi t$ 的卷积，即：

$$H[s(t)] = \frac{1}{\pi} \int_{-\infty}^{\infty} \frac{s(\tau)}{t-\tau} \mathrm{d}\tau \qquad (8.2.1)$$

通过这个定义，$X(t)$ 和 $H[s(t)]$ 组成了一个共轭复数对，于是可以得到一个解析信号 $z(t)$：

$$z(t) = s(t) + jH[s(t)] = a(t)e^{j\Phi(t)} \qquad (8.2.2)$$

其中，幅值函数：

$$a(t) = \sqrt{s^2(t) + H^2[s(t)]} \qquad (8.2.3)$$

相位函数：

$$\Phi(t) = \arctan \frac{H[s(t)]}{s(t)} \qquad (8.2.4)$$

对相位函数求导即得到瞬时角频率和瞬时频率：

$$\omega(t) = \frac{\mathrm{d}\Phi(t)}{\mathrm{d}t} \qquad (8.2.5)$$

$$f(t) = \frac{1}{2\pi} \frac{\mathrm{d}\Phi(t)}{\mathrm{d}t} \qquad (8.2.6)$$

2. 固有模态信号

对于任意给定时刻 t，通过希尔伯特变换运算后的结果只能存在一个频率值，即只能处理任何时刻为单一频率的信号。Norden E. Huang 分析认为，通过以上过程求得的瞬时频率只对固有模态信号（Intrinsic Mode Signal，IMS）才具物理意义。所谓固有模态信号（IMS）是满足以下两个条件的信号：

（1）整个数据中，零点数与极点数相等或至多相差 1；

（2）信号上任意一点，由局部极大值点确定的包络线和由局部极小值点确定的包络线的均值均为 0，即信号关于时间轴局部对称。

在 HHT 中，首先假设任一信号都是由若干固有模态信号（IMS）或者固有模态函数

（Intrinsic Mode Function，IMF）组成的。任何时候，一个信号都可以包含许多固有模态信号，如果固有模态信号之间相互重叠，便形成复合信号。

3. 经验模态分解法与 HHT 变换

实际信号常常都是复合信号。因此，对实际信号进行 HHT 时频分析时，需要先将信号分解成 IMS 的和。为此，Norden E. Huang 又提出了一种经验模态分解方法（Empirical Mode Decomposition，EMD），其过程如下：

对任一信号 $s(t)$，首先确定出 $s(t)$ 上的所有极值点，然后将所有极大值点和所有极小值点分别用一条曲线连接起来，使两条曲线间包含所有的信号数据。将这两条曲线分别作为 $s(t)$ 的上、下包络线。若上、下包络线的平均值记作 m，$s(t)$ 与 $m(t)$ 的差记作 h，则

$$s(t) - m(t) = h \qquad (8.2.7)$$

将 h 视为新的 $s(t)$，重复以上操作，直到 h 满足一定的条件（如 h 变化足够小）时，记

$$c_1 = h \qquad (8.2.8)$$

将 c_1 视为一个 IMF，再做

$$s(t) - c_1 = r \qquad (8.2.9)$$

将 r 视为新的 $s(t)$，重复以上过程，依次得第二个 IMF c_2，第三个 IMF c_3，……。当 c_n 或 r 满足给定的终止条件（如分解出的 IMF 或残余函数 r 足够小或 r 成为单调函数）时，筛选过程终止，得分解式：

$$s(t) = \sum_{i=1}^{n} c_i + r \qquad (8.2.10)$$

其中，r 称为残余函数，代表信号的平均趋势。

对式（8.2.10）中的每个 IMF 分别做 Hilbert 变换，得：

$$s(t) = \mathrm{Re} \sum_{i=1}^{n} a_i(t) e^{j\Phi_i(t)} = \mathrm{Re} \sum_{i=1}^{n} a_i(t) e^{j\int \omega_i(t)\mathrm{d}t} \qquad (8.2.11)$$

这里省略了残余函数 r，Re 表示取实部。称展开式（8.2.11）为 Hilbert 幅值谱，简称 Hilbert 谱，记作

$$H(\omega, t) = \mathrm{Re} \sum_{i=1}^{n} a_i(t) e^{j\int \omega_i(t)\mathrm{d}t} \qquad (8.2.12)$$

进一步可以定义边际谱：

$$h(\omega) = \int_{-\infty}^{\infty} H(\omega, t)\mathrm{d}t \qquad (8.2.13)$$

展开式（8.2.11）中，每个组成分的幅值和相位是随时间可变的，而同样信号 $s(t)$ 的傅里叶变换（FFT）展开式为：

$$s(t) = \mathrm{Re} \sum_{i=1}^{\infty} a_i e^{j\omega_i t} \qquad (8.2.14)$$

上式中 a_i，ω_i 为常数，因此 HHT 可以看作是 FFT 的一般化。

可见，HHT 主要内容包括：

（1）利用 EMD 方法将给定的信号 $s(t)$ 分解为一系列固有模态函数 IMF；

（2）对每一个 IMF 进行 Hilbert 变换，得到相应的 Hilbert 谱，即将每个 IMF 表示在联合的时频域中；

（3）汇总所有的 IMF 的 Hilbert 谱，得到原始信号 $s(t)$ 的 Hilbert 谱。

HHT 的创新主要体现在两个方面：①创造性地提出了固有模态信号（IMS）的概念；②创造性地提出了经验模态分解方法（EMD）。这一方法体系从根本上摆脱了傅立叶变换理论的束缚，在实际应用中业已表现出了一些独特的优点。但是这一新的方法还处在发展阶段，在建立严密的理论和方法的完善方面还有许多工作要做。

4. 应用举例

（1）对于上节所述的例子，即

$$s_1(t) = \sin 20t + \sin 10t (0 \leqslant t \leqslant 2\pi)$$

$$s_2(t) = \begin{cases} \sin 20t (0 \leqslant t \leqslant \pi) \\ \sin 10t (\pi \leqslant t \leqslant 2\pi) \end{cases}$$

采用 HHT 进行的时频分析，其固有模态和瞬时频率分别如图 8.2.8 和图 8.2.9 所示。

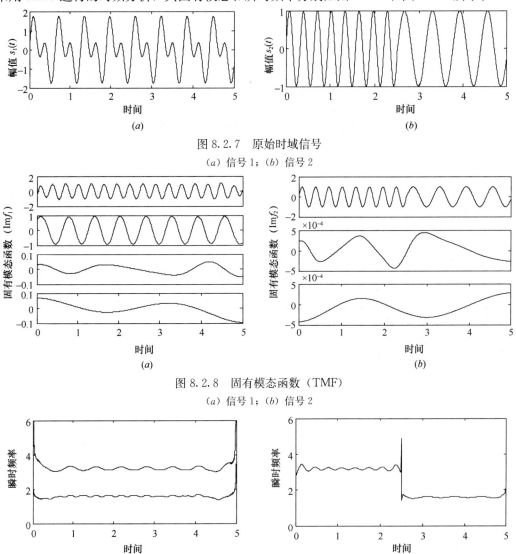

图 8.2.7　原始时域信号

（a）信号 1；（b）信号 2

图 8.2.8　固有模态函数（TMF）

（a）信号 1；（b）信号 2

图 8.2.9　瞬时频率

（a）信号 1；（b）信号 2

（2）El Cetrol 地震波的 HHT 时频分析

El Cetrol 地震波的固有模态和 HHT 时频谱分别如图 8.2.11 和图 8.2.12 所示。

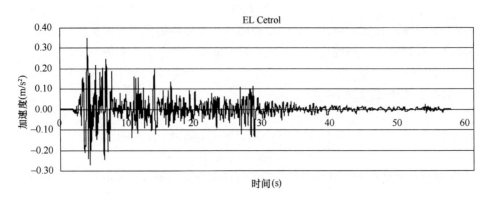

图 8.2.10　El Cetrol 地震波原始时域信号

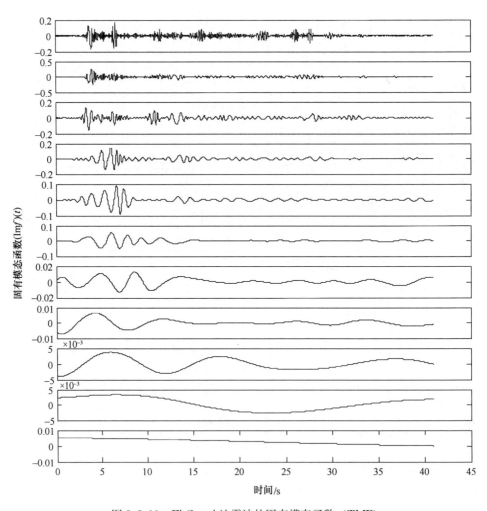

图 8.2.11　El Cetrol 地震波的固有模态函数（TMF）

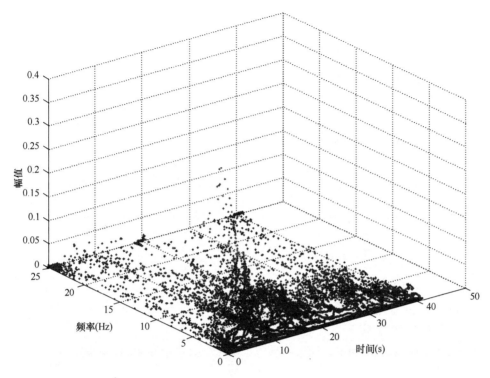

图 8.2.12 El Cetrol 地震波的 HHT 时频谱

8.3 结构识别与评价

8.3.1 结构损伤概述

结构中的损伤可定义为"结构在服役期内其承载能力的降低"。承载能力的降低通常是由结构构件和（或）构件之间的连接出现损坏而引起的。在土木工程结构中，裂纹、腐蚀、混凝土剥落等都是典型的损伤情况。这些都直接表现为结构刚度的降低。对于大多数实际结构，损伤将引起结构的非线性和（或）非稳态响应。

结构建成服役后，就开始了一个老化和损伤积累的过程。微小的损伤会不断积累，而形成更大的损伤。损伤达到一定程度可能会导致结构丧失实用价值，甚至造成安全事故。及时发现早期的损伤，有利于及早采取修复和安全措施，从而以较小的代价保证结构的安全运行，延长使用寿命。

发生损伤后，结构的某些参数就变为未知或部分未知。损伤识别的目标就是通过对结构行为的理论和试验测试分析，对未知参数做出有效估计。损伤识别的基本思想是，损伤将导致结构物理特性的变化，结构物理特性的变化进而将导致结构静动态响应特性的变化。因此，理论上，根据结构静动态响应的分析能够检测到结构的损伤。广义的损伤识别是一个诊断决策过程，一般可分为如下层次：

1. 报告损伤的发生；
2. 确定损伤的位置；

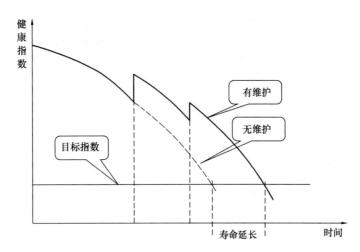

图 8.3.1　通过维护保证安全运行或延长使用寿命

3. 量化损伤的程度；

4. 评价结构的状态和剩余寿命；

5. 制定维修加固方案。

大型结构的损伤识别问题，通常将导致求解一个大量未知数的反问题。无论是长期监测系统还是临时进行的测量，能够提供的测量数据相对结构的自由度数都是极少的，不完全测量是一个普遍存在的问题。用传统的系统识别方法常常会导致方程的病态和结果的不唯一。此外，实测数据受噪声的侵蚀严重，大大增加了侦测早期损伤的难度。因此，对大型结构的损伤识别，必须充分考虑上述因素的影响。

目前，结构识别（损伤识别）主要方法有模型修正法，动力指纹法（如频率、振型、模态曲率、模态柔度），黑箱系统辨识法（如神经网络）等。这些方法在应用于结构系统识别和损伤识别时，其实质是相同的，下面对部分代表性方法简要介绍。

8.3.2　模型修正法

1. 模型修正的概念

结构识别方法中，通常情况下都离不开一个高精度有限元模型。然而，在多数情况下通过有限元数值分析得到的结果与实验得到的结果并不能很好地吻合。原因是通过有限元离散化建立的模型与实际对象相比总是存在一定的差异。如何提高有限元模型的精度？除了建模过程中尽可能准确合理的描述原型结构之外，模型建立之后，借助实验结果分析和模型修正（model updating）技术对有限元模型进行修正，是一个必要而有效的途径。

有限元模型误差产生的原因和方式，可归为 3 类[19]：

（1）模型结构误差，由影响模型控制方程的一些不确定因素引起，通常与所选择的数学模型有关分析中的数学模型通常是对实际模型所做的一种简化，略去了次要因素的影响。例如将结构模型取为线性数学模型就忽略了非线性因素对实际结构的影响；

（2）模型参数的误差，如模型物理参数（密度、弹性模量、截面积等）因环境的变化和生产制作等原因存在误差、边界条件和连接条件的简化、几何尺寸和本构关系不准确，系统阻尼必须人为引入等等；

（3）模型阶次的误差，即有限元离散化所带来的误差。实际的结构模型是连续的，有无限个自由度，而离散化的模型自由度数是有限的，两者之间必然存在模型阶次的误差。

一般情况下，进行模型修正前必须要先确定合理的数学模型。否则，一个完全脱离实际结构主要特征的数学模型无论如何修正，也不能得到正确的结果。

其次，有限元离散方案和网格的疏密程度可根据需要进行选择，使得第 3 项误差可以最大限度地缩小。因而多数模型修正方法实际上归结为设法缩小第 2 项误差，即各种模型参数误差。

当然，除了上述误差以外，模型修正中有时还必须考虑数据测量。要解决此问题，一方面是设法提高测量的精度，另一方面是发展能有效滤除测量误差且稳定高效的修正算法。

2. 模型修正的基本原理

假设，在实际结构上获得了一组测量特征量 $y_i (i = 1, 2, 3 \cdots\cdots n)$，它们可以是模态参数，频率响应函数或者时域响应量。同时，利用创建的有限元模型，计算得到一组与测量相对应的计算特征量 $\tilde{y}_i (i = 1, 2, 3 \cdots\cdots n)$。通常，$\tilde{y}_i$ 和 y_i 之间存在差异，如果确信 y_i 是可靠的，那么，这个差异就是来自 $\tilde{y}_i$ 的计算误差，即有限元模型误差。假设这个模型误差主要是模型参数的误差，那么，$\tilde{y}_i$ 便是模型参数 x 的函数 $\tilde{y}_i(x)$。

如果采用一种规则和方法，通过修改模型参数 x，使模型计算的 $\tilde{y}_i(x)$ 和实际测量的 y_i 之间的误差最小化，那么，就会使计算模型与实际结构更为接近。上述过程就是模型修正。

可见，模型修正可以归结为一个优化问题。通常由 $\tilde{y}_i(x)$ 和 y_i 构造一个误差函数（error function）来作为优化问题的目标函数。有时，可能还要引入一些约束条件，这些约束条件与误差函数一起构成优化问题的目标泛函。

构造目标泛函的途径有最小二乘方法（least square method）、基于概率统计理论的最大似然法（maximum likelihood method）和贝叶斯法（Bayes' method）等等，其中最小二乘法的应用最为广泛。

例如，可以采用最小二乘方法来使计算量 $\tilde{y}_i(x)$ 和实测量 y_i 之间的误差最小化，即最小化如下目标函数：

$$f(x) = \sum_{i=1}^{n} w_i \left[\tilde{y}_i(x) - y_i \right]^2 \tag{8.3.1}$$

其中 w_i 为权值。

当目标泛函选定后，就可以采用适当的优化算法进行求解，寻求合适的 x 使目标函数取得极小值。

目前大部分传统模型修正方法均是基于上述原理进行的，所不同之处在于修正的侧重点不一样，对实测数据的处理不同，构造误差函数和目标泛函的途径不同，以及求解算法的多样性。

一般地，传统的模型修正技术按其修正对象可分为两类。一类以系统的总体矩阵或子结构的总体矩阵为修正对象，称为直接修正方法（direct method）或矩阵型修正方法。另一类以总体矩阵中的部分元素或者系统的设计参数如密度、弹性模量、截面积、惯性矩和约束等作为修正对象，称为间接修正方法（indirect method）或参数型修正方法（parametric method）。

矩阵型修正方法以有限元模型的刚度矩阵与质量矩阵作为修正对象，使模型的计算结果和实际测试结果趋于吻合，从而达到模型修正的目的。修正方法通常是利用最小二乘原理构造目标函数，通过 Lagrange 乘子法加入一定约束条件，来实现对参数矩阵的摄动。这个方法有它的不足，被修改的矩阵，其物理力学意义变得模糊。

参数型修正方法将结构的总体矩阵中的部分元素或设计参数（如几何参数、材料参数、边界条件等）作为修正对象，基本思路与结构优化理论相似。主要利用现场测试的特征量（如模态频率、模态振型等信息），首先构造计算与实测特征量误差，作为目标函数（如理论模型与实际模型之间在同一激励下的动力特性的误差）。然后通过选择一定的设计参数修正量使该误差最小化来达到模型修正的目的。参数型修正方法修正后的模型物理意义明确。

3. 模态匹配

结构的模态参数常被作为构造误差函数的特征量。因为，模态参数是结构的固有特性，集中反映了结构刚度、质量等主要物理量的分布特性。在计算时只通过模态分析即可得到，而与具体的荷载工况无关，避免了荷载工况所带来的误差。

在进行模型修正之前，数值分析和试验实测得到的模态数据必须进行配对，因为数值和试验模型中本应一一对应的模态阶数可能会由于模态估计误差或者建模误差而不同。

一种最常使用的检验两个模态相关性的指标是"模态置信准则"（MAC-modal assurance criterion），计算公式如下：

$$MAC(\phi_i, \widetilde{\phi}_j) = \frac{|\phi_i^T \cdot \widetilde{\phi}_j|^2}{(\phi_i^T \cdot \phi_i)(\widetilde{\phi}_j^T \cdot \widetilde{\phi}_j)} \tag{8.3.2}$$

MAC 矩阵考虑的是两个模态向量 $\phi_i, \widetilde{\phi}_j$ 的正交性，可用来衡量振型之间的相关性。其中 $\phi_i, \widetilde{\phi}_j$ 是归一化振型，上标 T 表示向量转置。MAC 值总是在 [0，1] 区间内变化，越靠近 1 就表示 $\phi_i, \widetilde{\phi}_j$ 的关联性越好。

当我们把式中 $\widetilde{\phi}_i$ 和 ϕ_i 分别用计算模态和试验模态振型向量代入时，就可以对计算模态和试验模态进行匹配和检验。

尽管 MAC 准则的有效性和易用性在许多理论和实际应用中得到了验证，但在测点很少的情况下，考虑到多个近似的 MAC 值可能在配对同一模态振型中出现，因此要谨慎区分"虚假"的 MAC 值[20]。

4. 模型缩聚和模态扩展

在基于模态参数的模型修正中，实测模态的自由度数要求与分析模型的自由度数一致。对于大型结构而言，测点数、实测的固有频率和模态数均远小于由有限元法离散得到的模型自由度数，即使在测得的同一阶模态向量中，数据也远不是完整的。

解决此问题有两条途径：一是减缩原分析模型的自由度数，称为模型缩聚；二是设法扩充实测振型的自由度数，称为模态扩展。采用模型缩聚方法，缩聚后的模型一般要根据原模型修正，并与原模型进行模态的匹配检验。

5. 广州塔健康监测基准问题（Benchmark）

广州塔结构健康监测项目组，2008 年在世界上首次推出超高层结构健康监测基准问

234

题（Benchmark），供业界进行包括模型修正的有关研究。考虑到实际研究的可行性，需要建立一个缩聚的有限元模型。广州塔的完整有限元模型（Full Finite Element Model），包含 122476 个单元、84370 个节点和 505164 个自由度。而缩聚有限元模型（Reduced Finite Element Model），包含 37 个单元、38 个节点，其中 1 号节点被固定，其余的 37 个节点共 185 个自由度（每个节点有 2 个水平位移，3 个转角）。

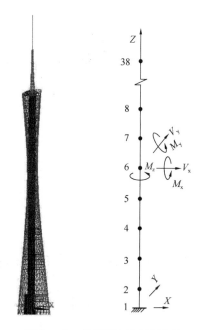

图 8.3.2　广州塔完整 FE 模型
和缩聚 FE 模型

由于进行了大幅度模型缩聚，缩聚模型的动态特性必然不同于完整模型。因此要对缩聚模型进行修正，这里是根据完整模型的修正，使其尽可能与完整模型的相应模态一致。采用的方法是定义下列残值，并使之最小化：

$$R = \{R^Q\ R^S\}^T \tag{8.3.3}$$

其中：R^Q 和 R^S 分别为两个模型之间频率与模态相似度的残差，分别定义如下：

$$R^Q(i) = \frac{|f_i - \tilde{f}_i|}{f_i} \tag{8.3.4}$$

$$R^S(i) = 1 - MAC(i) \tag{8.3.5}$$

$$MAC(\phi_i, \tilde{\phi}_i) = \frac{|\phi_i^T \cdot \tilde{\phi}_i|^2}{(\phi_i^T \cdot \phi_i)(\tilde{\phi}_i^T \cdot \tilde{\phi}_i)} \tag{8.3.6}$$

其中，f_i 和 $\tilde{f}_i$ 分别为完整模型和缩聚模型的第 i 阶频率；ϕ_i 和 $\tilde{\phi}_i$ 分别为完整模型和缩聚模型的第 i 阶模态向量。

由残差构造如下目标函数：

$$J = R^T W R \tag{8.3.7}$$

其中 W 为对角权矩阵。

使用了前 15 阶模态频率和振型，通过最小化上述目标函数，对模型进行修正。权系数的取值：所有频率均取 10，对前 4 阶弯曲振型和前 2 阶扭转振型取 1.0，对接下来的 4 个弯曲振型取 0.5，对剩余的 5 个高阶弯曲振型取 0.3。

广州塔每一层截面形心位置都是变化的，而缩聚模型都按天线桅杆中心轴对齐，因此，缩聚模型的单元刚度矩阵必将不同于标准的 Euler-Bernoulli 梁的刚度矩阵。所以对缩聚模型修正的重点是模型的刚度，而质量矩阵可以假设是正确的。对每个单元刚度矩阵，引入两个系数 α_E 和 α_G 作为模型修正参数进行简化计算。其中：α_E 代表弹性模量的变化系数，与单元刚度矩阵的每个元素相联系；α_G 仅与弯曲和扭转自由度相联系。这样，修正的单元刚度矩阵可表示为：

$$
K_{\mathrm{U}}^{\mathrm{e}} = \begin{bmatrix}
\alpha_{\mathrm{E}} K_{11}^{\mathrm{e}} & \alpha_{\mathrm{E}} K_{12}^{\mathrm{e}} & \alpha_{\mathrm{E}}\alpha_{\mathrm{G}} K_{13}^{\mathrm{e}} & \alpha_{\mathrm{E}}\alpha_{\mathrm{G}} K_{14}^{\mathrm{e}} & \alpha_{\mathrm{E}}\alpha_{\mathrm{G}} K_{15}^{\mathrm{e}} & \alpha_{\mathrm{E}} K_{16}^{\mathrm{e}} & \alpha_{\mathrm{E}} K_{17}^{\mathrm{e}} & \alpha_{\mathrm{E}}\alpha_{\mathrm{G}} K_{18}^{\mathrm{e}} & \alpha_{\mathrm{E}}\alpha_{\mathrm{G}} K_{19}^{\mathrm{e}} & \alpha_{\mathrm{E}}\alpha_{\mathrm{G}} K_{110}^{\mathrm{e}} \\
 & \alpha_{\mathrm{E}} K_{22}^{\mathrm{e}} & \alpha_{\mathrm{E}}\alpha_{\mathrm{G}} K_{23}^{\mathrm{e}} & \alpha_{\mathrm{E}}\alpha_{\mathrm{G}} K_{24}^{\mathrm{e}} & \alpha_{\mathrm{E}}\alpha_{\mathrm{G}} K_{25}^{\mathrm{e}} & \alpha_{\mathrm{E}} K_{26}^{\mathrm{e}} & \alpha_{\mathrm{E}} K_{27}^{\mathrm{e}} & \alpha_{\mathrm{E}}\alpha_{\mathrm{G}} K_{28}^{\mathrm{e}} & \alpha_{\mathrm{E}}\alpha_{\mathrm{G}} K_{29}^{\mathrm{e}} & \alpha_{\mathrm{E}}\alpha_{\mathrm{G}} K_{210}^{\mathrm{e}} \\
 & & \alpha_{\mathrm{E}}\alpha_{\mathrm{G}} K_{33}^{\mathrm{e}} & \alpha_{\mathrm{E}}\alpha_{\mathrm{G}} K_{34}^{\mathrm{e}} & \alpha_{\mathrm{E}}\alpha_{\mathrm{G}} K_{35}^{\mathrm{e}} & \alpha_{\mathrm{E}}\alpha_{\mathrm{G}} K_{36}^{\mathrm{e}} & \alpha_{\mathrm{E}}\alpha_{\mathrm{G}} K_{37}^{\mathrm{e}} & \alpha_{\mathrm{E}}\alpha_{\mathrm{G}} K_{38}^{\mathrm{e}} & \alpha_{\mathrm{E}}\alpha_{\mathrm{G}} K_{39}^{\mathrm{e}} & \alpha_{\mathrm{E}}\alpha_{\mathrm{G}} K_{310}^{\mathrm{e}} \\
 & & & \alpha_{\mathrm{E}}\alpha_{\mathrm{G}} K_{44}^{\mathrm{e}} & \alpha_{\mathrm{E}}\alpha_{\mathrm{G}} K_{45}^{\mathrm{e}} & \alpha_{\mathrm{E}}\alpha_{\mathrm{G}} K_{46}^{\mathrm{e}} & \alpha_{\mathrm{E}}\alpha_{\mathrm{G}} K_{47}^{\mathrm{e}} & \alpha_{\mathrm{E}}\alpha_{\mathrm{G}} K_{48}^{\mathrm{e}} & \alpha_{\mathrm{E}}\alpha_{\mathrm{G}} K_{49}^{\mathrm{e}} & \alpha_{\mathrm{E}}\alpha_{\mathrm{G}} K_{410}^{\mathrm{e}} \\
 & & & & \alpha_{\mathrm{E}}\alpha_{\mathrm{G}} K_{55}^{\mathrm{e}} & \alpha_{\mathrm{E}}\alpha_{\mathrm{G}} K_{56}^{\mathrm{e}} & \alpha_{\mathrm{E}}\alpha_{\mathrm{G}} K_{57}^{\mathrm{e}} & \alpha_{\mathrm{E}}\alpha_{\mathrm{G}} K_{58}^{\mathrm{e}} & \alpha_{\mathrm{E}}\alpha_{\mathrm{G}} K_{59}^{\mathrm{e}} & \alpha_{\mathrm{E}}\alpha_{\mathrm{G}} K_{510}^{\mathrm{e}} \\
 & & & & & \alpha_{\mathrm{E}} K_{66}^{\mathrm{e}} & \alpha_{\mathrm{E}} K_{67}^{\mathrm{e}} & \alpha_{\mathrm{E}}\alpha_{\mathrm{G}} K_{68}^{\mathrm{e}} & \alpha_{\mathrm{E}}\alpha_{\mathrm{G}} K_{69}^{\mathrm{e}} & \alpha_{\mathrm{E}}\alpha_{\mathrm{G}} K_{610}^{\mathrm{e}} \\
 & 对称 & & & & & \alpha_{\mathrm{E}} K_{77}^{\mathrm{e}} & \alpha_{\mathrm{E}}\alpha_{\mathrm{G}} K_{78}^{\mathrm{e}} & \alpha_{\mathrm{E}}\alpha_{\mathrm{G}} K_{79}^{\mathrm{e}} & \alpha_{\mathrm{E}}\alpha_{\mathrm{G}} K_{710}^{\mathrm{e}} \\
 & & & & & & & \alpha_{\mathrm{E}}\alpha_{\mathrm{G}} K_{88}^{\mathrm{e}} & \alpha_{\mathrm{E}}\alpha_{\mathrm{G}} K_{89}^{\mathrm{e}} & \alpha_{\mathrm{E}}\alpha_{\mathrm{G}} K_{810}^{\mathrm{e}} \\
 & & & & & & & & \alpha_{\mathrm{E}}\alpha_{\mathrm{G}} K_{99}^{\mathrm{e}} & \alpha_{\mathrm{E}}\alpha_{\mathrm{G}} K_{910}^{\mathrm{e}} \\
 & & & & & & & & & \alpha_{\mathrm{E}}\alpha_{\mathrm{G}} K_{1010}^{\mathrm{e}}
\end{bmatrix}
$$

$$(8.3.8)$$

这里，$K_{\mathrm{U}}^{\mathrm{e}}$ 和 K^{e} 分别为被修正和原始的单元刚度矩阵。应用 MATLAB 中的非线性最小二乘（*lsqnonlin*）方法，在 $\alpha_{\mathrm{E}} \geqslant 0.1$，$\alpha_{\mathrm{G}} \leqslant 10$ 约束条件下，对式（8.3.7）最小化。修正后的缩聚模型与完整模型的频率对比与模态相关性检验列入下表，部分模态比较如图 8.3.3 和图 8.3.4 示（详尽信息可参考 http：//www. cse. polyu. edu. hk/bench-mark/）。

完整模型与修正后的缩聚模型的频率对比与模态相关性检验　　表 8.3.1

模态序号	频率（Hz）			MAC（%）
	完整模型	缩聚模型	相对误差（%）	
1	0.110	0.110	0.42%	99.98%
2	0.159	0.159	0.19%	99.97%
3	0.347	0.347	0.10%	99.53%
4	0.368	0.368	0.13%	99.52%
5	0.400	0.399	0.16%	99.55%
6	0.461	0.460	0.13%	99.86%
7	0.485	0.485	0.02%	99.39%
8	0.738	0.738	0.02%	99.29%
9	0.902	0.902	0.05%	99.36%
10	0.997	0.997	0.02%	99.43%
11	1.038	1.038	0.03%	98.99%
12	1.122	1.122	0.02%	99.41%
13	1.244	1.244	0.03%	98.31%
14	1.503	1.503	0.00%	96.76%
15	1.726	1.726	0.01%	97.50%

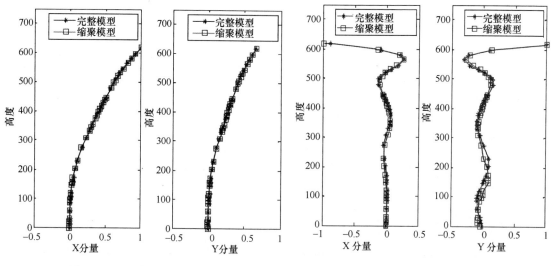

图 8.3.3　短轴方向弯曲模态

图 8.3.4　弯扭耦合模态

6. 基于模型修正的损伤识别

模型修正方法在损伤识别中具有重要应用。首先，损伤识别需要一个高精度有限元模型。通常我们在建立结构的有限元模型时，总是存在模型误差。当有实验数据可参考时，便可通过模型修正方法，对模型的建模参数（如材料属性、结构连接特性、边界条件等）进行修改和校正，从而使限元模型的精度得到提高。

另一方面，如果我们有了一个经过校正的高精度计算模型，应用模型修正可以进行结构的损伤识别。这个损伤识别过程，就是一个从精准的有限元模型出发，以损伤结构的实测响应特征为修正目标的模型修正过程。一种常用方法是基于模态参数的模型修正的损伤识别。当结构发生了损伤并达到一定程度时，实测模态参数与计算结果就可能会产生可观的差异，通过修正计算模型的相关参数（主要是结构刚度等）使上述差异最小化，那么，对结构相关参数的修正量，便可以视为对结构损伤的一次识别结果（包括损伤位置或构件，以及损伤程度）。

8.3.3　动力指纹法

对于给定状态的结构都具有一些固有的特性，如同结构的指纹具有一定的不变性。当结构发生损伤后，其结构参数，如刚度、质量、阻尼等会发生改变，从而导致相应的动力特性的变化。这些动力指纹的变化是结构发生损伤的表征，理论上可通过动力测试给予描述，以此建立的损伤诊断方法称为动力指纹法。常用的动力指纹有：频率、振型、模态曲率、模态柔度、应变模态、模态置信准则（MAC）等。这里仅以模态曲率和模态柔度为例做简要介绍。

1. 模态曲率法

结构某个截面发生损伤将导致结构的刚度下降。在振动过程中，振型曲率就会在损伤处发生变化。因此我们有理由期望通过比较结构损伤前后的模态曲率能够识别损伤位置[21]。假设健康结构的振型是已知的，当在未知结构（可能损伤也可能未损伤的结构）

上测得相应的振型后，计算各点的振型曲率，然后同健康结构的振型曲率比较。二者差别最大的地方就是最可能发生损伤的地方。

(1) 模态曲率

假设在沿结构某纵向线的每个截面上获得测量数据，于是，对第 j 阶模态在截面 i 处的模态曲率定义为：

$$C_j(i) = \frac{\phi_j(i-1) + \phi_j(i+1) - 2\phi_j(i)}{2l_i^2} \tag{8.3.9}$$

此处 $\phi_j(i-1)$，$\phi_j(i)$ 和 $\phi_j(i+1)$ 分别为结构第 j 阶模态向量在 $(i-1)$，i 和 $(i+1)$ 截面位置的代表值。l_i 为从 $(i-1)$ 截面到 i 截面的距离和从 i 截面到 $(i+1)$ 截面的距离的平均值。

(2) 模态曲率指标

对第 j 阶模态，模态曲率指标定义为：

$$IndexC_j(i) = \frac{|C_j^d(i) - C_j^u(i)|}{\sum |C_j^d(i) - C_j^u(i)|} \tag{8.3.10}$$

其中，$C_j^u(i)$ 和 $C_j^d(i)$ 分别为损伤前后第 j 阶模态在第 i 截面位置的模态曲率。

$$C_j^u(i) = \frac{\phi_j^u(i-1) + \phi_j^u(i+1) - 2\phi_j^u(i)}{2l_i^2} \tag{8.3.11}$$

$$C_j^d(i) = \frac{\phi_j^d(i-1) + \phi_j^d(i+1) - 2\phi_j^d(i)}{2l_i^2} \tag{8.3.12}$$

此处 $\phi_j^u(i-1)$，$\phi_j^u(i)$ 和 $\phi_j^u(i+1)$ 分别为健康结构第 j 阶模态向量在 $(i-1)$，i 和 $(i+1)$ 截面位置的代表值。$\phi_j^d(i-1)$，$\phi_j^d(i)$ 和 $\phi_j^d(i+1)$ 为损伤结构的上述相应量。

损伤前后的两个模态是经过 MAC 检查而匹配的相关模态。对于特定位置的损伤，各阶模态曲率的灵敏度显然是不同的。当损伤发生在某阶振型的拐点处，则该阶振型的曲率一般说来就不会发生变化。因此，一般要同时选择多个模态来计算曲率指标。式 (8.3.10) 的分母是关于所选择的各阶模态求和。

通常将模态曲率指标按下式做标准化处理：

$$Z_i = \frac{index(i) - M(index)}{\sigma(index)} \tag{8.3.13}$$

其中，M 和 σ 分别为模态曲率指标序列的均值和标准差。称 Z_i 为相应指标的 Z-value。模态曲率指标的 Z-value 反映的是各截面处模态曲率之间的相对差别。当某截面的 Z-value 最大且大于某一数值时，可以认为该截面所在的区域是一个可能的损伤区域。通常根据 Neyman-Pearson 准则，取 Z-value 的最大值大于等于 3 为有效指示。

如前所述，对不同的损伤位置，各阶模态的曲率指标的性能是不同的，很难选择一个模态来计算模态曲率指标以对所有的可能损伤情况给予较好的指示。为了能够适应各种可能的损伤情况，通常，模态曲率指标取由多个模态计算的平均值。另外，在计算曲率指标时，要尽可能选择结构纵向主导模态的主导分量，一般来说这些模态的曲率对发生在结构内的损伤比较敏感。同时，所选模态要尽量使波形具有互补性

2. 模态柔度法

结构的柔度是单位荷载作用下结构变形的量度。当结构发生损伤时，结构的柔度就

会相应地增大。因此，根据结构损伤前后柔度的变化可以识别损伤发生的位置[22]。结构的柔度可以由静力学概念描述，也可以由结构的动态参数（固有频率和振型）进行计算。基于振动测量方法的损伤检测，通常首先获得的是结构的模态参数，如固有频率和振型，因此，可以采用模态参数来计算结构的柔度，并进而定义损伤定位指标，称为模态柔度指标。假设健康结构的固有频率和振型是已知的，当在未知结构（可能损伤也可能未损伤的结构）上测得相应的频率和振型后，计算相应的结构柔度，然后同健康结构的柔度比较。根据二者的差别来判断损伤位置。该方法已在许多结构损伤检测的实践中得到应用[23~24]。

（1）模态柔度

计算模态柔度的振型需要按质量归一化。模态柔度矩阵 $[F]$ 可由固有频率矩阵 $[\Lambda]$ 和按质量归一化的振型矩阵 $[\Phi]$ 定义如下：

$$[F] = [\Phi][\Lambda]^{-1}[\Phi]^{\mathrm{T}} \tag{8.3.14}$$

记 $\phi_i^{(j)}$ 为第 j 阶振型的第 i 个分量，为 $[\Phi]$ 的 i 行 j 列元素，则：

$$[F] = \begin{bmatrix} \phi_1^{(1)} & \phi_1^{(2)} & \cdots & \phi_1^{(n)} \\ \phi_2^{(1)} & \phi_2^{(2)} & \cdots & \phi_2^{(n)} \\ \cdots & \cdots & \cdots & \cdots \\ \phi_n^{(1)} & \phi_n^{(2)} & \cdots & \phi_n^{(n)} \end{bmatrix} \begin{bmatrix} \omega_1^2 & & & \\ & \omega_2^2 & & \\ & & \cdots & \\ & & & \omega_n^2 \end{bmatrix}^{-1} \begin{bmatrix} \phi_1^{(1)} & \phi_2^{(1)} & \cdots & \phi_n^{(1)} \\ \phi_1^{(2)} & \phi_2^{(2)} & \cdots & \phi_n^{(2)} \\ \cdots & \cdots & \cdots & \cdots \\ \phi_1^{(n)} & \phi_2^{(n)} & \cdots & \phi_n^{(n)} \end{bmatrix} \tag{8.3.15}$$

$$[F] = \begin{bmatrix} \sum\limits_{r=1}^{n} \dfrac{\phi_1^{(r)}\phi_1^{(r)}}{\omega_r^2} & \sum\limits_{r=1}^{n} \dfrac{\phi_1^{(r)}\phi_2^{(r)}}{\omega_r^2} & \cdots & \sum\limits_{r=1}^{n} \dfrac{\phi_1^{(r)}\phi_n^{(r)}}{\omega_r^2} \\ \sum\limits_{r=1}^{n} \dfrac{\phi_2^{(r)}\phi_1^{(r)}}{\omega_r^2} & \sum\limits_{r=1}^{n} \dfrac{\phi_2^{(r)}\phi_2^{(r)}}{\omega_r^2} & \cdots & \sum\limits_{r=1}^{n} \dfrac{\phi_2^{(r)}\phi_n^{(r)}}{\omega_r^2} \\ \cdots & \cdots & \cdots & \cdots \\ \sum\limits_{r=1}^{n} \dfrac{\phi_n^{(r)}\phi_1^{(r)}}{\omega_r^2} & \sum\limits_{r=1}^{n} \dfrac{\phi_n^{(r)}\phi_2^{(r)}}{\omega_r^2} & \cdots & \sum\limits_{r=1}^{n} \dfrac{\phi_n^{(r)}\phi_n^{(r)}}{\omega_r^2} \end{bmatrix} \tag{8.3.16}$$

模态柔度矩阵的元素为：

$$f_{ij} = \sum_{r=1}^{n} \frac{\phi_i^{(r)}\phi_j^{(r)}}{\omega_r^2} \tag{8.3.17}$$

对角线元素为：

$$f_{ii} = \sum_{r=1}^{n} \left(\frac{\phi_i^{(r)}}{\omega_r}\right)^2 \tag{8.3.18}$$

对于 n 自由度系统，具有 n 个独立的自振频率和模态向量。然而，在实践中，对一个复杂结构所能测得的模态数量是有限的。采用柔度指标代替刚度指标的优点之一就是用少数几个低阶模态就能对结构的柔度矩阵进行较准确的估算。因为模态对柔度的贡献随着频率阶次的增大而迅速减小。于是，柔度矩阵可用不完整模态近似地表示为：

$$[F]_{p \times p} \approx [\Phi]_{p \times m} [\Lambda]^{-1}_{m \times m} ([\Phi]_{p \times m})^{\mathrm{T}} \tag{8.3.19}$$

其中 m 为测量或选取的模态数目；p 为所关心的自由度的数目。通常 m 和 p 都远小于分析模型的总自由度数目 n。

(2) 模态柔度指标

获得结构损伤前后的柔度矩阵 $[F]^u$ 和 $[F]^d$，二者之差可作为结构损伤前后柔度变化的一个量度：

$$[\Delta F]_{p\times p} = [F]^d_{p\times p} - [F]^u_{p\times p} \qquad (8.3.20)$$

$[\Delta F]_{p\times p}$ 的对角元表示在一自由度上施加单位静载荷后在该自由度上所产生的位移变化。一些研究者将 $[\Delta F]_{p\times p}$ 的对角元直接用来指示损伤。Pandey 和 Wiswas[22] 用 $[\Delta F]_{p\times p}$ 的每一列中绝对值最大的元素来指示损伤。在这里我们将采用按下式所定义的模态柔度指标：

$$IndexF(i) = \frac{|f^d_{ii} - f^u_{ii}|}{f^u_{ii}} \qquad (8.3.21)$$

对损伤前后的每一相关模态对，模态柔度指标是截面位置的函数。和模态曲率指标类似，将模态柔度指标按下式做标准化处理：

$$Z_i = \frac{index(i) - M(index)}{\sigma(index)} \qquad (8.3.22)$$

其中，M 和 σ 分别为模态柔度指标序列的均值和标准差。称 Z_i 为相应指标的 Z-value。

(3) 不同模态组合对模态柔度指标的影响

对柔度的精确计算要用到全部的模态参数。然而，在实践中对大型工程结构能够测量到的模态是十分有限的。因此，结构的柔度只能由少数模态参数进行近似计算。由式 (8.3.16) 知，各阶模态对柔度的贡献和固有频率的平方成反比，随着模态阶数的增加，模态参数对柔度的影响迅速减小。因此，可以期望应用少数的前若干阶模态参数来获得模态柔度较好的近似值。而低阶模态参数也是在实际中最容易测量的，这也是模态柔度计算同模态刚度计算相比的一个主要优点。

那么，对一个具体结构，采用多少模态，以及采用哪些模态来计算模态柔度可以获得足够的精度呢？要根据具体结构特点，通过检验分析而定。一般来说，以同类弯曲模态为主，选择 3～5 个模态，大多数问题可以得到较好的结果。使用模态数越多越精确，但是增加了测量和模态参数识别的难度。

8.3.4　神经网络法

1. 神经网络基本概念

反映真实系统的输入、输出和状态之间的定量关系的常见模型，一般可分为两种，即基本模型和黑箱模型。

基本模型是根据现实系统的物理、化学定律为基础得到的关系明确的数学表达式。由于现实系统往往过于复杂，或存在不确定的参数等因素，常常导致建模失败或实用价值降低。

黑箱模型是将现实系统视为"黑匣子"，仅借助输入和输出数据，通过回归分析等决定系统模式。神经网络理论就是一种黑箱建模工具。

根据神经科学的研究，生理神经网络由大量的神经元组成。基于神经元的工作原理，人们提出了人工神经元模型。它是一个多输入单输出的信息处理单元，一个神经元接受一组输入，这些输入是来自其他神经元的输出。每个输入乘上一个对应权，这个权就是两个神经元间的连接强度。加权以后的这组值求和（时空综合），该值将决定神经元的激活水平。从神经元的特性和功能可以知道，它对信息的处理是非线性的。

人工神经网络就是由许多人工神经元互连在一起所组成的网络系统。是一个在神经科学研究的基础之上，经过一定的抽象、简化与模拟的人工信息处理模型。它是一个高度非线性动力学系统。虽然，每个神经元的结构和功能都不复杂，但是神经网络的动态行为则是十分复杂的；因此，用神经网络可以在一定程度上表达实际物理世界的各种现象。

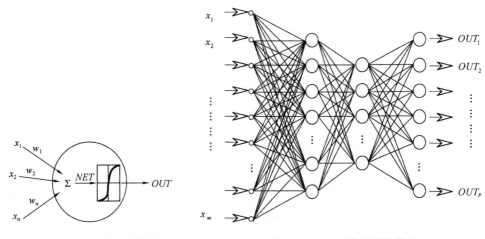

图 8.3.5　人工神经元模型　　　　图 8.3.6　人工神经网络模型

人工神经网络（Artificial Neural Network，ANN）理论大发展大约经历了 60 多年的时间。迄今，人们提出了各种人工神经网络模型来模拟人脑的部分功能。它主要适合于下列问题：

（1）不能制定一个有明确算法的解决方案；

（2）可以得到大量所要求行为的例子；

（3）需要从现有的数据中挑拣出结构。

主要应用领域：模式识别和图像处理，控制和优化，预报和智能信息管理。

当网络中的神经元和它们之间的连接结构确定以后，网络的性能取决于神经元之间连接的权值。初始的权值是随遇的，网络不具备预期的性能。要使具体网络具备预期的性能，必须按一定规则来调整这些权值。调整权值的过程，就是网络学习的过程。

ANN 模型有很多类型，其中一种常用的类型就是反向传播（Back Propagation）网络，简称 BP 网络。它是一种多层前向网络，采用最小均方差学习方式。这是一种最广泛应用的网络，可用于语言综合，识别和自适应控制等领域。

BP 网络采用有教师学习（训练）策略。有教师学习要求对每一个输入向量必须配上一个目标向量，即指定的输出。这一对向量叫做训练对（Training Pair）。通常一个网络的训练需要许多这样的训练对。一个输入向量进来时，网络开始计算输出向量，并与对应的目标向量比较，得到一个误差。然后根据一定的算法来调节权值，目标是使该误差最小。训练向量一个接一个地提供给网络，网络对每一个向量计算误差并调节权值，直到所有的训练对的总体误差达到某一可以接受的水平为止。

即使是对完全相同的问题，应用神经网络进行解决的具体方案也是有多种形式的。这里仅就一般情况给予简要介绍。

2. 异常状态预警

异常状态是指结构的响应显著偏离正常运行情况下的水平或规律。它可以由结构本身的损伤所引起，也可以由结构荷载环境发生突变所引起。异常状态预警是健康监测与损伤识别中最为基本的内容，既是在实际工程中较易于实现的，也是进一步进行结构识别诊断的前提[25]。因此，异常状态预警在大型工程结构的健康监测和诊断中占有重要地位。

新异检测（Novelty Detection）技术已被证明可以较好地检测结构中异常情况的发生[26]。新异检测是识别同已知的模式（Pattern）比较具有明显差别的新模式。一个新异检测器（Novelty Detector）是一个从输入数据中提取新的、非正常的或不熟悉的特性的系统。这个系统可以用前馈 BP 网络来实现，通常是一个含颈缩隐含层的多层网络。该方法避免了应用数值模型，只用到结构正常状态和当前状态的实际测量数据。这样，便避免了模型误差的影响，从而大大地提高了方法的实用价值。该方法可以很好地利用结构长期监测数据对结构的健康状态给予预警。

当应用前馈 BP 网络进行异常检测或损伤预警时，正常条件下健康结构的序列测量数据将既作为输入又作为输出（目标）来训练神经网络。训练过程不需要结构模型的任何信息。网络训练完成后，将训练时用的输入数据重新输入已训练好的网络，产生一组输出。这对输入和输出向量之间的差别采用某种形式的距离函数（Distance Function）进行度量，称为训练阶段的新异指标（Novelty Index）。在检测阶段，将从日后同一结构（损伤或未损伤）上测量得到的新的数据序列输入给上面已经训练好的神经网络。用类似于训练阶段方式，由输入与产生的输出获得检测阶段的新异指标。最后将检测阶段的新异指标与训练阶段的新异指标进行比较，如果二者存在较大的偏离，那么，可以认为结构发生了损伤或处于异常状态。

新异指标（Novelty Index）的构建如下：

训练阶段，输入向量 f 由健康结构的若干特征参数（如自振频率）组成，一般为由多次测量而获得的向量序列。输出目标向量 y 定义如下：

$$y_i = (f_i - m_i)\alpha + m_i \tag{8.3.23}$$

其中 α 为一正常数；m_i 为序列输入向量 f 中第 i 个元素 f_i 的平均值。

网络训练完成后，将训练用的输入向量 f 再次输入上面已训练好的网络，其输出记为 $\hat{y}$，于是训练阶段的新异指标 $\lambda(y)$ 定义如下：

$$\lambda(y) = \|\hat{y} - y\| \tag{8.3.24}$$

在检测阶段，检测数据 f_t 作为新的输入模式输入给训练好的网络，记产生的输出为 $\hat{y}_t$。相应地得到检测阶段的新异指标：

$$\lambda(y_t) = \|\hat{y}_t - y_t\| \tag{8.3.25}$$

其中 y_t 是由下式定义的元素所组成的向量：

$$y_{it} = (f_{it} - m_i)\alpha + m_i \tag{8.3.26}$$

将 $\lambda(y)$ 与 $\lambda(y_t)$ 二者比较，其差异可作为判断损伤是否发生的依据。为能够定量地判断损伤的发生，对新异指标引用下列门槛值：

$$\delta_\lambda = \bar{\lambda} + 4\sigma_\lambda \tag{8.3.27}$$

其中 $\bar{\lambda}$ 和 σ_λ 分别为训练数据新异指标序列的均值和标准差。

结构的状态是根据训练阶段和检测阶段的新异指标之间的比较来指示的。如果结构的状态发生明显变化，则检测阶段的新异指标就会偏离训练阶段的新异指标。当这种偏离总体上超过由式（8.3.27）所定义的门槛值时，便可认为发生一次损伤或异常状态预警。为了直观地表现两阶段新异指标间的差别，将二指标序列连接为一个序列，在同一坐标系统中画出，如图 8.3.7（a）或（b）所示。在图 8.3.7（a）中，两阶段的新异指标之间没有明显的差别，表示结构处于正常状态范围。在图 8.3.7（b）中，检测阶段的新异指标明显超出训练阶段的新异指标水平，指示结构处于损伤或异常状态。由于噪声和测量误差的影响，新异检测不能仅根据少数几次测量结果进行，必须要基于多次大量的测量结果。显然，训练阶段和检测阶段对神经网络输入的数据结构是相同的，但序列的长度可以是不同的。

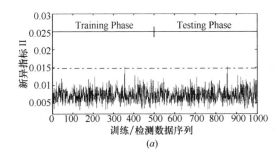 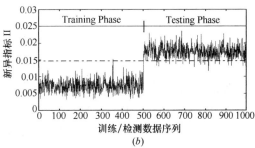

图 8.3.7 结构处于不同状态下的新异指标

（a）正常；（b）异常

3. 损伤工况的识别

大多数损伤识别问题，用于神经网络的训练数据要通过数值模型模拟产生。其基本策略是，利用高精度数值模型进行结构损伤模拟，获得结构在各种可能损伤情况下的静动态响应，选取对损伤灵敏度高的响应参数构造用于网络训练的输入向量，对网络进行"预案"训练。训练效果的好坏与网络结构、训练方法、模型精度、训练数据构造与数量等因素密切相关。经过各种可能损伤"预案"训练后，网络具备了一定的"预案"识别能力。当从实际结构上获得检测或监测的静动态响应后，可由实测参数构造用于网络识别的输入向量，它代表结构的一种未知状态。一个经"预案"训练有素的网络会对实测输入做出分类和判断，并通过输出向量指出实际发生了哪种情况。

在事前对各种可能损伤工况（Damage Case）进行编码的基础上，应用神经网络的模式分类功能来区分发生了哪种损伤工况。这里所说的损伤工况实际上指的是一种损伤模式，它可以是单一损伤，也可以包含多重损伤。另外，它不区分损伤程度，也就是说，同一个损伤工况可以有任意的损伤程度。同一损伤工况的不同损伤程度下，结构的响应一般具有相似性但不是完全相同。因此，同一损伤工况下代表结构响应的训练样本必然不能是单一的。在训练阶段，对代表同一损伤模式的多个输入，规定了与该特定模式对应的一个目标输出（编码）。对同一模式经若干训练对输入输出训练后，神经网络便具备了对该损伤模式的识别能力。当对所有可能的损伤模式完成这样的训练后，神经网络便在一定程度上具备了对上述所有模式的识别能力。这样，一个训练好的神经网络便可以用于对未知损伤模式输入的模式归类和识别。这里所说的未知模式输入是指输入给训练好的网络的数据所属的损伤模式是未知的，通常这样的数据是实际测量数据。在损伤工况识别中，代表损伤模式（损伤区域、损伤类型、或损伤情况等）的输入可以采用结构的静动态特征参数（如模态参数，或模态参数的导出量），输出就是区分各种损伤模式的分类向量（编码）。通常，分类向量的每一个元素对应一种损伤模式。因此，神经网络的输入层结点数就等于所选输入参数的个数，其输出层的结点数就等于可能的损伤模式数。

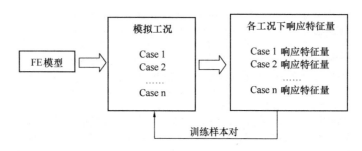

图 8.3.8　训练样本的产生

　　如图 8.3.9 所示，向量 t 和 t^* 分别为训练和测试阶段使用的输入向量。输出是区分各种损伤模式的分类向量，分类向量的每一个元素对应一种损伤模式。第 i 个损伤模式某一损伤程度下训练阶段的目标和测试阶段的输出分别为：

$$\{\mathrm{Target}\} = \{0 \quad 0 \cdots 1 \cdots 0\} \tag{8.3.28}$$

$$\{\mathrm{Output}\} = \{c_1 \quad \cdots \quad c_i \quad \cdots \quad c_n\} \tag{8.3.29}$$

　　式（8.3.28）表示对第 i 个模式目标向量的第 i 个元素为 1，其余为 0。由于训练的精度限制，测试阶段的输出，即式（8.3.29），不可能和目标精确相等，其期望结果是第 i 个元素 c_i 远大于其余元素。

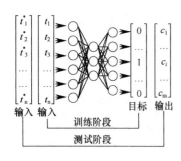

图 8.3.9　神经网络的训练与
测试示意图

4. 损伤程度的识别

　　当采用神经网络方法进行损伤构件及其损伤程度识别时[27]，神经网络的每一个输出结点分别对应一个损伤构件。假设有 q 个待识别的构件，那么，神经网络的输出层可设计为 q 个结点，其输出就是一个含有 q 个元素的向量。如果仅仅是识别损伤构件，输出向量每一个元素的值表示的是相应构件发生损伤的可能性，训练时它的目标输出可定为 1。整个输出向量给出的是各个构件发生损伤的可能性。这个过程和上述损伤工况识别是类似的。如果试图在识别损伤构件的同时也识别其损伤程度，那么，输出向量的元素值不再表示相应构件损伤的可能性，而是损伤程度的大小。训练阶段的目标输出为：

$$\{\mathrm{Target}\} = \{0 \quad 0 \cdots E_i \cdots 0\} \tag{8.3.30}$$

在神经网络的训练阶段，表征具体损伤的输入向量和式（8.3.30）构成训练对。当将损伤程度为 E_i 的第 i 个损伤构件的输入向量输入神经网络时，在输出的目标向量中的第 i 个元素为 E_i，其余元素为 0。其中损伤程度 E_i 的取值范围可设为 [0，1]。

检测阶段输出向量为：

$$\{Output\} = \{E_1 E_2 \cdots E_i \cdots E_q\} \tag{8.3.31}$$

其中 q 为可能发生损伤的构件数目，E_i（$i = 1, 2, \cdots, q$）表示第 i 个构件的损伤程度。

5. 基于神经网络的模型修正方法

在实际工程中，利用 ANN 方法进行模型修正的过程往往与结构模型参数识别和结构模型损伤检测等反问题紧密相关，其主要步骤均为：

（1）选择输入参数和输出参数（需要修正的参数），根据这些参数来设计神经网络模型，包括神经网络的类型、层数和拓扑结构、输入层和输出层节点数；

（2）由结构模态正分析获得网络的学习样本和测试样本，包括确定它们各自的数目；

（3）用学习样本对网络进行训练，建立输入参数和修正参数间的映射关系；

（4）将测试样本和其他样本输入网络中进行测试和推广；

（5）最后将实际测量的响应数据输入网络得到输出的修正参数或需要识别的损伤信息。

在利用 ANN 进行模型修正的过程中，输入参数和输出参数的选择对于 ANN 的学习效率和网络泛化（Generalization）能力影响巨大。输入、输出参数的个数会影响到网络的复杂性。一般地，输入数据应尽可能地选择那些对修正参数的变化敏感度高的参数，且各输入参数尽量做到相对独立。这样，可以做到以尽量少的样本数包含尽可能多的信息。

8.4　混凝土耐久性监测技术

混凝土结构出现过早破坏现象，日益引起人们对混凝土耐久性问题的关注。在最近的二三十年里，无论是学术界还是工程界都进行了大量的理论研究和实践探索。对影响混凝土耐久性的主要因素有了较为完整的认识，主要包括钢筋腐蚀、混凝土碳化、碱骨料反应、冻融循环等，其中以钢筋腐蚀最为严重。为了提高钢筋混凝土结构的耐久性，以往采用的主要方法有通过改进混凝土配方，采用阴极保护技术和表面保护措施等来阻止或减缓如水分，空气，氯离子等有害物质的侵入。近年来，随着我国沿海地区大规模结构工程项目的建设，对混凝土结构的耐久性问题给予了越来越高的重视，在一些新建的大型项目上，都进行了专门的耐久性研究和设计。

8.4.1　腐蚀原理

在诸多影响混凝土结构耐久性因素中，以钢筋腐蚀最为严重。有害物质穿透混凝土保护层导致钢筋脱钝锈蚀，钢筋锈蚀继而导致混凝土保护层开裂，这个时间一般被认为就是混凝结构的使用寿命。为此，针对有害物质侵入、混凝土腐蚀的机理和发展速度，国内外学者开展了广泛的研究。然而，由于问题的复杂性，使得很多理论研究尚很难得到可靠的结果。进行混凝土腐蚀过程的实际监测是评价混凝土结构使用寿命和积累第一手研究资料最直接和可靠的手段。

金属的腐蚀是金属表面与周围介质发生化学变化及电化学作用而遭到破坏的过程。钢筋的腐蚀主要是电化学腐蚀。钢筋表面与潮湿的空气，电解质溶液等接触后发生电化学作用而引起的腐蚀就是电化学腐蚀，这个腐蚀过程有几个必要条件：存在共轭阴极；钢筋钝态膜被破坏；存在侵蚀条件。

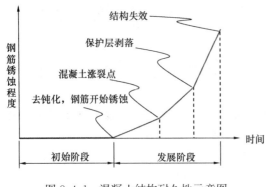

图 8.4.1 混凝土结构耐久性示意图

正常情况下，处于混凝土高碱性环境里的钢筋表面形成钝态膜，其腐蚀速率非常低。但是当结构被氯离子侵入后，钢筋的表面钝性就要遭到破坏而脱钝。钢筋脱钝后，如果侵蚀条件继续存在，则钢筋阳极处就会失去电子而生锈，钢筋进入电化学腐蚀阶段。钢筋腐蚀生锈后体积膨胀，发展到一定程度后，使混凝土开裂。混凝土耐久性下降，强度退化可分为几个阶段，见图 8.4.1。

8.4.2 耐久性监测技术

如果在混凝土结构保护层厚度内的不同深度埋入多个脱钝传感器，就可以根据不同深度脱钝传感器获得的脱钝信息，建立这一发展过程的数学模型。从而可以推定钢筋脱钝的时间，并对结构耐久性做出科学判断，为采取及时有效地防护措施，保证和延长结构的预期使用寿命提供科学依据。20 世纪 80 年代末，欧洲开始研发大型结构的腐蚀监测技术[28]。通过腐蚀传感器可持续在线监测混凝土中早期的腐蚀信息，从而对混凝土的耐久性做出预测。这样，一方面可以预判混凝土结构是否满足寿命要求，另一方面也可以在钢筋腐蚀之前采取有效的预防措施，相比在钢筋腐蚀后再采取防腐措施，更经济、更可靠。从 20 世纪 90 年代开始，腐蚀监测系统在世界各国陆续投入工程应用。近年来，我国在一些大型桥梁等结构中开始应用混凝土耐久性检测技术[29]。目前腐蚀监测系统大体分为预埋式和后装式两类。

1. 预埋式梯形阳极

德国 Sensor Tech 公司研制的梯形阳极混凝土结构腐蚀监测传感系统（Anoden-Leiter-Sysetem，图 8.4.2）就是预埋式腐蚀监测系统代表性技术之一。该腐蚀监测传感器由 6 个直径为 10mm、长度为 50mm 的阳极棒组成，阳极棒的材料与钢筋混凝土结构的钢筋相同。将这些阳极棒用 U 型不锈钢棒固定形成阳极梯。把阳极梯预埋安装在钢筋外侧的混凝土保护层内，通过一端的不锈钢支架可以调节和固定阳极梯的角度和位置，从而使各阳极棒分别处于混凝土保护层的不同深度。为防止不锈钢固定支架和阳极棒或钢筋接触，不锈钢固定支架应用橡胶绝缘。每套阳极梯系统同时配有性能稳定的温度和湿度传感器。温度、湿度传感器和每根阳极棒的两端都有导线引出。采用阳极梯监测混凝土腐蚀，可根据不同高度的阳极的脱钝腐蚀情况来提前预警钢筋的腐蚀时间。

2. 后埋式环形阳极

对于已建成的基础建设工程，为了跟踪混凝土结构的耐久性情况，还研发了相应的后

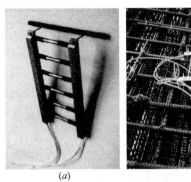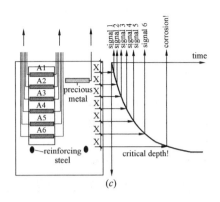

(a)　　　　　　　(b)　　　　　　　(c)

图 8.4.2　阳极梯的安装与监测原理

(a) 传感器外形；(b) 传感器安装；(c) 监测原理

装式腐蚀监测系统。德国 SensorTech 公司研制的 Expansion-Ring-System（图 8.4.3）。该系统由阳极环和阴极棒组成，通过在结构上钻孔安装就位，并在埋点的两侧各埋一个湿度传感器，其中一个深埋，一个浅埋。该仪器可测试不同深度的腐蚀状况，通过检测阳极与阴极宏电流的阶跃来判定氯离子锋面发展深度，从而达到预测钢筋脱钝时间的目的。该仪器可测试不同深度的腐蚀状况，数据采集设备和阳极梯相同。

　　　　　　　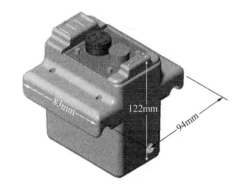

图 8.4.3　后埋式环形阳极系统　　　图 8.4.4　ECI-1 埋入式腐蚀监测系统

3. 埋入式 ECI-1 监测系统

ECI-1 是一种埋入式腐蚀监测仪（图 8.4.4）。它能够长期监测钢筋腐蚀的一些重要参数，包括线性极化电阻（LPR）、开路电位（OCP），电阻率、氯离子浓度和温度。每一只 ECI-1 就是一个数字终端，它连接在局部区域埋设的监测网络上。监测系统与混凝土外部的数据采集器之间的数据通信采用 SDI-12 工业标准协议。储存在数据采集器中的数据既可以在现场直接下载到便携式电脑中也可以通过远程无线通信传输。ECI-1 内部的单片机通过数-模（DAC）和模-数（ADC）转换器调节和依次控制每个传感器进行测量并采集数据。单片机还承担了腐蚀测量所有必需的计算。通常 ECI-1 用来监测混凝土结构内的钢筋的腐蚀。监测仪在混凝土浇筑之前安装。放置 ECI-1 使其电极面朝上，并与顶端的钢筋持平，这样的定位放置确保了 ECI-1 的传感电极与将要监测的钢筋处在同样的环境和腐蚀条件下。

ECI-1 把多种传感器集成在一个坚固小盒内，在混凝土浇筑过程中，整个系统很容易安装和放置在建筑物的任何部位。

4. 腐蚀评价准则

腐蚀监测系统的数据采集可以有两种方式。第一种是实时的在线监测采集，实现远程在线监测。第二种是随机采集，采用专用的数据采集仪或者万用电表都可以，采集的间隔可以是一年两三次或者更长一些。另外，混凝土的温湿度、混凝土阻抗等信息也是非常重要的。

根据美国《混凝土中钢筋的半电池电位试验标准》ANSI/ASTMC876-91 以及我国冶金部、中国建筑科学研究院等单位的研究成果，应用半电池电位法时混凝土中钢筋锈蚀状态判断标准如表 8.4.1 所列[30]。

混凝土中钢筋锈蚀状态判断标准 表 8.4.1

标准名称	电位/mV	判别标准
美国 ANSI/ASTMC876 标准	＞－200	5％腐蚀概率
	－200～－350	50％腐蚀概率
	＜－350	95％腐蚀概率
中国冶金部标准	＞－200	不腐蚀
	－200～－400	可能腐蚀
	＜－400	腐蚀

《建筑结构检测技术标准》GB＿T＿50344－2004＿中，钢筋电位与钢筋锈蚀状况的

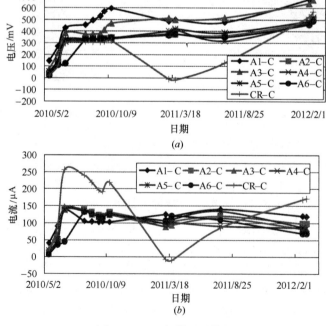

图 8.4.5 阳极梯监测数据

(a) 电压；(b) 电流

判别同美国《混凝土中钢筋的半电池电位试验标准》ANSI/ASTMC876-91。

图 8.4.5 是某大型结构中的阳极梯监测数据。从这些测量结果可以看出，阳极梯系统监测数据基本正常，根据中国冶金部标准或美国 ANSI/ASTMC876 标准，和当前实际状态吻合。

8.5 实例：广州电视塔结构健康监测

8.5.1 工程概况

广州新电视塔是广州市新的地标性重点工程。新电视塔的建筑结构是由一个向上旋转的椭圆形钢外壳变化生成，相对于塔的顶、底部，其腰部纤细。整体采用筒中筒结构，内筒为椭圆形钢筋混凝土结构，外筒为花篮状钢结构，两者之间在局部区段采用支撑钢梁和楼层连接，结构极为复杂。广州塔高 600m，其中主塔体高 454m；天线桅杆高 146m。塔体包括 37 层不同功能的封闭楼层，作为观光、餐厅、电视广播技术中心以及休闲娱乐区等。广州塔的首层为商业建筑和主要的流通地带。地下室一层为停车场和广州塔管理用房。地下室二层为设备和仓库。广州塔用地总面积约 17.6 万 m^2，总建筑面积约 10 万 m^2，塔基用地面积约 8.5 万 m^2。设计使用年限为 100 年。

广州塔规模宏大、造型复杂、施工环节多、施工周期长，因此施工工艺、施工过程和施工环境（温度、温差和恶劣天气）对结构状态具有非常显著的影响，必须在深入分析结构状态变化规律的基础上，制定科学可行的施工控制方案，确保结构内力和变形在施工过程中始终处于受控状态。

广州塔所在地区，易受到强台风的正面袭击。由于结构的高柔特点，特别是天线桅杆长达 146m，在风荷载作用下响应十分显著。另外，结构断面极其不规则，其在风荷载作用下的响应难以把握和控制。与此同时，作为旅游景点，对游客的舒适性（结构的加速度响应的控制）要求较高，所以必须监测广州塔的风荷载和结构的气动响应。

广州塔在建成以后，由于受到气候、腐蚀、材料性能退化等因素影响，以及长期在静载和活载的作用下易于受到损坏，相应其强度和刚度会随时间的增加而降低。这不仅会影响广州塔的正常运营，也会缩短广州塔的使用寿命。

图 8.5.1　广州电视塔

因此，在建造过程中的施工监控与运营期间的健康监测都具有十分重要的意义。

8.5.2 监测系统总体设计

广州塔健康监测系统分为施工监控系统和长期运营健康监测系统两个部分。根据系统的功能，健康监测系统分为以下六个子系统：传感器系统、数据采集与传输系统、数据处理与控制系统、结构健康评估系统、数据管理系统以及检查与养护系统。每个子系统相互独立完成自己的工作，同时又相互配合使整个健康监测系统高效运行，各子系统关系如图8.5.2所示。

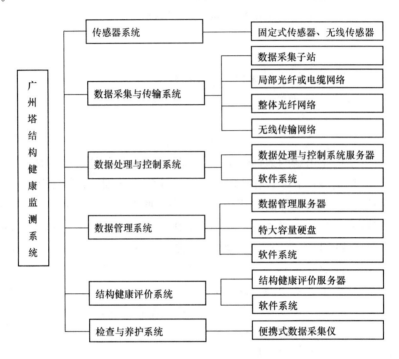

图 8.5.2　广州塔健康监测系统关系图

通过结构计算分析，施工期间选取 12 个关键截面并安装 527 个各类传感器和设备进行实时监测。长期运营阶段选取主塔 5 个关键截面并安装 280 个各类传感器和设备进行实时监测，桅杆选取 3 个关键截面并安装 84 个各类传感器进行监测。这些传感器和设备能够实时监测广州塔的环境参数（温度、湿度、降雨等）、荷载（风和地震）和响应（关键部位的受力、水平位移、加速度、倾斜、沉降、腐蚀等），传感器整体布置如图 8.5.3所示。

当传感器系统采集到的各类数据传输到控制中心的服务器后，结构健康评估系统将对实时数据进行处理和分析，综合分析结果和数据库中的历史数据对结构的安全性进行评价。同时这些数据和分析结果也将通过可视化界面展示给用户，以便用户实时、直观地了解塔每时每刻的动态响应。

为了便于后方支援对健康监测系统提供专业服务，建立了一个基于因特网直接与广州塔监测系统数据库进行联机通讯的远程监控系统，实时获取最新的监测数据并显示于远程可视化系统。在施工阶段，除了数据显示以外，还可取得现场布设的网络摄像机影像数据，实时显示现场环境状况。授权用户还可以通过互联网界面进行远程访问和控制健康监测系统。当灾害性天气（如台风、地震）或灾害性事件（如恐怖袭击）发生时，健康监测系统将通过实时监测得到的各种数据和数据库中的历史资料，第一时间对结构的安全性做出评价。当结构某一部分的安全性不满足要求时，预警系统将会及时发出安全警报给相关管理人员，从而杜绝安全隐患。评估系统还将定期诊断和评估广州塔结构是否有功能退化或出现损伤，并通过可靠性分析为广州塔的维护、检查、维修等决策提供第一手的资料，

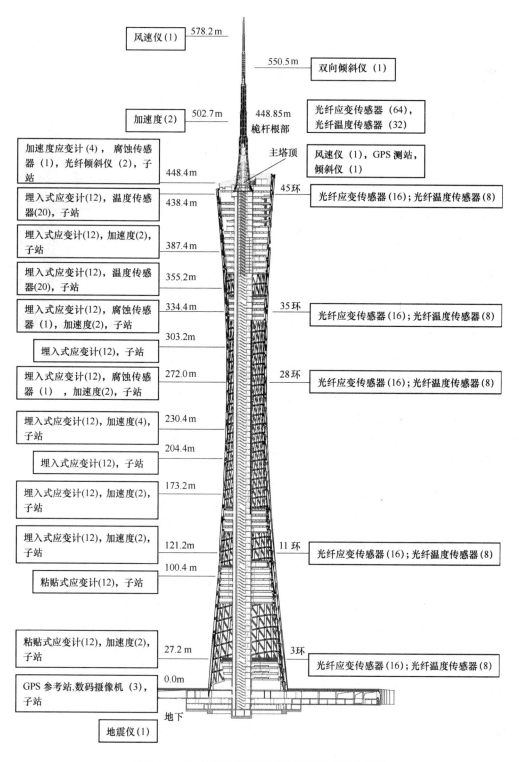

風速儀（1）　578.2 m

550.5 m　雙向傾斜儀（1）

加速度（2）　502.7 m

448.85 m　桅桿根部

光纖應變傳感器（64），光纖溫度傳感器（32）

加速度應變計（4），腐蝕傳感器（1），光纖傾斜儀（2），子站

主塔頂

風速儀（1），GPS 測站，傾斜儀（1）

448.4 m

埋入式應變計（12），溫度傳感器（20），子站　438.4 m

45環　光纖應變傳感器（16）；光纖溫度傳感器（8）

埋入式應變計（12），加速度（2），子站　387.4 m

埋入式應變計（12），溫度傳感器（20），子站　355.2 m

埋入式應變計（12），腐蝕傳感器（1），加速度（2），子站　334.4 m

35環　光纖應變傳感器（16）；光纖溫度傳感器（8）

埋入式應變計（12），子站　303.2 m

埋入式應變計（12），腐蝕傳感器（1），加速度（2），子站　272.0 m

28環　光纖應變傳感器（16）；光纖溫度傳感器（8）

埋入式應變計（12），加速度（4），子站　230.4 m

埋入式應變計（12），子站　204.4 m

埋入式應變計（12），加速度（2），子站　173.2 m

埋入式應變計（12），加速度（2），子站　121.2 m

11環　光纖應變傳感器（16）；光纖溫度傳感器（8）

粘貼式應變計（12），子站　100.4 m

粘貼式應變計（12），加速度（2），子站　27.2 m

3環　光纖應變傳感器（16）；光纖溫度傳感器（8）

GPS 參考站，數碼攝像機（3），子站　0.0m

地下

地震儀（1）

图 8.5.3　广州塔健康监测系统传感器布置示意图

健康监测系统整体关系如图 8.5.4 所示。

广州塔结构健康监测系统与振动控制系统相结合，为振动控制提供实时的结构响应参

251

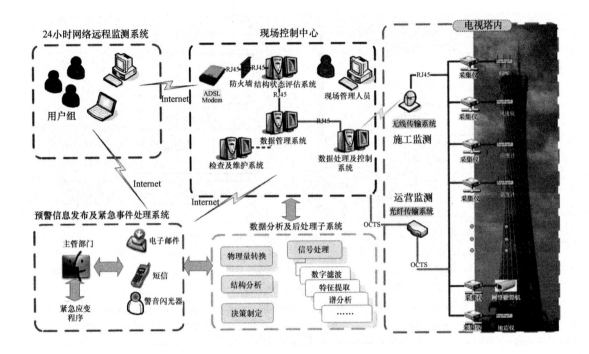

图 8.5.4　广州塔健康监测系统拓扑图

数，使得振动控制系统获得最佳的控制策略。监测系统还与塔观光旅游管理系统相结合，为广大游客提供最为直接的健康监测系统运行状态、科学原理、实时数据显示等信息，进行科普宣传。显示终端位于高科技展示厅，各终端透过局域网络联系并由位于主控制中心的结构健康监测系统控制。

广州塔结构健康监测系统采用了结构安全实时监测技术，通过对该技术在广州塔上的成功应用以及针对超限高层建筑结构特性的研究，完善了健康监测系统的设计理念，其中最重要的是一体化与全寿命系统的设计，体现在如下几个方面：

1. 广州塔结构健康监测系统是世界上第一个将结构施工监控与长期运营健康监测有机结合在一起的结构健康监测系统，真正实现结构施工监测系统和运营健康监测系统之间数据共享和无缝连接，从而实现对结构不同时间阶段的结构性能进行监测及评估；

2. 广州塔结构健康监测系统根据施工及运营监测对现场的具体要求以及现场特定的环境状况，采用无线系统和有线系统相结合的方式进行数据采集和传输；

3. 为了提高后方支援对结构状态的掌握度和健康监测系统的专业服务，建立了一个基于因特网直接与广州塔监测系统数据库进行联机通讯的远程监控系统，实时获取最新的监测数据并显示于远程可视化系统；

4. 广州塔结构健康监测系统与塔观光旅游管理系统相结合，为广大游客提供最为直接的健康监测系统运行状态、科学原理、实时数据显示等信息，进行科普宣传；

5. 广州塔结构健康监测系统在建成后将运行相当长的时间，而且部分传感器及通讯线缆都在室外，因此，在系统实施过程中对所有的传感器、通讯线缆、数据采集及传输系统进行了有效的保护，并且大部分的传感器和传输线缆是可以更换的，确保系统能够在其寿命期的稳定运行。

6. 结构健康监测系统与振动控制系统的融合。主塔采用主被动复合的质量调谐控制系统（HMD），桅杆结构采用多质量被动调谐控制系统（TMD）。HMD系统是由两个水箱为质量的TMD装置和两个以直线电机驱动的主动调谐控制装置（AMD）组成。AMD系统工作时，需要得到实时的结构当前状态信息。因此，建立了一个振动控制结构状态实时反馈系统，首次实现振动控制系统与结构健康监测系统有机结合。

以广州塔监测系统为依托的"大型结构诊断与预测系统：全寿命结构健康监测"获得第三十七届日内瓦国际发明展金奖及特别大奖（2009年）。

8.5.3　施工监控与运营监测一体化

施工监控系统的设计充分考虑到与运营健康监测系统的相关性，各类传感器的布置在满足施工监测系统的要求下兼顾结构运营健康监测系统的需求，真正实现运营健康监测系统和施工监测系统之间数据共享和无缝连接。

1. 传感器的布置

运营健康监测系统中需要布置应变传感器和温度传感器的部位，在施工监控系统中也相应布设。其他类型的传感器，比如GPS、风速仪、数码摄像机都随着结构体的施工而升高，直到结构施工完毕固定在运营健康监测系统中所要求的部位。这样，在施工阶段监测到的数据就可以全部反映在运营健康监测系统中。

2. 数据的过渡

施工监控系统将与运营健康监测系统同时运行一段时间。根据施工总进度计划，核心筒及钢结构施工在2008年底完成并开始天线桅杆的施工，钢结构的油漆从2009年5月开始。因此运营健康监测系统在2009年初已经基本完成并且可以开始运行。施工监控系统中的部分设备，比如GPS、风速仪、数码摄像机、气象站都已经转移到运营健康监测系统中并直接工作，施工监控系统中剩下的应变传感器和温度传感器将与运营健康监测系统中的同类传感器同时运行，两者的观测结果将进行分析比较。在同步运行3～4个月后，施工监控系统中装在钢结构上的应变传感器和温度传感器将在油漆施工时拆除（这些部位在运营健康监测系统中由光纤应变传感器监测），装在核心筒的传感器分两种情况处理：1）在运营健康监测系统需要的控制截面（即标高为22.4、121.2、266.8、334.4、433.2），将施工监控的采集系统切换到运营健康监测系统的采集系统；2）在运营健康监测系统不需要的其他控制截面，只需要将传输线拆除，不影响结构的外观。

3. 系统的衔接

在传感器和测量数据顺利过渡后，施工监控系统与运营健康监测系统的其余各项子系统直接衔接。这是因为二者具备相同的系统结构，即均包含数据处理与控制系统、结构健康评估系统、结构健康数据管理系统、检查和养护系统。在两个系统中，各子系统的原理、方法及构成基本相同，但目的和部分数据的分析处理不尽相同。比如，施工监控的主要目的是保证结构在施工过程中的安全，而运营健康监测系统是一个长期的监测过程，对设备的稳定性要求更高。

4. 安全评估的衔接

由于在施工阶段，传感器就已经随着结构的"生长"而埋设或安装在相应的测点，因此从施工阶段开始，监测系统就完整的记录了结构从出生开始的响应变化。当施工监测阶段结束以后，运营监测则通过数据的过渡延续了结构内力、变形等参数的发展历程，在后续的安全评估中起到极其重要的作用，如结构的累积应变。

8.5.4 振动控制与健康监测整合

广州塔的主塔采用主被动复合的质量调谐控制系统（HMD），桅杆结构采用多质量被动调谐控制系统（TMD）。HMD系统由以水箱为质量的TMD系统和坐落在其上的直线电机驱动的AMD系统组成。AMD系统工作时，需要及时得到结构当前状态的反馈信息。因此，建立了一个振动控制结构状态反馈系统，为振动控制系统提供重要的结构参数，同时也与结构健康监测系统有机的结合起来，并作为健康监测的子系统便于统一管理。

将振动控制所需结构状态反馈系统与健康监测相结合，有利于充分发挥系统之间的共享特性、冗余补充、相互校验等优势，同时掌握振动控制前后结构响应的差异，充分了解振动控制系统的效果，对于完善控制算法和控制策略有着重要意义。

8.5.5 可视化信息查询

结构健康监测数据可视化信息系统的界面，包括现场监控可视化界面和远程监控可视化界面。主要是在Dephi平台里开发的。

由于大型结构健康监测系统一般涉及繁多的监测项目，而且使用的传感器类型多样，同时还包含了大量的建造施工等等关键环节的一些进度和技术的记录文档图片资料。可视化数据系统为了更好的管理这些数据，按照不同的主题，规划好了不同的框架模块来存储和显示这些资料，譬如传感器系统，数据采集与传输系统，数据处理系统，结构健康监测数据信息系统，施工进度记录图片库等等。具体的功能分类框架见图8.5.5。

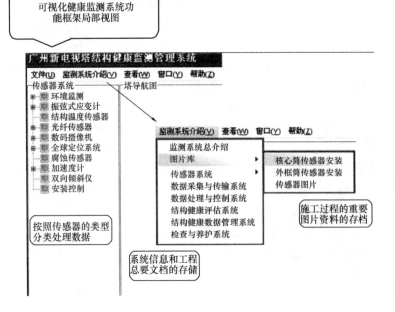

图8.5.5 可视化数据信息系统的功能框架图

254

大多数监测系统采集的数据经过自身处理后即存封，出现问题后才调出查寻。这种被动的数据处理方法不利于结构安全的实时监控，也不便于定期或随时进行专家会诊，及时汇入专家意见，并正确评价结构。而且，传统的监测系统一般只对各采集参数进行单独的分析，但是要对结构的健康状态做准确全面的判断，往往难以找到一个简单而合适的平台对数据进行多因数的联合整体分析，去寻求一些参数对结构的影响及各参数之间的交互关系。针对上述问题，在本可视化信息系统中，实现了数据的快速实时显示和历史数据的查询，不同数据的相关分析以及数据在时域和频域上不同特性的同步分析和显示，部分的分析界面见图 8.5.6。

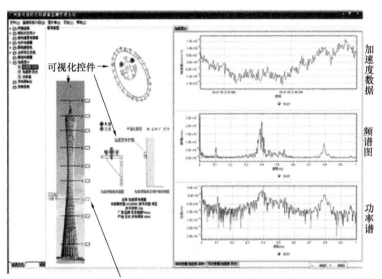

注：在可视化控件中选取相应的截面框，将会显示相应的标高，传感器安装工程图，电视塔截面图和可选取的*传感器测点*，右侧工作区将显示相关的分析（历史数据查询同理）。

图 8.5.6　数据的综合分析界面

8.5.6　部分监测结果与分析：台风

结构健康监测系统自施工监测阶段到运营监测阶段以来，共监测到 12 次台风数据。现选择 2012 年第 8 号台风"韦森特"（Typhoon Vicente）进行分析。

广州塔实测到的 12 次台风信息列表　　　　　　　　　表 8.5.1

序号	台风名称	最大影响日期	持续时间（min）	风向	最大 10min 平均风速（m/s）
1	浣熊（Neoguri）	2008 年 4 月 19 日	1440	东南	18.89
2	北冕（Kammuri）	2008 年 8 月 6 日	1080	东南	28.60
3	鹦鹉（Nuri）	2008 年 8 月 22 日	1440	东北	17.93
4	黑格比（Hagupit）	2008 年 9 月 24 日	1560	东南	29.45
5	莫拉菲（Molave）	2009 年 7 月 16 日	1560	东南	24.67
6	巨爵（Koppu）	2009 年 9 月 24 日	1680	东南	20.17
7	海马（Haima）	2011 年 6 月 23 日	960	东南	14.33

255

序号	台风名称	最大影响日期	持续时间（min）	风向	最大 10min 平均风速 （m/s）
8	洛坦（Nockten）	2011 年 7 月 29 日	1440	东南	11.65
9	南玛都（Nanmado）	2011 年 8 月 31 日	1440	西北	10.16
10	尼格（Nalgae）	2011 年 10 月 4 日	1935	东北	11.23
11	韦森特（Vicente）	2012 年 7 月 24 日	2820	东南	31.11
12	启德（Kaitak）	2012 年 8 月 17 日	1200	东南	17.65

1. 平均风速和平均风向

对于螺旋桨风速仪，实测的风速记录有两个时间序列，即水平风速 $\tilde{u}$ 及风向 θ。把风速按式（8.5.1）分解到正交坐标轴上，

$$
\begin{aligned}
u_x(i) &= \tilde{u}\cos\theta(i) \\
u_y(i) &= \tilde{u}\sin\theta(i)
\end{aligned}
\tag{8.5.1}
$$

在具体计算分析时以 10min 为基本时距，得到水平平均风速 $\overline{U}$ 和风向角 Φ 为

$$
\begin{aligned}
\overline{U} &= \sqrt{\overline{u}_x^2 + \overline{u}_y^2} \\
\Phi &= \arctan(\overline{u}_y / \overline{u}_x)
\end{aligned}
\tag{8.5.2}
$$

上式中 $\overline{u}_x$，$\overline{u}_y$ 分别表示 10min 时距样本在正交轴 x 轴，y 轴上的平均值，

$$
\begin{aligned}
\overline{u}_x &= \frac{1}{N}\sum_{i=1}^{N} u_x(i) \\
\overline{u}_y &= \frac{1}{N}\sum_{i=1}^{N} u_y(i)
\end{aligned}
\tag{8.5.3}
$$

在分析 10min 时距内，纵向脉动风速 $u(t)$ 与横向脉动风速 $v(t)$ 的计算公式如下所示，

$$
\begin{aligned}
u(i) &= u_x(i)\cos\Phi + u_y(i)\sin\Phi - \overline{U} \\
v(i) &= -u_x(i)\sin\Phi + u_y(i)\cos\Phi
\end{aligned}
\tag{8.5.4}
$$

图 8.5.7 为 2012 年 7 月 23 日台风"韦森特"影响广州期间实测到的台风风速风向时程图，从图可知最大风速发生在 24 日凌晨 4 时左右，最大 10 分钟平均风速为 31.11m/s，风向由 23 日晚的东北方向逐渐向东南方向偏移。

2. 湍流度

湍流度表示风速在时间和空间上变化的剧烈程度，反映了风的脉动强度。按照我国规范，湍流度定义为 10min 时距内脉动风速均方根与平均风速 $\overline{U}$ 的比值，即

$$
I_i = \frac{\sigma_i}{\overline{U}}(i = u, v, w)
\tag{8.5.5}
$$

其中，$\sigma_i(i = u, v, w)$ 分别表示纵向、横向、竖向脉动风速在 10min 时距内的均方根值。

以 10min 为基本时距的湍流度随平均风速变化曲线如图 8.5.8 所示，从图中可见纵向和横向的湍流强度随平均风速的增大而减小，纵向和横向平均的湍流强度分别为 0.13 和

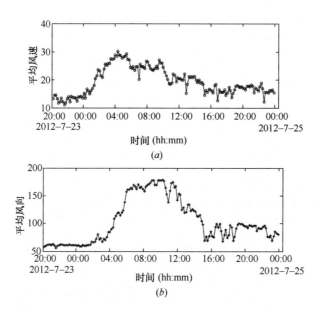

图 8.5.7　台风"韦森特"10 分钟平均风速风向图（2012 年 7 月 24 日）

（a）平均风速；（b）平均风向

0.10。日本建筑荷载规范对纵风向湍流强度的计算采用如下公式 $I_u = 0.1 \times \left(\dfrac{z}{z_G}\right)^{-\alpha-0.05}$（其中 α 地面粗糙度指数，z_G 梯度风高度），查对应的地貌条件，广州塔所在地貌属于Ⅳ类，根据上式求的 $I_u = 0.1 \times \left(\dfrac{461}{550}\right)^{-0.27-0.05} = 0.11$；根据 ASCE7 求的湍流强度为 0.16，可见本次实测的湍流强度大于日本规范，小于美国的规范。

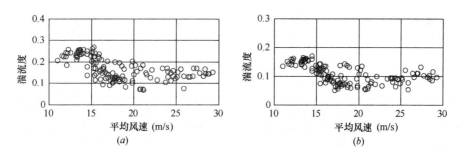

图 8.5.8　台风"韦森特"的湍流度

（a）纵向湍流度；（b）横向湍流度

3. 阵风系数

阵风系数的定义是阵风风速与平均风速的比值，其公式如式（8.5.6）所示。

$$G_u(t_g) = 1 + \frac{\max(\overline{u(t_g)})}{\overline{U}}, G_v(t_g) = \frac{\max(\overline{v(t_g)})}{\overline{U}} \tag{8.5.6}$$

式中：$\max(\overline{u(t_g)})$，$\max(\overline{v(t_g)})$ 分别表示纵风向，横风向在时间 t_g 内平均最大风速。

这里选取 $t_g = 3s$，$\overline{U}$ 为 10min 时距的平均风速来计算阵风系数，所得结果如图 8.5.9（a）所示。从图中可以看出纵向阵风系数随平均风速的递增有减小的趋势，之后基本保持不变，得到平均阵风系数为 $\overline{G}_u = 1.23$。我国《建筑结构荷载规范》与本观测地点地貌相似、高度相同处的阵风系数取值为 1.5，实测结果小于我国规范给定的值。

图 8.5.9(b) 反映纵向阵风系数随纵向湍流度变化的关系，从图中可以看出阵风系数随湍流强度增大而增大。对于两者之间的关系一直是结构风工程学科比较关心的问题，根据 Ishizaki 和 Choi 分别给出的经验公式，可以归纳为下式所示

$$G(t) = 1 + k_1 I_u^{k_2} \ln \frac{T}{t} \qquad (8.5.7)$$

其中 Ishizaki 建议 $k_1 = 0.5$，$k_2 = 1.0$；Choi 建议 $k_1 = 0.62$，$k_2 = 1.27$。这里根据实测结果对上式（8.5.7）进行拟合得到 $k_1 = 0.47$，$k_2 = 1.21$，从图中看出拟合的结果与实测结果吻合的很好，拟合曲线与 Choi 给出的曲线比较接近，但与 Ishizaki 给出的曲线相差很大。

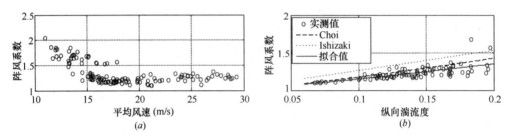

图 8.5.9 台风"韦森特"阵风系数
(a) 阵风系数与平均风速关系；(b) 阵风系数与纵向湍流度关系

4. 积分尺度

湍流积分尺度定义为若干具有一定特征的代表性的涡旋尺度来表征湍流中涡旋的平均尺度，是风场特性的一项重要指标。常用的计算方法有 Taylor 假设自相关函数积分法（式 8.5.8）和由 Karman 谱直接根据式（8.5.9）求出，该方法要求脉动风速符合 Karman 谱。

$$L_i^x = \frac{U}{\sigma^2} \int_0^\infty R_i(\tau) d\tau \qquad (i = u, v, w) \qquad (8.5.8)$$

$$L_i^x = U S_i(0)/(4\sigma_i^2) \qquad (i = u, v, w) \qquad (8.5.9)$$

式中，$R_i(\tau)$ 为脉动风的自相关函数，$S_i(0)$ 为对脉动风谱在 $f=0$ 处的值，σ_i^2 为脉动风的方差。

这里采用 Taylor 假设自相关函数法根据式（8.5.8）求得以 10min 为基本时距的纵向、横向脉动风速的湍流积分尺度，如图 8.5.10 所示。从图中可以看出纵向、横风向湍流积分尺度的变换范围都很大，其平均值分别为 145.2m 和 94.8m。这与日本建筑荷载规范建议的纵向脉动湍流积分尺度 $L_u = 100 \times \left(\frac{z}{30}\right)^{0.5} = 100 \times \left(\frac{461}{30}\right)^{0.5} = 392\text{m}$，两者相差很远，这可能与广州塔周边超高层建筑密集所致；湍流积分尺度的比值为 $L_u : L_v = 145.2 : 94.8 = 1 : 0.65$，远大于 Solari 和 Piccardo 的实测结果 $L_u : L_v = 1 : 0.25$，这主要原因可能是两者实测高度的不同，因为本报告中的实测点距离地面 461m，而 Solari 和 Piccardo 是在近地进行实测的。

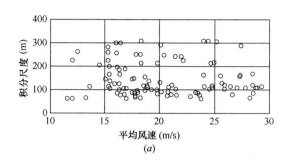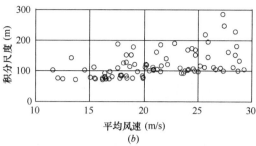

图 8.5.10 台风"韦森特"湍流积分尺度

(a) 纵向湍流积分尺度；(b) 横向湍流积分尺度

5. 功率谱密度函数

脉动风功率谱密度用来描述湍流中不同尺度涡的动能对湍流脉动动能的贡献，它在频率上的分布代表了湍流动能在不同尺度上的能量分布比例。其中代表性的有 Davenport 谱，Von Karman 谱，Harris 谱等。本报告从实测风速中选取了两段风速大小不同（平均风速为 10.86m/s 和 24.04m/s）的样本来分析实测风速谱，选择的标准为风速、风向平稳且风速较大，样本持续时间半小时。求得顺风向脉动风速功率谱如图 8.5.11 所示，同时在图中绘制了 Davenport 谱，Von Karman 谱和 Harris 谱做为比较，其中这里将 Davenport 风速谱的系数 1200 作为未知数进行拟合，Von Karman 谱中的积分尺度选用前面求的积分尺度值，Harris 谱系数选用 1800。

从图 8.5.11 中高风速与低风速两个功率谱中，可以看出拟合的 Davenport 谱在低频段小于实测的风速谱，在高频段符合的较好；Harris 谱与实测的相差较大，这主要是因为 Harris 谱不考虑高度的变化，代表的是 10m 高度处的脉动风速谱，而 Von Karman 谱与实测风速谱符合的很好。

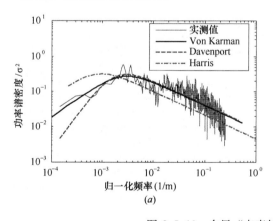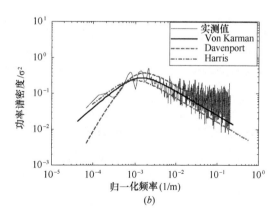

图 8.5.11 台风"韦森特"纵向脉动风功率谱密度

(a) $\overline{U}=10.86\text{m/s}$；(b) $\overline{U}=24.04\text{m/s}$

6. 加速度响应分析

对台风"韦森特"期间广州塔加速度响应监测数据的分析结果表明，核心筒第八个监测截面（446.8m）的加速度最大，2012 年 7 月 24 日凌晨 1 时至 11 时的加速度时程如图 8.5.12 所示。从图可以看出短轴和长轴方向的加速度响应都很大，两者差别不大，其中在凌晨 4 时左右达到最大，接近 0.05m/s²。对应的加速度功率谱密度如图 8.5.13 所示，从中可得广州塔一阶频率为 0.09Hz。

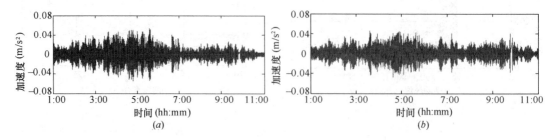

图 8.5.12 台风"韦森特"期间核心筒第八个监测断面（446.8m）加速度时程图
(a) 短轴；(b) 长轴

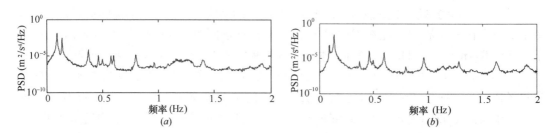

图 8.5.13 台风"韦森特"期间核心筒第八个监测断面（446.8m）功率谱密度
(a) 短轴；(b) 长轴

7. 应变监测数据分析

对台风"韦森特"期间广州塔各监测截面的应变数据进行分析，得出在第三监测截面（272.0m，腰部最细处；外框筒对应 28 环）的应变变形最大。

图 8.5.14 为 272.0m 监测断面核心筒各测点传感器在 2012 年 07 月 23 日至 07 月 24 日期间测得的应变曲线。由图可知在台风"韦森特"风力最大的 24 日凌晨各个传感器所测应变均有较显著的变化，最大应变幅值达 20με，相应应力达 0.7MPa。

图 8.5.15 至图 8.5.16 为外框筒各测点传感器在 2012 年 07 月 23 日至 07 月 24 日期间测得的应变曲线。由图看出，外框筒最大应变幅值达 25με，相应应力变化达 5.25MPa。

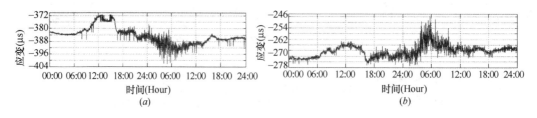

图 8.5.14 核心筒应变曲线
(a) 1 号测点-竖向应变（传感器 10711）；(b) 2 号测点-竖向应变（传感器 10721）

8. 位移监测数据分析

选取台风"韦森特"期间 GPS 结合倾斜仪测得的位移数据进行分析。

根据安装在 443.6m 的 GPS 实测数据，得出台风期间（23、24 日）结构在两个方向上的位移时程曲线，如图 8.5.17 所示。从图中可见 X 方向的位移明显大于 Y 方向的位

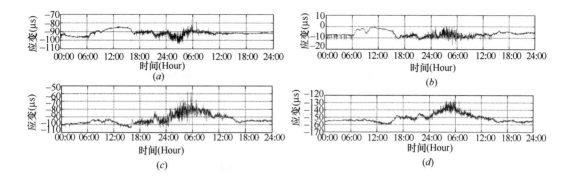

图 8.5.15　外框筒 7 号柱应变曲线

(a) 柱内混凝土应变（传感器 20720）；(b) 环杆应变（传感器 20721）

(c) 斜撑应变（传感器 20722）；(d) 立柱表面应变（传感器 20723）

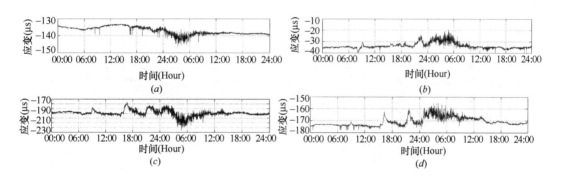

图 8.5.16　广州塔外框筒 13 柱应变曲线

(a) 柱内混凝土应变（传感器 20730）；(b) 环杆应变（传感器 20731）

(c) 斜撑应变（传感器 20732）；(d) 立柱表面应变（传感器 20735）

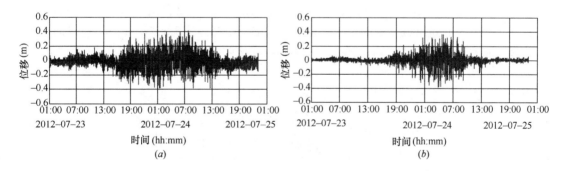

图 8.5.17　广州塔 443.6m 位移时程图

(a) X 方向；(b) Y 方向

移。两个方向的位移从 23 日晚开始逐渐增大，在 24 日凌晨 4 时左右达到最大（位移近 40cm），随后又逐渐减小，这与风速的变化规律是一致的。

图 8.5.18 为 X 方向和 Y 方向上的位移功率谱，得到两个方向上的第一阶、第二阶频率都为 0.0921Hz 和 0.1367Hz，这与按加速度求的频率（一阶 0.0928Hz 和二阶 0.1367Hz）吻合的很好，但是对比高频发现两者有些差别。

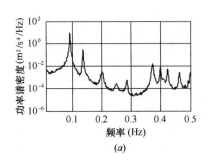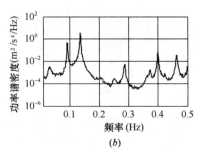

图 8.5.18 广州塔 443.6m 位移功率谱

(a) X 方向；(b) Y 方向

位移与平均风速之间的关系如图 8.5.19 所示，从两个图中明显的可以看出，位移随平均风速的增大而增大，近似的符和线性关系。对比两图，可以发现塔的 X 方向比 Y 方向对风速的大小更为敏感，这与 X 方向的刚度小于 Y 方向有关。

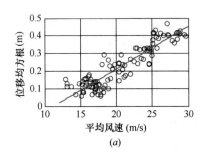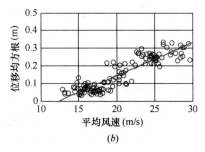

图 8.5.19 位移均方根与平均风速关系

(a) X 方向；(b) Y 方向

为了研究结构在风场中的响应，把 X 和 Y 方向上的位移合成塔的总位移，再结合风速、风向，探讨三者之间的关系，如图 8.5.20 所示。从图可以看出，结构大的位移响应都在大于 20m/s 的高风速下；而小的位移响应大都集中在风速 12m/s～17m/s，风向 60～90°之间；在高风速下，风向对位移的大小影响没那么明显。

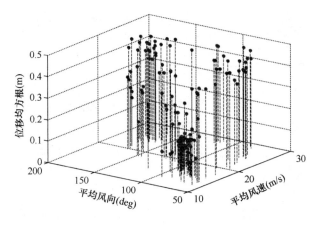

图 8.5.20 位移均方根与平均风速、风向关系

8.5.7 部分监测结果与分析：地震

高层建筑结构的抗震性能备受关注，世界上许多超高层和高层建筑，特别是地震频发地区，都安装了地震和结构响应监测系统。这些记录极好地服务了研究及工程界人员，并且被广泛应用于抗震减振设计中。

广州塔安装了高灵敏的长期地震动力响应实时监测系统，截至2013年5月，该系统已成功监测到包括深圳、台湾、日本等近20次不同距离的地震响应（详见表8.5.2），为广州塔结构性能评估提供了宝贵的数据。

广州塔长期地震监测系统的建立，可以了解广州塔在地震等灾害性荷载下的结构动力性态，并为业主进行灾害的应急管理提供决策依据。在监测信息的基础上，结合设计单位的分析及设计结果，可以进一步评估广州塔服役期间实际的安全性、可靠性、耐久性和适用性。同时，大量的实测数据对类似的高层建筑结构的设计具有指导意义，也为这类结构新技术的研究工作提供了重要的参考。

广州塔结构健康监测系统所测到的地震 表8.5.2

序号	参考位置	北纬	东经	震级	震源深度（km）	日期	发生时间	震中距（km）
1	四川，汶川	31.0	103.4	8.0	14.0	2008/05/12	14：28：04	1330
2	台湾，花莲	23.8	121.7	6.7	30.0	2009/12/19	21：02：13	870
3	台湾，高雄	22.9	120.6	6.7	6.0	2010/03/04	08：18：50	880
4	广东，深圳	22.5	113.9	2.8	22.0	2010/11/19	14：42：03	90
5	日本，岩手	38.1	142.6	9.0	20.0	2011/03/11	13：46：21	3220
6	缅甸，掸邦	20.8	99.8	7.2	20.8	2011/03/24	21：55：13	1800
7	广东，河源	24.0	114.5	4.8	13.0	2012/02/16	02：34：23	160
8	广东，河源	23.9	114.5	3.5	9.0	2012/02/17	19：26：55	160
9	台湾，屏东	22.8	120.8	6.0	20.0	2012/02/26	10：34：59	765
10	印尼，苏门答腊	2.3	93.1	8.6	20.0	2012/04/11	16：38：36	3140
11	印尼，苏门答腊	0.8	92.4	8.2	20.0	2012/04/11	18：43：12	3300
12	广东，河源	23.8	114.7	4.2	11.0	2012/08/31	13：52：12	160
13	台湾，花莲	24.3	121.5	5.7	6.0	2013/03/07	11：36：47	845
14	台湾，南投	24.0	121.0	6.5	8.0	2013/03/27	10：03：19	790
15	四川，雅安	30.3	103.0	7.0	13.0	2013/04/20	08：02：46	1300

1. 地震加速度响应数据分析

日本本州地震最大的地震响应出现在第八个监测截面（446.8m），为 0.00902 m/s^2。从图8.5.21中可以清楚的看到日本本州地震激励下结构主振模态频率约为0.1Hz。

图8.5.22给出了日本本州地震前、中（分两个阶段）、后的频谱图，从图中可以很清楚的看到，在地震激励之前，结构响应较小，而在地震激励第一阶段中，结构1Hz以内的模态频率被激发出来，并且0.4Hz左右的模态频率表现为主振模态，在地震激励的第

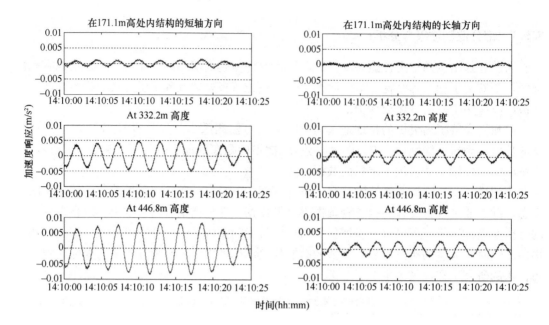

图 8.5.21　日本本州地震不同高程 20 秒结构加速度时程响应

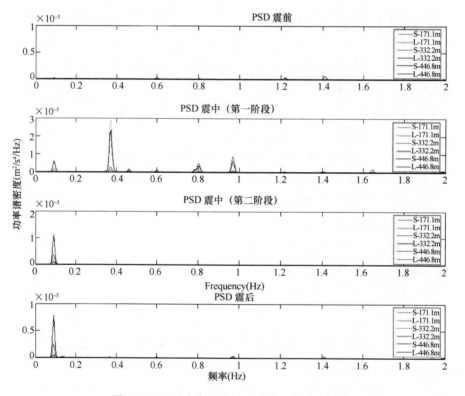

图 8.5.22　日本本州地震激励前、中、后频谱

二阶段中，结构的主振频率改变为 0.1Hz 左右的基频，在地震激励过后，仍以基频为主。由此可见，在地震激励下，结构 1Hz 以下的模态频率被激发出来，开始表现为 0.4Hz 的主振频率，接着表现为 0.1Hz 的主振频率。

时频分析方法的最大优点就是能够分析非平稳随机信号，这是因为它能够同时在时域和频域内观察到信号的演变。正是由于时频分析方法有着时域方法和频域方法无法比拟的优点，其在信号处理领域内迅速发展的同时，也在其他领域包括土木工程领域得到广泛的应用。广州塔地震响应信号即为非平稳信号，因此，将时频分析方法的发展成果应用于广州塔的地震数据分析中，将能更好的理解广州塔的结构特性。而在各类的时频分析方法中，小波变换和希尔伯特－黄变换（HHT）两种方法受到很大关注。

图 8.5.23 至图 8.5.24 所示为广州塔在不同地震激励下 446.8 米高程加速度响应的 Hilbert 谱和小波谱。在日本本州地震激励下，结构的响应能量主要分布在 1Hz 以下；

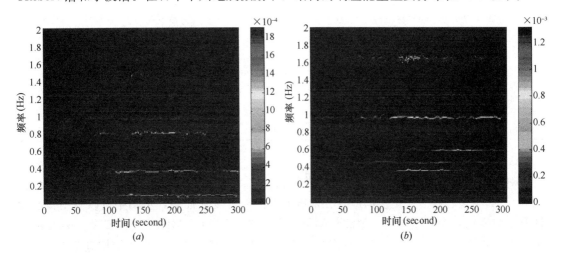

图 8.5.23　日本本州地震激励下结构 446.8m 高程 Hilbert 谱

(a) 短轴方向；(b) 长轴方向

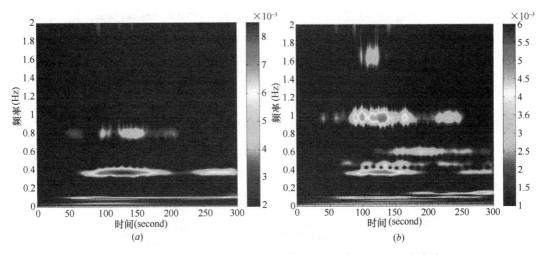

图 8.5.24　日本本州地震激励下结构 446.8m 高程 Morlet 小波谱

(a) 短轴方向；(b) 长轴方向

2. 模态分析

由于采用自然环境激励，故模态参数的识别是仅基于输出响应的系统识别。本章采用基于频域的频域分解法（Frequency Domain Decomposition-FDD）识别结构的模态参数

（模态频率、振型和阻尼比）。

不同地震激励下广州塔模态频率与阻尼比   表 8.5.3

阶数	深圳地震激励		台湾花莲地震激励		日本本州地震激励		四川雅安地震激励	
	频率 (Hz)	阻尼比 (%)	频率 (Hz)	阻尼比 (%)	频率 (Hz)	阻尼比 (%)	频率 (Hz)	阻尼比 (%)
1 阶	0.0909	1.513	0.0928	2.195	0.0906	1.428	0.0923	1.536
2 阶	0.1377	2.658	0.1393	2.067	0.1342	1.084	0.1364	1.093
3 阶	0.3704	0.3850	0.3640	1.612	0.3687	0.6529	0.3726	0.4695
4 阶	0.4610	0.3665	0.4215	0.7312	0.4593	0.4704	0.4631	0.3612
5 阶	0.4977	0.9958	0.4732	0.6261	0.4974	0.7000	0.4999	0.4838
6 阶	0.5781	0.2517	0.5068	0.8289	0.5573	0.3325	0.5766	0.3698
7 阶	0.5975	0.3121	0.5219	0.5995	0.5975	0.2944	0.6000	0.3150
8 阶	0.8006	0.3813	0.7890	0.4043	0.7995	0.7571	0.7995	0.3751
9 阶	0.9719	0.3409	0.9596	0.3281	0.9694	0.2847	0.9656	0.2793
10 阶	1.218	0.2468	1.147	0.3124	1.216	0.2193	1.209	0.2256

3. 变响应监测

对日本本州地震地震期间第三应变监测截面（272.0m）的应变监测数据进行了分析。图 8.5.25 为核心筒混凝土竖向应变在地震期间的时程变化曲线，从图中可以看出核心筒混凝土应变均有较明显波动，但波动幅值小于 $5\mu\varepsilon$，约为 0.2MPa，结构安全。图 8.5.26 为外框筒结构应变在地震期间的时程变化曲线，从图中可以看出外框筒结构应变均有明显波动，波动幅值小于 $5\mu\varepsilon$，约为 1.0MPa，结构安全。

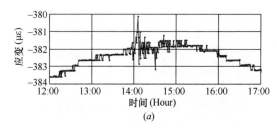 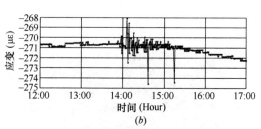

图 8.5.25   2011 年 3 月 11 日广州塔核心筒应变曲线
(a) 1 号测点传感器 10711 竖向应变；(b) 2 号测点传感器 10721 竖向应变

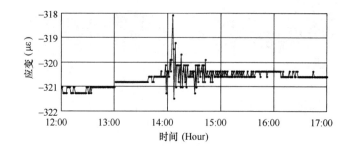

图 8.5.26   2011 年 3 月 11 日广州塔外框筒传感器 20715 应变曲线

参考文献

[1] Celebi M，Sanli A，et al. Real-time seismic monitoring needs of building owner and the solution—a cooperative effort [C]. 13th World Conference on Earthquake Engineering，2004：Paper No. 3104

[2] Durgin，F. H.，Gilbert.（1994）. Data from a full scale study of an 800 foot building in Boston[C]. Special Report to Dictorate of Engineering，NSF.

[3] Tracy Kijewski-correa，J. David Pirnia.（2007）. Dynamic behavior of tall buildings under wind：insights from full-scale monitoring[C]，Struct. Design Tall Spec. Build. 16，471-486

[4] QSLi、K Yang、N Zhang、C K Wang、A P Jeary，（2002）. Field measurements of amplitude-dependent damping in a 79-storey tall building and its effects on the structural dynamic responses[C]，Struct. Design Tall Build. 11，129-153(2002).

[5] QSLi、YQ Xiao C K Wong，（2005）. Full-scale monitoring of typhoon effects on super tall buildings [J]，Journal of Fluids and Structures 20（2005）697-717.

[6] 陈丽，李秋胜，吴玖荣，傅继阳，李正农，肖仪清.（2006）中信广场风场特性及风致结构振动的同步监测[J]. 自然灾害学报. 15(3)：169-174

[7] Q S Li、Y Q Xiao、J Y Fu、Z N Li，（2007）. Full-scale measurements of wind effects on the[C]，Jin Mao building[J]，Journal of wind engineering and industrial aerodynamics 95(2007)445-466.

[8] 汪菁. 深圳市民中心屋顶网架结构健康监测系统及其关键技术研究[D]. 武汉：武汉理工大学土木工程与建筑学院，2008.

[9] 郑毅敏，贾京，赵昕. 杭州市民中心风特性监测及风谱拟合[J]. 结构工程师，2009 年 4 月第 25 卷第 2 期 108-123.

[10] NI Y Q、XiaY、Liao W Y et al Development of a structural health monitoring system for Guangzhou New TV Tower [J]. Advances in Science and Technology，2008，56：414- 419.

[11] Ni Y Q、Xia Y、Liao W Y et al Technology innovation in developing the structural health monitoring system for Guangzhou New TV Tower [J]. Structural Control and Health Monitoring，2009，16：73-98.

[12] Kilpatrick，J.，et al.（2003）. Full scale validation of the predicted response of tall buildings：preliminary results of the Chicago monitoring project. Proc. 11th int. Conf. on Wind Engineering （CD-ROM），Texas Tech Univ,. Lubbock，Tex.

[13] T. Kijewski and A. Kareem（2001），Full-scale study of the behavior of tall buildings under winds [C]，Health Monitoring and Management of Civil Infrastructure Systems，Proceedings of SPIE 2001，4337：441-450.

[14] 熊海贝、张俊杰. 超高层结构健康监测系统概述[J]. 结构工程师，2010 年 2 月第 26 卷第 1 期，144-150.

[15] 戴吾蛟、丁晓利等. 不同环境下 GPS 用于水平振动位移测量的精度分析[J]. 工程勘察，2007（11）59-63.

[16] Charles R. Farrar，Hoon Sohn，Michael L. Fugate，Jerry J. Czarnecki，Integrated structural health monitoring[C]，Health Monitoring and Management of Civil Infrastructure Systems，Proceedings of SPIE 2001，4335：1-8

[17] Leon Cohen. Time- Frequency Analysis ：Theory and Applications[M]，New York ：Prentice Hall，1995

［18］ Norden E. Huang. A New method for nonlinear and nonstaionary time series analysis and its application for civil infrastructure health monitoring. NASA Goddard Space Flight Center，Greenbelt，Maryland 20771，USA

［19］ 李辉、丁桦. 结构动力模型修正方法研究进展［J］. 力学进展，2005，35(2)：170-180.

［20］ 方圣恩. 基于有限元模型修正的结构损伤识别方法研究［D］. 中南大学博士论文，2010.

［21］ Pandey，A. K.，Biswas，M. and Samman，M. M. (1991)，Damage detection from changes in curvature mode shapes［J］，*Journal of Sound and Vibration*，145，321-332.

［22］ Pandey，A. K.，and Biswas，M. (1995)，Experimental verification of flexibility difference method for locating damage in structures［J］，*Journal of Sound and Vibration*，184，311-328.

［23］ Toksoy，T. and Aktan，A. E. (1994)，Bridge-condition assessment by modal flexibility［J］，*Experimental Mechanics*，34，271-278.

［24］ Doebling，S. W.，Farrar，C. R.，Prime，M. B.，Shevitz，D. W. (1996)，"Damage identification and health monitoring of structural and mechanical systems from changes in their vibration characteristics: a literature review." Report No. LA-13070-MS，Los Alamos National Laboratory，Los Alamos，USA.

［25］ Ko J. M.，Sun Z. G.，Ni Y. Q.，Multi-stage identification scheme for detecting damage in cable-stayed Kap Shui Mun Bridge［J］，*Engineering Structures* 2002，24(7)：857-868.

［26］ Worden K. Structural fault detection using a novelty measure［J］. *Journal of Sound and Vibration*. 1997，201：85-101.

［27］ 孙宗光、高赞明、倪一清，基于神经网络的损伤构件及损伤程度识别［J］，工程力学，2006，23(2)：18-22.

［28］ 干伟忠，M. Raupach，金伟良. 欧洲钢筋混凝土结构腐蚀无损监测系统的研究与应用［C］. 第14届全国结构工程学术会议论文集，32-35，2005.

［29］ 孙宗光、郭保林、混凝土结构耐久性监测及在桥梁上的应用［C］，第22届全国结构工程学术会议论文集，I：493-497，2013. 8，乌鲁木齐

［30］ 金晶. 腐蚀监测子系统在苏通大桥中的应用［J］. 中国科技信息 2010，(9)：53-57.

268

第9章 静力动力弹塑性分析例题

9.1 静力和动力弹塑性分析算例：某虚拟工程

本算例由杭州天元建筑设计研究院有限公司的高涛高级工程师提供。

9.1.1 工程概况与有关参数

本例为一虚拟工程，地上 24 层，建筑高度 94.7m，使用功能按办公考虑。采用框架—核心筒结构体系，地上 24 层，地下一层，地上总高度 94.7m，为 A 级高度高层建筑，根据建筑平面布局，中心电梯井处布置了落地钢筋混凝土核心筒，主楼四周为钢筋混凝土框架，柱距 5～7.5m，结构体系参见结构分析示意图。本例抗震设防按 8 度（0.2g），Ⅱ类场地。结构材料：混凝土墙柱－1 至 4 层为 C50，5 层以上为 C40，楼板为 C30；钢材为 HRB400。

有关地震动参数 表 9.1.1

地震动参数	多遇地震（小震）	设防烈度地震（中震）	预估罕遇地震（大震）
	规范	规范	规范
水平地震影响系数 α_{max}	0.16	0.45	0.90
特征周期 T_g（s）	0.35	0.35	0.40
加速度峰值（cm/s²）	70	200	400
衰减指数 γ_0	0.9	0.9	0.9

9.1.2 性能目标与荷载组合

一、性能目标

按照《抗规》1.01 条规定的抗震设防目标。在充分认识结构与构件的受力变形特征的基础上，根据《高规》3.11.1 条抗震性能目标四等级和 3.11.2 条抗震性能五水准规定，本例确定抗震性能目标为 C 级。抗震性能目标详见表 9.1.2。

结构性能目标 C 级 表 9.1.2

	地震作用	小震	中震	大震
结构整体性能水平	性能水准	1	3	4
	层间位移角	1/800	1/400	1/100
	性能水平定性描述	完好，一般不需要修理即可继续使用	轻度损坏，稍加修理，仍可继续使用	中度损坏，需修复或加固后可继续使用
	评估方法	按规范常规设计	按规范设计（不考虑抗震调整）（连梁刚度折减 0.3）	1. 静力弹塑性分析；2. 动力弹塑性分析

	承载力指标	承载力设计值满足规范要求	抗剪弹性 抗弯不屈服	抗剪不屈服 抗弯不屈服
底部加强区剪力墙	构件损坏状态	完好（弹性）	轻微损坏（不屈服）	轻中等破坏（部分屈服）
	评估方法	按《高规》式 3.11.3-1	抗剪按《高规》式 3.11.3-1 抗弯按《高规》式 3.11.3-3	抗剪按《高规》式 3.11.3-4 抗弯按《高规》式 3.11.3-4
非底部加强区剪力墙	承载力指标	承载力设计值满足规范要求	抗剪弹性 抗弯不屈服	抗剪不屈服抗弯大部分不屈服、个别构件有限屈服
	构件损坏状态	完好（弹性）	轻微损坏（不屈服）	部分中等破坏（部分屈服）
	评估方法	按《高规》式 3.11.3-1	抗剪按《高规》式 3.11.3-1 抗弯按《高规》式 3.11.3-3	抗剪按《高规》式 3.11.3-4 抗弯按《高规》式 3.11.3-4
框架柱	承载力指标	承载力设计值满足规范要求	抗剪弹性 抗弯不屈服	抗剪不屈服、抗弯大部分不屈服、个别构件有限屈服
	构件损坏状态	完好（弹性）	轻微损坏（不屈服）	部分中等破坏（部分屈服）
	评估方法	按《高规》式 3.11.3-1	抗剪按《高规》式 3.11.3-1 抗弯按《高规》式 3.11.3-3	抗剪按《高规》式 3.11.3-4 抗弯按《高规》式 3.11.3-4
框架梁	承载力指标	承载力设计值满足规范要求	抗剪不屈服抗弯大部分不屈服、个别构件有限屈服	抗剪不屈服、抗弯部分构件有限屈服
	构件损坏状态	完好（弹性）	轻中等损坏、个别构件中等损坏（部分屈服）	中等破坏、个别构件严重破坏（部分屈服）
	评估方法	按《高规》式 3.11.3-1	抗剪按《高规》式 3.11.3-3 抗弯按《高规》式 3.11.3-4	抗剪按《高规》式 3.11.3-4 抗弯按《高规》式 3.11.3-4
连梁	承载力指标	承载力设计值满足规范要求	抗剪不屈服、抗弯部分构件有限屈服	中度损坏部分构件比较严重损坏，不发生剪切破坏
	构件损坏状态	完好（弹性）	轻中等损坏、个别构件中等损坏（部分屈服）	中等破坏、部分构件严重破坏（部分屈服）
	评估方法	按《高规》式 3.11.3-1	抗剪按《高规》式 3.11.3-3 抗弯按《高规》式 3.11.3-4	抗剪按《高规》式 3.11.3-4 抗弯按《高规》式 3.11.3-4

二、荷载组合与性能目标设计表达式

小震荷载组合详见表 9.1.3，小震作用下结构构件性能分析表达式：$S \leqslant R$ 或 $S_E \leqslant R/\gamma_{RE}$，仅竖向地震作用时，$\gamma_{RE}$ 取 1.0。中震、大震作用下构件性能分析表达式参见高层建筑混凝土结构技术规程 JGJ 3—2010 中 3.11.3 条。

小震荷载组合　　　　　　　　　　　　　　　　　　表 9.1.3

组　合	恒载 γ_G	活载 γ_{Q1}、γ_{Q2}	水平地震 γ_{Eh}	竖向地震 γ_{EV}	风 γ_w	ψ_Q	ψ_w
恒＋活（恒控）	1.35(1.0)	1.4(0)				0.7	
1A、恒＋活（活控）	1.20(1.0)	1.4(0)				1.0	
恒＋活＋风（活控）	1.20(1.0)	1.4(0)			±1.40	1.0	0.6
2A、恒＋活＋风（风控）	1.20(1.0)	1.4(0)			±1.40	0.7	1.0
3、恒＋风	1.20(1.0)				±1.40		1.0
4、恒＋活＋风＋水平地震	1.20(1.0)	1.2×0.5(0)	±1.30		±1.40	0	0.2
5、恒＋活＋水平地震	1.20(1.0)	1.2×0.5(0)	±1.30				
6、恒＋活＋竖向地震	1.20(1.0)	1.2×0.5(0)		±1.30			
7、恒＋活＋水平地震＋竖向地震	1.20(1.0)	1.2×0.5(0)	±1.30	±0.50			

注：括号内的取值为该荷载对结构受力有利时的取值。

9.1.3　静力弹塑性分析结果

本工程计算小震采用 SATWE 和 MIDAS Building 二者比较，静力弹塑性分析采用 PUSH&EPDA 和 MIDAS Building 二者作比较，动力弹塑性分析采用 MIDAS Building 软件。

在 50 年重现期风及双向小震作用下，验算结构承载力及变形，结构分析结果见下表。

主体分析结果　　　　　　　　　　　　　　　　　　表 9.1.4

分析软件		SATWE	MIDAS
计算阵型数		30	30
第一平动周期		2.2280	2.1846
第二平动周期		2.1258	2.1430
第一扭转周期		1.7814	1.9191
第一扭转周期/第一平动周期		0.7996	0.878
地震下基底剪力（kN）	X	6370.24	6761.12
	Y	6863.62	7042.56
结构总质量（t）		18839.055	18999.400
单位面积质量（t/m²）（标准层）		1.384	1.395
剪重比（最小值）	X	3.38%（一层）	3.41%（一层）
	Y	3.64%（一层）	3.66%（一层）

分析软件		SATWE	MIDAS
地震下倾覆力矩（kN·m）	X	402174.5	405240.1
	Y	433323.1	437759.9
有效质量系数	X	98.59%	98.42%
	Y	98.20%	97.52%
风作用下最大层间位移角（所在层号）	X	1/2420（11层）	1/2841（11层）
	Y	1/2529（13层）	1/2727（10层）
反应谱地震作用下最大层间位移角（所在层号）	X	1/1012（12层）	1/981（16层）
	Y	1/1056（16层）	1/1001（16层）
考虑偶然偏心地震作用规定水平力下最大扭转位移比（所在层号）	X	1.14（1层）	1.328（1层）
	Y	1.22（1层）	1.643（1层）
构件最大轴压比（SATWE）	剪力墙	0.39	0.41
	框架柱	0.73	0.75
本层与相邻上层的比值不宜小于0.9；当本层层高大于相邻上层层高1.5倍时，该比值不宜小于1.1（层号）	X	1.1355（1层）	——
	Y	1.1436（16层）	——
楼层受剪承载力与上层比值（层号）	X	0.98（1层）	0.9606（3层）
	Y	1.0（24层）	0.9005（16层）
刚重比（EJd/GH²）	X	6.37	6.81
	Y	7.15	8.23

结构模型采用杆系—层间模型；柱、梁塑性铰采用 $M\text{-}\theta$，结构加载后，力与弹塑性变形发展的塑特性值采用 FEMA 骨架曲线描述；墙体铰按纤维划分方式，配筋采用计算配筋，混凝土本构采用混凝土规范 GB 50010 附录"C"模型，钢材采用双折线模型，剪切采用三折线模型。有关塑性铰特性定义见图 9.1.2。

由图中可见，pkpm-pushover 输出坐标体系为 α（地震影响系数）或 θ（层间位移角）-T（周期）之间的关系，Midas-building 输出坐标体系为 Sa（谱加速度）Sd（谱位移）之间的关系。两种软件均能反映拟静力作用下结构达到性能点时的结构位移相应，以方便工程师核对指标是否符合规范要求。两种软件计算的结果分别列于如下各表。

由下面图中若干荷载逐步推覆结果可知，本例结构构件的破坏机理及出铰顺序，能够方便指导设计人，找出整体结构薄弱环节及调控重要构件破坏时间。本例结构的出铰顺序为，底部加强层核心筒连梁→中下部楼层非加强层核心筒连梁→底部楼层框架梁→中、上部楼层框架梁。

由 pkpm-pushover 软件计算的，X、Y 向能力谱-需求谱曲线详见（图 9.1.3、图 9.1.4）计算结果为：

其中 8 度大震时大震影响系数 A_{mar} 为 0.90；特征周期：T_g 为 0.40；

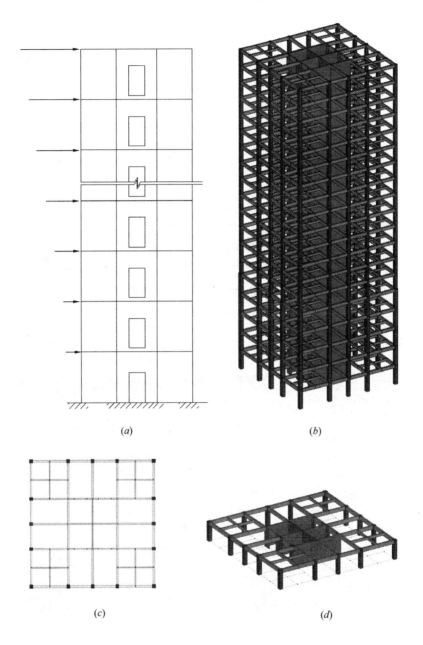

图 9.1.1 静力弹塑性分析软件 PUSH 实现案例结构分析示意图

（a）静力弹塑性分析方法示意图；（b）三维整体分析示意图；

（c）平面分析示意图；（d）三维单层分析示意图

X 向性能点为（T(g),(A)g)：1.925，0.169；性能点最大弹塑性位移角：1/291；

顶点位移：227.2mm；附加阻尼比：0143×0.70＝0.100；性能点加载步号：33.1；

Y 向性能点为（T(g),(A)g)：1.991，0.166；性能点最大弹塑性位移角：1/275；

顶点位移：240.2mm；附加阻尼比：0134×0.70＝0.094；性能点加载步号：30.9，

计算结果满足性能目标要求。

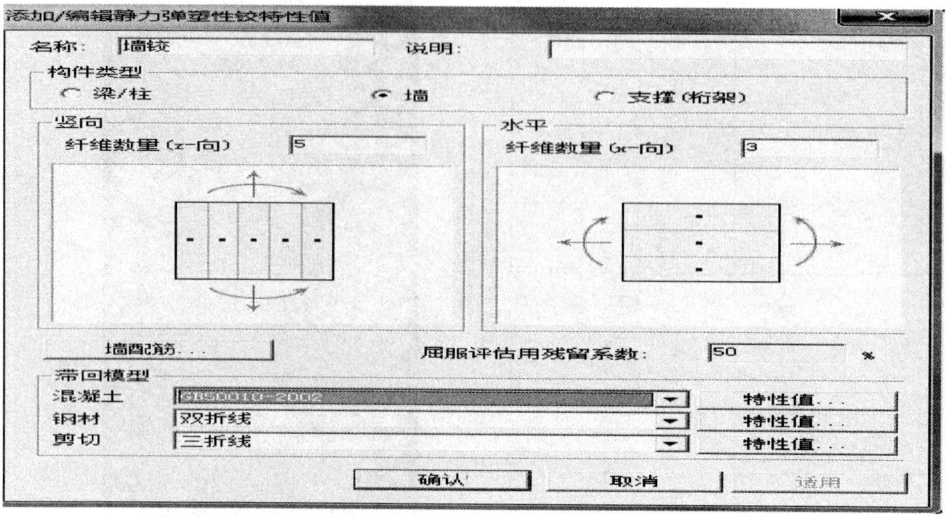

(*a*)

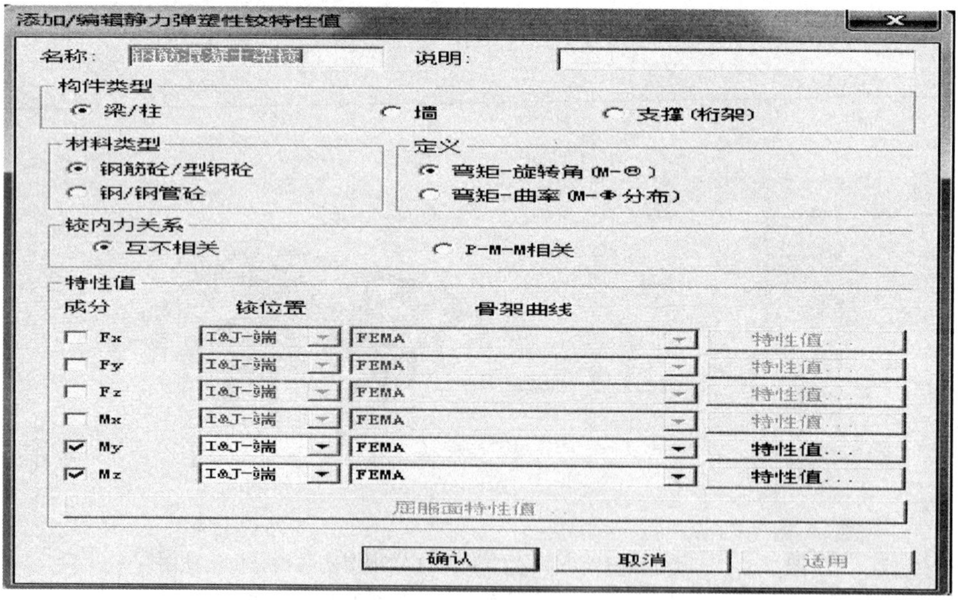

(*b*)

图 9.1.2　软件对有关塑性铰定义（一）

（*a*）墙铰；（*b*）梁铰

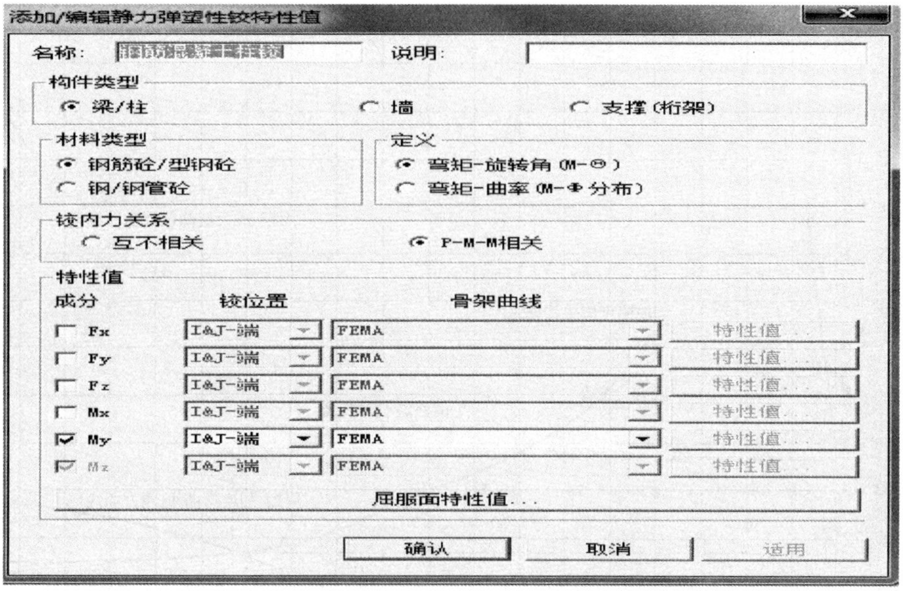

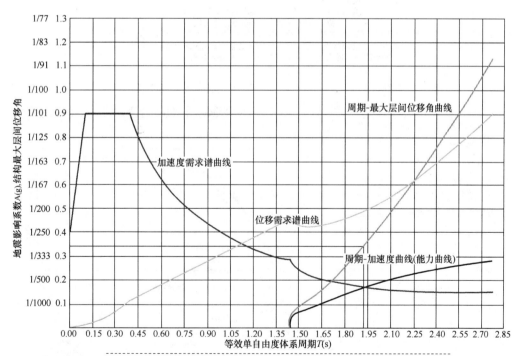

図 9.1.2　軟件対有関塑性鉸定义（二）

(c) 柱鉸

需求谱类型：規範加速度設計谱；所在地区：全国；場地类型：2；設計地震分組：1
抗震設防烈度：8度大震；地震影響系数最大值A_{max}(g)：0.900
特征周期T_g(s)：0.400；弾性状態阻尼比：0.050
能力曲線与需求曲線的交点［T_g(s)，A(g)］：1.925，0.169　性能点最大層間位移角：1/291
性能点基底剪力(kN)：22300.8　性能点頂点位移(mm)：227.2
性能点附加阻尼比：0.143×0.70=0.100与性能点相応的総加載步号：33.1
相応的数据文件：抗倒塌験算図.TXT

図 9.1.3　Pkpm-X 向能力谱-需求谱曲線（性能点）

275

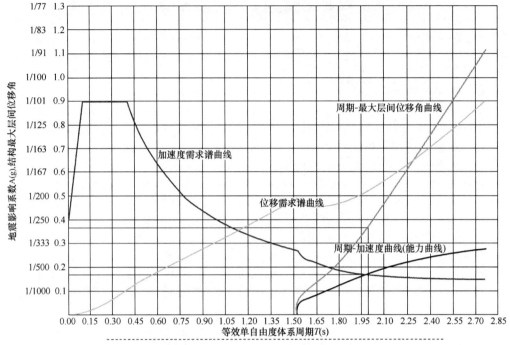

需求谱类型：规范加速度设计谱；所在地区：全国；场地类型：2 设计地震分组：1
抗震设防烈度：8 度大震；地震影响系数最大值A_{max}(g):0.900
特征周期T_g(s):0.400弹性状态阻尼比：0.050
能力曲线与需求曲线的交点［T_g(s),A(g)］:1.991, 0.166 性能点最大层间位移角：1/275
性能点基底剪力(kN): 21819.6 性能点顶点位移(mm): 240.2
性能点附加阻尼比：0.134×0.70=0.094与性能点相对应的总加载步号：30.9

图 9.1.4　Pkpm-Y 向能力谱-需求谱曲线（性能点）

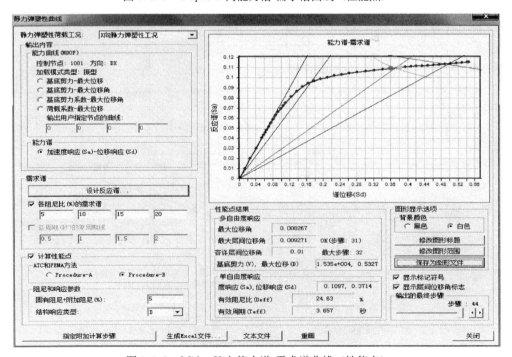

图 9.1.5　Midas-X 向能力谱-需求谱曲线（性能点）

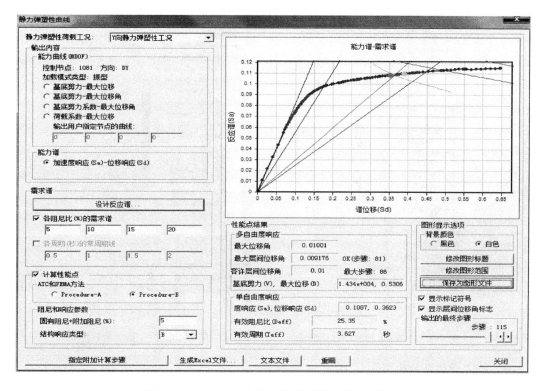

图 9.1.6　Midas-Y 向能力谱-需求谱曲线（性能点）

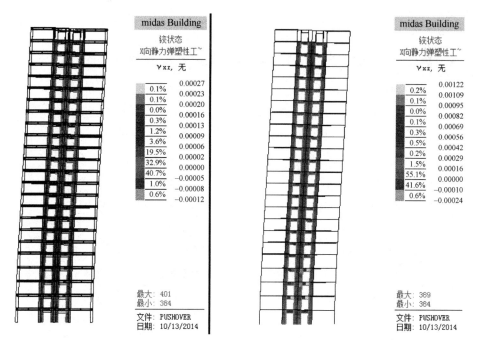

图 9.1.7　PO 步骤 3 墙体铰状态　　　　图 9.1.8　PO 步骤 11 墙体铰状态

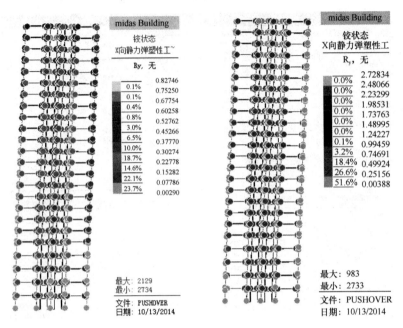

图 9.1.9　PO 步骤 3 框架铰状态　　　　图 9.1.10　PO 步骤 11 框架铰状态

9.1.4　动力弹塑性分析结果

结构模型采用杆系—层间模型；柱、梁塑性铰采用 M-Θ，塑形特性值采用武田三折线骨架曲线描述；墙体铰按纤维划分方式，配筋采用计算配筋，混凝土本构关系采用混凝土规范 GB 50010—2010 附录 C 曲线，钢材采用双折线滞回模型，剪切采用三折线滞回模型。软件定义参见下图。

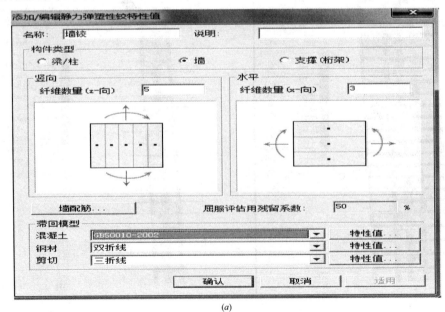

(a)

图 9.1.11　软件定义塑性铰特性（一）

(a) 墙铰

添加/编辑铰特性值

名称： ▨▨▨▨▨▨▨▨▨▨　　　说明： _____

构件类型
- ⊙ 梁/柱　　　　　○ 墙　　　　　○ 支撑（桁架）

材料类型
- ⊙ 钢筋砼/型钢砼
- ○ 钢/钢管砼

定义
- ⊙ 弯矩-旋转角（M-Θ）
- ○ 弯矩-曲率（M-Φ分布）

铰内力关系
- ⊙ 互不相关
- ○ P-M相关（强度计算使用初始轴力）
- ○ P-M-M相关（强度计算使用变化的轴力）

铰特性值

成分	铰位置	带回模型	
□ Fx	I&J一端 ▾	标准三折线 ▾	特性值...
□ Fy	I&J一端 ▾	标准三折线 ▾	特性值...
□ Fz	I&J一端 ▾	标准三折线 ▾	特性值...
□ Mx	I&J一端 ▾	标准三折线 ▾	特性值...
☑ My	I&J一端 ▾	修正武田三折线 ▾	特性值...
☑ Mz	I&J一端 ▾	修正武田三折线 ▾	特性值...

屈服面特性...

| 确认 | 取消 | 适用 |

(b)

添加/编辑铰特性值

名称： ▨▨▨▨▨▨▨▨▨▨　　　说明： _____

构件类型
- ⊙ 梁/柱　　　　　○ 墙　　　　　○ 支撑（桁架）

材料类型
- ⊙ 钢筋砼/型钢砼
- ○ 钢/钢管砼

定义
- ⊙ 弯矩-旋转角（M-Θ）
- ○ 弯矩-曲率（M-Φ分布）

铰内力关系
- ○ 互不相关
- ⊙ P-M相关（强度计算使用初始轴力）
- ○ P-M-M相关（强度计算使用变化的轴力）

铰特性值

成分	铰位置	带回模型	
□ Fx	I&J一端 ▾	标准三折线 ▾	特性值...
□ Fy	I&J一端 ▾	标准三折线 ▾	特性值...
□ Fz	I&J一端 ▾	标准三折线 ▾	特性值...
□ Mx	I&J一端 ▾	标准三折线 ▾	特性值...
☑ My	I&J一端 ▾	修正武田三折线 ▾	特性值...
☑ Mz	I&J一端 ▾	修正武田三折线 ▾	特性值...

屈服面特性...

| 确认 | 取消 | 适用 |

(c)

图 9.1.11　软件定义塑性铰特性（二）

(b) 梁铰；(c) 柱铰

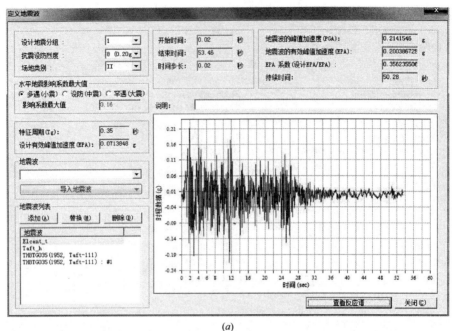

(a)

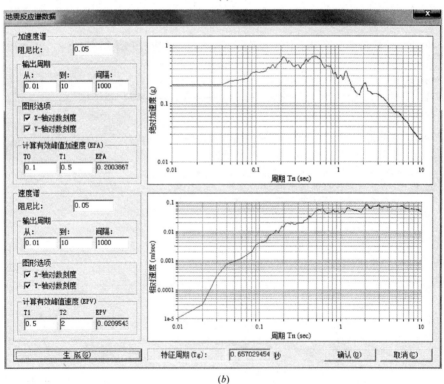

(b)

图 9.1.12　结构动力非线性时程分析选用地震波共 4 条，其中典型波型及其转换反应谱（一）

(a) 动力分析选用地震波（1）Elcent_t 波；(b) Elcent_t 波谱曲线

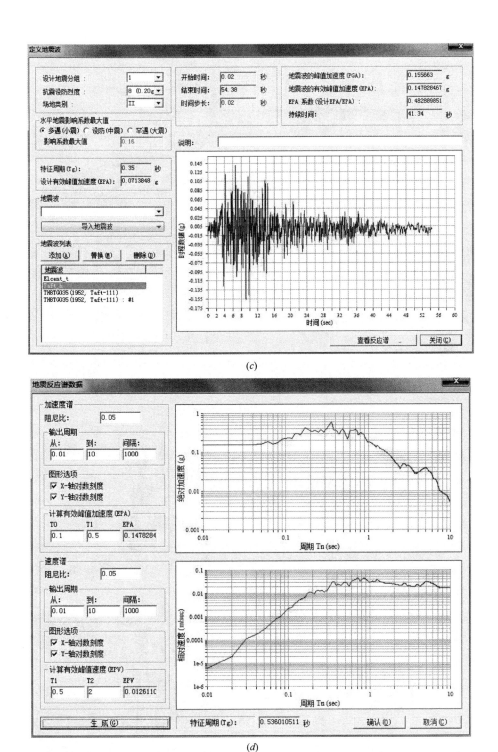

図 9.1.12 結构动力非线性时程分析选用地震波共 4 条，其中典型波型及其转换反应谱（二）

（c）动力分析选用地震波（2）Taft＿h 波；（d）Taft＿h 波谱曲线

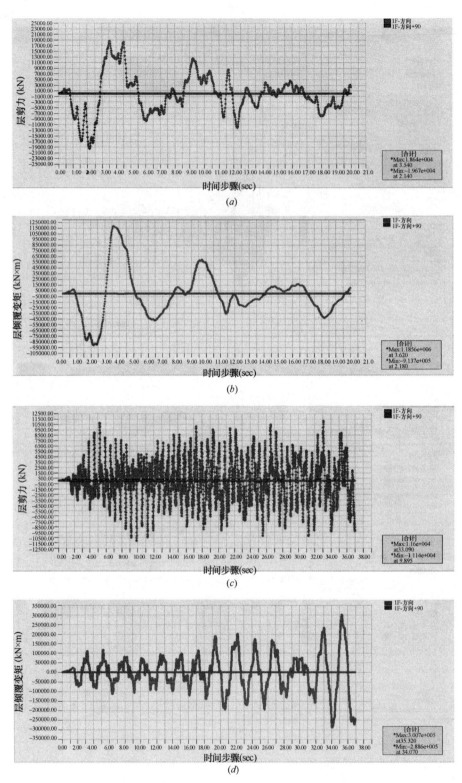

图 9.1.13 底层结构典型波动力响应，层剪力、层倾覆力矩时程曲线

(a) 层剪力；(b) 层倾覆弯矩；(c) 层剪力；(d) 层倾覆弯矩

动力弹塑性分析结果的典型地震波作用下结构塑性铰状态，列于下图：

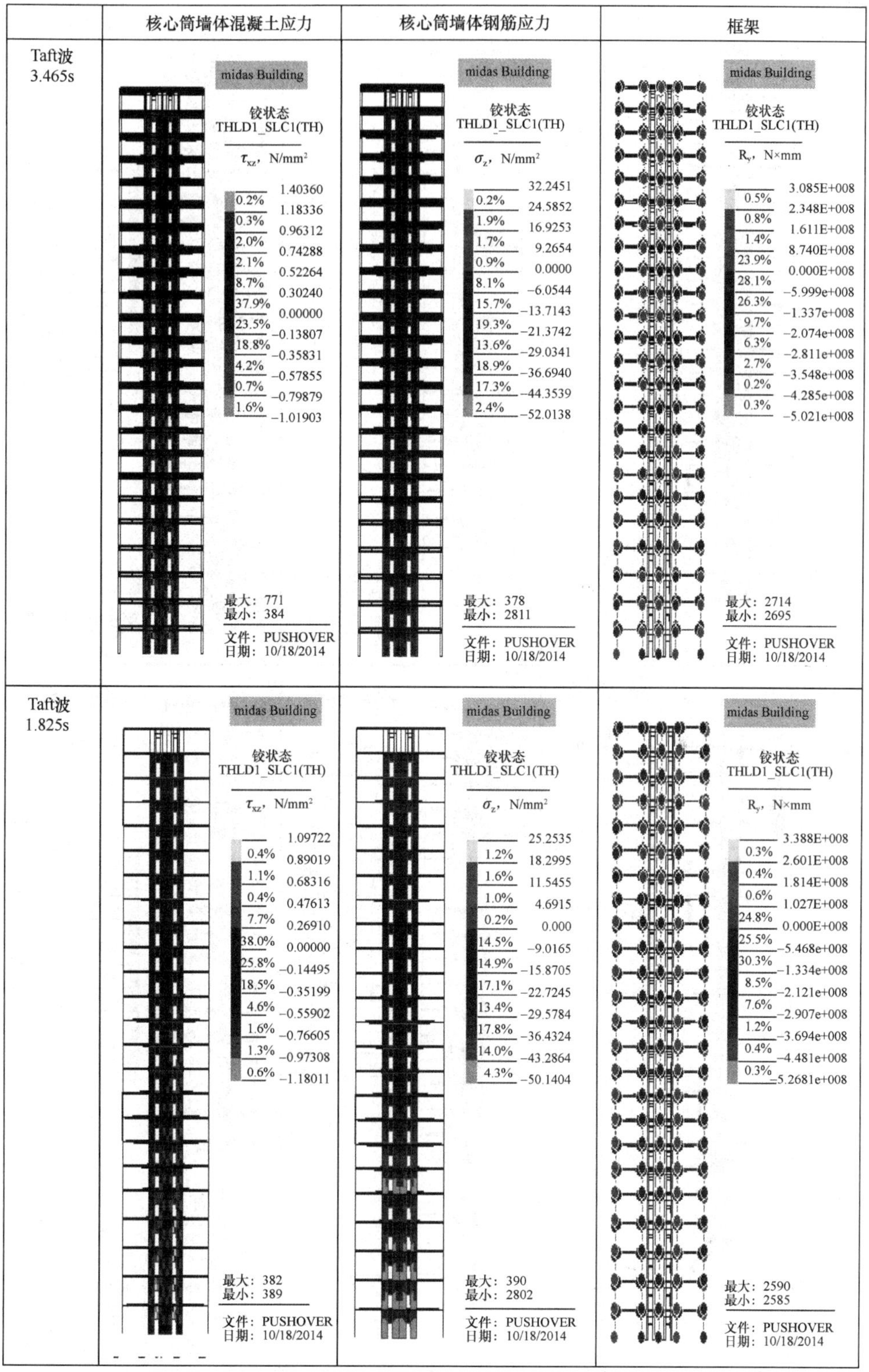

	核心筒墙体混凝土应力	核心筒墙体钢筋应力	框架
Taft波 3.465s			
Taft波 1.825s			

图 9.1.14　典型地震波作用下结构塑性铰状态（一）

283

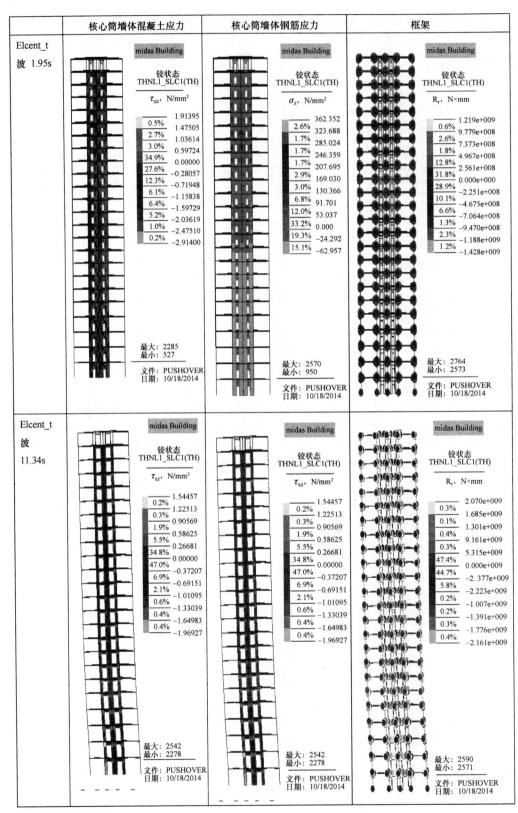

图 9.1.14 典型地震波作用下结构塑性铰状态（二）

9.1.5 总结

1. 各工况罕遇地震波进行时程分析后，结构楼层位移角时程包络满足不大于 1/100 的抗震设防要求；结构竖立不倒，主要抗侧力构件没有发生严重破坏，多数连梁屈服耗能，部分框架梁参与塑性耗能，但不至于引起局部倒塌和危及结构整体安全，大震下结构性能满足"大震不倒"的要求。

2. 在罕遇地震波输入过程中，结构的破坏形态可描述为：在罕遇地震下结构连梁最先出现塑性铰，然后连梁损伤迅速发展并出现剪切损伤，随时程输入连梁损伤逐步累积；结构部分框架梁进入塑性阶段参与结构整体塑性耗能，但框架梁整体塑性损伤有限；结构框架柱全部未进入屈服状态；地震输入结束时剪力墙出现极少量局部损伤，未出现剪力墙全截面进入屈服状态。

3. 整个外框架在罕遇地震作用下基本保持弹性工作状态，部分框架梁的塑性损伤超过开裂强度水准，极少数超过屈服强度水准；框架柱塑性损伤绝大部分未达到开裂强度水准，结构外框架作为第二道设防体系具有足够的富余。

4. 罕遇地震作用下，筒体剪力墙满足抗剪弹性的设防要求，未出现剪力墙全截面剪切型损伤，混凝土受压和钢筋拉压都处于弹性阶段。

5. 整体来看，结构在罕遇地震输入下的弹塑性反应及破坏机制，符合结构抗震工程的概念设计要求，主体结构总体可满足 C 级的抗震性能设计目标。

6. 本设计进行了两种弹塑性静力分析与动力分析，三者结果基本一致。

9.2 动力弹塑性分析实例一：西安绿地中心

本资料由王伟锋高级工程师提供。主要设计人为中国建筑西北设计研究院有限公司的王伟锋，吴琨，车顺利；还有王景、张耀等工程师。本设计整个过程中得到中建西北院顾问总工程师徐永基、沈励操、陶晞暝，中建西北院总工程师曾凡生的指导和帮助。本工程资料部分内容曾在《建筑结构》2014 年 15 期发表。

9.2.1 工程概况

西安绿地中心 A 座及其商业裙房、地下车库位于西安市高新技术产业开发区西区，南邻锦业路，西邻丈八二路，东侧紧邻在建的绿地正大生活馆，场地地形较平坦。建成后将成为西北第一高楼和西安高新区标志性建筑。该项目由两幢对称的超高层双子塔楼、4 层裙房及 3 层地下车库组成。A 座超高层建筑为办公与商业，塔楼及其附属建筑建筑面积约为 17 万 m²，主楼地上共 57 层，大屋面高度 248.5m，建筑总高 269.7m。在其东、南两侧设有四层裙房，建筑高度 20.4m，主楼与裙房之间在 ±0.000 以上设变形缝，将主楼与裙房划分为各自独立的结构单元。主楼与裙房均设三层地下室，在 ±0.000 以下三层地下室作为一个结构单元不设变形缝。F1-F4 为商业，层高 5.1m；F5-F57 为办公，层高 4.2m。地下 3 层为设备机房及车库，基础埋深为 19m，地基基础设计等级为甲级。

图 9.2.1 建筑透视图

图 9.2.2 剖面图

9.2.2 结构基本设计参数

本工程主塔楼结构体系是：钢管混凝土框架＋伸臂桁架＋钢筋混凝土核心筒混合结构

裙房结构体系是：钢筋混凝土框架结构

結構基本設計參數　　　　　　　　　　　　　　　　　　　　表 9.2.1

結構基本設計參數	主樓	裙房
建築結構安全等級 GB 50068—2001，1.0.8	二級	二級
結構的設計使用年限 GB 50068—2001，1.0.5	50 年	50 年
地基基礎設計等級 GB 5007—2011，3.0.1	甲級	甲級
建築抗震設防類別 GB 50223—2008，6.0.11	標準設防類（丙類）	標準設防類（丙類）
抗震設防烈度，GB 50011—2010，附錄 A	8 度	8 度
設計地震分組 GB 50011—2010，附錄 A	第一組	第一組
建築場地類別　地質工程勘察報告	Ⅲ類	Ⅲ類
建築結構荷載規範 GB 50009—2001 表 D.4 50 年一遇基本風壓	$0.35kN/m^2$	$0.35kN/m^2$
建築結構荷載規範 GB 50009—2001 表 D.4 100 年一遇基本風壓	$0.40kN/m^2$	/
建築結構荷載規範 GB 50009—2001 表 D.4 50 年一遇基本雪壓	$0.25kN/m^2$	$0.25kN/m^2$
地面粗糙度	為 B 類	為 B 類
核芯筒抗震等級 JGJ3—2010，11.1.4 GB 50011—2010，6.1.2	地上各層：特一級 地下一層：特一級 地下二層：一級 地下三層：二級	/
框架抗震等級 JGJ 3—2010，11.1.4 GB 50011—2010，6.1.3	地上各層：一級 地下一層：一級 地下二層：二級 地下三層：三級	地上及地下一層：二級 地下二層及以下：三級
阻尼比，多遇地震下 JGJ3—2010，11.3.5 GB 50011—2010，5.1.5	0.04	0.05
阻尼比，設防地震下（罕遇地震下）	0.05（0.05）	/
週期折減，多遇地震下	0.9	0.7
週期折減，設防地震下（罕遇地震）	1.0（1.0）	/
設計基本地震加速度 GB 50011—2010，附錄 A	$0.20g$	$0.20g$
水平地震影響係數最大值 GB 50011—2010，表 5.1.4-1	0.16（安評報告 0.175）	0.16（安評報告 0.175）
特徵週期 GB 50011—2010，表 5.1.4-2	0.45s（安評報告 0.4s）	0.45s （安評報告 0.4s）

9.2.3　地震作用與風荷載

1. 地震作用

陝西大地地震工程勘察中心承擔了綠地中心 A 座超高層工程場地地震安全性評價工作。通過工程場地地震安全性評價，確定工程場地 50 年超越概率 63%、10%、2% 和 100

287

年超越概率63%、10%、2%六个概率水平的设计地震动参数和时程，对其地震地质灾害进行评价。

安评报告工程场地建筑物水平地震影响系数曲线为：

$$\alpha(T) = \begin{cases} \alpha_0 + \dfrac{\alpha_{\max} - \alpha_0}{0.1}T & 0 \leqslant T < 0.1 \\ \alpha_{\max} & 0.1 \leqslant T < T_g \\ \alpha_{\max}\left(\dfrac{T_g}{T}\right)^\gamma & T_g \leqslant T < 5T_g \\ 0.2^\gamma \alpha_{\max} - 0.02(T - 5T_g)\alpha_{\max} & 5T_g \leqslant T < 12.0(s) \end{cases}$$

安评报告主楼地震参数 　　　　　　　　表 9.2.2

概率水平		50a63%	50a10%	50a2%
特征参数	峰值加速度 $a_{\max}$ （g）	0.070	0.220	0.415
	$\alpha_{\max}$	0.175	0.550	1.038
	γ（阻尼比 0.04）	0.95	0.95	0.95
	T_g（s）	0.40	0.48	0.73
	α_0	0.070	0.220	0.415

规范主楼地震参数 　　　　　　　　表 9.2.3

概率水平		50a63%	50a10%	50a2%
特征参数	峰值加速度 $a_{\max}$ （g）	0.070	0.20	0.40
	$\alpha_{\max}$	0.16	0.45	0.90
	γ（阻尼比 0.04）	0.919	0.919	0.9（阻尼比 0.05）
	T_g（s）	0.45	0.45	0.50

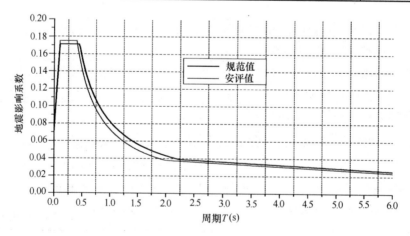

图 9.2.3　规范与场地安评影响系数多遇地震下比较

从多遇地震的反应谱曲线对比来看：当结构自振周期小于 0.45s 时，"安评"报告中水平地震影响系数大于规范值；而当结构自振周期大于 0.45s 时，"安评"报告中水平地震影响系数小于规范值（图 9.2.3）；设防烈度地震、罕遇地震反应谱曲线中，安评给出的值均大于规范值（图 9.2.4）。由于高层建筑结构地震反应受地震影响系数中长周期影

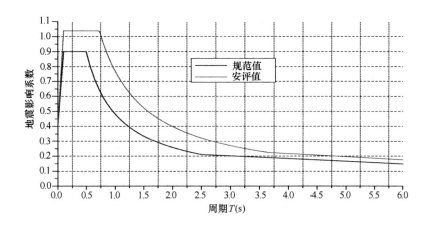

图 9.2.4　规范与场地安评影响系数罕遇地震下比较

响较大多遇地震下规范反应谱将起到控制作用。多遇地震地震影响系数的选用：位移计算时，采用规范反应谱。强度验算时，采用规范反应谱、时程分析包络值。设防烈度地震、罕遇地震地震影响系数的选用：采用规范反应谱。

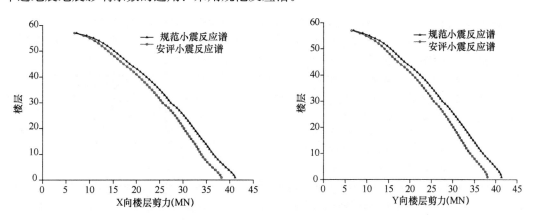

图 9.2.5　规范小震反应谱与安评小震反应谱楼层剪力比较

　　根据规范要求，需要选取五条天然波和两条人工波进行弹性动力时程分析，选用北京震泰公司所提供的 Ⅲ类场地地震波进行分析。每条地震波包括两个方向的地震记录，并且也是对结构两个方向输入地震时程。将地震波时程曲线转换成反应谱，并且与规范的反应谱曲线对比，见图 9.2.6。七条波的平均地震影响系数曲线与振型分解反应法所采用的地震影响系数曲线在结构振型的主要周期点上相差不大于 20%，依据规范 GB 50011—2010 第 5.1.2 条及条文说明，所选取的地震波频谱特性符合要求。

　　对多遇地震波作出调整，达到与规范中规定的地震波参数一致，进行多遇地震下的结构弹性时程反应分析。其中选用了 5 条天然波 2 条人工波，并且取用小震下主次方向互相组合如下：天然波 1：S202 主向，S203 次向；天然波 2：S523 主向，S524 次向；天然波 3：S640 主向，S641 次向；天然波 4：S646 主向，S647 次向；天然波 5：S722 主向，S721 次向；人工波 1：S845-1 主向，S845-2 次向；人工波 2：S845-4 主向，S845-5 次向。与规范谱比较如下图：

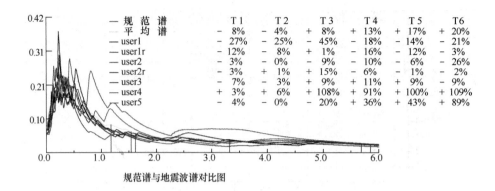

规范谱与地震波谱对比图

图 9.2.6 7条天然波、人工波与计算所采用地震影响系数曲线对比

2. 设计风荷载

（1）依据规范

按 GB 50009—2001，用于基本结构体系设计准则：$W_K = \beta_Z \cdot \mu_S \cdot \mu_Z \cdot W_0$

其中：W_K＝风荷载标准值（kN/m²）

β_Z＝风振系数 $\beta_Z = 1 + \xi \nu \dfrac{\varphi_z}{\mu_z}$

μ_S＝风荷载体型系数取 1.4

μ_Z＝风压高度变化系数，按 GB 50009—2001 表 7.2.1，地面粗糙度为 B

W_0＝基本风压，GB 50009—2001 Table D.4，50 年一遇基本风压 0.35kN/m²（按 JGJ 3—2010 第 4.2.2 条，承载力设计时应按基本风压的 1.1 倍采用），100 年一遇基本风压 0.40kN/m²，根据规范计算的风荷载见表 9.2.4、表 9.2.5。

（2）根据风洞试验确定的风载

根据《高层建筑混凝土结构技术规程》JGJ 3—2010 4.2.7 条规定，房屋高度大于 200m 时宜采用风洞试验来确定建筑物的风荷载，为此，业主委托同济大学进行了风洞试验，得到的风荷载见表 9.2.4、表 9.2.5。风洞试验采用刚体测压模型，风向角定义，测压断面位置示意图见下图。

比较结果：50 年及 100 年一遇的风荷载在 X 向、Y 向大部分规范风荷载起控制作用。

结构计算时：位移计算采用规范 50 年一遇的基本风压计算得到的风荷载，强度验算时采用照规范 50 年一遇的基本风压 1.1 倍计算得到的风荷载。

规范风荷载与风洞试验值比较（50 年一遇规范和风洞得到的每层风荷载）　表 9.2.4

高度 （m）	规范风荷载		风洞试验风荷载		比较			
	FX(kN)	FY(kN)	FX(kN)	FY(kN)	FX	FX 差值	FY	FY 差值
265.2	669.42	669.42	138.8	78.6	规范大	531	规范大	591
257.2	370.22	370.22	98	156.7	规范大	272	规范大	214
252.7	366.68	366.68	256.7	253.3	规范大	110	规范大	113
248.2	435.77	435.77	436.1	377.6	风洞大	0	规范大	58
242.8	430.69	430.69	392.6	339.6	规范大	38	规范大	91

高度	规范风荷载		风洞试验风荷载		比较			
(m)	FX(kN)	FY(kN)	FX(kN)	FY(kN)	FX	FX差值	FY	FY差值
237.4	331.04	331.04	299.3	278.3	规范大	32	规范大	53
233.2	327.97	327.97	285.9	266.9	规范大	42	规范大	61
229	324.91	324.91	283.1	267	规范大	42	规范大	58
224.8	321.84	321.84	279.5	263.7	规范大	42	规范大	58
220.6	318.78	318.78	274.3	259.1	规范大	44	规范大	60
216.4	315.71	315.71	273.2	260	规范大	43	规范大	56
212.2	312.64	312.64	268.1	255.6	规范大	45	规范大	57
208	309.56	309.56	263.3	251.3	规范大	46	规范大	58
203.8	306.48	306.48	255.7	264.3	规范大	51	规范大	42
199.6	303.39	303.39	253.4	262.1	规范大	50	规范大	41
195.4	300.29	300.29	250	258.9	规范大	50	规范大	41
191.2	332.56	332.56	286.7	294.9	规范大	46	规范大	38
186.5	293.69	293.69	282.1	276.9	规范大	12	规范大	17
182.3	290.55	290.55	260.4	258.8	规范大	30	规范大	32
178.1	287.4	287.4	256.7	255.4	规范大	31	规范大	32
173.9	284.24	284.24	266.7	266.1	规范大	18	规范大	18
169.7	281.05	281.05	263.2	263	规范大	18	规范大	18
165.5	277.85	277.85	259.9	259.3	规范大	18	规范大	19
161.3	274.62	274.62	256	256.4	规范大	19	规范大	18
157.1	271.37	271.37	252.2	254.2	规范大	19	规范大	17
152.9	268.1	268.1	248.5	250.8	规范大	20	规范大	17
148.7	264.79	264.79	246	248.4	规范大	19	规范大	16
144.5	261.46	261.46	246.6	249	规范大	15	规范大	12
140.3	258.09	258.09	245.7	247.2	规范大	12	规范大	11
136.1	254.69	254.69	234.1	237.7	规范大	21	规范大	17
131.9	251.26	251.26	236.5	239.3	规范大	15	规范大	12
127.7	318.57	318.57	305.5	313.7	规范大	13	规范大	5
122.3	243.24	243.24	245.4	249.4	风洞大	2	风洞大	6
118.1	239.66	239.66	226.4	233.6	规范大	13	规范大	6
113.9	236.02	236.02	214.2	229.6	规范大	22	规范大	6
109.7	232.33	232.33	210.1	226.1	规范大	22	规范大	6
105.5	228.58	228.58	206.5	222.4	规范大	22	规范大	6
101.3	224.76	224.76	202	218.6	规范大	23	规范大	6
97.1	220.87	220.87	183.7	222.8	规范大	37	风洞大	2
92.9	216.9	216.9	179.2	218.5	规范大	38	风洞大	2

高度	规范风荷载		风洞试验风荷载		比较			
(m)	FX(kN)	FY(kN)	FX(kN)	FY(kN)	FX	FX差值	FY	FY差值
88.7	212.85	212.85	176.4	215.1	规范大	36	风洞大	2
84.5	208.71	208.71	169.5	197.4	规范大	39	规范大	11
80.3	204.47	204.47	167.6	194.8	规范大	37	规范大	10
76.1	200.12	200.12	163.7	191.1	规范大	36	规范大	9
71.9	195.65	195.65	160.3	186.6	规范大	35	规范大	9
67.7	213.79	213.79	168.4	206.1	规范大	45	规范大	8
63	185.72	185.72	151.2	183.1	规范大	35	规范大	3
58.8	180.78	180.78	141.4	173.7	规范大	39	规范大	7
54.6	175.65	175.65	126.5	167.8	规范大	49	规范大	8
50.4	170.31	170.31	123.3	163.8	规范大	47	规范大	7
46.2	164.72	164.72	118.9	158.6	规范大	46	规范大	6
42	158.84	158.84	114.1	152.9	规范大	45	规范大	6
37.8	152.63	152.63	118.1	144.4	规范大	35	规范大	8
33.6	146.02	146.02	112.5	138.1	规范大	34	规范大	8
29.4	138.92	138.92	106.9	131.4	规范大	32	规范大	8
25.2	131.22	131.21	100	123.4	规范大	31	规范大	8
21	149.02	149.02	78.9	92.7	规范大	70	规范大	56
15.9	134.69	134.69	70.5	83.2	规范大	64	规范大	51
10.8	117.26	117.26	60	71.4	规范大	57	规范大	46
5.7	123.74	123.74	51.7	62.7	规范大	72	规范大	61
合计:	15423.2	15423.1	12602.2	13123.4				

规范基本风压放大 1.1 倍和 100 年一遇风洞得到的每层风荷载　　　　　表 9.2.5

高度	规范风荷载		风洞试验风荷载		比较			
(m)	FX (kN)	FY (kN)	FX (kN)	FY (kN)	FX	FX差值	FY	FY差值
265.2	736.362	736.362	161	93	规范大	575	规范大	643
257.2	407.242	407.242	116.1	188.3	规范大	291	规范大	219
252.7	403.348	403.348	298.1	322.4	规范大	105	规范大	81
248.2	479.347	479.347	509.6	505.6	风洞大	30	风洞大	26
242.8	473.759	473.759	455.8	448.1	规范大	18	规范大	26
237.4	364.144	364.144	349.2	364.4	规范大	15	风洞大	0
233.2	360.767	360.767	333.2	348.1	规范大	28	规范大	13
229	357.401	357.401	329.7	340	规范大	28	规范大	17
224.8	354.024	354.024	325.5	335.8	规范大	29	规范大	18

高度	规范风荷载		风洞试验风荷载		比较			
(m)	FX (kN)	FY (kN)	FX (kN)	FY (kN)	FX	FX 差值	FY	FY 差值
220.6	350.658	350.658	319.2	329.5	规范大	31	规范大	21
216.4	347.281	347.281	317.7	323	规范大	30	规范大	24
212.2	343.904	343.904	311.8	318.2	规范大	32	规范大	26
208	340.516	340.516	307.1	313.6	规范大	33	规范大	27
203.8	337.128	337.128	297.2	318.2	规范大	40	规范大	19
199.6	333.729	333.729	294.6	316.6	规范大	39	规范大	17
195.4	330.319	330.319	290.6	312.4	规范大	40	规范大	18
191.2	365.816	365.816	333.6	358.6	规范大	32	规范大	7
186.5	323.059	323.059	328.2	346.5	风洞大	5	风洞大	23
182.3	319.605	319.605	302.1	318.7	规范大	18	规范大	1
178.1	316.14	316.14	297.8	314	规范大	18	规范大	2
173.9	312.664	312.664	309.1	321.6	规范大	4	风洞大	9
169.7	309.155	309.155	305	317.2	规范大	4	风洞大	8
165.5	305.635	305.635	301.1	312.9	规范大	5	风洞大	7
161.3	302.082	302.082	296.5	307.9	规范大	6	风洞大	6
157.1	298.507	298.507	292	295.9	规范大	7	规范大	3
152.9	294.91	294.91	287.7	291.3	规范大	7	规范大	4
148.7	291.269	291.269	284.8	288.1	规范大	6	规范大	3
144.5	287.606	287.606	285.3	274.4	规范大	2	规范大	13
140.3	283.899	283.899	284.3	273.2	风洞大	0	规范大	11
136.1	280.159	280.159	270.4	260.2	规范大	10	规范大	20
131.9	276.386	276.386	273.4	263.6	规范大	3	规范大	13
127.7	350.427	350.427	353.5	322.9	风洞大	3	规范大	28
122.3	267.564	267.564	284.4	260.9	风洞大	17	规范大	7
118.1	263.626	263.626	261.8	237.8	规范大	2	规范大	26
113.9	259.622	259.622	247.7	220.3	规范大	12	规范大	39
109.7	255.563	255.563	242.8	216.4	规范大	13	规范大	39
105.5	251.438	251.438	238.6	211.4	规范大	13	规范大	40
101.3	247.236	247.236	233.4	207.1	规范大	14	规范大	40
97.1	242.957	242.957	212.3	198.7	规范大	31	规范大	44
92.9	238.59	238.59	207.8	194.8	规范大	31	规范大	44
88.7	234.135	234.135	203.8	190.8	规范大	30	规范大	43
84.5	229.581	229.581	195.8	178.7	规范大	34	规范大	51
80.3	224.917	224.917	193.7	176.6	规范大	31	规范大	48
76.1	220.132	220.132	189.1	172.1	规范大	31	规范大	48

高度 (m)	规范风荷载		风洞试验风荷载		比较			
	FX (kN)	FY (kN)	FX (kN)	FY (kN)	FX	FX 差值	FY	FY 差值
71.9	215.215	215.215	185.1	167.4	规范大	30	规范大	48
67.7	235.169	235.169	195.4	179.2	规范大	40	规范大	56
63	204.292	204.292	175	160.2	规范大	29	规范大	44
58.8	198.858	198.858	163.3	149	规范大	36	规范大	50
54.6	193.215	193.215	145.7	142.6	规范大	48	规范大	51
50.4	187.341	187.341	142.5	139.2	规范大	45	规范大	48
46.2	181.192	181.192	137.4	133.9	规范大	44	规范大	47
42	174.724	174.724	131.8	128.7	规范大	43	规范大	46
37.8	167.893	167.893	136.3	124.9	规范大	32	规范大	43
33.6	160.622	160.622	129.7	118.8	规范大	31	规范大	42
29.4	152.812	152.812	123	112.5	规范大	30	规范大	40
25.2	144.342	144.331	115	105	规范大	29	规范大	39
21	163.922	163.922	90.9	68.6	规范大	73	规范大	95
15.9	148.159	148.159	81.3	60.7	规范大	67	规范大	87
10.8	128.986	128.986	68.9	50.7	规范大	60	规范大	78
5.7	136.114	136.114	59.3	42.8	规范大	77	规范大	93
合计：	16965.47	16965.45	14613	14394				

9.2.4 工程设计性能指标

结构性能设计指标 表 9.2.6

地震烈度水准			多遇地震	设防烈度地震	罕遇地震
性能水平定性描述			结构完好 不损坏	轻度损坏 修理后可继续使用	中度损坏 修复或加固后可继续使用
建议			按规范及安评包络	附加的分析及抗震措施	
性能目标			选用性能目标C（《高规》3.11.1条）		
性能水平			性能水平1	性能水平3	性能水平4
构件 性能	墙体 核心筒	压弯拉弯	弹性 （按规范要求设计）	中震不屈服	允许进入塑性，控制塑性变形
		抗剪		中震弹性	抗剪不屈服，保证截面控制条件
	外框架	钢管混 凝土柱		中震弹性	允许进入塑性，控制塑性变形
		边框梁		允许进入塑性	允许进入塑性，控制塑性变形
	伸臂桁架、腰桁架			不屈服	允许进入塑性，控制塑性变形

地震烈度水准	多遇地震	设防烈度地震	罕遇地震
性能水准相关 验算公式	承载力及变形 满足规范要求	承载力弹性： $\gamma_G S_{GE} + \gamma_{Eh} S_{Ehk}^* +$ $\gamma_{EV} S_{EVk}^* \leqslant R_d / \gamma_{RE}$ 承载力不屈服： $S_{GE} + S_{Ehk}^* + 0.4 S_{EVk}^* \leqslant R_k$	承载力不屈服： $S_{GE} + S_{Ehk}^* + 0.4 S_{EVk}^* \leqslant R_k$ 剪力墙抗剪截面控制条件： $(V_{GE} + V_{Ek}^*) - (0.25 f_{ak} A_a$ $+ 0.5 f_{spk} A_{sp}) \leqslant 0.15 f_{ck} bh_0$
地震输入数据	规范反应谱 及时程地震波	规范反应谱	弹塑性时程分析
层间移位	(JGJ 3—20103.7.3) 弹性层间位移 $<L/502$	—	(JGJ 2010—3.7.5) 弹塑性层间位移 $<L/100$
内力调整系数	特一级或一级的 内力放大	1.0	1.0
材料强度	设计值	不屈服取标准值 弹性取设计值	标准值

9.2.5 基础设计

本工程桩的承载力由桩身强度控制，不是由桩端阻力和侧阻力控制。采用 $\Phi 800$、$L=50M$ 的桩，$R_a=6860KN$，可以满足在静力荷载作用下的承载要求。但是为能减少桩基础的沉降，在地震荷载作用下能更好的发挥桩身强度，桩长采用 $L=55M$（由桩端阻力和侧阻力控制 $R_a=8570KN$）。

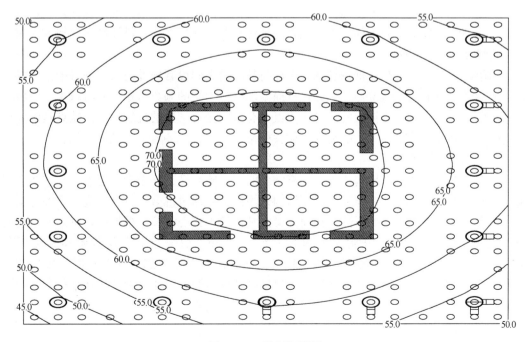

图 9.2.7 筏板沉降图

9.2.6 结构体系说明

绿地中央广场 A 座地上是由 57 层的主楼和贴建于主楼南侧、东侧的 4 层裙房及主楼北面相距 17m 的独立商业用房组成，在 ±0.000 以上主楼与裙房间设置抗震缝，缝宽 150mm，由于南侧裙房与东侧裙房连接很弱，故将主楼南侧的抗震缝向东延伸贯通裙房，把裙房分为南北两个结构单元。这样 ±0.000 以上共分为 4 个独立的结构单元。

1. 主楼结构单元

地 57 层，采用钢管混凝土框架＋伸臂桁架＋钢筋混凝土筒体的混合结构，屋顶标高 248.6 米。

2. 东侧及南侧裙房

4 层钢筋混凝土框架结构。屋顶标高 21.3m。

3. 北区商业用房

3 层钢筋混凝土框架结构。屋顶标高 13.8m。主楼整体高宽比大约为 5.67，小于规范 JGJ 3—2010 3.3.2 条所定的 6.0 上限。

4. 主楼的抗侧力结构体系

用以抵抗地震和风力荷载。主要抗侧力系统由内部的钢筋混凝土核心筒和外围钢管混凝土柱与钢梁组成的框架构成。因建筑立面有大切角，结构角柱无法直通，此处采用分叉斜柱沿切角上升，保障竖向构件的连续性。

核心筒系统位于主楼的中心，由电梯、电梯厅、疏散楼梯的墙体组成，核心筒外墙厚度在 1250mm 至 600mm 范围，内墙厚度在 800mm 至 4000mm 范围。钢筋混凝土的连梁将连接相邻的剪力墙。核心筒的外墙是闭合式的，从而提供建筑大部分的扭转刚度，作为结构的第一道抗侧力体系。

主楼的第二道抗侧力体系是位于建筑外围的框架。我们采用钢管混凝土柱，它较钢筋混凝土和钢骨混凝土（型钢混凝土）柱具有更优良的抗压性能和抗震性能。框架梁采用钢梁，其强度高，自重轻。

利用设备层及屋顶在外框钢管混凝土柱与核心筒之间设置伸臂桁架。伸臂桁架可以提高水平荷载作用下的外框架柱的轴力，从而增加框架承担的倾覆力矩，同时减小了内核心筒的倾覆力矩，它对结构形成的反弯作用可以有效的增大结构的抗侧刚度。缺点是该处结构刚度产生突变及受剪承载力的突变。伸臂桁架设置位置：29 层，44 层，屋面。

5. 主楼竖向承重体系

主楼的重力荷载抗力结构体系由中央钢筋混凝土核心筒、外围钢管混凝土柱和楼面钢梁、钢筋桁架混凝土楼承板组成。楼面结构采用钢梁并通过抗剪栓钉与现浇钢筋混凝土板连接形成组合楼盖系统，见下图，楼面钢梁两端铰接于核心筒及边框架柱，可减轻塔楼的整体重量及便于施工。其中办公标准层板厚 120mm，加强层上下及首层和屋顶板厚 150mm。组合楼板的钢筋会延伸并锚入核心筒的外墙，钢梁顶部的栓钉可以使楼板与钢梁紧密结合，在地震作用下，这些措施可以保障外框与核心筒体共同抵抗水平荷载，同时为外框柱提供侧向约束。核心筒内的楼面结构采用钢筋混凝土梁板。

6. 地下室

地下室（±0.00 以下）为传统的钢筋混凝土梁板体系。

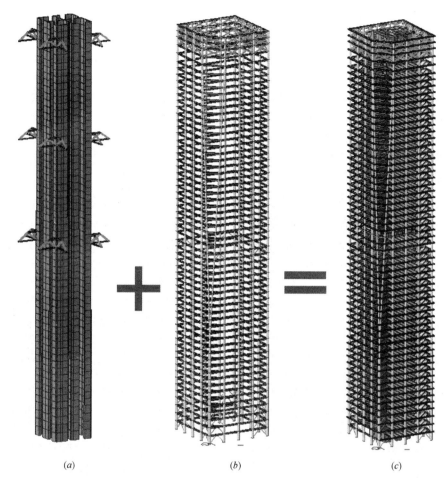

图 9.2.8　结构抗侧力体系示意图

(a) 核心筒及伸臂桁架；(b) 外框架；(c) 双层抗侧力体系

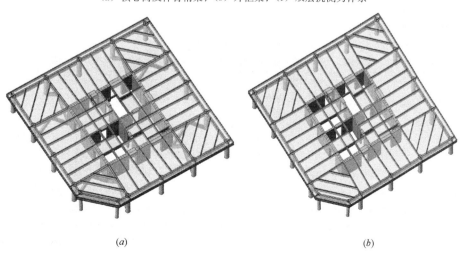

图 9.2.9　楼面结构布置图

(a) 加强层；(b) 一般楼层

7. 结构嵌固层的选择

首层作为结构的嵌固层。计算等效剪切刚度时，计入主楼附近部分地下室外墙刚度。主楼地下一层 x 向等效剪切刚度为 2.6538×10^8 kN/m，y 向等效剪切刚度为 2.8205×10^8 kN/m；地上一层 x 向等效剪切刚度为 1.4047×10^8 kN/m，y 向等效剪切刚度为 1.4865×10^8 kN/m；可见，x 方向的 B1/F1 等效剪切刚度比为 1.89，y 方向的 B1/F1 等效剪切刚度比为 1.90，满足《高规》（JGJ 3—2010）第 5.3.7 条不宜小于 2.0 的规定。

9.2.7 超限情况与设计存在的问题

1. 设计中存在的问题

（1）由于塔楼建筑立面造型存在大切角，使得结构外框角柱在竖向不能贯通，需采取措施，既能保证结构竖向传力的连贯性，又不至于使结构出现刚度突变。

（2）结构外框属于典型的稀柱框架，且底部几层层高较大，外框架二道防线作用较弱，需采取加强措施增强外框抗震能力，确保结构整体安全。

2. 超限情况

超限情况总结　　　　　　表 9.2.7

		结构性能	规范要求	是否满足规范要求	是否超出规范
结构类型		钢管混凝土框架＋伸臂桁架＋钢筋混凝土筒体的混合结构			—
层数	塔楼	57			—
	地下室	3			—
高度（m）	塔楼	248.5m（顶部另有13m局部机房）	《高规》JGJ 3—2010 表 11.1.2：8 度时，型钢（钢管）混凝土框架-钢筋混凝土筒体房屋结构最大适用高≤150m	不满足	是
	地下室埋深	18.3m			—
塔楼标准层平面（长×宽）m		42×42（轴线）			—
结构高宽比		248.5/43.7＝5.69	《高规》JGJ 3—2010 表 11.1.3 要求不大于 6	满足	否
平面规则性	扭转	Y 向均＜1.2，X 向均＜1.2	《高规》第 3.4.5 条要求 B 级高度混合结构建筑在考虑偶然偏心时扭转位移比不宜大于 1.2，不应大于 1.4	满足	否
	凹凸	无	《高规》第 3.4.6 条要求：平面凹凸尺寸不宜大于楼板宽度的 50%。《抗规》第 3.4.3 条规定：结构平面凹进尺寸，大于相应投影方向总尺寸的 30% 属于凹凸不规则。	满足	否
	楼板连续性	塔楼二层开洞面积与建筑面积比 556/1998＝27.8%	《抗规》第 3.4.3 条要求，结构有效楼板宽度小于该层楼板典型宽度的 50%，或开洞面积大于该层楼面面积的 30%，或存在较大的楼层错层楼板属楼板局部不连续。	满足	否
		塔楼 32 层开洞面积与建筑面积比 494/1984＝25%		满足	否

	结构性能		规范要求	是否满足规范要求	是否超出规范
竖向规则性	侧向刚度	加强层伸臂桁架处有层刚度变化，但均满足规范要求	《抗规》BG 50011—2010 第 3.4.3 条要求，楼层侧向刚度不应小于相邻上一层的 70%或其上相邻三层侧向刚度平均值的 80%。	满足	否
	抗侧力构件连续	竖向抗侧力构件连续，无结构转换	《抗规》BG 50011—2010 第 3.4.3 条：竖向抗侧力构件的内力由水平转换构件向下传递属抗侧力构件不连续	满足	否
	楼层承载力	因加强层存在，部分楼层出现抗剪承载力突变	《高规》第 3.5.3 条要求：B 级高度高层建筑的楼层层间抗侧力结构的受剪承载力不应小于其上一层受剪承载力的 75%。	不满足	是
剪重比		最小剪重比 X 向：2.38% 最小剪重比 Y 向：2.42%	《高规》第 4.3.12 条要求，基本周期大于 5 秒的结构，最小剪重为 2.4%。	不满足	是

9.2.8 超限与设计问题的应对措施

1. 概述

主楼结构采用带加强层的混合结构。钢和钢筋混凝土混合结构有较好的抗震性能和延性。混合结构构件也有很高的强度，使得构件的自重较轻，而截面尺寸也较小。混合结构的刚度也较大，对于控制结构的位移和舒适度较为有利。

利用避难层在外框钢管混凝土柱与核心筒之间设置伸臂桁架。伸臂桁架可以提高水平荷载作用下的外框架柱的轴力，从而增加框架承担的倾覆力矩，同时减小了内核心筒的倾覆力矩，它对结构形成的反弯作用可以有效的增大结构的抗侧刚度。

增强外框二道防线的抗震能力。外框架采用带局部支撑的钢管混凝土框架，使其有足够的自身刚度，尽量满足《高规》（JGJ3-2010）第 9.1.11 条框架部分分配楼层地震剪力的最大值不小于底部总地震剪力标准值的 10%的要求，当小震下外框分配楼层地震剪力大于底部总地震剪力标准值的 10%且小于 20%时，小震下取底部总剪力的 20%和外框楼层剪力最大值 1.5 倍二者的较大值。中震下取二者的较小值。

对加强层及其上下层加强。在加强层及附近楼层，结构的侧向刚度有较大的突变，造成结构内力的突变。为此，除对薄弱层采用 1.25 的内力放大系数之外；约束边缘构件被应用于加强层及上下两层的核心筒剪力墙，加强层的楼板加厚拟采用 150mm 压型钢板，配筋双层双向拉通并适当加大，加强层上下两层的楼板配筋适当加强。

2. 主楼结构采用带加强层的混合结构

由于结构高度超限较多，鉴于本结构的重要性及复杂性，应比一般结构有更高的延性要求，同时超高层结构受地震作用很大，而较小结构自重对降低结构所受地震作用效果明显。

钢和钢筋混凝土混合结构有较好的抗震性能和延性。混合结构构件也有很高的强度，使得构件的自重较轻，而截面尺寸也较小，且混合结构的刚度较大，对于控制结构的位移和舒适度均较为有利。

利用建筑避难层在第 29、44 层外框钢管混凝土柱与核心筒之间设置伸臂桁架（图9.2.10）。伸臂桁架可以提高水平荷载作用下的外框架柱的轴力，从而增加框架承担的倾覆力矩，同时减小了内核心筒的倾覆力矩，它对结构形成的反弯作用可以有效的增大结构的抗侧刚度。

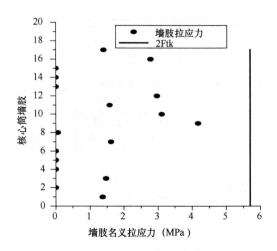

图 9.2.10　第 29、44 层伸臂桁架　　　　图 9.2.11　地层核心筒墙肢拉应力验算

3. 增强核心筒混凝土墙体的延性

核心筒墙体承担结构很大水平及竖向荷载，作为上部结构抵抗水平荷载的第一道防线，其承载力及延性对整个结构的安全起着至关重要的作用。因此针对核心筒混凝土墙体延性要求，采取了如下技术措施：1）严格控制核心筒墙体轴压比，并在核心筒墙体四角及洞口边混凝土墙体暗柱内，设置型钢柱，在底部加强区楼层处设置型钢暗梁，提高墙体的延性，并降低其中震时，墙体受偏拉作用下，控制混凝土拉应力，避免墙体过早破坏。2）提高墙体约束边缘构件设置范围，约束边缘构件延伸至轴压比≤0.25 的高度，并根据专家审查意见，核心筒四角全高设置约束边缘构件。3）按照大震不屈服控制剪力墙的受剪截面，避免核心筒墙体大震下发生剪切脆性破坏。4）核心筒周边洞口连梁采用双连梁，提高连梁抗震承载能力；避免小跨高比连梁易发生的剪切破坏。

塔楼高度超限，核心筒占楼层面积仅为 25%，核心筒墙体作为结构第一道防线在设防烈度地震作用下将出现较大拉应力，此时应控制核心筒墙体名义拉应力不超过 2Ftk，结构底层核心筒墙名义拉应力验算如图 9.2.11，可以看出，底层核心筒设防烈度地震下墙肢拉应力均小于 2Ftk。

4. 增强外框二道防线的抗震能力

鉴于外框柱的重要性及其延性要求，外框架柱采用抗震性能优异的圆钢管混凝土柱。圆钢管混凝土柱在轴心受压情况下，钢管对混凝土产生紧箍力作用，使混凝土的抗压强度、弹性模量和塑性变形能力都有很大提高。钢管混凝土构件滞回曲线饱满，延性和耗能性能都很好。与普通型钢混凝土柱相比较，在相同承载力要求下圆钢管混凝土柱可有效减小柱横截面尺寸，增加实际使用面积，具有较高的技术经济性能。

由于结构外框架柱距达 10.5m，在底部 4 层（层高 5.1m）外框架分担的地震剪力占结构底部总剪力的比值仅为 4%～6%，外框架抗震承载能力较弱。为提高结构外框架的抗震承载能力，经与建筑专业协商，在不影响建筑立面效果及使用功能的前提下，在塔楼底部四层及地下一层外框架四角设置 BRB 屈曲约束支撑（见下图 9.2.12）。

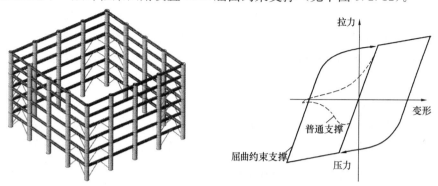

图 9.2.12　建筑外框四角布置 BRB 支撑　图 9.2.13　屈曲约束支撑与普通支撑滞回性能对比

5. 支撑采用人字形布置

由于 BRB 支撑杆件受拉与受压承载力差异很小，因此，可以大大减小与支撑斜杆相连框架梁所承担的不平衡内力。

外框架 BRB 支撑的设置，使得外框架作为二道防线的抗震能力大大提高，且底部 4 层外框架承担地震剪力的比值提高到 20％以上，满足规范的要求。

同时，上部结构楼层外框架采用钢梁与外框架柱刚接，外框所分担地震剪力占底部总剪力的 8％～14％，为保证二道防线具有一定的抗震能力，需要对外框架所承担的地震剪力进行调整。取外框架承担的地震剪力不小于结构底部总地震剪力的 20％及框架部分楼层地震剪力最大值 1.5 倍的较大值进行调整[3]，在 1.5Vmax 的选择上，忽略加强层及上下楼层剪力突变的影响，只选择普通楼层进行比较调整。

6. 对建筑立面大切角处采用结构分叉柱

塔楼在 16 层以上建筑立面造型上有大切角，使得结构外框架角柱在竖向不能贯通。结构在大切角位置上采用分叉柱处理（图 9.2.14），既满足建筑立面造型要求，同时保障结构

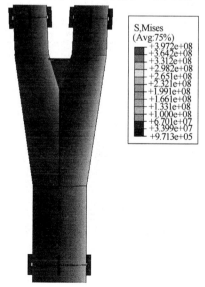

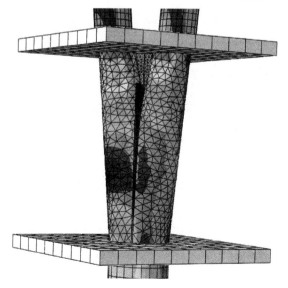

图 9.2.14　外框柱立面分叉　　　　图 9.2.15　分叉柱节点屈服时应力分析结果

竖向构件传力的连续性。分叉柱处仍采用钢管混凝土。鉴于分叉柱节点处构造及受力的复杂性，同时要满足强节点，弱构件的设计思想，对分叉柱节点用 ABAQUS 软件进行建模分析，应力分析结果如图 9.2.15。从分析结果可知，当节点达到极限状态发生屈服时，屈服点出现在杆件根部，分叉节点处并未屈服，从而验证了该节点构造能够满足强节点的要求。

9.2.9 性能设计

由于塔楼超限较多，鉴于结构的重要性和地震的不确定性，考虑结构在不同烈度地震下刚度、强度以及延性的要求，对结构不同部位关键构件制定相应的性能目标，采取性能化设计。

结构性能设计目标 表 9.2.8

地震烈度水准			多遇地震 （小震）	设防地震 （中震）	罕遇地震 （大震）
性能水平 定性描述			结构 完好	轻度损坏 修理后可继续使用	中度损坏 修复或加固后可继续使用
构件性能	核心 筒墙体	压弯 拉弯	弹性（按规范 要求设计）	底部加强区加强层及上下 各一层：中震不屈服	允许进入塑性 控制塑性变形
		抗剪		底部加强区加强层及上下 各一层：中震弹性 其他区域：中震不屈服	抗剪截面不屈服 保证截面控制条件
	外框架	钢管 混凝土柱		中震弹性	允许进入塑性 控制塑性变形
		边框梁		允许进入塑性	允许进入塑性 控制塑性变形
	外伸桁架 腰桁架 外框支撑			弹性	允许进入塑性 控制塑性变形
	斜柱底部拉梁			弹性	不屈服

9.2.10 弹性分析结果

1. 分析软件与计算模型与参数

计算分析采用 MIDASBuilding 有限元软件和中国建筑科学研究院编制的 SATWE 设计软件。模型中结构构件的断面尺寸和结构图中的相符；材料性质是根据中国混凝土结构设计规范 GB 50010—2010，附录 C。以"壳单元"模拟剪力墙、板。以"杆单元"模拟框架柱和梁。

主楼计算参数

楼层层数：地下 3 层，地上 57 层，57 层以上为屋顶钢结构；

地震作用：单向＋偶然偏心（±5％）/双向；地震作用计算：振型分解反应谱法/时程分析补充计算；

地震作用振型组合数：18；地震效应计算方法：考虑扭转耦连，CQC 法小震周期折减：0.90；

活荷载折减：杆件设计按规范折减；连梁刚度折减系数：0.6；

施工模拟加载：考虑；地下室起算层：B3；

楼板假定：刚性楼板假定：一般楼层采用；

　　　　　弹性膜假定：加强层上下楼板、楼层大面积开洞楼板；

　　　　　（中震、大震计算伸臂桁架内力时不考虑楼板的贡献）

小震结构阻尼比：0.04；

重力二阶效应（P-Δ效应）：考虑；

楼层水平地震剪力调整：考虑；楼层框架总剪力调整：考虑。

2. 结构主要分析指标两个软件的对比

主要动力特性周期对比   表 9.2.9

周期	SATWE		MIDAS		规范要求	超限判断
	周期（s）	平扭系数（$X+Y+T$）	周期（s）	平扭系数（$X+Y+T$）		
1	5.8501	0.99＋0.01＋0.00	5.8263	0.7213＋0.0529＋0.0004	扭转周期与第一平动周期比小于0.85（B级）的要求	满足
2	5.6901	0.01＋0.99＋0.00	5.7246	0.0534＋0.7185＋0.0014		
3	3.3459	0.00＋0.00＋1.00	3.6565	0.0001＋0.0011＋0.9979		
4	1.6165	0.99＋0.01＋0.00	1.6267	0.9048＋0.0875＋0.0010		
5	1.5424	0.01＋0.99＋0.00	1.5754	0.0904＋0.8960＋0.0084		
6	1.1715	0.00＋0.00＋1.00	1.2509	0.00＋0.0339＋0.9643		
Tt/T1	3.3459/5.8501＝0.572＜0.85		3.6565/5.8263＝0.627＜0.85			
总质量（t）	216571.78 172355（不含地下部分）		175124.725 （不含地下部分）		有效质量系数＞90％	满足
有效质量系数	X 98.67%	Y 98.56%	X 95.72%	Y 95.90%		

最大层间位移与底部剪力对比   表 9.2.10

			SATWE	MIDAS	规范要求	超限判断
X方向	地震作用	最大层间位移角（普通楼层）	1/548	1/542	1/502	满足
		最大层间位移角（加强层及上下）	1/548	1/564	1/502	满足
		最大位移比（普通楼层）	1.11	1.10	不大1.4（B级）	满足
		最大位移比（加强层及上下）	1.21	1.061	不大1.4（B级）	满足
		底层剪力（KN）	41041.79	40815	—	—
		底层剪重比	2.38%	2.37%	—	—

			SATWE	MIDAS	规范要求	超限判断
X方向	风作用	最大层间位移角（普通楼层）	1/1436	1/1597	1/502	满足
		最大层间位移角（加强层及上下）	1/1429	1/1672	1/502	满足
		最大位移比（普通楼层）	1.05		不大1.4(B级)	满足
		最大位移比（加强层及上下）	1.15		不大1.4(B级)	满足
		底层剪力（kN）	16355.5	14882.9		
Y方向	地震作用	最大层间位移角（普通楼层）	1/570	1/536	1/502	满足
		最大层间位移角（加强层及上下）	1/548	1/576	1/502	满足
		最大位移比（普通楼层）	1.07	1.184	不大1.4(B级)	满足
		最大位移比（加强层及上下）	1.24	1.103	不大1.4(B级)	满足
		底层剪力（KN）	41677.59	40842.08		
		底层剪重比	2.42%	2.37%		
	风作用	最大层间位移角（普通楼层）	1/1486	1/1594	1/502	满足
		最大层间位移角（加强层及上下）	1/1432	1/1665	1/502	满足
		最大位移比（普通楼层）	1.11		不大1.4(B级)	满足
		最大位移比（加强层及上下）	1.20		不大1.4(B级)	满足
		底层剪力（KN）	16355.5	14872.2		

3. 弹性时程分析结果

根据《抗规》规定，我们主要考虑所选择的曲线满足本工程场地地震动的频谱特性、有效峰值和有效持续时间三要素的要求。五组强震记录时程曲线均取自8度Ⅲ类场地，场地特征周期 T_g 为0.45s。时程分析采用双向地震作用输入，水平主向：水平次向的加速度峰值按1.00：0.85进行调整。satwe软件计算基底剪力与层间位移：

地震波	内力	地震作用方向		满足否	
		（X）	（Y）		
规范反应谱法	基底剪力（kN）	40883	41501		
天然波 1 S202＋s203 S202 主向	基底剪力（kN）	36640	35294		
	与反应谱法的比值	90%	85%	满足	
天然波 2 S523＋s524 S523 主向	基底剪力（kN）	38031	36633		
	与反应谱法的比值	93%	88%	满足	
天然波 3 S640＋s641 S640 主向	基底剪力（kN）	38392	43065		
	与反应谱法的比值	94%	104%	满足	
天然波 4 S646＋s647 S646 主向	基底剪力（kN）	49226	47118		规范要求单条波 的基底剪力 V 满足： $0.65V_0 \leqslant V \leqslant 1.35V_0$
	与反应谱法的比值	120%	114%	满足	
天然波 5 S722＋s721 S722 主向	基底剪力（kN）	29090	29617		
	与反应谱法的比值	71%	71%	满足	
人工波 1 S845-1＋s845-2 S845-1 主向	基底剪力（kN）	30124	30564		
	与反应谱法的比值	74%	74%	满足	
人工波 2 S845-4＋s845-5 S845-4 主向	基底剪力（kN）	37864	36938		
	与反应谱法的比值	93%	89%	满足	
七条波的平均值	基底剪力（kN）	37052	37033		多条波基底剪力的 平均值 V_m 满足： $0.8V_0 \leqslant V_m \leqslant 1.2V_0$
	与反应谱法的比值	91%	89%	满足	

地震波		SATWE 计算结果	
		地震作用方向（X）	地震作用方向（Y）
规范反应谱法		1/547	1/569
天然波 1		1/712	1/704
天然波 2		1/637	1/573
天然波 3	最大层间 位移比	1/548	1/561
天然波 4		1/614	1/629
天然波 5		1/622	1/598
人工波 1		1/926	1/842
人工波 2		1/916	1/845

从上述计算结果可以看出，多条波楼层剪力的平均值的计算结果在结构顶部大于反应谱法的计算结果，反映出自振周期较长的结构，其高振型对于高柔结构顶部的鞭梢效应是非常明显的。对于本工程，其楼层剪力取多条波弹性时程分析的平均值与反应谱法计算结果二者中的较大值。

9.2.11 罕遇地震动力弹塑性时程分析

为了了解结构发生屈服和倒塌时地震作用的大小，结构的变形能力（弹塑性层间位移角、延性系数等）、构件的变形能力、铰出现顺序等，检验结构关键构件的性能目标的实现，对结构进行罕遇地震作用下的弹塑性时程分析。

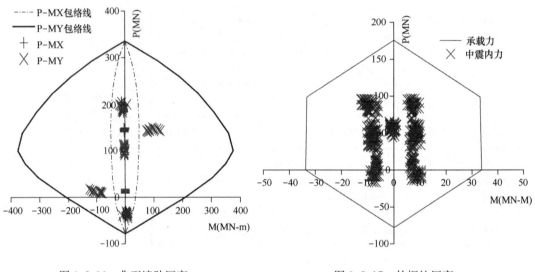

图 9.2.16　典型墙肢压弯、
拉弯中震不屈服校核

图 9.2.17　外框柱压弯、
拉弯中震弹性校核

动力弹塑性分析采用 MIDAS-BUILDING 分析软件，分析方法使用 Newmark-β 的直接积分法，各分析时间步骤中的构件内力可通过恢复力模型获得，每个分析步骤中都要更新构件的刚度。在模型中墙单元采用纤维模型，截面纤维模型采用纤维束描述钢筋或混凝土材料，通过平截面假定建立构件截面的弯矩-曲率、轴力-轴向变形与相应的纤维束应力-应变之间的关系。分析过程中考虑结构几何非线性及材料非线性。

通过对绿地超高层结构进行给定的七组罕遇地震波双向作用下的动力弹塑性时程分析，结构抗震性能设计分析结果如下：

1. 在完成罕遇地震弹塑性分析后，结构仍保持直立，两个方向的最大层间位移角为 1/109 和 1/104，满足《建筑抗震设计规范》GB 5011—2010 小于 1/100 的规定要求，整个地震过程中未出现不可恢复的整体变形，达到"大震不倒"的抗震设防目标；

2. 主要承重墙墙肢混凝土塑性发展较为轻微，相对连梁塑性发展较晚，塑性区主要出现在加强层附近；墙体中钢筋应力水平均匀，仅墙体底部和加强层区域局部出现少量钢筋进入屈服，剪力墙筒体整体抗震性能良好；

3. 钢管混凝土柱在整个地震过程中均处弹性，未出现塑性发展。可见钢管混凝土柱在大震下性能良好，作为二道防线具有可靠的保障。

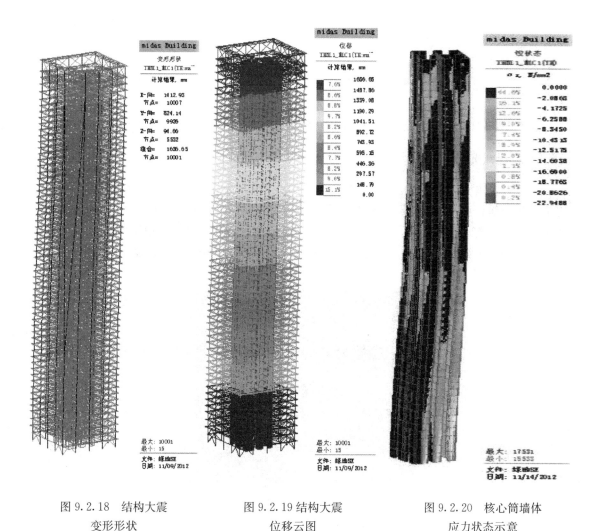

图 9.2.18　结构大震　　　　　图 9.2.19 结构大震　　　　　图 9.2.20　核心筒墙体
　　变形形状　　　　　　　　　　位移云图　　　　　　　　　　应力状态示意

4. 塑性区首先出现在连梁，连梁中混凝土出现开裂、屈服，但未达到极限破坏，在地震作用期间起到耗能作用，有利于整体结构抗震、耐震。

通过以上结果可以看出，结构在大震下能够实现之前制定的性能目标，其抗震能力能够满足规范的要求。

9.2.12　总结

本工程处于高烈度不利场地，高度超限较多，外框柱距较大，竖向抗剪承载力突变，核心筒高宽比较大，属于复杂超限结构。通过选用合理的结构形式，适当的加强构造措施，针对不同部位关键构件制定合理的性能目标，并经过多遇、设防、罕遇三阶段不同强度地震作用计算分析，结构各项指标均比较理想，关键构件能够达到预期的抗震能力，整体剪力墙混凝土塑性发展较轻，个别部位应变等级、延性系数、应力及应变指标变化较大，主要集中在墙体底部及加强层区域两个部位。这是由于混凝土抗拉强度较低，在这些应力集中的位置较容易出现受拉开裂，但其中所配钢筋应力、应变水平并不太高，墙体中

90％以上钢筋均未进入塑性。各组地震波作用下剪力墙结构的整体工作性能良好。整体设计满足设定的性能目标。

9.3 动力静力弹塑性分析实例二：珠海横琴国贸大厦

本项目资料由杭州市城建设计研究院有限公司总工金天德教授级高工提供。

9.3.1 工程概况

珠海横琴国贸大厦项目位于横琴新区口岸服务区，为一座集商业、办公等多种类型的超高层建筑，地上共 44 层，地下四层，主楼主要结构屋顶高 187.140m，顶部另有装饰性桁架结构，其顶部高 199.62m。地下室为库房、停车以及机电设备用房，其中地下 4 层局部区域设置战时人防地下室。裙房为 10 层，屋顶高 43.7m，结构与塔楼连为一体。

图 9.3.1　建筑效果图

9.3.2 风荷载与地震作用

1. 风荷载

（1）规范风荷载

珠海市基本风压按 50 年一遇 ω_0 为 0.85kPa。考虑到塔楼高度约 200m，根据规定构件强度校核时基本风压应乘以 1.1 倍，而进行风荷载作用下位移计算时可以采用 50 年一遇的风压。另外在风压高度变化系数根据 A 类地面粗糙度采用。由于高宽比较大，风荷载体型系数取 1.4。

(2) 风洞试验

计算 50 年风荷载采用 0.85kPa，阻尼 3%。

风洞试验的结构底部倾覆力矩与剪力

表 9.3.1

风向角 (°)	M_x (N·m)	M_y (N·m)	F_x (N)	F_y (N)
0	3.17E+09	−2.49E+09	−1.99E+07	2.55E+07
15	2.91E+09	−2.26E+09	−1.90E+07	2.28E+07
30	2.80E+09	−1.95E+09	−1.64E+07	2.18E+07
45	3.13E+09	−2.49E+09	−2.01E+07	2.37E+07
60	2.84E+09	−2.96E+09	−2.28E+07	2.12E+07
75	3.04E+09	−2.58E+09	−1.68E+07	2.32E+07
90	−2.05E+09	−2.45E+09	−1.50E+07	−1.60E+07
105	−1.97E+09	−2.18E+09	−1.25E+07	−1.56E+07
120	−2.39E+09	−2.35E+09	−1.53E+07	−1.96E+07
135	−2.53E+09	−2.56E+09	−1.87E+07	−2.14E+07
150	−2.37E+09	−2.45E+09	−1.92E+07	−1.90E+07
165	−2.56E+09	−1.91E+09	−1.46E+07	−2.02E+07
180	−3.24E+09	2.82E+09	2.20E+07	−2.64E+07
195	−1.84E+09	2.81E+09	2.24E+07	−1.59E+07
210	−2.73E+09	3.36E+09	2.93E+07	−2.31E+07
225	−2.87E+09	3.16E+09	2.87E+07	−2.45E+07
240	−2.11E+09	3.03E+09	2.74E+07	−1.82E+07
255	−2.14E+09	3.09E+09	2.82E+07	−1.76E+07
270	2.59E+09	3.29E+09	2.97E+07	2.04E+07
285	2.41E+09	3.21E+09	2.94E+07	2.00E+07
300	2.70E+09	3.45E+09	3.23E+07	2.29E+07
315	2.79E+09	3.32E+09	3.13E+07	2.41E+07
330	3.15E+09	2.66E+09	2.41E+07	2.75E+07
345	3.11E+09	2.47E+09	2.04E+07	2.65E+07

按照规范计算的风荷载以及风洞试验结果（按最不利风向），风洞测试计算结果小于 SATWE 结果，约小 10% 左右。设计中采用包络设计。下表比较了 pkpm 中文版按照荷载规范计算的 50 年一遇风荷载以及风洞试验给出的 50 年一遇风荷载作用下基底剪力数值。

可以看出风洞试验结果比 PKPM 计算基底剪力结果偏小 10％左右。

规范计算与风洞试验结果对比　　　　　　　　　　　　表 9.3.2

50 年风荷载		pkpm	风洞试验	风洞/pkpm
X 向风	X 向基底剪力（kN）	32118	29700	0.92
	X 向倾覆弯矩（kNm）	3284078	3290000	1.00
Y 向风	Y 向基底剪力（kN）	30190	26400	0.87
	Y 向倾覆弯矩（MNm）	3218934	3240000	1.01

2. 地震作用

地震荷载依据国标 GB 50011—2010 为标准，并且考虑场地地震安全性评报告的结果。

（1）地震动参数

根据《建筑抗震设计规范》和《珠海横琴国贸大厦工程场地地震安全性评价报告》的评价结果，本工程地震动参数整理对比见下表。

安评报告与规范参数对比　　　　　　　　　　　　表 9.3.3

地震动参数	多遇地震（小震）		设防烈度地震（中震）		预估罕遇地震（大震）	
	规范	安评报告	规范	安评报告	规范	安评报告
水平地震影响系数 α_{max}	0.08	0.102	0.23	0.281	0.50	0.492
特征周期 T_g（s）	0.65	0.42	0.65	0.52	0.70	0.85
加速度峰值（cm/s^2）	35	39.978	98	110.305	220	193.226
衰减指数 γ_0	0.9	1.00	0.9	1.00	0.9	1.05

两者小震时的反应谱曲线（3.5％阻尼）和大震时的反应谱曲线（5％阻尼）的比较如下图，两者基本接近。本工程本程第一周期 4.08，第二周期 4.04，第三周期 2.58，因此在进行地震作用计算时，多遇地震、设防烈度地震和罕遇地震作用的地震动系数按《规范》值选用。

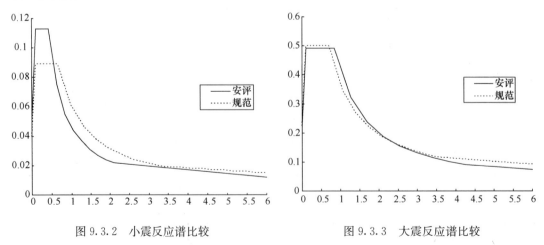

图 9.3.2　小震反应谱比较　　　　　　　图 9.3.3　大震反应谱比较

（2）地震作用计算

1）计算地震作用时采用的重力荷载包括 100％的恒荷载＋50％的楼面活荷载；

2）地震作用计算采用考虑扭转耦联振动影响的振型分析反应谱法，且计算振型数应使各振型参与质量之和不小于总质量的 90％。

3）采用两个不同的力学模型的结构分析软件进行整体计算。采用弹性时程分析进行多遇地震作用下的补充计算。

4）采用弹塑性静力分析和弹塑性动力时程分析方法进行罕遇地震作用下的弹塑性验算。

5）双向水平地震作用下的扭转地震作用效应，按下列公式确定：

$$S_{EK} = \max\left\{\sqrt{S_x^2 + (0.85S_y)^2}; \sqrt{S_y^2 + (0.85S_x)^2}\right\}$$

（3）中震弹性计算

中震弹性即结构在中震作用下，结构的抗震承载力满足弹性设计要求，结构构件承载力按不考虑地震作用效应调整的不计入风荷载效应的设计值复核，采用与小震计算时相同的作用分项系数、材料分项系数和抗震承载力调整系数。

（4）大震不屈服计算

不屈服即结构在大震作用下，结构构件承载力按标准值复核，采用不计入风荷载效应的地震作用效应标准组合，荷载作用的分项系数取 1.0，材料强度取标准值，抗震承载力调整系数取 1.0。

（5）验算要求标准按现行规范（略）

（6）场地稳定性和地震效应

根据区域地质构造资料及本次勘察结果，本场地虽然临近多个断裂带，但场地内未发现活动断裂通过的形迹，场地在勘探深度范围内，未见到影响场地稳定性的不良地质作用，场地是稳定的，适宜兴建拟建项目。

根据《建筑抗震设计规范》GB 50011—2010 及《中国地震动参数区划图》GB 18306—2001，珠海市抗震设防烈度为 7 度，设计基本地震加速度值为 0.10g，设计地震分组为第一组。

按照《抗规》GB 50011—2010 有关标准判定：拟建场地土的类型属软弱土，建筑场地类别为 Ⅳ 类，地震动反应谱特征周期值为 0.65s。在 7 度地震力作用下，场地内饱和粉细砂①-1 会产生中等～严重液化，砾砂⑤其埋藏深度在 26.50～34.70m，可不考虑其液化影响。

综上所述，根据《抗规》GB 50011—2010 规定，拟建场地对建筑抗震属于不利地段。

9.3.3 地基与基础

1. 地基设计参数

天然地基承载力特征值与压缩模量   表 9.3.4

指标 土层	承载力 特征值 f_{ak}（kPa）	压缩 模量 E_s（MPa）
粉细砂①-1		
人工填土①-2	未完全完成自重固结	

指　标 土　层	承载力 特征值 f_{ak}（kPa）	压缩 模量 E_s（MPa）
淤泥②	45	1.8
淤泥质黏土③	80	2.6
黏土④	160	4.5
砾砂⑤	250	
粉质黏土⑥	180	5.0
砂质黏性土⑦	220	6.5
全风化花岗岩⑧-1	350	
强风化花岗岩⑧-2	550	
中风化花岗岩⑧-3	3000	

2. 桩基承载力

根据本次勘察结果，参照国家标准《建筑地基基础设计规范》（GB 50007—2011）、行业标准《建筑桩基技术规范》（JGJ 94—2008）及广东省标准《建筑地基基础设计规范》（DBJ 15-31—2003）等规范，拟建场地内各地层的有关桩基设计参数建议采用下表数值。

各地层的有关桩基设计参数建议　　　　　　　　　表 9.3.5

指　标 地　层	钻（冲）孔灌注桩	
	桩侧摩阻力特征值 q_{sa} （kPa）	桩的端阻力特征值 q_{pa}（kPa） 桩入土深度（m） $h>15$
粉细砂①-1	未完全完成自重固结	
人工填土①-2		
淤泥②	10	
淤泥质黏土③	12	
黏土④	25	
砾砂⑤	55	1500
粉质黏土⑥	30	
砂质黏性土⑦	40	700
全风化花岗岩⑧-1	65	900
强风化花岗岩⑧-2	100	1400
中风化花岗岩⑧-3		4500

注：（1）当采用嵌岩桩时，桩端入岩深度及桩底沉渣厚度均应满足相关规范要求。

　　（2）对于预制桩，根据土层埋深 h，将 q_{sa} 乘以下表修正系数。

预制桩修正系数			表 9.3.6
土层埋深 h (m)	10	20	≥30
修正系数	1.0	1.1	1.2

3. 基础选型

拟建横琴国贸大厦为超高层建筑，高约 180m，设 4 层地下室。拟建场地具如下特征：1）人工填土层属松散软弱地层；2）淤泥②及淤泥质黏土③呈饱和、流塑状态，属于软弱地基土；3）中风化花岗岩⑧-3 埋藏深度大，达 62.50～96.00m。

根据本次勘察结果，结合珠海地区建筑经验及拟建建筑物特点，拟建建筑物适宜采用桩基础，根据建筑物荷重要求，本工程基础形式采用桩-筏板基础。主楼采用大直径钻孔灌注桩 Φ1200，以 8-3 中风化花岗岩为桩端持力层，入持力层深度不小于 1m，有效桩长 66m 左右，采用桩侧和桩端后压浆。裙楼和纯地下室区域设钻孔灌注桩 Φ900 和 Φ1000，以 5 号土为持力层，有效桩长为 36m，采用桩侧和桩端后压浆，钻孔灌注桩兼作抗拔桩。

桩基础情况				表 9.3.7
桩径（m）	持力层	桩身混凝土等级	单桩承载力特征值（kN）	
			抗压	抗拔
1.2	8-3	C50	13500	
1.0	5	C30	5000	3000
0.9	5	C30	4500	2750

9.3.4 结构体系与控制参数

1. 塔楼

（1）结构体系概述

主塔楼地上 44 层楼，地下室 4 层。楼顶面高度 187.14m，顶部另有装饰性桁架结构，其顶部高 199.62m。塔楼高宽比为 4.4，小于 GB 50011—2010 第 8.1.2 的数值 6.5。

塔楼 10 层以下采用钢框架-箱形钢板剪力墙核心筒结构：钢柱采用矩形钢管混凝土柱，梁采用型钢梁；剪力墙核心筒采用箱形钢板剪力墙；楼板采用钢筋桁架楼承板。

13 层以上采用钢框架外筒-箱形钢板剪力墙内筒结构：外框采用钢框筒。通过转换桁架，外框柱子间距由 9m 加密为 4.5m，柱子采用组合型钢管混凝土柱。通过钢深梁把外框柱组合成外框筒结构。内筒为组合型钢箱形钢板剪力墙核心筒。楼板采用钢筋桁架楼板。

10～13 层布有桁架转换结构；为了减少外框筒的剪力滞后效应，有效改善结构的抗风性能，在 28～31 层设腰桁架。典型层楼板厚度为 120mm，加强层处取 150mm。为了减小腰桁架中的内力，对于腰桁架的斜杆采用延后安装。

裙楼有 10 层，楼顶标高 43.7m。地下 4 层，同塔楼地下室连接在一起。裙楼面积较小，因此在结构上与塔楼连接在一起作为一个结构进行分析。

(2) 结构控制参数

结构控制参数 表 9.3.8

建筑结构安全等级	二级
结构重要性系数	1.0
结构设计使用年限	50 年
建筑抗震设防类别	10 层以上丙类，10 层及以下乙类

主要构件抗震等级 表 9.3.9

结构设计抗震等级		
部位	层号	等级
钢板剪力墙	−4～−3	四级
	−2	三级
	−1～10	二级
	11～顶层	三级
主楼钢框架、支撑	−4～−3	四级
	−2	三级
	−1～10	二级
	11～顶层	三级
裙房框架	−4	四级
	−3	三级
	−2	二级
	−1～10 层	一级

(3) 抗风性能要求

对规范风荷载以及风洞试验给出的风荷载，50 年一遇风荷载作用下层间位移角不超过 1/250。其中计算风荷载作用下层间侧移时模型只包括地上结构，即忽略地下室构件变形带来的上部结构转角。同时验算了地下 B1 层与地上 1 层的侧向刚度比，结论是地下室侧向刚度大于首层刚度的 2 倍，模型可以嵌固在首层。按照 JGJ 3—2010 根据人体舒适度对办公旅馆提出重现期为 10 年的最大峰值加速度不超过 0.25m/s² 的要求。

(4) 抗震性能要求

目标性能水准结构预期的震后性能状况 表 9.3.10

地震水准	损坏部位				
	主楼底部加强区部位剪力墙及−4～10 层主楼柱	转换桁架	其他楼层主楼柱	框架梁	剪力墙连梁
多遇地震	无损坏	无损坏	无损坏	无损坏	无损坏
设防烈度地震	无损坏	无损坏	无损坏	轻微损坏	轻微损坏
预估的罕遇地震	轻度损坏	轻度损坏	轻度损坏	中度损坏、部分比较严重损坏	中度损坏、部分比较严重损坏

（5）中震与大震验算方法

上述抗震性能目标中，除了小震验算之外，尚进行中震、大震下的结构验算。

中震大震验收标准与方法

表 9.3.11

分析项目	中　　震		大　　震	
	中震不屈服	中震弹性	大震不屈服	弹塑性时程分析
地震作用	50 年超越概率 10%		50 年超越概率 2%～3%	
分析方法	弹性分析，必要时可考虑次要构件进入塑性，适当增大阻尼比		弹性分析，必要时可考虑部分构件进入塑性，适当增大阻尼比	弹塑性时程分析比较准确地模拟构件进入塑性的位置及次序
地震输入	规范反应谱		—	天然及人工震动时程曲线
荷载分项系数	标准组合（1.0）	基本组合（规范系数）	标准组合（1.0）	标准组合（1.0）
材料强度	标准值	设计值	标准值	标准值
$20\%V_0$ 调整	不要求	要求	不要求	不要求
内力调整系数	1.0	1.0	1.0	1.0
抗震承载力调整系数	1.0	按照规范取值	1.0	1.0
风荷载参与组合	否	否	否	否

2. 地下室

塔楼和裙房下方为 4 层地下室，并延伸到塔楼和裙楼投影之外。地下室主要为停车以及设备用途。地下 4 层有战时 6 级人防区域。塔楼范围之外的地方进行了抗浮验算。地下室工程防水等级为二级。

主楼范围内的地下室部分采用纯钢结构，地面以上的箱形钢板剪力墙墙体和钢管混凝土柱延伸至基础；梁采用纯钢梁，楼板采用现浇混凝土楼板。

主楼范围外的地下室部分采用钢筋混凝土梁板结构，相连的柱子以钢筋混凝土柱子为主，部分采用型钢混凝土柱。

9.3.5 超限情况与应对措施

1. 结构超限检查

根据中华人民共和国住房和城乡建设部《超限高层建筑工程抗震设防专项审查技术要点》，并参考广东省住房和城乡建设厅《广东省超限高层建筑工程抗震设防专项审查实施细则》。结构体系为钢结构结构，房屋高度 187.14m（主屋顶）＜300m 限值（对于 7 度抗震下的筒体结构，GB 50011—2010，8.1.1）高度不超限。下表为根据《超限高层建筑工程抗震设防专项审查技术要点》的表二与表三进行对照本工程超限情况。

序号	不规则类型	涵　义	工程情况	是否超限
1a	扭转不规则	考虑偶然偏心的扭转位移比大于 1.2	裙房大于 1.2，最大值在第 4 层 1.39	有
1b	偏心布置	偏心率大于 0.15 或相邻层质心相差大于相应边长 15%	裙房部位偏心率大于 0.15	有
2a	凹凸不规则	平面凹凸尺寸大于相应边长 30% 等	无	否
2b	组合平面	细腰形或角部重叠形	无	否
3	楼板不连续	有效宽度小于 50%，开洞面积大于 30%，错层大于梁高	无	否
4a	侧向刚度不规则	相邻层刚度变化大于 70% 或连续三层变化大于 80%	9 层、25 层	是
4b	尺寸突变	竖向构件位置缩进大于 25% 或外凸大于 10% 和 4m	有	是
5	竖向构件不连续	上下墙、柱、支撑不连续	桁架转换柱	是
6	承载力突变	相邻层受剪承载力变化大于 80%	无	否

注：(1) 序号 a、b 不重复计算不规则项；有三项表二不规则项；(2) 32 层楼板开洞处采用楼层桁架来代替。(3) 9 标准层；25 标准层按 JGJ 3—2010 为不规则，按 GB 50011—2010 为规则。

序号	不规则类型	涵　义	工程情况	是否超限
1	扭转偏大	裙房以上 30% 或以上楼层数考虑偶然偏心的扭转位移比大于 1.4	小于 1.40	否
2	抗扭刚度弱	扭转周期大于 0.9，混合结构扭转周期比大于 0.85	小于 0.85	否
3	层刚度偏小	本层侧向刚度小于相邻上层的 50%	大于 50%	否
4	高位转换	框支墙体的转换构件位置：7 度超过 5 层，8 度超过 3 层	无框支转换	否
5	厚板转换	7~8 度设防的厚板转换结构	无厚板转换	否
6	塔楼偏置	单塔或多塔与大底盘的质心偏心距大于底盘相应边长 20%	小于 20%	否
7	复杂连接	各部分层数、刚度、布置不同的错层、连体两端塔楼高度、体型或者沿大底盘某个主轴方向的振动周期显著不同的结构	无	否
8	多重复杂	结构同时具有转换层、加强层、错层和连体等复杂类型的 3 种以上	仅有转换层和加强层	否

超限检查结论：本工程不存在严重不规则。

2. 超限应对措施

本工程采用抗震性能较好全钢结构体系。在性能目标上保证在遇到中震时，整个结构的竖向构件和转换桁架均保持弹性。根据本工程的特点，采取的加强措施有：

(1) 转换层

1) 转换层周边设置周边环桁架，保证结构整体受力。

2) 转换桁架构件的抗震等级提高一级。

3) 转换层上楼盖板厚取 150mm。

(2) 楼板不连续

1) 开洞层楼层设水平桁架，提高楼板配筋率，双层双向拉通。

2) 开洞层外框筒梁截面加大以弥补开洞带来结构刚度的削弱。

9.3.6 结构弹性分析

弹性分析采用 SATWE、SAP2000 两种软件，SATWE 中由于没有钢板剪力墙单元，因此采用等代刚度的方法按混凝土墙模型输入。SAP2000 软件中箱形钢板剪力墙则按分层壳模型输入。

1. 确定嵌固部位与总质量

地下一层与首层的侧向刚度比见下表，从表中可知，地下室顶板可作为上部结构的嵌固部位满足《高层建筑混凝土技术规程》JGJ 3—2010 第 5.3.7 条的规定。

侧向刚度比 表 9.3.14

位置	地下一层	首层	地下一层/首层
X 向刚度（KN/m）	2.9190×10^8	6.981×10^7	4.18
Y 向刚度（KN/m）	3.3043×10^8	6.7723×10^7	4.88

注：侧向刚度数值采用《建筑结构的总信息》（WMASS.out）中的剪切刚度。

两个软件建筑整体质量比较 表 9.3.15

	SATWE	SAP2000	SAP2000/SATWE
恒载（t）	91390.883	91590.445	1.002
活载（t）	13468.372	13581.399	1.008

2. 周期与振型

由表可知，SATWE 与 Sap2000 计算的前十阶模态基本一致，结构的前三阶振型分别为 Y 向平动，X 向平动及扭转振动，第一扭转与第一平动周期之比为 0.64，满足周期比小于 0.9 的要求，表明结构具有足够的抗扭转刚度。

两个软件计算周期比较 表 9.3.16

振型号	satwe			Sap2000	备注
	周期	平动系数	扭转系数	周期	
1	4.075	1.00 (0.01+0.99)	0	4.21	Y 向平动
2	4.0351	1.00 (0.99+0.01)	0	4.19	X 向平动
3	2.5834	0.01 (0.01+0.00)	0.99	2.86	扭转
4	1.2602	0.99 (0.01+0.98)	0.01	1.38	Y 向平动

振型号	satwe			Sap2000	备　注
	周期	平动系数	扭转系数	周期	
5	1.1877	1.00（0.99＋0.01）	0	1.30	X向平动
6	1.057	0.09（0.08＋0.01）	0.91	1.18	扭转
7	0.7526	0.39（0.14＋0.25）	0.61	0.86	扭转
8	0.7058	0.87（0.15＋0.72）	0.13	0.78	Y向平动
9	0.6321	0.77（0.73＋0.04）	0.23	0.70	X向平动
10	0.5011	0.25（0.12＋0.13）	0.75	0.56	扭转

3. 风、地震剪力与倾覆弯矩

风作用下基底剪力及倾覆弯矩　　　　　　　　　　　　表 9.3.17

	X向风荷载作用		Y向风荷载作用	
	剪力（kN）	倾覆弯矩（kN·m）	剪力（kN）	倾覆弯矩（kN·m）
SATWE	32118.2	3284078.5	30190.2	3218934
SAP2000	33288.1	3521000	31536.8	3497000
SAP2000/SATWE	1.036	1.072	1.044	1.086

地震作用下基底剪力及倾覆弯矩　　　　　　　　　　　　表 9.3.18

	X向地震作用		Y向地震作用	
	剪力（kN）	倾覆弯矩（kN·m）	剪力（kN）	倾覆弯矩（kN·m）
SATWE	19693.12	1515960.38	19852.88	1517963.75
SAP2000	18278.419	1596000	18538.191	1617000
SAP2000/SATWE	0.928	1.05	0.94	1.06

从上表可以看出，两者计算分析结果基本一致。各楼层的剪力和倾覆弯矩比较详见图
9.3.4～图 9.3.7。

4. 结构位移与位移比

在风荷载和地震作用下结构主要位移和位移曲线详见图 9.3.8，皆满足质心层间位移
不宜小于 1/250 的要求。

5. 整体稳定分析

X向刚重比 EJd/GH＊＊2＝3.90；　　Y向刚重比 EJd/GH＊＊2＝3.73

该结构刚重比 EJd/GH＊＊2 大于 1.4，能够通过《高规》（5.4.4）的整体稳定验算，
该结构刚重比 EJd/GH＊＊2 大于 2.7，可以不考虑重力二阶效应。

6. 风荷载作用下舒适度

按荷载规范计算：X向顺风向顶点最大加速度（m/s²）＝0.102，横风向顶点最大加速

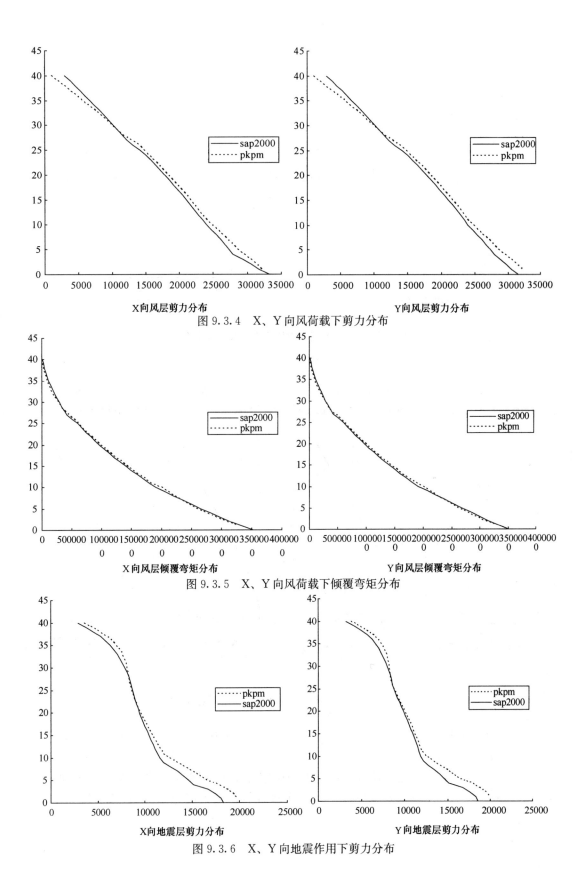

图 9.3.4　X、Y 向风荷载下剪力分布

X向风层剪力分布

Y向风层剪力分布

图 9.3.5　X、Y 向风荷载下倾覆弯矩分布

X向风层倾覆弯矩分布

Y向风层倾覆弯矩分布

图 9.3.6　X、Y 向地震作用下剪力分布

X向地震层剪力分布

Y向地震层剪力分布

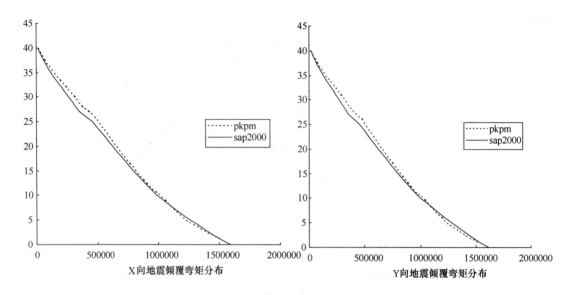

图 9.3.7　X、Y 向地震作用下倾覆弯矩分布

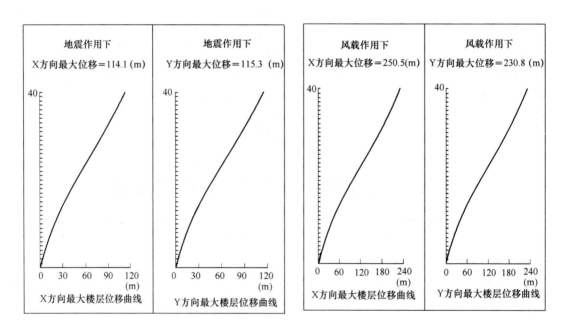

图 9.3.8　地震（左）和风荷载（右）作用下的位移曲线

度（m/s²）＝0.150；Y 向顺风向顶点最大加速度（m/s²）＝0.093，Y 向横风向顶点最大加速度（m/s²）＝0.153。

　　按照 JGJ 3—2010 根据人体舒适度对办公旅馆提出重现期为 10 年的最大峰值加速度的要求，最大峰值按《风洞实验报告》和 PKPM 计算，最大值为 0.224，不超过 0.25m/s² 的要求。

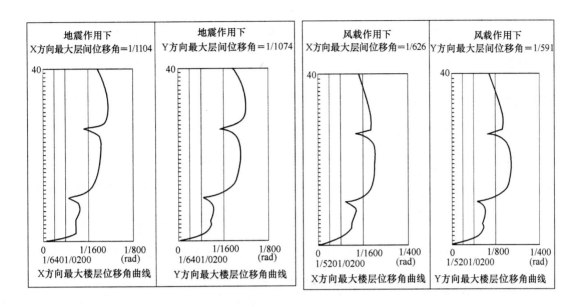

图 9.3.9　地震（左）和风荷载（右）作用下的位移曲线

7. 弹性时程分析

采用弹性时程进行多遇地震下的补充计算，地震波采用《安评报告》提供的地震波，波水平方向峰值加速度取 35cm/s^2，不分主次，分别输入一个方向地震波进行计算。弹性时程分析在 sap2000 程序中完成。

（1）地震波选取

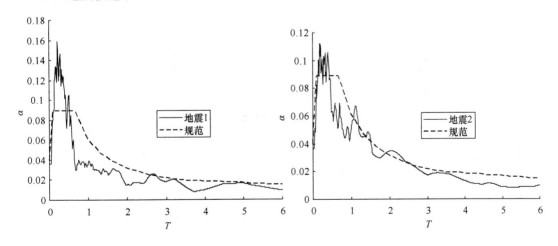

图 9.3.10　地震波 1（左）2（右）反应谱与规范谱的比较

以上所选地震波满足规范"在统计意义上相符"的要求。

（2）时程与振型分解反应谱法对比

时程分析与反应谱分析的基底剪力比较如下。可以看到所有时程分析的基底剪力都不小于反应谱分析基底剪力的 65%，而且平均值不小于反应谱基底剪力的 80%。满足规范要求。

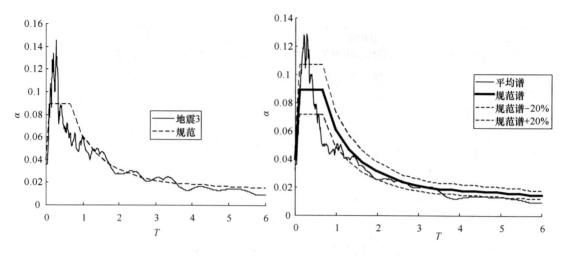

图 9.3.11　地震波 3（左）与平均反应谱（右）与规范谱的比较

结构底部剪力对比　　　　　　　　　　　　　　　　表 9.3.19

计算方法	X 向地震作用	Y 向地震作用
	剪力（kN）	剪力（kN）
反应谱	19693.12	19852.88
地震波 1	15441.7	16046.1
时程法地震波 1/反应谱	0.784116483	0.80825
地震波 2	19870.4	18249.1
时程法地震波 2/反应谱	1.009002129	0.919217
地震波 3	15593.5	18865.4
时程法地震波 3/反应谱	0.791824759	0.95026
时程法平均值/反应谱	0.86164779	0.892576

下表列出了时程分析与反应谱分析的最大位移角，时程分析得到的最大层间位移角基本都小于反应谱法得到的层间位移角。

结构最大层间位移角对比　　　　　　　　　　　　表 9.3.20

荷载工况		最大 X 侧移角	相对比例	最大 Y 侧移角	相对比例
规范反应谱分析		0.000906	100%	0.000931	100%
弹性时程分析	地震波 1	0.000649	71.68%	0.000715	76.84%
	地震波 2	0.000795	87.73%	0.0008	85.92%
	地震波 3	0.000834	92.05%	0.000896	96.19%
	平均	0.000759	83.82%	0.000804	86.32%

（3）关键构件性能设计

本工程对关键构件进行了中震弹性和大震不屈服的验算。典型构件如下：

如下图所示，现选取 Z3（标高 0.000）；Z4（标高：50.700）；Q1（标高 0.000）；转换桁架 ZC1；腰桁架支撑 ZC2，按中震弹性，大震不屈服复核关键构件。各控制工况下的内力设计值以及对应的组合工况取自 PKPm2010 版，其中表 9.3.23 取自 Sap2000。关键构件在大震中震小震时相应的应力比计算结果，列于下面各表中（表 9.3.21～表 9.3.24）。

构件一：矩形钢管柱，Z3（标高 0.000）　　　　表 9.3.21

构件编号	截　面	正应力			X 向稳定应力			Y 向稳定应力		
		小震	中震	大震	小震	中震	大震	小震	中震	大震
Z3	口 1000×40	0.45	0.64	0.88	0.46	0.61	0.84	0.46	0.61	0.82

构件二：组合型钢柱，Z4（标高：50.700）　　　　表 9.3.22

构件编号	截　面	正应力			X 向稳定应力			Y 向稳定应力		
		小震	中震	大震	小震	中震	大震	小震	中震	大震
Z4	2HW502X470	0.48	0.75	0.964	0.48	0.36	0.969	0.48	0.76	0.996

组合型钢柱截面算法（略）

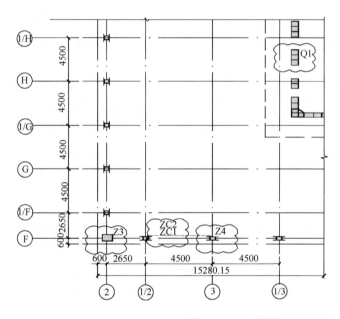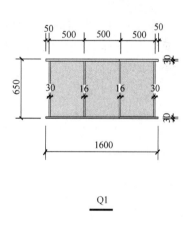

图 9.3.12　验算构件定位与 Q1 图

构件三：组合钢板剪力墙，Q1（标高 0.000）　　　　表 9.3.23

构件编号	截面	正应力			X 向稳定应力			Y 向稳定应力			剪应力		
		小震	中震	大震	小震	中震	大震	小震	中震	大震	小震	中震	大震
Q1	如上图	0.32	0.46	0.97	0.29	0.40	0.87	0.29	0.46	0.94	0.10	0.28	0.45

组合型钢管混凝土墙算法（略）

构件四：转换桁架支撑 ZC1　　　　表 9.3.24

构件编号	截　面	正应力			X 向稳定应力			Y 向稳定应力		
		小震	中震	大震	小震	中震	大震	小震	中震	大震
ZC1	□500×600×35	0.17	0.29	0.69	0.26	0.43	0.97	0.26	0.43	0.97

8. 小结

（1）小震弹性及中震弹性，未计入风荷载作用。

（2）经过以上分析，验算构件满足中震弹性，大震不屈服的要求。

（3）能达到主体结构 C 级，转换桁架和底部加强区剪力墙 B 级的要求。

9.3.7 静力弹塑性分析

1. 概述

强地震活动通常会导致结构做出超出材质线线范围的响应。非线性非弹性分析目的是为了评估在罕遇地震作用下的结构安全性。本工程进行了弹塑性静力分析和动力时程分析，以评估建筑的非线性响应，并评估建筑在罕遇地震作用下的性能。在罕遇地震作用下建筑不应倒塌，其侧向弹塑性层间位移比不应大于 1/100，但是其构件出现一些可以接受的损坏。

2. 地震荷载

分析过程中考虑的地震为大震，即 50 年超越概率 2% 的地震。地震直接采用地面加速度时程的方式施加到模型。地震记录加速度峰值（PGA）采用了安评报告提供的 193cm/s^2，地震波在三个方向施加，三向加速度峰值比值 1：0.85：0.65。

3. 地震质量

地震质量计算考虑了外加荷载与自重的组合。如设计依据中所述，地震质量的荷载组合采用：1.0DL 静载＋0.5LL 活载。其中，DL 代表结构自重，SDL 代表外加静载，LL 代表外加活载。

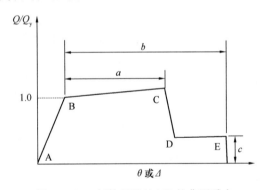

图 9.3.13　杆件 FEMA356 的典型受力与变形骨架曲线

4. 杆件描述

（1）钢框架梁

抗弯框架钢梁采用梁单元进行模拟。梁的两端设置弯矩铰，塑性铰参数根据 FEMA356 的表 5-6 选取，典型受力与变形曲线如下图。

这些参数包括：强度显著退化时的塑性铰 $a＝9y$，最大塑性转角 $b＝11y$，以及残余强度 $c＝0.6$。

（2）钢连梁

钢连梁两端设弯矩铰的同时，还设有剪力铰

（3）钢管混凝土柱和型钢管混凝土柱

柱采用线杆元进行模拟。塑性铰包含轴力－主弯矩－次弯矩（P-M-M）相互关系，相互关系基于纤维模型得到，计算时钢材应力应变采用理想弹塑性模型，混凝土按《GB 50010—2010》附录 C 单轴受拉和受压的应力应变曲线。

（4）钢框架斜撑

钢结构斜撑采用线单元模拟，材料行为按照 FEMA 公式进行。FEMA356 的表格 5-7 提供了钢构件非线性行为的参数以及它们能够承受的最大轴线变形。钢斜撑的参数如下：

受拉强度显著退化的塑性变形 $a=11\Delta T$，最大塑性变形 $b=14\Delta T$，残余强度 $c=0.8$，受压强度显著退化的塑性变形 $a=0.5\Delta c$，最大塑性变形 $b=8\Delta c$，残余强度 $c=0.2$。

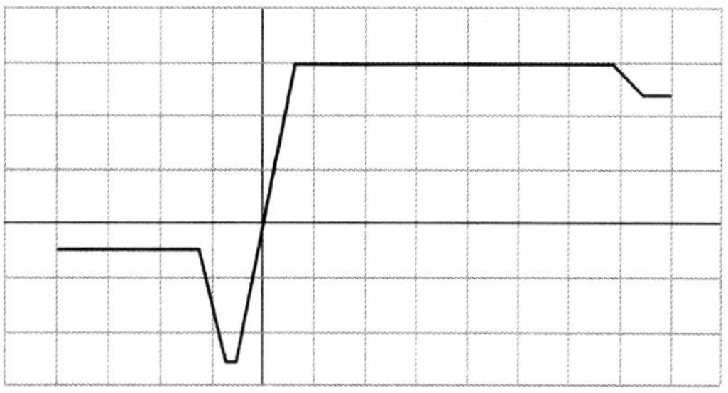

（5）箱形钢板剪力墙

箱形钢板剪力墙采用分层壳单元，钢材和混凝土的材性同 10.4.4。

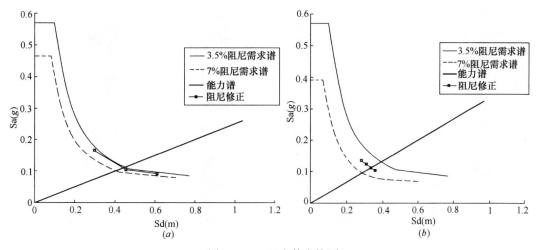

图 9.3.14　钢斜撑的典型轴向应变曲线

5. 结构阻尼

结构阻尼按照 Rayleigh 阻尼模型施加于结构，在 0.9T1 和 0.2T1 时取为 0.05。其中 T1 为结构基本自振周期。

6. 非线性分析步骤

时程分析：非线性分析采用两个阶段进行，首先，施加重力荷载（采用十个均匀加载步骤），然后施加地面地震加速度。两个阶段表示如下：

$$第一步＝1.0DL＋SDL＋0.5LL$$
$$第二步＝第一步＋E$$

其中 DL 为结构自重，SDL 为附加恒荷载，LL 为活荷载，E 为地震输入（地面加速度）。对于报告中考虑的分析工况，只采用了前面图形所示的大震记录。

分析中，结构的非线性动力反应通过对运动方程按照平均加速度法进行时间步积分得到

静力推覆：推覆过程分两个步骤，首先施加竖向力，第二步施加侧推荷载。侧推荷载分两种模式：振型分布模式和楼层质量分布模式。

7. 静力推覆结果

（1）X 向静力推覆

（2）Y 向静力推覆

图 9.3.15　X 向静力推覆

（a）振型分布模式；$S_a－S_d$ 性能点为（0.425，0.116）；（b）楼层质量分布模式；$S_a－S_d$ 性能点为（0.346，0.14）

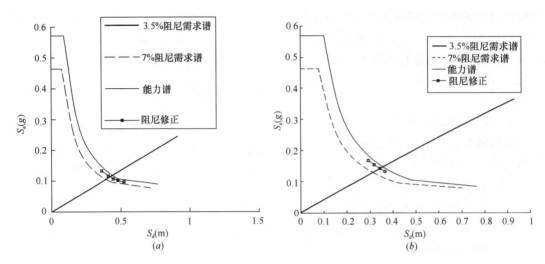

图 9.3.16　两种水平分布模式下的性能点

(a) 振型分布模式；S_d-S_a 性能点为 (0.417，0.117)；(b) 楼层质量分布模式；S_d-S_a 性能点为 (0.344，0.142)

（3）层间位移角

性能点楼层最大层间位移角

表 9.3.25

	振型加载模式	质量分布加载模式
X 向层间最大位移	1/219	1/278
Y 向层间最大位移	1/238	1/282

大震时最大层间位移角满足 1/100 的要求。

（4）塑性铰分布图

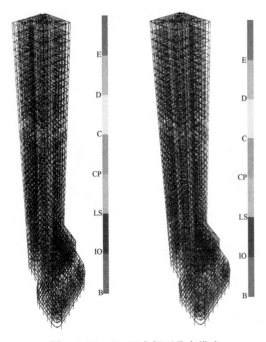

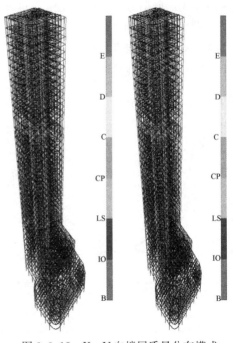

图 9.3.17　X、Y 向振型分布模式　　　　图 9.3.18　X、Y 向楼层质量分布模式

9.3.8 动力弹塑性分析

1. 地震波

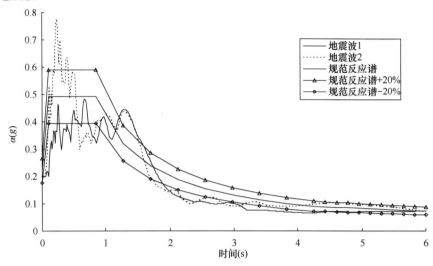

图 9.3.19 地震波与规范波比较

所选地震波结构效应在"统计意义上相符",地震波有效持续时间符合规范要求。

2. 顶点位移

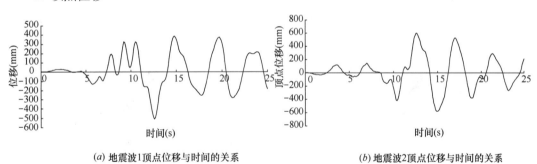

(a) 地震波1顶点位移与时间的关系

(b) 地震波2顶点位移与时间的关系

图 9.3.20 X 向地震波 1、2 作用下位移-时间曲线

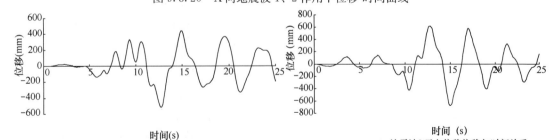

(a) 地震波1顶点位移与时间的关系

(b) 地震波2顶点位移位移与时间关系

图 9.3.21 Y 向地震波 1、2 作用下结构顶点时程曲线

3. 基底剪力

Y 向地震作用时的结构基底剪力时程曲线

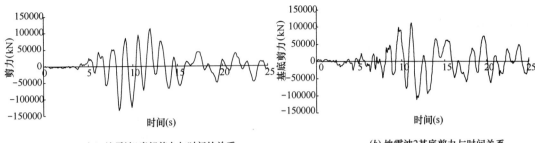

(a) 地震波1底部剪力与时间的关系　　　　　　　　　　(b) 地震波2基底剪力与时间关系

图 9.3.22　X 向地震波 1、2 作用时的结构基底剪力时程曲线

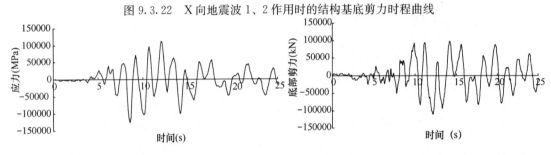

(a) 地震波1底部剪力与时间的关系　　　　　　　　　　(b) 地震波2底部剪力与时间的关系

图 9.3.23　Y 向地震波 1、2 作用时的结构基底剪力时程曲线

4. 楼层层间位移角

层间位移角小于 1/100，满足要求。

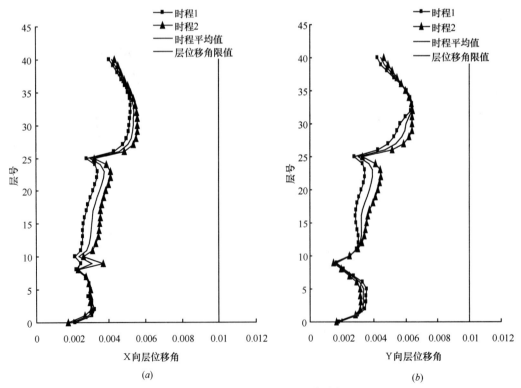

图 9.3.24　X、Y 向层间位移角

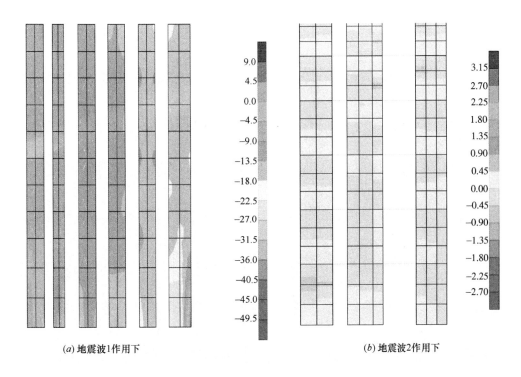

(a) 地震波1作用下   (b) 地震波2作用下

图 9.3.25　X向地震波 1、2 底部箱形钢板剪力墙中混凝土的应力分布

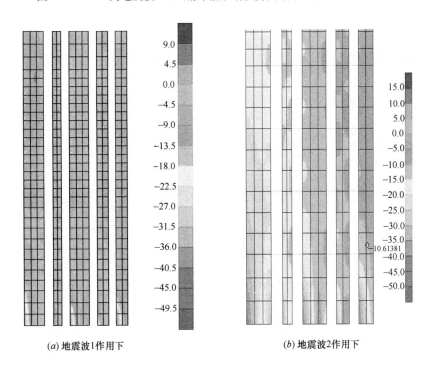

(a) 地震波1作用下   (b) 地震波2作用下

图 9.3.26　Y向地震波 1、2 底部箱形钢板剪力墙中混凝土的应力分布

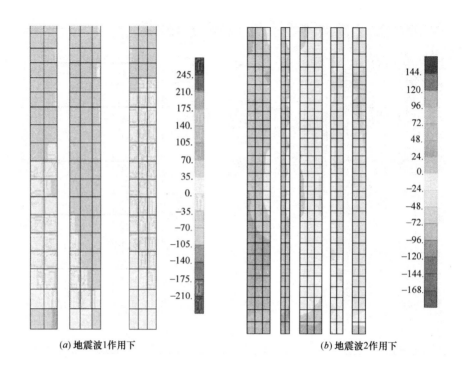

(a)地震波1作用下　　　　　　　　　　(b)地震波2作用下

图 9.3.27　Y 向地震波 1、2 底部箱形钢板剪力墙中钢板的应力分布

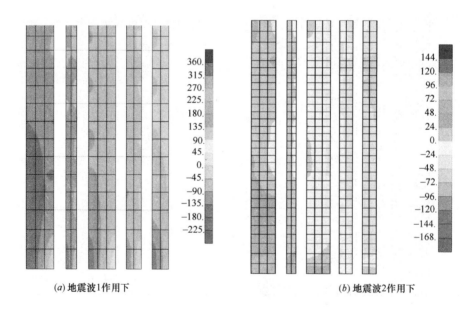

(a)地震波1作用下　　　　　　　　　　(b)地震波2作用下

图 9.3.28　Y 向地震波 1、2 底部箱形钢板剪力墙中钢板的应力分布

5. 构件内力或应力

钢连梁和框架梁在中部楼层出现了少量塑性铰，塑性铰状态在"生命安全"以内。

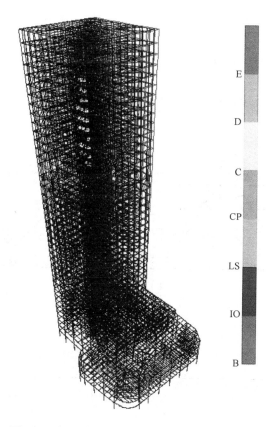

图 9.3.29 X 向地震波 1 作用时的塑性铰分布图

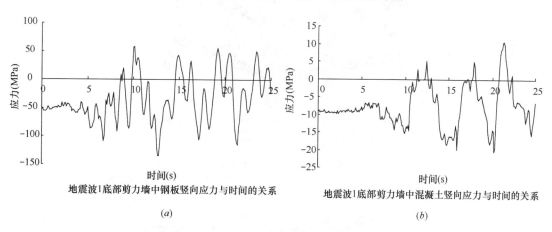

(a)

(b)

图 9.3.30 X 向地震波 1 作用时的底部钢板墙中钢板应力时程与混凝土应力时程

(a) 钢板应力时程；(b) 混凝土应力时程

9.3.9 转换桁架节点分析

为保证转换层结构安全，对此部分进行节点分析，模型包括角柱及与其连接的所有构件，采用 ansys 有限元程序进行分析。

1. 荷载

基本分析原则：强节点弱构件，构件以弹性承载力的内力进行加载，即上部柱钢构件应力按 $310N/mm^2$，混凝土构件以 $27.5N/mm^2$，

2. 约束

下部柱脚刚接约束，上部柱仅约束 X、Y 向。

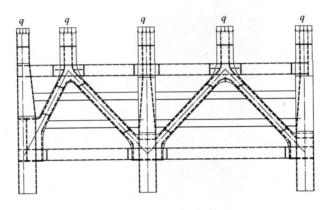

图 9.3.31　计算简图计算

3. 计算结果云图

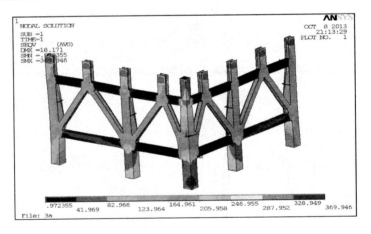

图 9.3.32　　整体应力云图

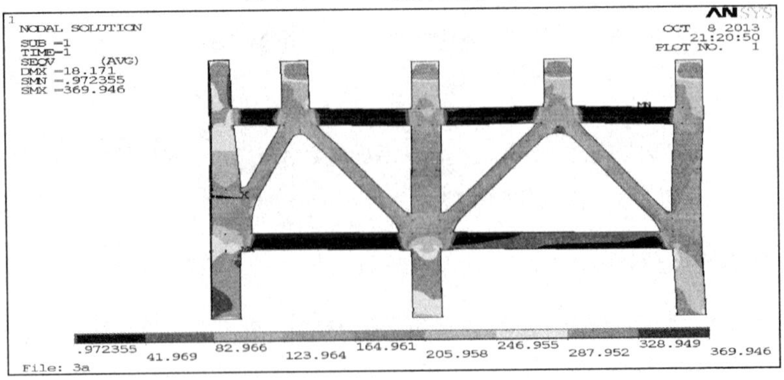

图 9.3.33　侧力面应力云图

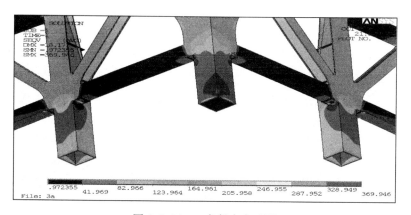

图 9.3.34 角部应力云图

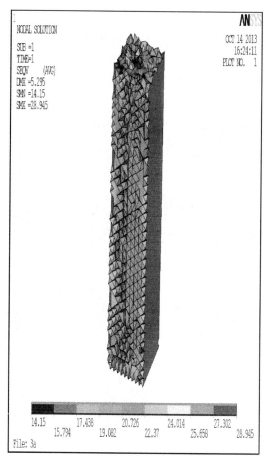

图 9.3.35 角柱内混凝土应力云图

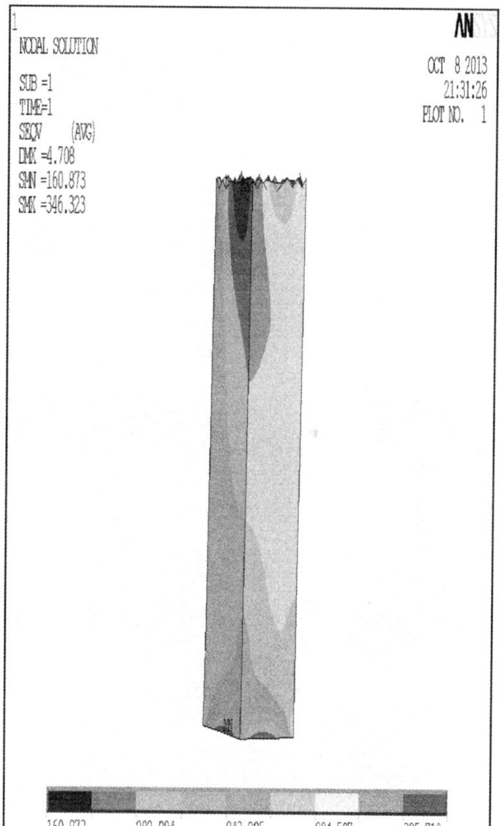

图 9.3.36 中柱应力云图

4. 计算结果

以上分析表明，除个别角点外，整体应力都在允许应力以内；应力较大的位置在柱的上、下端（荷载是以柱上端的截面承载力输入），能保证结构强节点弱构件。

计算时所有柱端的荷载均按截面承载力进行输入，实际结构不会出现双向侧向力均最大，计算是偏安全的。

9.3.10 总结

大震下的层间位移角为 1/155，小于 1/100 的限值要求，能够满足大震不倒的要求；主体结构 C 级，转换桁架和底部加强区剪力墙 B 级。核心筒、框架（筒）柱及转换桁架在大震下基本处于弹性状态，钢连梁出现屈服，大震下表现良好，未出现严重破坏。

9.4　静力弹塑性分析实例三：杭州市［2012］5 号地块项目

本实例由汉嘉设计集团股份有限公司总工楼东浩教授级高工提供，主要结构设计人为楼东浩、黄江、王卓雄等

9.4.1 工程概况

地块用地位于杭州市江干区钱江新城核心区，钱江路和江锦路的交叉路口东南侧。建设用地面积 24461m²，地上总建筑面积 195688m²。地下四层，地下室建筑面积为 87902m²。本工程地上分为塔楼 A、塔楼 B、塔楼 C 和裙房 A，设置伸缩缝兼抗震缝形成独立的结构抗震单元。项目效果图见图 9.4.1，总平面图见图 9.4.2，本工程地上塔楼 A、塔楼 B、塔楼 C 均采用钢筋混凝土框架-核心筒结构体系，裙房 A 采用钢筋混凝土框架结构体系。

图 9.4.1　建筑效果图

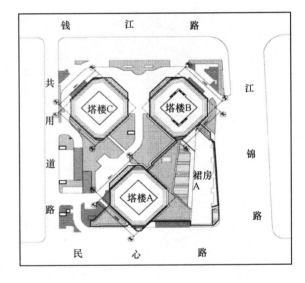

图 9.4.2　建筑总平面图

地上各单元结构概况　　　　　　　　　　　　　　　　　表 9.4.1

抗震单元	A 塔楼	B 塔楼	C 塔楼	裙房 A
地上层数	40	31	23	3/4
主要功能	商业、办公	商业、办公	商业、办公	商业、餐饮
屋面结构标高	172.85m	134.85m	93.8m	16.1/21.8m
平面（长×宽）	46.6m×46.6m	46.6m×46.6m	46.6m×46.6m	—
标准层层高	4.2m	4.2m	4.0m	—

9.4.2 设计资料参数

1. 基本参数

本工程的基本设计参数　　　　　　　　表 9.4.2

项　目	取　值	项　目	取　值
设计基准期	50 年	建筑结构安全等级	二级
结构设计使用年限	50 年	抗震设防烈度	6 度
结构设计耐久性	50 年	地基基础设计等级	甲级

2. 风荷载、雪荷载设计参数

本工程的风荷载、雪荷载设计参数　　　　　　　　表 9.4.3

项　目		取　值
风荷载 设计参数	基本风压（50 年一遇）	0.45kN/m²
	地面粗糙度类别	B 类
雪荷载 设计参数	基本雪压（50 年一遇）	0.45kN/m²

3. 地震作用

（1）设计反应谱

本工程建设单位委托浙江省工程地震研究所，对项目场地进行了工程场地地震安全性评价，提供了工程场地 50 年下不同超越概率水准（小震、中震、大震）的设计地震动参数。

《建筑抗震设计规范》与《工程场地地震安全性评价报告》谱值比较见下图。

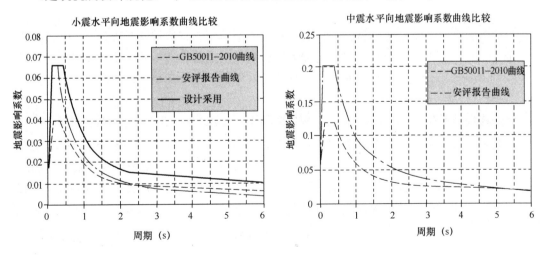

图 9.4.3　多遇地震与设防地震安评报告与规范地震影响系数比较

（上图中设计采用的点画线是根据安评报告提供的地震影响系数最大值和特征周期，按照规范公式所得谱线）

335

结构设计时采用的地震参数   表 9.4.4

项目	设防烈度	地震分组	水平地震影响系数最大值	特征周期 (s)	周期折减系数	阻尼比
小震			0.066	0.30	0.9	0.05
中震	6度	第一组	0.203	0.45	1.0	0.055
大震			0.28	0.50	1.0	0.055

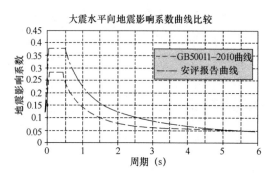

图 9.4.4　大震安评报告与规范地震影响系数比较

经比较以上谱线图，可知：

小震、中震、大震时，均为安评报告提供的地震影响系数最大值较大。小震时，当周期小于约 2.7s 时，安评报告提供的地震影响系数大于规范值，反之，规范值大于安评报告值。中震、大震时，安评报告的地震影响系数在 6s 周期内，基本包络了规范值。因此，结构计算分析时，采用以下原则进行地震力计算：

小震计算时，采用《工程场地地震安全性评价报告》提供的地震影响系数最大值及特征周期，采用《抗规》提供的衰减方式，用振型分解反应谱法计算地震作用，按 CQC 法组合。

中震、大震计算时，采用《建筑抗震设计规范》反应谱计算地震作用。计算地震作用时采用的重力荷载代表值：包括 100% 恒载和 50% 活载。小震计算时结构阻尼比为 0.05，中震、大震计算时结构阻尼比为 0.055。小震计算时周期折减系数为 0.9，中震、大震计算时不折减。

综上，可得结构设计时采用的地震参数如表 9.4.4。

（2）地震波的选取

根据《高层建筑混凝土结构技术规程》规定，小震设计宜做弹性时程分析，场地时程波选取了七组时程曲线进行计算时，地震波时程曲线由浙江省地震研究所提供，包括 5 条天然波和 6 条人工合成波，计算时人工波择取了其中的 2 条，满足规范要求。

4. 内力调整

所有楼层和所有竖向构件设计组合，根据荷载规范 5.12. 条，活荷载考虑荷载折减系数。

多遇地震作用下，对框架进行 $0.2V_0$ 调整；根据《高规》4.3.12 条，薄弱层地震作用标准值的地震剪力放大 1.15 倍。由于各体系的抗震设防以及承载力要求，需要进行不同的内力调整等措施来进行加强。第一阶段（小震）各类构件内力调整，参考规范条文以及针对本工程考虑采用的调整系数见下表 9.4.5。

构件内力调整系数   表 9.4.5

构件类型	调整项	参照规范条文	规范调整系数	设计调整系数	备 注
剪力墙	剪力	底部加强区 《高规》7.2.6	1.4	1.4	
		一般层	—	1.0	

构件类型	调整项	参照规范条文	规范调整系数	设计调整系数	备　　注
连梁	剪力	《高规》7.2.21（底部加强区）	1.2	1.2	
		《高规》7.2.21（一般层）	1.2	1.2	
框架柱	弯矩	《高规》6.2.1	1.2（A塔楼）	1.2（A塔楼）	先对地震作用剪力标准值取0.2V_0的调整；底层柱弯矩值乘以1.5的增大系数；角柱内力值乘以1.1的增大系数。
	剪力	《高规》6.2.3	1.2（A塔楼）	1.44（A塔楼）	
框架梁	剪力	《高规》6.2.5	1.2（A塔楼）	1.2（A塔楼）	先对地震作用剪力标准值取0.2V_0的调整

注：表中调整系数均指对含地震作用的设计组合。薄弱层的构件地震剪力、弯矩标准值增大系数取1.15。

5. 场地地震效应分析与地震参数

拟建场地的抗震设防烈度为 6 度，设计基本地震加速度值为 0.05g，设计地震分组为第一组。本次详勘在 AZ06、BZ05、CZ06 进行了钻孔剪切波速测试，以评定场地土的抗震类别。根据钻探揭露及剪切波速测试结果根据现场剪切波速试验结果，地面下 20.0m 深度范围内各土层等效剪切波速 V_{se} 分别为 164m/s、162m/s、151m/s，依据国标《建筑抗震设计规范》（GB 50011—2010）规定，判定本场地土类型及工程场地类别见下面建筑场地类别及场地土类型表（注：V_{se} 为土层的等效剪切波速（m/s）；dov 为场地覆盖土层厚度（m））。

由表 9.4.6 可知，建筑场地土类型为中软土，建筑场地类别为Ⅲ类。结合本工程所在区域设计地震分组，按《建筑抗震设计规范》GB 50011—2010 中表 5.1.4-2 判定拟建场地的设计特征周期为 0.45s，因本工程已进行地震安全评估，建议设计特征周期采用地震安全评估报告中相应成果。因拟建场地浅部存在稍密～中密状粉、砂性土，且地下水水位较高，结合场地地质、地形、地貌特征，本场地建筑抗震地段类别为对建筑抗震不利地段。

建筑场地类别与等效剪切波速　　　　　　　　　　　　表 9.4.6

土层 ＼ 孔号	AZ06	BZ05	CZ06
V_{se}（m/s）	164	162	151
dov（m）	>50	>50	>50
单孔场地土类型	中软	中软	中软
单孔建筑场地类别	Ⅲ	Ⅲ	Ⅲ
综合建筑场地类别		Ⅲ	

9.4.3 抗侧移结构体系与楼面布置

1. 抗侧移结构体系

本项目塔楼 A 地上 40 层，结构高度为 173.1m，采用钢筋混凝土框架-核心筒结构体系，属于 B 级高度高层建筑，结构体系的组成详见图 9.4.5。核心筒能够提供比较有效的抗侧力体系，外框架不仅提供抗侧力作用，同时能配合建筑的渐变立面要求。

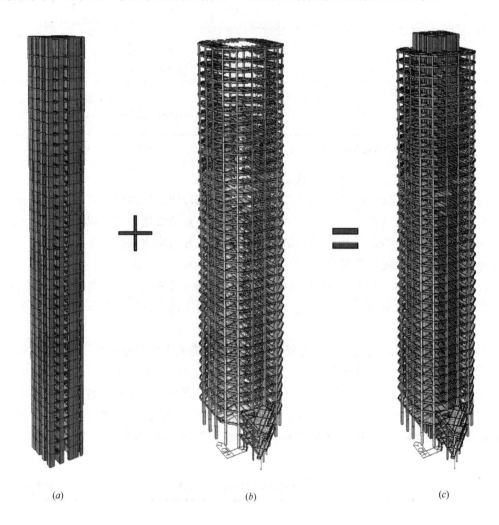

(a)   *(b)*   *(c)*

图 9.4.5　结构体系示意图
（*a*）核心筒；（*b*）框架体系；（*c*）框架-核心筒体系

2. 楼面布置

楼面采用单向布置的现浇钢筋混凝土楼面梁板体系。楼层典型板厚如下：核心筒内走道板厚 140mm，核心筒内其余板厚 120mm；核心筒外办公室板厚 120mm，部分板跨较大的大板厚度为 130mm、180mm；屋面楼板厚度 150mm；地下室顶板厚度为 180mm，其余地下一层楼板厚度为 150mm。具体楼面结构布置详见图 9.4.6。

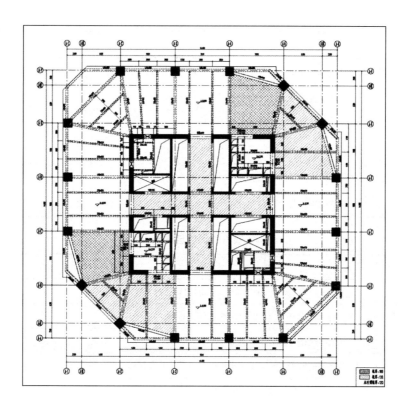

图 9.4.6 标准层楼面结构布置图

9.4.4 超限情况及抗震性能目标

1. 超限情况分析

（1）高度超限

根据《超限高层建筑工程抗震设防专项审查技术要点》相关规定，6度区钢筋混凝土框架-核心筒结构的适用高度为150mm，本工程塔楼A的结构高度为179m，高度超限。

（2）不规则超限分析

根据《超限高层建筑工程抗震设防专项审查技术要点》相关规定，具有表9.4.7中三项及三项以上不规则，或具有表9.4.8中一项不规则的高层建筑均为超限高层。

一般不规则项目判别 表 9.4.7

序号	不规则类型	简要含义	现值	是否超限
1a	扭转不规则	考虑偶然偏心的扭转位移比大于1.2	1.24（除裙房外）	超限
1b	偏心布置	偏心率大于0.15或相邻层质心相差大于相应边长15%	无	不超限
2a	凹凸不规则	平面凹凸尺寸大于相应边长的30%	无	不超限
2b	组合平面	细腰形或角部重叠形	无	不超限

序号	不规则类型	简要含义	现值	是否超限
3	楼板不连续	有效宽度小于50%，开洞面积大于30%，错层大于梁高	2层大部楼板缺失	超限
4a	刚度突变	相邻层刚度变化大于70%或连续三层变化大于80%	无	不超限
4b	尺寸突变	竖向构件位置缩进大于25%，或外挑大于10%和4m	无	不超限
5	构件间断	上下墙、柱、支撑不连续，含加强层、连体类	无	不超限
6	承载力突变	相邻层受剪承载力变化大于80%	无	不超限
7	其他不规则	如局部的穿层柱、斜柱、夹层、个别构件错层或转换	穿层柱（1～2层）	超限

特别不规则项目判别   表9.4.8

序号	不规则类型	简要含义	现值	是否超限
1	扭转偏大	裙房以上较多楼层，考虑偶然偏心的扭转位移比大于1.4	无	不超限
2	抗扭刚度弱	扭转周期比大于0.9，混合结构扭转周期比大于0.85	无	不超限
3	层刚度偏小	本层侧向刚度小于相邻上层的50%	无	不超限
4	高位转换	框支墙体的转换构件位置：7度超过5层，8度超过3层	无	不超限
5	厚板转换	7～9度设防的厚板转换结构	无	不超限
6	塔楼偏置	单塔或多塔与大底盘的质心偏心距大于底盘相应边长的20%	无	不超限
7	复杂连接	各部分层数、刚度、布置不同的错层或连体结构	无	不超限
8	多重复杂	结构同时具有转换层、加强层、连体等复杂类型的3种	无	不超限

综合表9.4.7、表9.4.8，A塔楼共3项一般不规则，无特别不规则，为超限高层建筑，需进行抗震设防专项审查。

2. 抗震性能目标选择

塔楼A选择的抗震性能目标为C：多遇地震、设防地震、罕遇地震下的结构抗震性能水平分别达到完好无损坏、轻度损坏、中度损坏。塔楼A各类具体构件选择的抗震性能目标详见表9.4.9。

各类构件的抗震性能目标   表9.4.9

性能水平定性描述		多遇地震	设防地震	罕遇地震
剪力墙	底部加强区	弹性	弹性	不屈服
	其他层	弹性	抗弯不屈服抗剪弹性	抗剪不屈服
	连梁	弹性	抗剪不屈服	大部分进入屈服
框架柱	1、2层	弹性	弹性	不屈服
	其他层	弹性	抗弯不屈服抗剪弹性	抗剪不屈服
普通框架梁		弹性	抗剪不屈服	大部分进入屈服

3. 结构抗震等级

结构构件的抗震等级 表 9.4.10

抗震单元	结构构件	抗震等级
塔楼 A	核心筒	二级
	框架	二级

9.4.5 静力弹性分析参数与结果

结构静力分析选用 SATWE 和 MIDAS BUILDING 两种软件，并进行对比以判别结果的可靠性。SATWE 版本号为：2012 版（2013 年 5 月 25 日），MIDAS BUILDING 版本号为：20131.2 正式版。

1. 结构静力弹性分析的主要参数设置

静力弹性分析的主要参数 表 9.4.11

项 目	取 值	项 目	取 值
计算软件	SATWE、MIDAS BUILDING	结构重要性系数	1.0
水平力与整体坐标夹角	0、45 度	是否考虑 $P\text{-}\Delta$ 效应	是
结构材料信息	钢筋混凝土结构	中梁刚度放大系数	按 2010 规范
混凝土容重	26kN/m³	连梁刚度折减系数	0.7
钢材容重	78kN/m³	梁柱重叠部分简化为刚域	否
楼板假定	弹性楼板		
恒活荷载计算信息	模拟施工加载	层刚度比计算方法	地震剪力与地震层间位移之比
是否计算风荷载	是		
是否计算地震作用	是	梁活荷不利布置楼层数	全部楼层
是否考虑双向地震作用	是	活荷载折减系数	0.5
是否考虑扭转耦联	是	是否按《抗规》(5.2.5) 调整各楼层地震内力	是
是否考虑偶然偏心	是		
设防烈度	6 度	是否按《高规》或《高钢规》进行构件设计	是
场地类别	Ⅲ类		
设计地震分组	第一组	柱配筋计算原则	双偏压
特征周期	0.3s	柱墙设计时活荷载	不折减
影响系数最大值	0.066	传给基础的活荷载	折减
斜交抗侧构件方向	考虑附加最不利方向	梁端负弯矩调整系数	0.85
地震作用分析方法	总刚分析方法	梁活载弯矩放大系数	1.0

2. 周期和振型

塔楼 A 自振周期　　　　　　　　　表 9.4.12

周 期		SATWE	MIDAS
第一		4.76（Y）	4.57（Y）
第二		4.46（X）	4.24（X）
第三		3.81（T）	3.84（T）
第四		1.38（T）	1.34（T）
第五		1.31（X）	1.31（X）
第六		1.26（Y）	1.19（Y）
质量参与系数	X向	99.5%	99.5%
	Y向	99.6%	99.5%
扭转周期比（T_T/T_1）		0.80	0.84

3. 结构总质量

塔楼 A、B、C 的结构总质量对比详见下表（单位：吨）　　　表 9.4.13

层数	活荷载产生总质量		恒载产生总质量		结构总质量		总质量比值	
	SATWE	MIDAS	SATWE	MIDAS	SATWE	MIDAS	SATWE	MIDAS
A塔楼	15702	15992	130163	132657	145866	148649	100%	102%

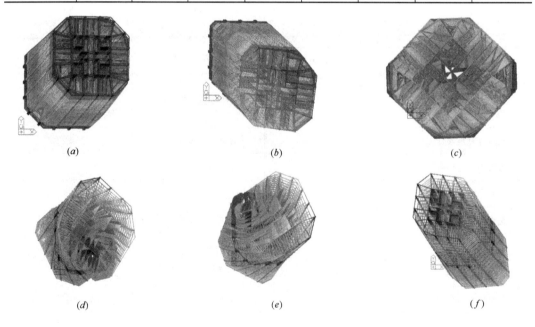

图 9.4.7　前 6 阶振型的图形

（a）T1 4.76s（Y）；（b）T2 4.46s（X）；（c）T3 3.81s（T）；

（d）T4 1.38s（T）；（e）T5 1.31s（X）；（f）T6 1.26s（Y）

4. 底部剪力、底部倾覆弯矩与层间位移角、刚度比

从表 9.4.14、表 9.4.15 中数据可以看出，两种软件计算的剪力、弯矩、层间位移角

等参数基本吻合。

塔楼 A 底部剪力和底部倾覆弯矩（单位：kN、kNm）　　　　表 9.4.14

项目	SATWE		MIDAS		SATWE		MIDAS	
	X 向地震	Y 向地震	X 向地震	Y 向地震	X 向风	Y 向风	X 向风	Y 向风
底部剪力	10542	10787	10562	10699	12212	11915	10972	10706
底部倾覆弯矩	1275538	1294919	1241842	1253929	1276308	1272783	1157667	1155156

塔楼 A 在多遇地震和风作用下的最大的层间位移角对比　　　　表 9.4.15

SATWE		MIDAS		SATWE		MIDAS	
X 向地震	Y 向地震	X 向地震	Y 向地震	X 向风	Y 向风	X 向风	Y 向风
1/1405	1/1436	1/1664	1/1659	1/1500	1/1495	1/1924	1/1883

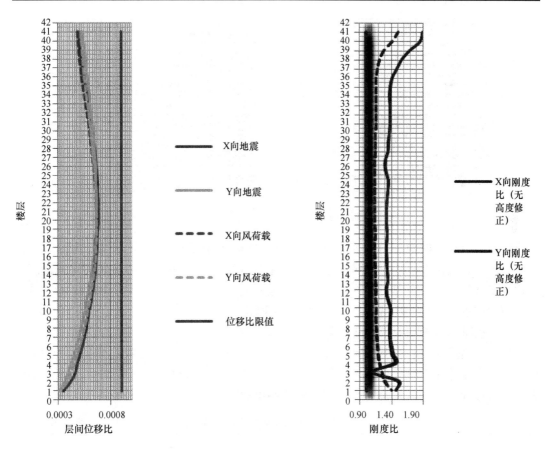

图 9.4.8　层间位移比与刚度比

5. 框架承担的地震剪力

根据《高层建筑混凝土结构技术规程》9.1.11 条的规定查看框架部分承担剪力情况，塔楼 A 的 X 向、Y 向地震剪力分配如下图 9.4.9、图 9.4.10。

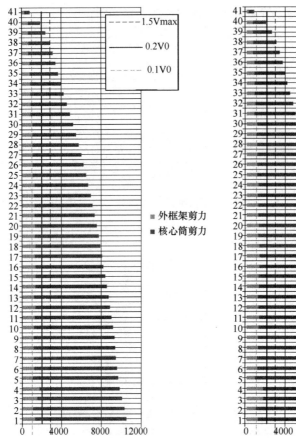

图 9.4.9　X 向地震剪力分配　　　　　图 9.4.10　Y 向地震剪力分配

从上图可知，框架部分分配的地震剪力标准值小于结构底部总地震剪力标准值的 20%，但其最大值大于结构底部总地震剪力标准值的 10%。因此按照《高层建筑混凝土结构技术规程》9.1.11 及 8.1.4 条规定，各层框架总剪力 V_f 不满足 $V_f \geqslant 0.2V_0$ 时，其框架总剪力应按 $0.2V_0$ 和 $1.5V_{f,\max}$ 二者的较小值采用。

6. 底层框架承担的地震倾覆弯矩

根据《高层建筑混凝土结构技术规程》8.1.3 条的规定，A 塔楼框架部分承受的地震倾覆力矩大于总地震倾覆力矩的 10% 但不大于 50%，其框架部分可按框架-剪力墙结构的框架进行设计。塔楼 A 底层框架承担的地震倾覆弯矩见表 9.4.16。

底层框架承担的多遇地震倾覆弯矩　　　　　　　　　　　表 9.4.16

塔楼	方向	SATWE			MIDAS		
		框架柱	墙	框架比例	框架柱	墙	框架比例
A 塔楼	X 向地震	216510	1059030	17.0%	227550	1014292	18.3%
	Y 向地震	225808	1069112	17.4%	239850	1014079	19.1%

344

7. 塔楼 A 弹性时程分析

根据《高层建筑混凝土结构技术规程》JGJ 3—2010 第 5.1.13 条"抗震设计时，B 级高度的高层建筑结构、混合结构和本规程第 10 章规定的复杂高层建筑结构，应采用时程分析法进行补充计算"，对塔楼 A 进行弹性时程补充计算。地震波采用前述地震荷载中的地震波（浙江省工程地震研究所提供，5 条天然波和 2 条人工波）。

塔楼 A 时程分析与反应谱分析底部剪力比较（单位：kN）　　　　表 9.4.17

地震波	底层剪力	地震波	X 向	Y 向	时程剪力/反应谱剪力	时程剪力平均值/反应谱剪力
CHICHI. CHY061 _ FP	7022	0.67＞0.65		7394	0.69＞0.65	
DENALI. ps11 _ FN	14786	1.40＞0.65		14924	1.38＞0.65	
HECTOR. 1405c _ FN	10019	0.95＞0.65		8911	0.83＞0.65	
IMPVALL. H-E05 _ FP	11964	1.13＞0.65	0.98＞0.80 （10386kN）	9410	0.87＞0.65	0.91＞0.80 （9846kN）
KOCAELI. IST _ FP	9324	0.88＞0.65		9321	0.86＞0.65	
人工波 1	10456	0.99＞0.65		9286	0.86＞0.65	
人工波 2	9134	0.87＞0.65		9680	0.90＞0.65	
反应谱	10542	—	—	10787	—	

从上表可以看出，弹性时程分析时，每条时程曲线计算所得结构底部剪力不小于振型分解反应谱法计算结果的 65%，多条时程曲线计算所得结构底部剪力的平均值不小于振

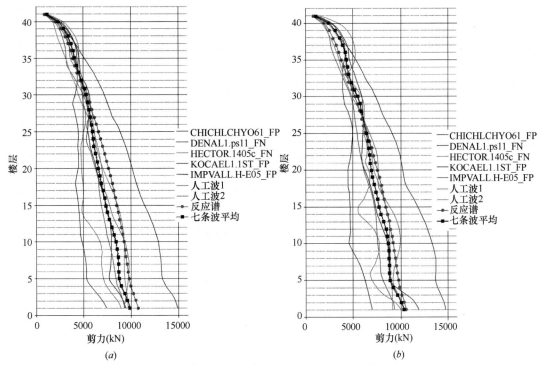

(a)　　　　　　　　　　　　　　(b)

图 9.4.11　反应谱法与时程分析法剪力比

(a) X 向；(b) Y 向

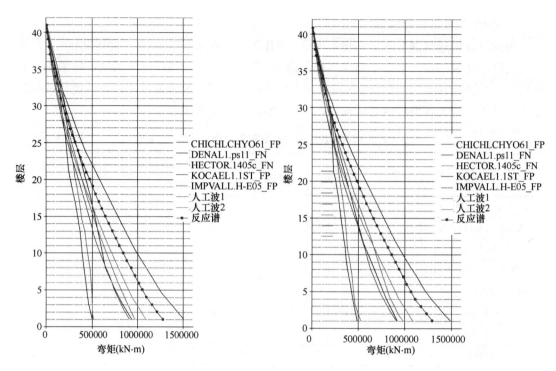

图 9.4.12 反应谱法与时程分析法之间的 X（左）、Y（右）向倾覆弯矩比较

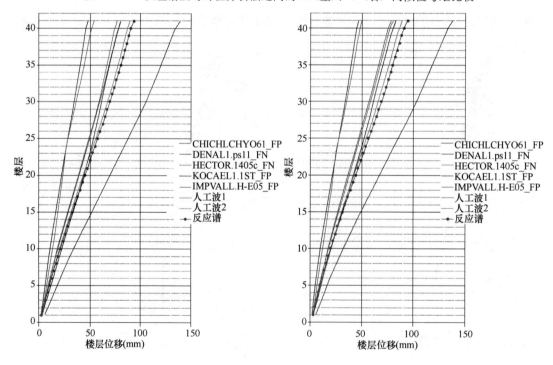

图 9.4.13 反应谱法与时程分析法之间的 X（左）、Y（右）向楼层位移比较

型分解反应谱法计算结果的 80%。

因此依据《建筑抗震设计规范》GB 50011—2010 第 5.1.2 条 "…当取七组及七组以上的时程曲线时，计算结果可取时程法的平均值和振型分解反应谱法的较大值"，塔楼 A

的振型分解反应谱法计算所得底部剪力可满足结构设计要求，无需修正，且基本反应特征及规律与前述反应谱法分析结果基本一致（详见下列楼层图）。

9.4.6 静力弹塑性分析

根据《高层建筑混凝土结构技术规程》JGJ 3—2010 5.1.13 条"抗震设计时，B 级高度的高层建筑结构、混合结构和本规程第 10 章规定的复杂高层建筑结构，宜采用静力弹塑性分析方法补充计算。"对本工程塔楼 A 采用静力弹塑性推覆分析进行补充计算。分析采用 MIDAS BUILDING（2013_1.2 正式版）软件进行，以下为主要计算结果。

由图 9.4.14 与图 9.4.15 性能曲线可知，对应 X、Y 向小震、中震、大震，塔楼 A 均

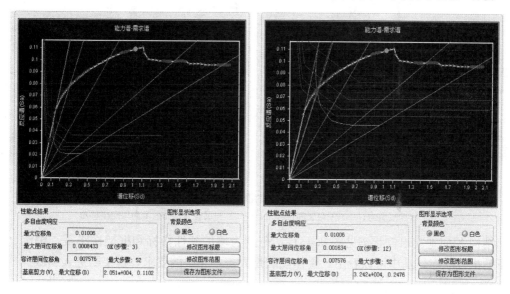

图 9.4.14 X 向中震、大震性能分析曲线

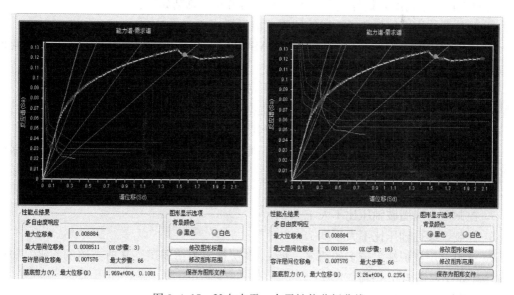

图 9.4.15 Y 向中震、大震性能分析曲线

能找到相应性能点，表明塔楼 A 能满足相应的抗震性能设计要求。从图中可知到中震水平时，仅在第三步，这时能力谱曲线还处在直线状态，X、Y 向分别到第 12、16 步才得到性能点，离第 66 步的极限点附近还很远，因此安全储备很大。图 9.4.16 为塔楼 A 在 X 向、Y 向小震、中震、大震性能点对应处的地震剪力和层间位移角变形趋势。

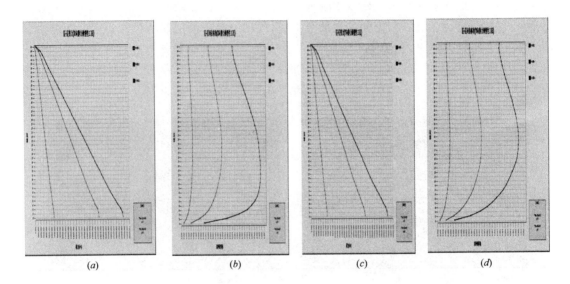

图 9.4.16　小震中震大震相应各性能点处 X、Y 向剪力和层间位移角
(a) X 向层剪力；(b) X 向层间位移角；(c) Y 向层剪力；(d) Y 向层间位移角

结构 X 向地震出铰状态见图 9.4.17，分别为墙的延性指标和框架在小震、中震、大震下的出铰状态，从中可以看出，墙体能满足大震不屈服的要求，框架则进入屈服。

9.4.7　设计超限应对措施

针对上述超限情况，设计中采取了一系列的措施，总结如下：

1. 对各类结构构件制定了不同的抗震性能目标；

2. 采用两个独立软件 SATWE 和 MIDAS BUILDING 进行建模分析，并对两个软件的分析结果进行对比；

3. 补充弹性时程分析，并与振型分解反应谱法进行对比；补充静力弹塑性分析，考察结构的塑性发展状况，保证抗震性能目标能够实现；

4. 按地震作用最不利方向复核计算，取其计算结果进行设计；

5. 针对平面不规则，在计算中考虑平扭耦联效应，加强建筑角部的剪力墙以增强建筑的整体抗扭刚度；

6. 采取了符合实际受力模式的逐层加载、逐层形成刚度的模拟施工顺序加载；

7. 控制剪力墙墙肢轴压比不大于 0.5；

8. 控制框架柱轴压比不大于 0.75；

9. 针对 2 层楼板缺失较多的情况，将 1、2 层指定为薄弱层，其剪力墙的水平、竖向分布筋配筋率提高至 0.45%；

10. 部分连梁采用型钢连梁。

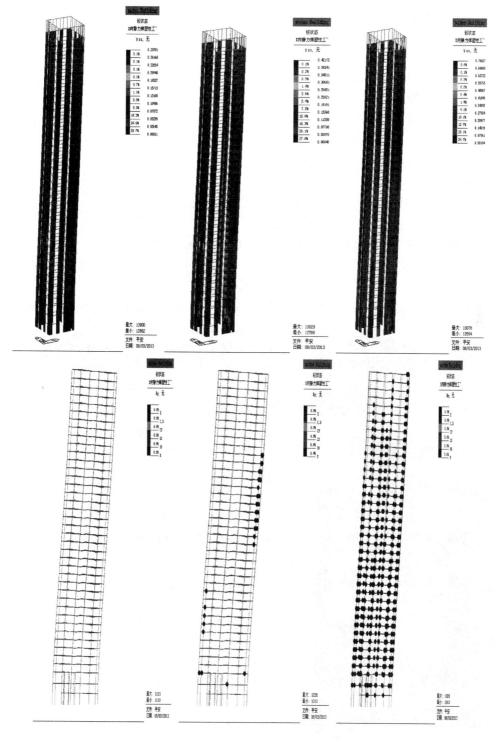

图 9.4.17　小震中震大震时 X 向结构相应的塑性铰状态

9.4.8　总结

综上所述，本工程为超限高层建筑，存在不规则现象。结构设计时针对其特点及要求，在设计中采用概念设计方法，根据抗震原则及建筑特点，对整体结构体系及布置进行仔细的考虑并作优化。在抗震设计中，除保证结构在小震下完全处于弹性阶段外，针对不同构件的性能目标，补充了中震和大震下的相关计算，并采取相应措施，实现各结构所设计的性能目标，满足超限设计要求。

各方面的分析结果表明结构的设计方案可满足预先制定的抗震性能目标。通过对关键和重要构件的加强及构造措施方面的相应处理。因此总体认为本工程除能够满足竖向荷载及风荷载作用下的有关指标外，亦满足小震不坏，关键构件中震下基本保持弹性、或主要构件不屈服、震后可以修复，大震不倒塌的抗震设防目标。

9.5　静力弹塑性分析实例四：香格国际广场二期

本实例由杭州市城建设计研究院总工金天德教授级高工提供。

9.5.1　工程概况

香格国际广场二期是一幢多功能的现代化大厦，主要包括住宅单元和五星级酒店，以及配套的商业和酒店功能裙楼。地上 54 层，地下三层。位于宁波慈溪市中心，三北大街与新城大道交叉口，西侧为五灶江，北侧为香格国际广场一期在建项目慈溪金贸中心。西侧沿五灶江布置 8m 宽的绿化带。总用地面积 15112m² 。

整个工程竖向分为两段：地下部、高层部分。地下室共三层，主要为停车库、设备用房及酒店后勤辅助用房。1 至 6 层：为服务、餐饮、会议、休闲区等商业、后勤用房二层；7 至 44 层：为公寓；46 至 53 层：为酒店客房；54 层：为 VIP 空中会所；其中：四层利用屋顶设置为避难空间，18 层、26 层、35 层、45 层。

9.5.2　结构体系说明

香格国际广场基础面标高－12.500，地上由三幢 54 层（屋檐 200m 高）大楼通过高空相连，顶部 9 层连为一体。本工程三个单塔采用箱形钢板剪力墙-支撑-框架结构结体系，并由外钢筒加内部带斜撑的核心筒连成一体。

1. 抗侧力体系

（1）三个单塔的抗侧力系统均采用箱形钢板剪力墙-支撑-框架结构。其中主楼 4 个角部采用箱形钢板剪力墙，边柱采用矩形钢管混凝土柱，通过深梁形成外框架（北面局部支撑）。为减少剪力滞后效应，加

图 9.5.1　建筑效果图

强结构刚度，外框架每 9 层设置外环桁架，塔楼中间部分结合楼梯间和电梯井设置钢斜撑，形成钢支撑核心筒。

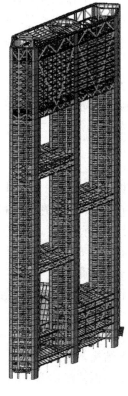

图 9.5.2　结构布置示意图

图 9.5.3　三层平面图

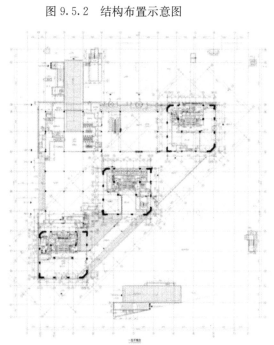

图 9.5.4　底层平面图

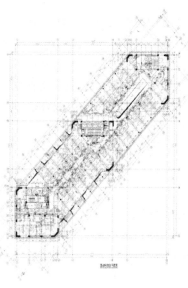

图 9.5.5　酒店标准层

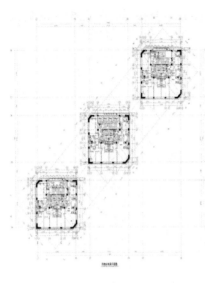

图 9.5.6 塔楼标准层

（2）把塔楼连接起来的天桥单元下表面加斜撑以提供一个三维的支撑框架，在塔楼间形成一个承重系统，同时为侧向荷载提供在不同单栋塔楼间的传力路径。为保证三个塔楼共同受力，结构布置时，平面内钢梁布置成平面桁架形式，与楼板共同作用。

（3）屋顶 9 层连为一体，三个单塔中间部分通过斜撑柱实现转换。侧向力荷载主要由最具效率的外框架来抵抗，结构内部的梁和柱承受重力荷载为主。

2. 地下结构

慈溪国际广场二期工程基础形式采用桩-筏板基础。其中主楼采用直径 1 米的钻孔灌注桩，以 8-2 泥质砂岩为持力层，桩底注浆，有效桩长为 50m，单桩承载力特征值为 8000kN。裙楼和纯地下室区域主要为直径 700 和 800 钻孔灌注抗拔桩来抗浮，以 8-2 泥质砂岩为持力层，桩底注浆，有效桩长为 50m，单桩抗拔承载力特征值为 1750kN 和 2000kN。其中主楼底板厚度为 3500，裙房底板厚度为 900。

地下结构由三层地下室组成，其中主塔楼范围内采用钢结构的形式，梁为焊接工字钢梁，楼板采用现浇混凝土楼板。主楼以外部分采用钢筋混凝土结构，裙房部分柱子为型钢混凝土柱，地下一层、地下二层楼板系统由钢筋混凝土带柱帽的板柱结构形式，一层采用普通钢筋混凝土主次梁形式。

3. 上部结构

（1）主塔楼

主要屋面标高为 200.00m，屋顶抗风桁架顶部及直升机停机坪标高为 208.00m。三栋塔楼在 6 层裙房内连为一体，从裙楼顶分开，裙房以上塔楼 A 和塔楼 B 有 2 处相连（16 到 20 层、34 到 38 层），塔楼 B 和塔楼 C 有 1 处相连（24 层到 28 层），塔楼顶部 9 层三栋塔楼连为一体，主要功能为酒店。三个不同楼层处的连廊也提供了塔楼之间的相互连接。三栋塔楼中的每一栋的结构体系都采用箱形钢板剪力墙-支撑-框架结构。角部采用箱形钢板剪力墙，边柱采用矩形钢管混凝土柱，通过深梁形成外框架。香格国际广场塔楼的高宽比大约为 6.1。重力荷载由组合钢梁和楼板来承担。重力荷载从楼面板传递到钢梁再传递到柱子。为保证内部空间，内部梁均较矮。在外围框架中为提高结构刚度，需要较深的梁。

（2）裙楼

裙楼建筑为地上 6 层组成，主要功能为酒点配套设施。裙房主要轴网尺寸为 9m。裙楼的结构体系为钢框架，由混凝土楼板，钢梁和钢柱组成。裙楼的侧向力系统主要由三个塔楼的核心筒和垂直钢支撑组成。

（3）楼盖结构

首层地下室顶板作为上部结构的嵌固部位，采用现浇钢筋混凝土梁板结构，板厚

200mm；双层双向配筋，配筋率不小于 0.25％；首层地下室顶板板厚取 200mm。

裙房采用现浇钢筋混凝土梁板结构，板厚 120mm。

酒店标准层及普通标准层板厚 100mm。

6 层底盘屋面板厚度采用 180mm，并加强配筋，并采用双层双向配筋。

底盘屋面下一层结构的楼板也采取加强措施，板厚取 120mm。

对于转换层，为保证水平力的传递，转换上下层的楼板板厚增大为 200 厚。

9.5.3 超限的类型和程度

根据中华人民共和国住建部 2010 年 8 月 6 日颁布的《超限高层建筑工程抗震设防专项审查技术要点》，超限高层建筑工程主要范围的参照简表：

房屋高度超过下列规定的高层建筑工程

表 9.5.1

结构类型		6 度 (0.05g)	7 度 (0.10g、 0.15g)	8 度 (0.20g)	8 度 (0.30g)	9 度 (0.40g)
混凝土结构	框架	60	50	40	35	24
	框架-抗震墙	130	120	100	80	50
	抗震墙	140	120	100	80	60
	部分框支抗震墙	120	100	80	50	不应采用
	框架-核心筒	150	130	100	90	70
	筒中筒	180	150	120	100	80
	板柱-抗震墙	80	70	55	40	不应采用
	较多短肢墙		100	60	60	不应采用
	错层的抗震墙和框架-抗震墙		80	60	60	不应采用
混合结构	钢外框-钢筋混凝土筒	200	160	120	120	70
	型钢混凝土外框-钢筋混凝土筒	220	190	150	150	70
钢结构	框架	110	110	90	70	50
	框架-支撑（抗震墙板）	220	220	200	180	140
	各类筒体和巨型结构	300	300	260	240	180

注：当平面和竖向均不规则(部分框支结构指框支层以上的楼层不规则)时，其高度应比表内数值降低至少 10％。

结构体系-本工程箱型钢板剪力墙-支撑-框架结构房屋高度－200m（主屋顶）＜220m 限值(对于 6 度抗震下的钢结构框架-支撑结构，GB 50011—2010，8.1.1)不超限

同时具有下列三项及以上不规则的高层建筑工程

表 9.5.2

序号	不规则类型	涵　义	工程情况	是否超限
1a	扭转不规则	考虑偶然偏心的扭转位移比大于 1.2	裙房大于 1.20	是
1b	偏心布置	偏心距＞0.15 或相邻层质心相差大于相应变长 15％	＜0.15	否
2a	凹凸不规则	平面凹凸尺寸大于相应边长 30％等	无凹凸	否
2b	组合平面	细腰形或角部重叠形	无	否

序号	不规则类型	涵　义	工程情况	是否超限
3	楼板不连续	有效宽度<50%，开洞面积>30%，错层大于梁高	不存在	否
4a	刚度突变	相邻层刚度变化>70%或连续三层变化>80%	有	是
4b	尺寸突变	缩进大于25%，外挑大于10%和4m，多塔	多塔	是
5	构件间断	上下墙、柱、支撑不连续，含加强层、连体	塔楼B的斜撑不连续、连体	是
6	承载力突变	相邻层受剪承载力变化大于80%	有	是
7	其他不规则	如局部穿层柱、斜柱。夹层、个别构件错层或转换	无	否

本工程具有不规则：

本工程为三塔连体结构，同时在顶部9层连为一体，存在结构转换层。转换结构采用桁架和斜柱转换形式，这样导致转换层下面存在刚度薄弱层和承载力薄弱层。但是刚度薄弱层刚度大于相邻上层的50%，承载力薄弱层承载力大于相邻上层的65%，非严重不规则。

具有下列某一项不规则的高层建筑工程　　　　　　　　　　　表9.5.3

序号	不规则类型	涵　义	工程情况	是否超限
1	扭转偏大	考虑偶然偏心扭转位移比大于1.4	小于1.40	否
2	抗扭刚度弱	扭转周期比大于0.9	小于0.9	否
3	层刚度小	本层侧向刚度小于相邻上层的50%	大于50%	否
4	高位转换	框支转换构件位置：7度超过5层，8度超过3层	无框支转换	否
5	厚板转换	7～9度设防的厚板转换结构	无厚板转换	否
6	塔楼偏置	质心偏心距大于底盘相应变长20%	小于20%	否
7	复杂连接	各部分层数、刚度、不知不同的错层，连体两端塔楼高度、体型或者沿某个方向的震动周期显著不同	连体各塔楼高度、体型均近似	否
8	多重复杂	结构同时具有转换层。加强层、错层、连体和多塔等复杂类型的3中	转换、3塔、连体	是

本工程具有一项不规则，为多重复杂，包含转换、3塔和连体结构。

9.5.4　性能设计与超限应对措施

本工程为三塔连体带转换的复杂超高层结构，主要屋面高度为200m。本工程包含三塔连体这样复杂的结构，同时存在转换结构。为了确保结构小震不坏，中震可修，大震不倒，本工程采用抗震性能较好全钢结构体系。本工程采用基于性能的抗震设计，采取比规范更高的抗震设防目标和比规范更严格的设计指标。

结构抗震设计性能目标　　　　　　　　　　　表9.5.4

地震烈度水准	多遇地震	偶遇地震	罕遇地震
性能水平定性描述	不损坏	可修复的损害	无倒塌
层间位移角限值	$h/250$	—	$h/50$

地震烈度水准			多遇地震	偶遇地震	罕遇地震
构件性能	箱形钢板剪力墙		弹性	弹性	斜截面不屈服，允许进入塑性，控制塑性变形
	环桁架	弦杆	弹性	不屈服	允许进入塑性，控制塑性变形
		腹杆	弹性	不屈服	允许进入塑性，控制塑性变形
	外围框架	柱	弹性	弹性	允许进入塑性，控制塑性变形
		梁	弹性	允许进入塑性	允许进入塑性，控制塑性变形
	转换桁架	弦杆	弹性	弹性	允许进入塑性，控制塑性变形
		腹杆	弹性	弹性	允许进入塑性，控制塑性变形
		转换斜柱	弹性	弹性	允许进入塑性，控制塑性变形

在满足国家、地方规范前提下，根据性能化抗震设计的概念，针对项目的结构超限情况，综合考虑抗震设防类别、设防烈度、场地条件、结构的特殊性、建造费用、震后损失和修复难易程度等因素，项目抗震性能目标选用"C"：多遇地震作用下结构达到性能水准"1"的要求，设防烈度地震作用下结构达到性能水准"3"的要求，预估的罕遇地震作用下结构达到性能水准"4"的要求。主楼钢板剪力墙、周边框架、环桁架、转换桁架等进行抗震设计时采用性能目标如表 9.5.4 所示。并且根据本工程的特点，采取的加强措施有：

1. 三塔

从几何组成上看本工程为 3 塔连体结构。3 个单塔无论平面尺寸、几何形状和高度基本一致，3 个单塔结构体系也是完全一致，都是采用框架周边跨层中心支撑/巨型柱子＋内部框架支撑核心筒的结构形式。柱子截面、支撑截面形式均一致，保证三塔单体振动特性上保持基本一致，这有利于减小 3 个塔楼之间的相互作用。采取的加强措施有：

（1）底盘屋面板厚度采用 180mm，并采用双层双向配筋，配筋率不小于 0.25%。

（2）底盘屋面下一层结构的楼板也采取加强措施。配筋按计算增大 10%，板厚取 120。

（3）塔楼之间裙房连接体的屋面梁以及塔楼中与裙房连接体相连的外围柱，从地下室顶板起裙房屋面上一层高度范围内抗震等级提高一级。

2. 连体部分

塔楼 A 和塔楼 B 在裙房以上有 2 处相连，塔楼 B 和塔楼 C 在裙房以上有 1 处相连，塔楼 A、B、C 在顶部九层连为一体。对于连体建筑，尽量减少连体的重量，本工程采用强连接的形式。带连体楼层在现浇混凝土楼板的基础上再加设平面内钢桁架的双重水平结构体系来保证三个塔楼之间的水平剪力能够顺畅传递。通过连体部分水平钢桁架的设置，保证 3 个塔楼在结构受力和振动上保证很好的整体性。采取的加强措施有：

（1）保证连接处与两侧塔楼的有效连接，采用刚性连接，同时采用现浇混凝土楼板的基础上再加设平面内钢桁架的双重水平结构体系。

（2）加强连接体水平构件的强度和延性，抗震等级提高一级。

（3）加强连体对应楼层以及上下延伸一层的竖向构件和支撑的强度和延性，抗震等级均提高一级。

3. 转换层、刚度薄弱层和承载力薄弱层

塔楼 A、B、C 在顶部九层连为一体，主要功能为酒店客房，这样不可避免连体部分底部存在结构转换层。由于转换层的设置，导致该层刚度变大，转换层下的楼层无论是结构刚度还是承载力都成为薄弱层。本工程主要采用钢桁架和斜柱的转换形式。钢桁架具有自重轻，抗震性能好等优势。采取的加强措施有：

(1) 对于转换层，为保证水平力的传递，转换上下层的楼板板厚增大为 200 厚。

(2) 转换层内增设水平钢桁架，形成双层抗侧力系统。

(3) 转换层周边设置周边环桁架，保证结构整体受力。

(4) 薄弱层的竖向构件和支撑的抗震等级提高一级，由四级提高到三级。

(5) 控制薄弱层竖向构件和支撑的应力比，保证构件应力比小于 0.75。

9.5.5 弹性计算结果及分析

本工程结构计算采用 Satwe 和 Midas Building 及 Midas Gen。下面列出了两个软件的比较：

1. 结构自重

Satwe 总质量为 139422.6t（地上 1.0 恒＋0.5 活），Midas 总质量为 140600t（地上 1.0 恒＋0.5 活）。

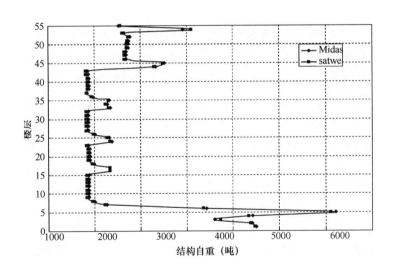

图 9.5.7 结构自重楼层分布图

2. 结构周期

建筑物的前三个振型象征着建筑的基本表现。从下表可以看到，第一振型代表建筑在强轴（Y 方向）的平动，第二振型代表建筑在弱轴（X 方向）的平动，第三振型代表建筑的扭转行为。根据 JGJ 3—2002 4.3.5 条，结构扭转为主的第三振型周期与平动为主的第一振型周期之比，即 T_3/T_1，不应大于 0.85。本结构 $T_Z/T_Y = 0.74$，满足规范要求。第一振型：Y 方向平动，周期＝5.65s；第二振型：X 方向平动，周期＝4.38s；第三振型：扭转，周期＝4.19s。

结构前 9 阶周期（SATWE）　　　　　　　表 9.5.5

振型号	周期	转角	平动系数	扭转系数
1	5.79	80	0.99(0.03+0.96)	0.01
2	4.37	174	0.86(0.77+0.09)	0.14
3	4.16	118	0.51(0.20+0.31)	0.49
4	1.63	79	0.99(0.04+0.95)	0.01
5	1.29	88	0.58(0.04+0.54)	0.42
6	1.16	168	0.99(0.92+0.07)	0.01
7	0.88	81	0.99(0.04+0.95)	0.01
8	0.71	91	0.60(0.04+0.56)	0.40
9	0.64	30	0.98(0.54+0.44)	0.02

结构前 9 阶周期（Midas building）　　　　　　表 9.5.6

振型号	周期	X 向平动质量	Y 向平动质量	Z 向扭转质量
1	5.65	2.03%	62.53%	1.16%
2	4.38	55.91%	0.61%	13.85%
3	4.19	9.28%	1.94%	54.02%
4	1.61	0.45%	16.63%	0.29%
5	1.29	0.10%	0.35%	14.18%
6	1.18	14.04%	0.54%	0.31%
7	0.88	0.05%	2.16%	0.03%
8	0.79	0.01%	3.90%	0.04%
9	0.69	0.53%	0.30%	5.74%

3. 地震与风作用下基底剪力、倾覆弯矩与层间位移角

（1）地震基底剪力与倾覆弯矩

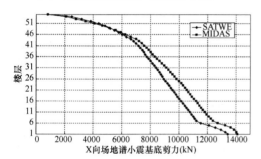

图 9.5.8　X 向 小震基底剪力

Satwe 最大剪力为 13402kN

Midas 最大剪力为 14116kN

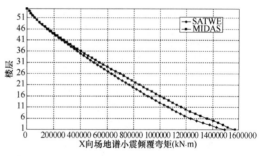

图 9.5.9　X 向小震倾覆弯矩

Satwe 最大倾覆弯矩为 1491519.7kN・m

Midas 最大倾覆弯矩为 1570928.2kN・m

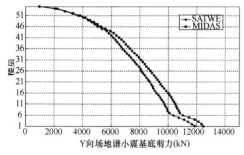

图 9.5.10　Y 向小震基底剪力

Satwe 最大剪力为 11864.4kN

Midas 最大剪力为 12464.9kN

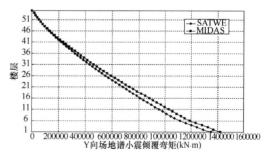

图 9.5.11　Y 向小震倾覆弯矩

Satwe 最大倾覆弯矩为 1351479.8kN・m

Midas 最大倾覆弯矩为 1419880.8kN・m

（2）地震作用下最大层间位移角

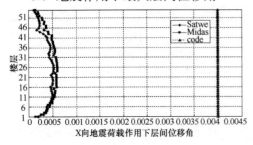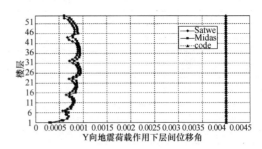

图 9.5.12 X向地震作用下最大层间位移角
　　Satwe 最大层间位移角为 1/1897
　　Midas 最大层间位移角为 1/1687

图 9.5.13 Y向地震作用下最大层间位移角
　　Satwe 最大层间位移角为 1/1117
　　Midas 最大层间位移角为 1/1056

（3）风荷载作用下最大层间位移角

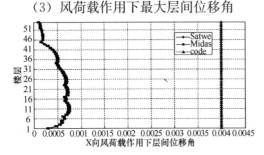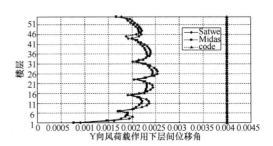

图 9.5.14 X向风荷载作用下最大层间位移角
　　Satwe 最大层间位移角为 1/1252
　　Midas 最大层间位移角为 1/1310

图 9.5.15 Y向风荷载作用下最大层间位移角
　　Satwe 最大层间位移角为 1/394
　　Midas 最大层间位移角为 1/410

（4）50 年风洞风结构层间位移

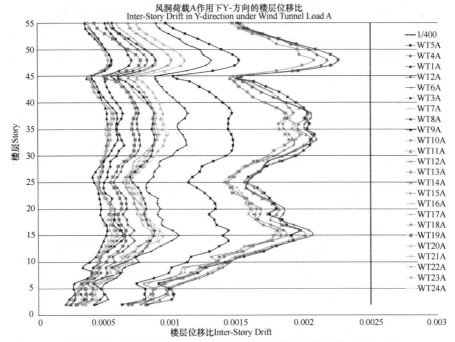

图 9.5.16 沿 Y 方向 50 年风洞风结构层间位移-A 部分（Midas）

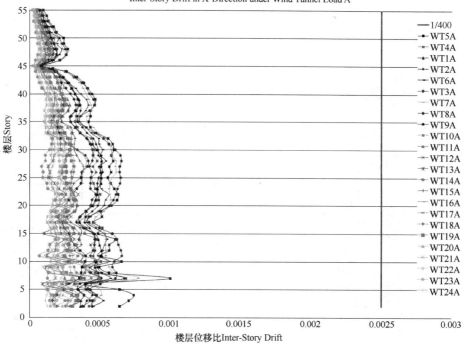

风洞荷载A作用下X-方向的楼层位移比
Inter-Story Drift in X-Direction under Wind Tunnel Load A
楼层Story
楼层位移比Inter-Story Drift
1/400
WT5A
WT4A
WT1A
WT2A
WT6A
WT3A
WT7A
WT8A
WT9A
WT10A
WT11A
WT12A
WT13A
WT14A
WT15A
WT16A
WT17A
WT18A
WT19A
WT20A
WT21A
WT22A
WT23A
WT24A

图 9.5.17　沿 X 方向 50 年风洞风结构层间位移-A 部分（Midas）

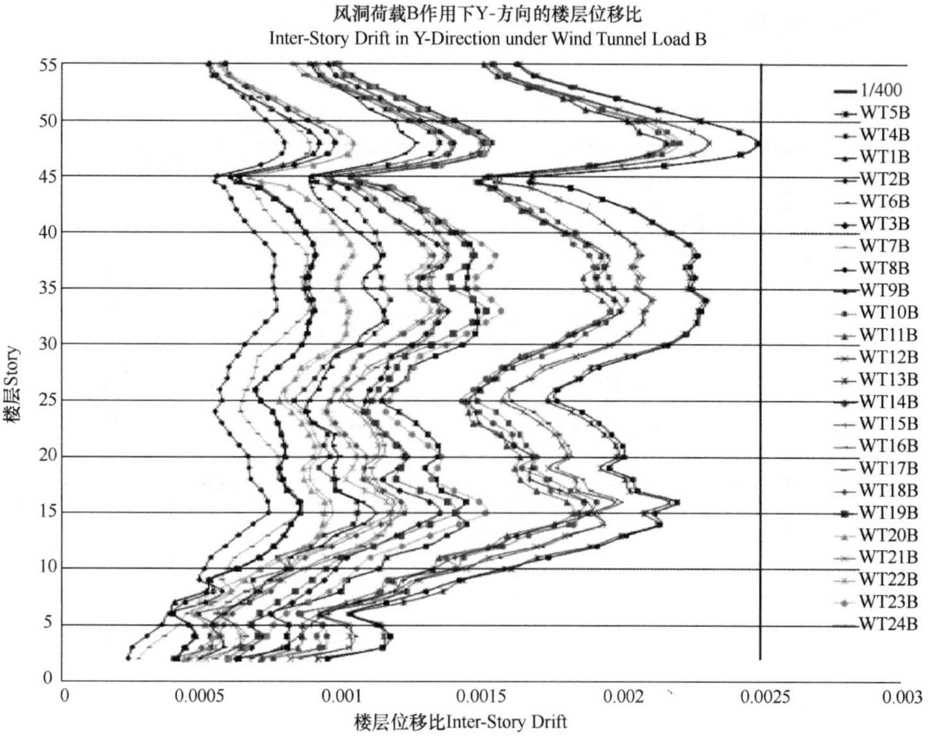

风洞荷载B作用下Y-方向的楼层位移比
Inter-Story Drift in Y-Direction under Wind Tunnel Load B
楼层Story
楼层位移比Inter-Story Drift
1/400
WT5B
WT4B
WT1B
WT2B
WT6B
WT3B
WT7B
WT8B
WT9B
WT10B
WT11B
WT12B
WT13B
WT14B
WT15B
WT16B
WT17B
WT18B
WT19B
WT20B
WT21B
WT22B
WT23B
WT24B

图 9.5.18　沿 Y 方向 50 年风洞风结构层间位移 - B 部分（Midas）

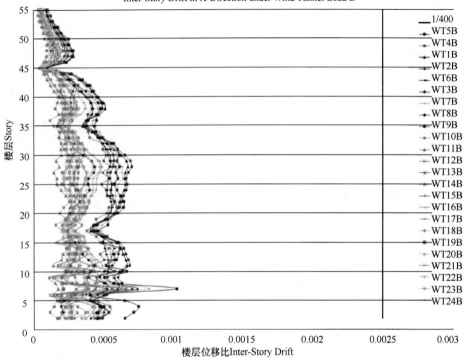

风洞荷载B作用下X-方向的楼层位移比
Inter-Story Drift in X-Direction under Wind Tunnel Load B

图 9.5.19　沿 X 方向 50 年风洞风结构层间位移-B 部分（Midas）

4. 平面、竖向规则性验算

（1）平面扭转规则性验算

SATWE 与 Midas 位移比验算结果比较：（仅列出超限部分）　　　　　表 9.5.7

楼层	塔号	SATWE					Midas		
		X−5%	X−5%	X+5%	Y−5%	Y+5%	X+5%	Y−5%	Y+5%
55	1	1.01	1.01	1.04	1.24	1.04	1.03	1.25	1.02
54	1	1.01	1.01	1.04	1.28	1.04	1.03	1.26	1.02
53	1	1.01	1.01	1.03	1.28	1.04	1.02	1.26	1.02
52	1	1.01	1.01	1.03	1.26	1.02	1.02	1.26	1.02
51	1	1.01	1.01	1.03	1.29	1.02	1.02	1.27	1.02
50	1	1.01	1.01	1.03	1.26	1.02	1.02	1.27	1.02
49	1	1.01	1.01	1.03	1.26	1.03	1.02	1.27	1.03
48	1	1.01	1.01	1.03	1.27	1.03	1.02	1.27	1.03
47	1	1.01	1.01	1.03	1.27	1.03	1.02	1.28	1.03
46	1	1.01	1.01	1.03	1.27	1.03	1.02	1.28	1.03
45	1	1.01	1.01	1.03	1.28	1.03	1.02	1.28	1.03
44	1	1.01	1.01	1.03	1.29	1.03	1.02	1.29	1.03
43	1	1.01	1.01	1.03	1.29	1.03	1.02	1.29	1.03
5	1	1.04	1.07	1.41	1.12	1.04	1.09	1.39	1.12
4	1	1.05	1.05	1.38	1.10	1.05	1.07	1.36	1.10
3	1	1.06	1.05	1.37	1.09	1.06	1.06	1.35	1.09
2	1	1.07	1.04	1.35	1.08	1.07	1.06	1.32	1.08
1	1	1.06	1.03	1.33	1.06	1.06	1.05	1.33	1.06

注：考虑三个塔布置基本一致，Midas 计算只输出塔 1 结果。

（2）竖向规则性验算

1）侧向刚度的规则性。Satwe 与 Midas 计算结果一致。除少数楼层外，主楼的楼层基本符合这些要求，仅第 42～43 层 X 向为刚度薄弱层，但均大于上层刚度的 50%。

2）抗剪承载力规则性。Satwe 与 Midas 计算结果一致。仅第 44 层 X 向为刚度薄弱层，但均大于上层承载力的 65%。

5. 结构整体稳定验算结果

Satwe 与 Midas 计算结果一致：

该结构刚重比 EJ_d/GH^2 大于 1.4，能够通过《高规》（5.4.4）的整体稳定验算；

该结构刚重比 EJ_d/GH^2 小于 2.7，应该考虑重力二阶效应。

6. 结构舒适性验算结果

两种软件对两个规范的顶点最大加速度（m/s²）对比　　　　表 9.5.8

风向	顺风横风	SATEW 计算结果		MIDAS 计算结果	
		按高钢规范	按荷载规范	按高钢规范	按荷载规范
X 向	顺风向	0.047	0.036	0.031	0.092
	横风向	0.038	0.079	0.054	0.187
Y 向	顺风向	0.079	0.052	0.020	0.070
	顺风向	0.063	0.063	0.143	0.112

该结构的顶点加速度均小于规范限值 0.25，满足风振舒适度要求。

7. 结构整体抗倾覆验算

两个软件对结构整体抗倾覆验算结果对比　　　　表 9.5.9

计算软件	荷载工况	抗倾覆力矩	倾覆力矩	比值	零应力区（%）
Satwe 计算结果	X 风荷载	80638032.0	2301326	35.04	0.00
	Y 风荷载	50363932.0	4689841	10.76	0.00
	X 地震	77845448.0	1491519	52.24	0.00
	Y 地震	48619768.0	1351479	36.46	0.00
Midas 计算结果	WL_0	76252412.839	2324744	32.86	
	WL_90	47503327.426	4737565	10.07	
	RS_0	76252412.839	1570928	48.56	
	RS_90	44503327.426	1419880	31.36	

二者结果相差不多。

9.5.6　弹性时程分析

1. 时程曲线与反应谱比较

下表总结了六组时程曲线中的基底剪力并将其与场地反应谱做比较。其中选择了模拟的时程（0050Y030.D05），1989 年 Loma Prieta 地震的真实时程记录（由 Corralitos-Eureka Canyon 站提供记录），1994 年 Northridge 地震的第二次真实时程记录（由 Century City LACC North 提供记录）。这些时程曲线符合 JGJ3－2002 中第 3.3.5 节规定的地震标准。模拟时程的峰值加速度为 $25\mathrm{cm/s^2}$。

时程曲线与反应谱分析基底剪力比较表　　　　表 9.5.10

地震波		峰值加速度 $[\mathrm{cm/s^2}]$	基底剪力 $[\mathrm{kN}]$		与 CQC 法比值 $[\%]$		平均值与 CQC 法比值 $[\%]$	
			V_x	V_y	V_x	V_y	V_x	V_y
CQC			13403	11864				
人工波	0050Y030.DO5	25	11946	9277	89	78	81	82
天然波	CORRALIT63	25	11057	9688	83	82		
	LACC_NOR63	25	9574	10036	71	85		

2. 计算选用的地震谱与规范比较

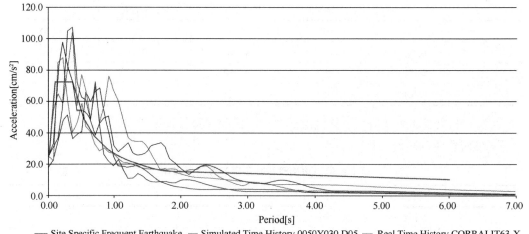

—— Site Specific Frequent Earthquake　—— Simulated Time History 0050Y030.D05　—— Real Time History CORRALIT63-X
——Real Time History CORRALIT63-Y—— Real Time History LACC_NOR63-X　　—— Real Time History LACC_NOR63-Y

图 9.5.20　计算选用的地震谱与规范比较示意

3. 时程分析的地震作用及水平位移（详见图 9.5.21～图 9.5.23）

4. 弹性分析结论

根据上述计算结果，结合规范的规定要求，可以得出如下结论：

（1）SATWE 与 MIDAS 的计算结果相当，说明结果计算真实可信，计算模型符合结构的实际工作状况；

（2）第一扭转周期与第一平动周期之比为 0.75，小于规范限值 0.85，表明本工程结构具有足够的抗扭刚度，抵抗扭转效应能力强；

（3）在风和水平地震作用下，结构各项位移指标均满足规范要求，并有一定的富余。表明本工程结构体系所提供的侧向刚度能够满足建筑物正常使用要求；

（4）计算结果显示，周期计算合理，剪重比适中，所取振型数量达到要求，结构的稳定验算、抗倾覆验算均满足规范，表明结构采用箱型钢板剪力墙-支撑-框架结构体系选择恰当，构件截面取值合理准确。

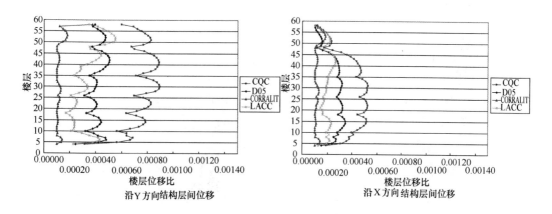

图 9.5.21 反应谱法计算结果与时程分析结构层间位移比较

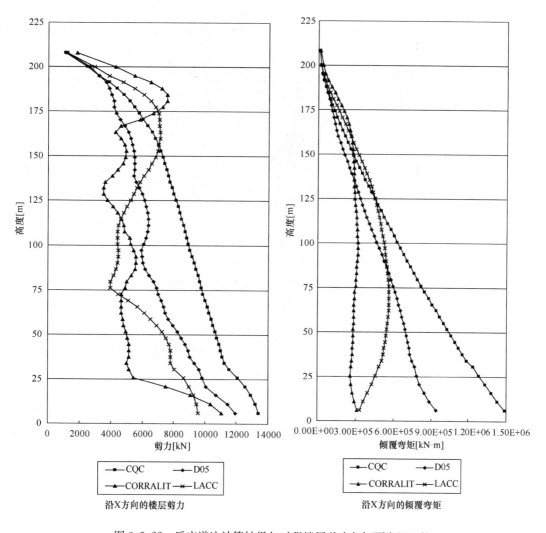

图 9.5.22 反应谱法计算结果与时程楼层剪力与倾覆弯矩比较

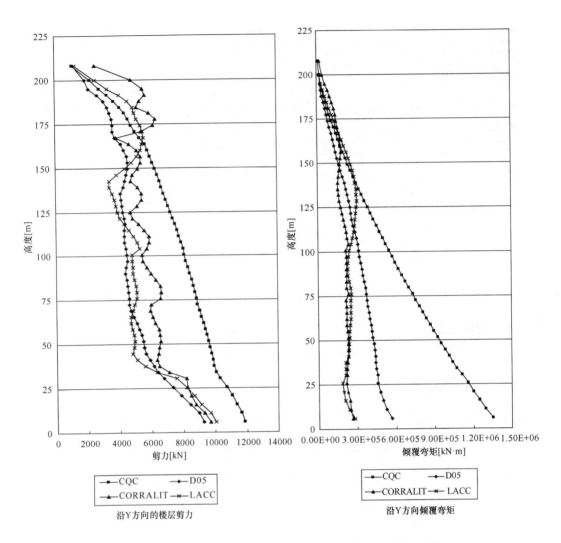

沿Y方向的楼层剪力

沿Y方向倾覆弯矩

图9.5.23 反应谱法计算结果与时程楼层剪力与倾覆弯矩比较

9.5.7 重要构件验算

中震作用下，部分杆件屈服，整体结构将进入弹塑性状态，因此应采用弹塑性方法进行分析计算。为方便设计，先采用等效弹性方法计算竖向构件及关键部位构件的组合内力，并适当考虑结构阻尼比的增加，再采用弹塑性分析进行校核。中震验算和大震验算时，地震动参数按照抗震规范取值。大震下首层钢板剪力墙所受剪力采用大震规范反应谱的弹性计算结果，并根据静力弹塑性分析与弹性反应谱所得的基底剪力比值进行调整，在一定程度上考虑了结构弹塑性变形对结构的影响。

有关验算手算计算书，此处不再列出。

9.5.8 静力弹塑性分析结果

强地震活动通常会导致结构超出线性范围的响应。因此，为了正确地评估建筑在这些作用下的行为，必须考虑结构及其构件的非线性行为是非常重要的。

对本工程进行了非线性分析，以评估建筑的非线性响应，并评估建筑在罕遇地震作用下的性能。本分析报告提供了用于建筑非线性的标准，从这些分析当中得到的结果，分析结果将显示罕遇地震作用下的建筑性能评估。

1. 抗震评估标准

弹塑性分析的目的是为了评估在罕遇地震作用下的结构安全性。在罕遇地震作用下建筑不应倒塌，但是其构件出现损坏还是可以接受的。

根据《建筑抗震设计规范》GB 50011—2010 第 3.6.2 条、第 5.6.2 条、第 5.5.5 条和《高层民用建筑钢结构技术规程送审稿》的规定，工程应采用弹塑性分析方法进行罕遇地震作用下的弹塑性变形验算，弹塑性层间位移比不应大于 1/50。

2. 非线性有限元模型

本章节描述了用来建立塔楼结构的非线性有限元构件模型的技术及假定。

（1）非线性有限元分析软件及分析方法

本工程非线性弹塑性分析使用的软件是 SAP2000，此软件特别适用于建筑结构的抗震设计，通过利用大范围的变形和强度极限条件，可以分析复杂和不规则的结构，计算整体结构的弹塑性变形，找出结构薄弱部位和薄弱构件，查看塑性铰出现顺序及分布情况，确保结构在罕遇地震作用下不发生倒塌。

静力非线性分析方法（Nonlinear Static Procedure），也称 Pushover 分析法，是基于性能评估现有结构和设计新结构的一种方法。静力非线性分析是结构分析模型在一个沿结构高度为某种规定分布形式且逐渐增加的侧向力或侧向位移的作用下，直至结构模型控制点达到目标位移或结构倾覆为止。

在 Pushover 分析中，结构在逐渐增加的荷载作用下，其抗侧能力不断变化（用底部剪力-顶部位移曲线来表征结构刚度与延性的变化，这条曲线可以表征结构抗侧能力的曲线）。将需求曲线与抗侧能力绘制在一张图标中，如近似需求曲线与能力曲线有交点，称此交点为性能点。利用性能点能够得到结构在用需求曲线表征的地震作用下，结构的底部剪力与位移的图表。

（2）有关计算假定

SAP2000 在进行 PUSHOVER 分析中，首先针对框架单元提供符合 FEMA565 规范的默认铰属性，分为脆性铰和延性铰，共有六类默认铰属性，即轴力铰、弯矩铰，剪力铰，扭转铰和轴力弯矩（平面 PM 和空间 P-M-M）、纤维铰。纤维铰只适用于延性铰。相关的 PMM 六种塑性铰，可以在一根构件的任何部位布置一个或多个塑性铰，塑性铰的本构模型如下图。

纵坐标代表弯矩、轴力、剪力，横坐标代表曲率或转角，剪切变形，轴压变形。整个曲线分为四个阶段，弹性段（AB）、强化段（BC）、卸载段（CD）、塑性段（DE）。其中 B 点代表铰的屈服，在点 A 和点 B 间铰内没有变形产生，即铰屈服前被假定为

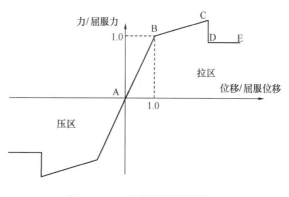

图 9.5.24　塑性铰的本构模型

刚性。当铰到达点 C 指示的点时，开始失去承载力。点 IO、LP 和 CP 代表铰的能力水平，它们分别对应于直接使用、生命安全和防止倒塌。PUSHOVER 分析之后，查看结构位移至其性能点时各铰的变形量，可判定结构是否满足指定地震荷载下结构期望的能力目标。下面对不同的构件采用 SAP2000 中的塑性铰本构模型，将产生不同的塑性铰。钢框架梁一般定义主方向的弯矩铰和剪力铰。

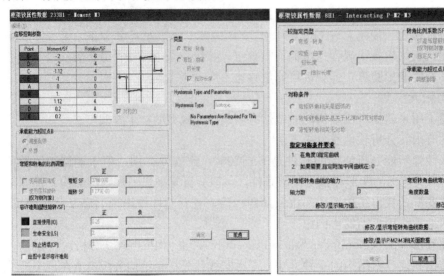
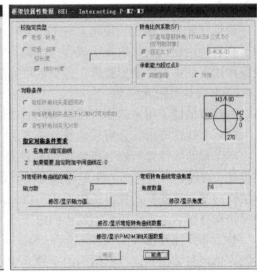

图 9.5.25　框架铰属性数据

SAP2000 中对钢框架梁弯矩铰假定在点 B 和点 C 的斜率取钢筋总应变强化的 3%，y 是基于 FEMA356 规范中的公式（5-1）和（5-2），即梁 $\theta_y = ZF_{ye}l_b / 6EI_b$；$F_{ye}$—预期材料屈服强度；$L_b$—梁长度；$Z$—塑性截面模量；$I$—惯性矩；$E$—材料弹性模量。

剪力铰曲线关于原点对称；在点 B 和点 C 间的斜率取钢筋总应变强化的 3%；点 C、D、E 基于 FEMA365 规范中的表 5-6 中的连梁，a 条。

钢管柱定义轴力和弯矩相互作用的 P—M2—M3 耦合铰。轴力和弯矩可通过一个相关作用面来耦合。

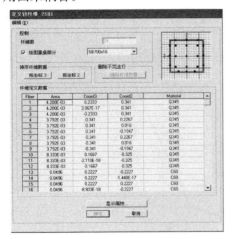
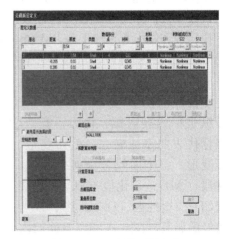

图 9.5.26　定义铰纤维　　　　　　　　图 9.5.27　壳截面层定义

对于 PMM 铰，根据不同的轴力 P 和弯曲角度值，可指定一条或多条弯矩（塑性）—转角曲线。弯曲角在 M2—M3 平面内量测，0 度为正 M2 轴，90 度为正 M3 轴。可以指定一个或多个弯曲角。钢管混凝土柱定义纤维 P—M2—M3 铰。

纤维铰 P—M2—M3（纤维 PMM）铰模拟分布贯穿框架单元截面一定数量的代表性轴向"纤维"的轴向性能。每个纤维都具有一个位置、附属面积和应力应变曲线。轴向应力在整个截面上积分，计算出 P、M2 和 M3 的值；同样地，用轴向变形 U1 和转动 R2 和 R3 来计算纤维的轴向应力。

钢框架斜撑定义轴力铰

在点 B 和点 C 间的斜坡取钢筋总应变强化的 3％；铰长度假定 Δ 为构件长度；初始受压斜率取为与初始拉伸斜率相同；受拉点 C、D、E 基于 FEMA356 规范中的表 5-7 中的支撑受拉；压缩点 C，D，E 基于 FEMA356 规范中的表 5-7 中的支撑受压，c 条。

型钢箱型钢板剪力墙在壳单元中定义

对不同的分层壳截面，包括混凝土层和钢板层定义。例如 600 厚的型钢箱型钢板剪力墙定义为 540 厚的 C60 混凝土材质和 30 厚的 Q345 钢板。对每层的材料属性通过引用一个以前定义的材料来指定。非线性材质的参数如下：

图 9.5.28　非线性材料数据（左表为 C60 混凝土；右表为 Q345 钢板）

整个加载过程包括两大步，第一步是施加竖向的静力荷载，第二步是施加侧推荷载。在 PUSH 程序中，静力荷载和侧推荷载均采用 STEP—BY—STEP 的非线性分析。本工程竖向的静力荷载取重力代表值，即 1.0 恒载＋0.5 活载；侧推荷载采用弹性 CQC（Complete Quadratic Combination）地震力分布的荷载分布形式，分别沿结构 X 和 Y 向施加。

（3）分析结果

PUSHOVER 分析之后，可以获得如下分析结果：

横坐标为监控位移，纵坐标为基底剪力，监控点位于楼层顶部的点。因为位移是负值，所以由右向左变化，可以看到随着监控位移的绝对值不断增加，基底剪力决定值开始不断增加，直到达到最大值后（基底反力：94000kN，位移 630mm），由于多处出现塑性铰结构开始卸载，并在这之后由于结构其他构件的塑性铰不断出现，故基底剪力开始下降。

　　绿色曲线为结构抗侧能力谱，红色曲线为需求谱曲线，由于结构的阻尼在出现塑性铰后会发生变化，黄色曲线显示显示出的是可变阻尼的单一需求谱曲线。

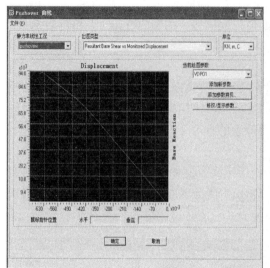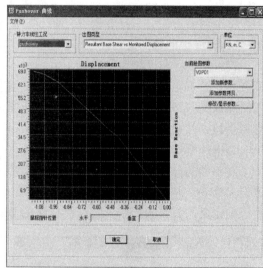

图 9.5.29　X（左）、Y（右）方向基底剪力—监测点位移曲线

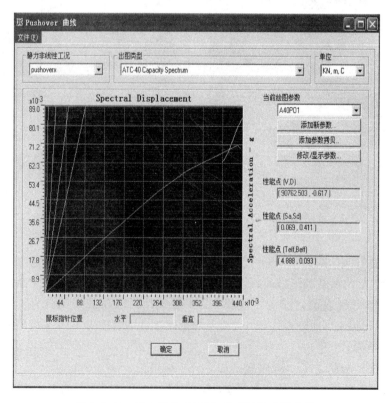

图 9.5.30　X 向弹性 CQC 加载下的能力谱曲线

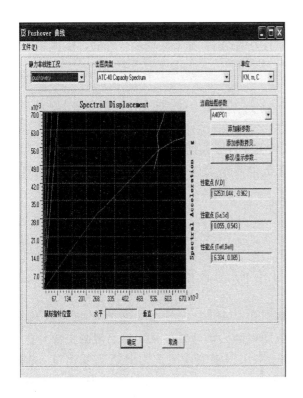

图 9.5.31　Y 向弹性 CQC 加载下的能力谱曲线　　　　　图 9.5.32　SAP2000 有限元模型

　　绿色曲线为结构抗侧能力谱，红色曲线为需求谱曲线，由于结构的阻尼在出现塑性铰后会发生变化，黄色曲线显示显示出的是可变阻尼的单一需求谱曲线。

　　从图中可以得出，X、Y 向计算结果数据如下：

X 向：性能点基底剪力：90762.50　　　　　Y 向：性能点基底剪力：90762.50

性能点顶点位移：0.962　　　　　　　　　　性能点顶点位移：0.617

基底剪力与小震的比值：7.34　　　　　　　基底剪力与小震的比值：7.35

性能点的谱加速度：Sa（0.055）　　　　　　性能点的谱加速度：Sa（0.069）

性能点的谱位移：Sd（0.543）　　　　　　　性能点的谱位移：Sd（0.411）

性能点的等效周期：T（6.30）　　　　　　　性能点的等效周期：T（4.88）

性能点的有限等效阻尼：（0.085）　　　　　性能点的等效阻尼：（0.09）

层间位移角：1/160　　　　　　　　　　　　层间位移角：1/285；

9.5.9　总结

　　本工程采用 Sap2000 软件对结构进行了弹塑性推覆分析（Pushover 分析），得到以下结论：

　　1. 本工程在大震下的层间位移角为 1/160，远小于规范对层间弹塑性位移角限制不应大于 1/50 的要求，能够满足大震不倒的要求。

2. 本工程在罕遇地震作用下弹塑性静力推覆分析（Pushover 分析）不存在薄弱层，整体结构在大震下的反应基本保持弹性，连廊、转换层以及水平支撑在大震下表现良好，结构没有受到严重破坏或者倒塌。

3. 从整体来看，本工程结构采用箱型钢板剪力墙-支撑-框架结构是合理的，整体结构达到性能设计目标，满足大震不倒的设计要求。

9.6 静力弹塑性分析实例五：上海恒大府邸、恒大大厦住宅 1 号楼

本资料由结构设计主要负责人之一的刘萦棣高工（女）所提供。其中设计总负责人为王红兵，审定人黄建勇，审核人王崇光，专业负责人张永昱，校对人韩春燕，设计人刘萦棣。

9.6.1 工程概况

上海恒大府邸、恒大大厦住宅 1 号楼，建设单位为上海穗华置业有限公司，设计单位为上海中建建筑设计院有限公司，建设地点：上海浦东大道北侧，东临源深路，北靠昌邑路，北距黄浦江约 300m。

该建筑地上 32 层，地下 2 层，主要屋面结构高度 112.00m；标准层平面为矩形，长 35.9m，宽 25m，设防烈度为 7 度，属于抗震设防丙类建筑，采用钢筋混凝土部分框支剪力墙结构体系，框支转换梁、框支转换柱采用型钢混凝土，为 B 级高度建筑，框支框架的抗震等级为特一级，剪力墙的抗震等级为一级。建筑的高宽比 4.48 满足钢筋混凝土高层建筑适用的最大高宽比 6.0 的要求。

9.6.2 超限情况

因为了满足地下一层会所功能要求以及地上一层通透的视觉效果，仅有部分剪力墙落地，其余剪力墙均需要通过二层的框支层转换，为构件间断，属于竖向不规则；顶部四层复式房型收进后的水平尺寸最小处为下部楼层水平尺寸的 47%，为尺寸突变，属于侧向刚度不规则；在考虑偶然偏心影响的地震作用下，楼层竖向构件的最大水平位移和层间位移比大于该楼层平均值的 1.2 倍，属于扭转不规则。地下室顶板处室内外高差 1.5 m，属楼板局部不连续。由于地下室顶板有下沉式花园，顶板开大洞，因此上部主楼嵌固端选在地下一层。按照剪切刚度计算，转换层与其相邻层上层的侧向刚度比控制在 0.5 以上。转换层框支柱、框支梁和落地剪力墙混凝土强度等级为 C60，转换层楼板厚度为 250mm，并加强配筋，最大的转换梁截面尺寸为 1400×2400。基础～第五层为剪力墙底部加强区，-2—1 层剪力墙墙厚为 600mm，2—5 层剪力墙厚度为 500～250mm，非加强区剪力墙厚度为 300～200mm，楼板采用现浇楼盖，转换层上两层板厚 150mm，其余标准层楼板厚按 1/35 跨度控制，且不小于 110mm。顶层复式房型楼板局部开洞，周边楼板板厚加大为 130mm，并加强配筋。

对照《超限高层建筑工程抗震设防专项审查技术要点》附录表，结构不规则状况归纳如表 9.6.1 和表 9.6.2。

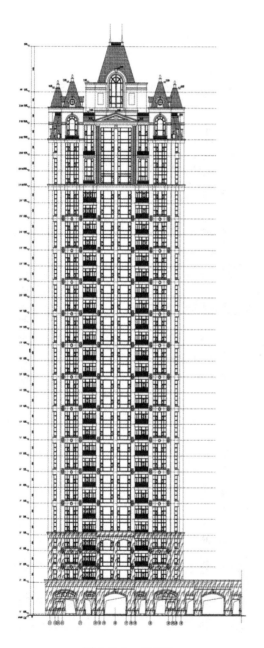

图 9.6.1 立面图

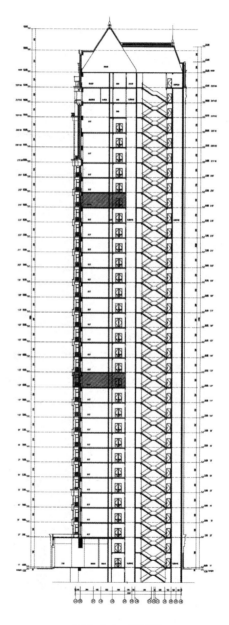

图 9.6.2 剖面图

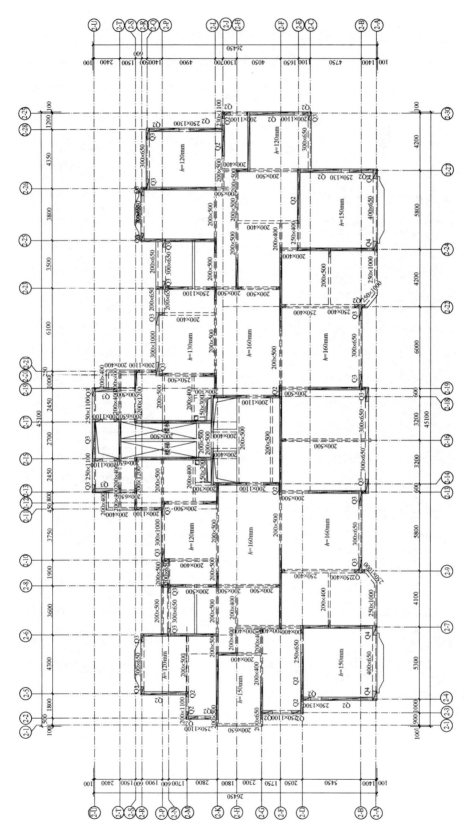

图 9.6.3　平面图

序号	不规则类型	不规则情况	有否超限
1a	扭转不规则	考虑偶然偏心的扭转位移比大于 1.2	超限
1b	偏心布置	偏心率大于 0.15 或相邻层质心相差大于相应边长 15%	不超限
2a	凹凸不规则	平面凹凸尺寸大于相应边长 30% 等	不超限
2b	组合平面	细腰形或角部重叠形	不超限
3	楼板不连续	有效宽度小于 50%，开洞面积大于 30%，错层大于梁高	超限
4a	刚度突变	相邻层刚度变化大于 70% 或连续三层变化大于 80%	超限
4b	尺寸突变	竖向构件位置缩进大于 25%，或外挑大于 10% 和 4m，多塔	不超限
5	构件间断	上下墙、柱、支撑不连续，含加强层、连体类	超限
6	承载力突变	相邻层受剪承载力变化大于 80%	不超限
7	其他不规则	如局部的穿层柱、斜柱、夹层、个别构件错层或转换	不超限

具有下列某一项不规则的高层建筑工程，即为不规则的高层建筑工程 表 9.6.2

序号	不规则类型	不规则情况	有否超限
1	扭转偏大	裙房以上的较多楼层，考虑偶然偏心的扭转位移比大于 1.4	不超限
2	抗扭刚度弱	扭转周期比大于 0.9，混合结构扭转周期比大于 0.85	不超限
3	层刚度偏小	本层侧向刚度小于相邻上层的 50%	不超限
4	高位转换	框支墙体的转换构件位置：7 度超过 5 层，8 度超过 3 层	不超限
5	厚板转换	7~9 度设防的厚板转换结构	不超限
6	塔楼偏置	单塔或多塔与大底盘的质心偏心距大于底盘相应边长 20%	不超限
7	复杂连接	各部分层数、刚度、布置不同的错层；连体两端塔楼高度、体型或者沿大底盘某个主轴方向的振动周期显著不同的结构	不超限
8	多重复杂	结构同时具有转换层、加强层、错层、连体和多塔等复杂类型的 3 种	不超限

由以上二表可知，已有四项超限，因此本工程为特别不规则的超限高层结构，应该送交有关部门进行超限高层建筑结构专项审查。

9.6.3 性能设计目标

住宅 1 号楼结构整体抗震性能目标为 D 级，但关键构件的抗震性能水平提高到 C 级局部到 B 级，关键构件为转换柱、转换梁、底部加强部位的剪力墙与框架柱，结构性能水平在中震、大震时分别取 2、3；一般柱分别取 3、4；楼层梁为耗能构件分别取 4、5。

9.6.4 静力弹塑性分析结果

按照《高规》关于结构抗震性能设计应进行弹塑性计算分析的规定，以及《抗震规范》对竖向不规则的高层建筑宜进行弹塑性变形验算的规定，我们对 1 号楼采用 PUSH 程序进行了静力弹塑性分析。程序计算中采用的混凝土材料本构曲线（见下图）。应力应变的关系是非线性的，混凝土的弹性模量随应变、应力的增大而减小，程序忽略了混凝土的抗拉能力；钢筋的应力应变曲线采用双折线模拟，其中溯流段有一微小斜率，其切线模量 $E_p = 0.01E$。计算中，设定当杆件的刚度退化为初始刚度的 70% 时，显示为出现塑性铰。

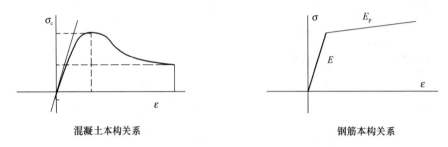

混凝土本构关系　　　　　　　　　　钢筋本构关系

图 9.6.4　材料本构关系

1. 结构推覆曲线

推覆曲线（顶点位移-荷载曲线）显示了推覆全过程中结构顶点位移的变化过程。从图 9.6.5 中均可以看出，当水平推覆力由零增加到相当于设防烈度下基底剪力时，位移-荷载曲线基本保持直线。随着推覆力的进一步加大，曲线的斜率明显增大，表现出明显的弹塑性性能。但曲线光滑没有突变，说明结构具有稳定的抗推覆和抗倒塌能力。

2. 楼层层间位移角（见图 9.6.5～图 9.6.7）

从以上 XY 向位移－荷载曲线，以及 XY 向层间位移曲线可知：

（1）其最大弹塑性位移、弹塑性最大位移角都满足规范要求，而且达到抗震性能设计目标；

（2）弹塑性最大位移角未发现有突变，整个结构位移变化过渡比较均衡；

（3）整体变形呈弯曲型，X 向刚度比 Y 向大 20% 左右；

3. 需求谱与能力谱的关系

1 号楼的 X 向、Y 向能力曲线、需求曲线及抗倒塌验算结果如图 9.6.8 与图 9.6.9。

由以上图中显示 1 号楼的 X 向弹塑性层间位移角为 1/230，Y 向弹塑性层间位移角为 1/210，均满足罕遇地震作用下规范规定的 1/120 的变形要求。X 向与需求相对应的总加载步号为 47，Y 向与需求相对应的总加载步号为 35。

4. 塑性铰的形成和发展

对应多遇地震，结构保持弹性，没有出现塑性铰。推覆荷载由小震增至中震水平过程中，结构部分连梁及部分框架梁发生屈服，中部层电梯井有部分剪力墙屈服，极少数框支剪力墙底部屈服，导致结构整体刚度下降，推覆曲线呈现弯曲。当推覆荷载进入罕遇地震水平，达到性能点时，结构发生屈服的水平构件数量及范围进一步扩大，发生屈服的结构竖向构件从中部朝上下两端扩展。当达到计算终止时，结构大部分水平构件发生屈服，相当部分的结构竖向构件发生屈服。整个推覆过程情况良好，整体结构在罕遇地震下，其连梁、框架梁，中部剪力墙，转换层上剪力墙等组成的多道抗震防线能够保持有效的协同工作，结构有良好的抗震能力，基本达到设计性能目标。

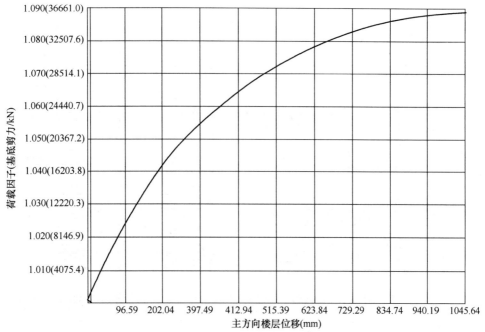

荷载因子0-1相当于竖向荷载0-398197.4kN

荷载因子1-2相当于水平荷载0-407344.7kN

1号楼Y向位移-荷载曲线（Y向推覆）

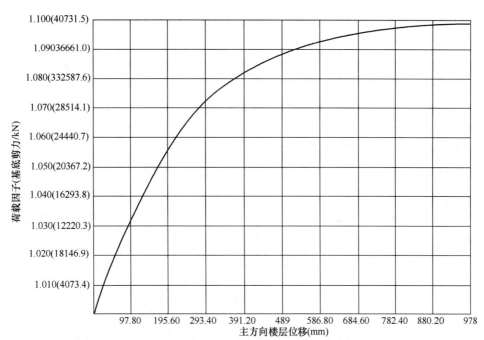

荷载因子0-1相当于竖向荷载0-398197.4kN

荷载因子1-2相当于水平荷载0-407344.7kN

1号楼X向位移-荷载曲线（X向推覆）

图 9.6.5　X、Y向位移-荷载曲线

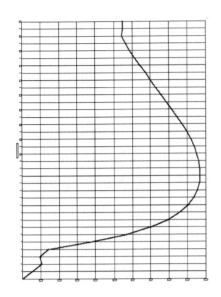 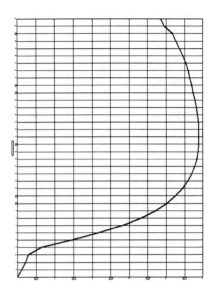

图 9.6.6 X 向层间位移曲线（加载第 47 步）　　图 9.6.7 Y 向层间位移曲线（加载第 35 步）

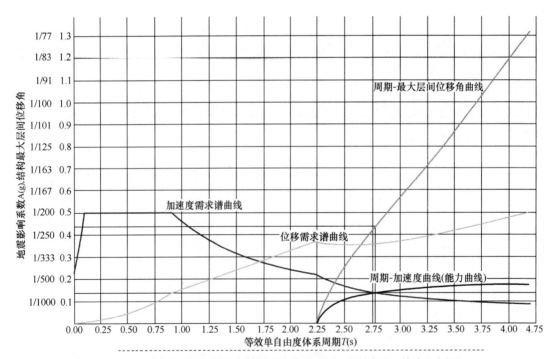

需求谱类型：规范加速度设计谱；所在地区：上海；场地类型：4 设计地震分组：1
抗震设防烈度：7 度大震；地震影响系数最大值 A_{max}(g):0.500
特征周期 T_g(s):0.900 弹性状态阻尼比：0.050
能力曲线与需求曲线的交点 [T_g(s),A(g)] :2.772,0.138 性能点最大层间位移角：1/230
性能点基底剪力(kN): 31740.6 性能点顶点位移(mm): 385.0
性能点附加阻尼比：0.128×0.70=0.090 与性能点相对应的总加载步号：46.9
1 号楼结构 X 向能力曲线、需求曲线及抗倒塌验算结果

图 9.6.8 X 向推复计算结果

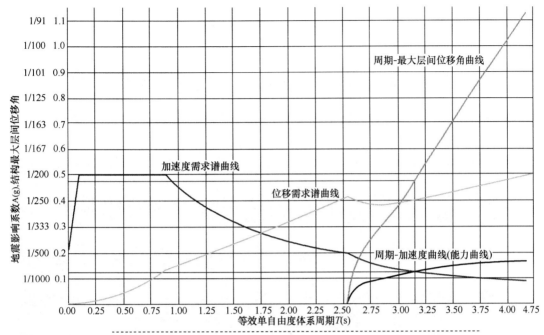

需求谱类型：规范加速度设计谱；所在地区：上海；场地类型：4设计地震分组：1
抗震设防烈度：7度大震；地震影响系数最大值A_{max}(g):0.500
特征周期T_g(s):0.900弹性状态阻尼比：0.050
能力曲线与需求曲线的交点［T_g(s),A(g)］:3.150,0.124 性能点最大层间位移角：1/210
性能点基底剪力(kN)：27573.5 性能点顶点位移(mm)：470.5
性能点附加阻尼比：0.131×0.70=0.092与性能点相对应的总加载步号：34.7
1号楼结构 Y向能力曲线、需求曲线及抗倒塌验算结果

图 9.6.9 Y向推复计算结果

超限高层建筑工程抗震设防管理规定

中华人民共和国建设部令

第 111 号

《超限高层建筑工程抗震设防管理规定》已经 2002 年 7 月 11 日建设部第 61 次常务会议审议通过，现予发布，自 2002 年 9 月 1 日起施行。

部　长　　汪光焘
二〇〇二年七月二十五日

超限高层建筑工程抗震设防管理规定

第一条　为了加强超限高层建筑工程的抗震设防管理，提高超限高层建筑工程抗震设计的可靠性和安全性，保证超限高层建筑工程抗震设防的质量，根据《中华人民共和国建筑法》、《中华人民共和国防震减灾法》、《建设工程质量管理条例》、《建设工程勘察设计管理条例》等法律、法规，制定本规定。

第二条　本规定适用于抗震设防区内超限高层建筑工程的抗震设防管理。

本规定所称超限高层建筑工程，是指超出国家现行规范、规程所规定的适用高度和适用结构类型的高层建筑工程，体型特别不规则的高层建筑工程，以及有关规范、规程规定应当进行抗震专项审查的高层建筑工程。

第三条　国务院建设行政主管部门负责全国超限高层建筑工程抗震设防的管理工作。

省、自治区、直辖市人民政府建设行政主管部门负责本行政区内超限高层建筑工程抗震设防的管理工作。

第四条　超限高层建筑工程的抗震设防应当采取有效的抗震措施，确保超限高层建筑工程达到规范规定的抗震设防目标。

第五条　在抗震设防区内进行超限高层建筑工程的建设时，建设单位应当在初步设计阶段向工程所在地的省、自治区、直辖市人民政府建设行政主管部门提出专项报告。

第六条　超限高层建筑工程所在地的省、自治区、直辖市人民政府建设行政主管部门，负责组织省、自治区、直辖市超限高层建筑工程抗震设防专家委员会对超限高层建筑工程进行抗震设防专项审查。

审查难度大或者审查意见难以统一的，工程所在地的省、自治区、直辖市人民政府建设行政主管部门可请全国超限高层建筑工程抗震设防专家委员会提出专项审查意见，并报国务院建设行政主管部门备案。

第七条　全国和省、自治区、直辖市的超限高层建筑工程抗震设防审查专家委员会委员分别由国务院建设行政主管部门和省、自治区、直辖市人民政府建设行政主管部门聘任。

超限高层建筑工程抗震设防专家委员会应当由长期从事并精通高层建筑工程抗震的勘察、设计、科研、教学和管理专家组成，并对抗震设防专项审查意见承担相应的审查责任。

第八条 超限高层建筑工程的抗震设防专项审查内容包括：建筑的抗震设防分类、抗震设防烈度（或者设计地震动参数）、场地抗震性能评价、抗震概念设计、主要结构布置、建筑与结构的协调、使用的计算程序、结构计算结果、地基基础和上部结构抗震性能评估等。

第九条 建设单位申报超限高层建筑工程的抗震设防专项审查时，应当提供以下材料：

（一）超限高层建筑工程抗震设防专项审查表；

（二）设计的主要内容、技术依据、可行性论证及主要抗震措施；

（三）工程勘察报告；

（四）结构设计计算的主要结果；

（五）结构抗震薄弱部位的分析和相应措施；

（六）初步设计文件；

（七）设计时参照使用的国外有关抗震设计标准、工程和震害资料及计算机程序；

（八）对要求进行模型抗震性能试验研究的，应当提供抗震试验研究报告。

第十条 建设行政主管部门应当自接到抗震设防专项审查全部申报材料之日起 25 日内，组织专家委员会提出书面审查意见，并将审查结果通知建设单位。

第十一条 超限高层建筑工程抗震设防专项审查费用由建设单位承担。

第十二条 超限高层建筑工程的勘察、设计、施工、监理，应当由具备甲级（一级及以上）资质的勘察、设计、施工和工程监理单位承担，其中建筑设计和结构设计应当分别由具有高层建筑设计经验的一级注册建筑师和一级注册结构工程师承担。

第十三条 建设单位、勘察单位、设计单位应当严格按照抗震设防专项审查意见进行超限高层建筑工程的勘察、设计。

第十四条 未经超限高层建筑工程抗震设防专项审查，建设行政主管部门和其他有关部门不得对超限高层建筑工程施工图设计文件进行审查。

超限高层建筑工程的施工图设计文件审查应当由经国务院建设行政主管部门认定的具有超限高层建筑工程审查资格的施工图设计文件审查机构承担。

施工图设计文件审查时应当检查设计图纸是否执行了抗震设防专项审查意见；未执行专项审查意见的，施工图设计文件审查不能通过。

第十五条 建设单位、施工单位、工程监理单位应当严格按照经抗震设防专项审查和施工图设计文件审查的勘察设计文件进行超限高层建筑工程的抗震设防和采取抗震措施。

第十六条 对国家现行规范要求设置建筑结构地震反应观测系统的超限高层建筑工程，建设单位应当按照规范要求设置地震反应观测系统。

第十七条 建设单位违反本规定，施工图设计文件未经审查或者审查不合格，擅自施工的，责令改正，处以 20 万元以上 50 万元以下的罚款。

第十八条　勘察、设计单位违反本规定，未按照抗震设防专项审查意见进行超限高层建筑工程勘察、设计的，责令改正，处以 1 万元以上 3 万元以下的罚款；造成损失的，依法承担赔偿责任。

第十九条　国家机关工作人员在超限高层建筑工程抗震设防管理工作中玩忽职守，滥用职权，徇私舞弊，构成犯罪的，依法追究刑事责任；尚不构成犯罪的，依法给予行政处分。

第二十条　省、自治区、直辖市人民政府建设行政主管部门，可结合本地区的具体情况制定实施细则，并报国务院建设行政主管部门备案。

第二十一条　本规定自 2002 年 9 月 1 日起施行。1997 年 12 月 23 日建设部颁布的《超限高层建筑工程抗震设防管理暂行规定》（建设部令第 59 号）同时废止。

附录二

房屋建筑工程抗震设防管理规定

中华人民共和国建设部令第 148 号

《房屋建筑工程抗震设防管理规定》已于 2005 年 12 月 31 日经建设部第 83 次常务会议讨论通过，现予发布，自 2006 年 4 月 1 日起施行。

建设部部长　汪光焘

二〇〇六年一月二十七日

房屋建筑工程抗震设防管理规定

第一条　为了加强对房屋建筑工程抗震设防的监督管理，保护人民生命和财产安全，根据《中华人民共和国防震减灾法》、《中华人民共和国建筑法》、《建设工程质量管理条例》、《建设工程勘察设计管理条例》等法律、行政法规，制定本规定。

第二条　在抗震设防区从事房屋建筑工程抗震设防的有关活动，实施对房屋建筑工程抗震设防的监督管理，适用本规定。

第三条　房屋建筑工程的抗震设防，坚持预防为主的方针。

第四条　国务院建设主管部门负责全国房屋建筑工程抗震设防的监督管理工作。县级以上地方人民政府建设主管部门负责本行政区域内房屋建筑工程抗震设防的监督管理工作。

第五条　国家鼓励采用先进的科学技术进行房屋建筑工程的抗震设防。制定、修订工程建设标准时，应当及时将先进适用的抗震新技术、新材料和新结构体系纳入标准、规范，在房屋建筑工程中推广使用。

第六条　新建、扩建、改建的房屋建筑工程，应当按照国家有关规定和工程建设强制性标准进行抗震设防。任何单位和个人不得降低抗震设防标准。

第七条　建设单位、勘察单位、设计单位、施工单位、工程监理单位，应当遵守有关房屋建筑工程抗震设防的法律、法规和工程建设强制性标准的规定，保证房屋建筑工程的抗震设防质量，依法承担相应责任。

第八条　城市房屋建筑工程的选址，应当符合城市总体规划中城市抗震防灾专业规划的要求；村庄、集镇建设的工程选址，应当符合村庄与集镇防灾专项规划和村庄与集镇建设规划中有关抗震防灾的要求。

第九条　采用可能影响房屋建筑工程抗震安全，又没有国家技术标准的新技术、新材料的，应当按照有关规定申请核准。申请时，应当说明是否适用于抗震设防区以及适用的抗震设防烈度范围。

第十条　《建筑工程抗震设防分类标准》中甲类和乙类建筑工程的初步设计文件应当有抗震设防专项内容。超限高层建筑工程应当在初步设计阶段进行抗震设防专项审查。新建、扩建、改建房屋建筑工程的抗震设计应当作为施工图审查的重要内容。

第十一条　产权人和使用人不得擅自变动或者破坏房屋建筑抗震构件、隔震装置、减震部件或者地震反应观测系统等抗震设施。

第十二条　已建成的下列房屋建筑工程，未采取抗震设防措施且未列入近期拆除改造计划的，应当委托具有相应设计资质的单位按现行抗震鉴定标准进行抗震鉴定：

（一）《建筑工程抗震设防分类标准》中甲类和乙类建筑工程；

（二）有重大文物价值和纪念意义的房屋建筑工程；

（三）地震重点监视防御区的房屋建筑工程。

鼓励其他未采取抗震设防措施且未列入近期拆除改造计划的房屋建筑工程产权人，委托具有相应设计资质的单位按现行抗震鉴定标准进行抗震鉴定。经鉴定需加固的房屋建筑工程，应当在县级以上地方人民政府建设主管部门确定的限期内采取必要的抗震加固措施；未加固前应当限制使用。

第十三条　从事抗震鉴定的单位，应当遵守有关房屋建筑工程抗震设防的法律、法规和工程建设强制性标准的规定，保证房屋建筑工程的抗震鉴定质量，依法承担相应责任。

第十四条　对经鉴定需抗震加固的房屋建筑工程，产权人应当委托具有相应资质的设计、施工单位进行抗震加固设计与施工，并按国家规定办理相关手续。抗震加固应当与城市近期建设规划、产权人的房屋维修计划相结合。经鉴定需抗震加固的房屋建筑工程在进行装修改造时，应当同时进行抗震加固。有重大文物价值和纪念意义的房屋建筑工程的抗震加固，应当注意保持其原有风貌。

第十五条　房屋建筑工程的抗震鉴定、抗震加固费用，由产权人承担。

第十六条　已按工程建设标准进行抗震设计或抗震加固的房屋建筑工程在合理使用年限内，因各种人为因素使房屋建筑工程抗震能力受损的，或者因改变原设计使用性质，导致荷载增加或需提高抗震设防类别的，产权人应当委托有相应资质的单位进行抗震验算、修复或加固。需要进行工程检测的，应由委托具有相应资质的单位进行检测。

第十七条　破坏性地震发生后，当地人民政府建设主管部门应当组织对受损房屋建筑工程抗震性能的应急评估，并提出恢复重建方案。

第十八条　震后经应急评估需进行抗震鉴定的房屋建筑工程，应当按照抗震鉴定标准进行鉴定。经鉴定需修复或者抗震加固的，应当按照工程建设强制性标准进行修复或者抗震加固。需易地重建的，应当按照国家有关法律、法规的规定进行规划和建设。

第十九条　当发生地震的实际烈度大于现行地震动参数区划图对应的地震基本烈度时，震后修复或者建设的房屋建筑工程，应当以国家地震部门审定、发布的地震动参数复核结果，作为抗震设防的依据。

第二十条　县级以上地方人民政府建设主管部门应当加强对房屋建筑工程抗震设防质量的监督管理，并对本行政区域内房屋建筑工程执行抗震设防的法律、法规和工程建设强制性标准情况，定期进行监督检查。县级以上地方人民政府建设主管部门应当对村镇建设抗震设防进行指导和监督。

第二十一条　县级以上地方人民政府建设主管部门应当对农民自建低层住宅抗震设防

进行技术指导和技术服务，鼓励和指导其采取经济、合理、可靠的抗震措施。

地震重点监视防御区县级以上地方人民政府建设主管部门应当通过拍摄科普教育宣传片、发送农房抗震图集、建设抗震样板房、技术培训等多种方式，积极指导农民自建低层住宅进行抗震设防。

第二十二条 县级以上地方人民政府建设主管部门有权组织抗震设防检查，并采取下列措施：

（一）要求被检查的单位提供有关房屋建筑工程抗震的文件和资料；

（二）发现有影响房屋建筑工程抗震设防质量的问题时，责令改正。

第二十三条 地震发生后，县级以上地方人民政府建设主管部门应当组织专家，对破坏程度超出工程建设强制性标准允许范围的房屋建筑工程的破坏原因进行调查，并依法追究有关责任人的责任。国务院建设主管部门应当根据地震调查情况，及时组织力量开展房屋建筑工程抗震科学研究，并对相关工程建设标准进行修订。

第二十四条 任何单位和个人对房屋建筑工程的抗震设防质量问题都有权检举和投诉。

第二十五条 违反本规定，擅自使用没有国家技术标准又未经审定通过的新技术、新材料，或者将不适用于抗震设防区的新技术、新材料用于抗震设防区，或者超出经审定的抗震烈度范围的，由县级以上地方人民政府建设主管部门责令限期改正，并处以1万元以上3万元以下罚款。

第二十六条 违反本规定，擅自变动或者破坏房屋建筑抗震构件、隔震装置、减震部件或者地震反应观测系统等抗震设施的，由县级以上地方人民政府建设主管部门责令限期改正，并对个人处以1000元以下罚款，对单位处以1万元以上3万元以下罚款。

第二十七条 违反本规定，未对抗震能力受损、荷载增加或者需提高抗震设防类别的房屋建筑工程，进行抗震验算、修复和加固的，由县级以上地方人民政府建设主管部门责令限期改正，逾期不改的，处以1万元以下罚款。

第二十八条 违反本规定，经鉴定需抗震加固的房屋建筑工程在进行装修改造时未进行抗震加固的，由县级以上地方人民政府建设主管部门责令限期改正，逾期不改的，处以1万元以下罚款。

第二十九条 本规定所称抗震设防区，是指地震基本烈度六度及六度以上地区（地震动峰值加速度$\geqslant 0.05g$的地区）。

本规定所称超限高层建筑工程，是指超出国家现行规范、规程所规定的适用高度和适用结构类型的高层建筑工程，体型特别不规则的高层建筑工程，以及有关规范、规程规定应当进行抗震专项审查的高层建筑工程。

第三十条 本规定自2006年4月1日起施行。

索　引　号：000013338/2015-00075　主题信息：工程质量安全

发文单位：中华人民共和国住房和城乡建设部日期：2015 年 05 月 21 日

文件名称：住房城乡建设部关于印发《超限高层建筑工程抗震设防专项审查技术要点》的通知

文　　　号：建质〔2015〕67 号

关于印发《超限高层建筑工程抗震设防专项审查技术要点》的通知

各省、自治区住房城乡建设厅，直辖市建委，新疆生产建设兵团建设局：

为进一步做好超限高层建筑工程抗震设防审查工作，我部组织修订了《超限高层建筑工程抗震设防专项审查技术要点》，现印发你们，请严格按照要求开展审查。2010 年 10 月印发的《超限高层建筑工程抗震设防专项审查技术要点》（建质〔2010〕109 号）同时废止。

中华人民共和国住房和城乡建设部　　2015 年 5 月 21 日

超限高层建筑工程抗震设防专项审查技术要点

第一章　总　　则

第一条　为进一步做好超限高层建筑工程抗震设防专项审查工作，确保审查质量，根据《超限高层建筑工程抗震设防管理规定》（建设部令第 111 号），制定本技术要点。

第二条　本技术要点所指超限高层建筑工程包括：

（一）高度超限工程：指房屋高度超过规定，包括超过《建筑抗震设计规范》（以下简称《抗震规范》）第 6 章钢筋混凝土结构和第 8 章钢结构最大适用高度，超过《高层建筑混凝土结构技术规程》（以下简称《高层混凝土结构规程》）第 7 章中有较多短肢墙的剪力墙结构、第 10 章中错层结构和第 11 章混合结构最大适用高度的高层建筑工程。

（二）规则性超限工程：指房屋高度不超过规定，但建筑结构布置属于《抗震规范》、《高层混凝土结构规程》规定的特别不规则的高层建筑工程。

（三）屋盖超限工程：指屋盖的跨度、长度或结构形式超出《抗震规范》第 10 章及《空间网格结构技术规程》、《索结构技术规程》等空间结构规程规定的大型公共建筑工程（不含骨架支承式膜结构和空气支承膜结构）。

超限高层建筑工程具体范围详见附件 1。

第三条　本技术要点第二条规定的超限高层建筑工程，属于下列情况的，建议委托全国超限高层建筑工程抗震设防审查专家委员会进行抗震设防专项审查：

（一）高度超过《高层混凝土结构规程》B级高度的混凝土结构，高度超过《高层混凝土结构规程》第11章最大适用高度的混合结构；

（二）高度超过规定的错层结构，塔体显著不同的连体结构，同时具有转换层、加强层、错层、连体四种类型中三种的复杂结构，高度超过《抗震规范》规定且转换层位置超过《高层混凝土结构规程》规定层数的混凝土结构，高度超过《抗震规范》规定且水平和竖向均特别不规则的建筑结构；

（三）超过《抗震规范》第8章适用范围的钢结构；

（四）跨度或长度超过《抗震规范》第10章适用范围的大跨屋盖结构；

（五）其他各地认为审查难度较大的超限高层建筑工程。

第四条　对主体结构总高度超过350m的超限高层建筑工程的抗震设防专项审查，应满足以下要求：

（一）从严把握抗震设防的各项技术性指标；

（二）全国超限高层建筑工程抗震设防审查专家委员会进行的抗震设防专项审查，应会同工程所在地省级超限高层建筑工程抗震设防专家委员会共同开展，或在当地超限高层建筑工程抗震设防专家委员会工作的基础上开展。

第五条　建设单位申报抗震设防专项审查的申报材料应符合第二章的要求，专家组提出的专项审查意见应符合第六章的要求。

对于屋盖超限工程的抗震设防专项审查，除参照本技术要点第三章的相关内容外，按第五章执行。

审查结束后应及时将审查信息录入全国超限高层建筑数据库，审查信息包括超限高层建筑工程抗震设防专项审查申报表（附件2）、超限情况表（附件3）、超限高层建筑工程抗震设防专项审查情况表（附件4）和超限高层建筑工程结构设计质量控制信息表（附件5）。

第二章　申报材料的基本内容

第六条　建设单位申报抗震设防专项审查时，应提供以下资料：

（一）超限高层建筑工程抗震设防专项审查申报表和超限情况表（至少5份）；

（二）建筑结构工程超限设计的可行性论证报告（附件6，至少5份）；

（三）建设项目的岩土工程勘察报告；

（四）结构工程初步设计计算书（主要结果，至少5份）；

（五）初步设计文件（建筑和结构工程部分，至少5份）；

（六）当参考使用国外有关抗震设计标准、工程实例和震害资料及计算机程序时，应提供理由和相应的说明；

（七）进行模型抗震性能试验研究的结构工程，应提交抗震试验方案；

（八）进行风洞试验研究的结构工程，应提交风洞试验报告。

第七条　申报抗震设防专项审查时提供的资料，应符合下列具体要求：

（一）高层建筑工程超限设计可行性论证报告。应说明其超限的类型（对高度超限、规则性超限工程，如高度、转换层形式和位置、多塔、连体、错层、加强层、竖向不规则、平面不规则；对屋盖超限工程，如跨度、悬挑长度、结构单元总长度、屋盖结构形式与常用结构形式的不同、支座约束条件、下部支承结构的规则性等）和超限的程度，并提出有效控制安全的技术措施，包括抗震、抗风技术措施的适用性、可靠性，整体结构及其薄弱部位的加强措施，预期的性能目标，屋盖超限工程尚包括有效保证屋盖稳定性的技术措施。

（二）岩土工程勘察报告。应包括岩土特性参数、地基承载力、场地类别、液化评价、剪切波速测试成果及地基基础方案。当设计有要求时，应按规范规定提供结构工程时程分析所需的资料。

处于抗震不利地段时，应有相应的边坡稳定评价、断裂影响和地形影响等场地抗震性能评价内容。

（三）结构设计计算书。应包括软件名称和版本，力学模型，电算的原始参数（设防烈度和设计地震分组或基本加速度、所计入的单向或双向水平及竖向地震作用、周期折减系数、阻尼比、输入地震时程记录的时间、地震名、记录台站名称和加速度记录编号，风荷载、雪荷载和设计温差等），结构自振特性（周期，扭转周期比，对多塔、连体类和复杂屋盖含必要的振型），整体计算结果（对高度超限、规则性超限工程，含侧移、扭转位移比、楼层受剪承载力比、结构总重力荷载代表值和地震剪力系数、楼层刚度比、结构整体稳定、墙体（或筒体）和框架承担的地震作用分配等；对屋盖超限工程，含屋盖挠度和整体稳定、下部支承结构的水平位移和扭转位移比等），主要构件的轴压比、剪压比（钢结构构件、杆件为应力比）控制等。

对计算结果应进行分析。时程分析结果应与振型分解反应谱法计算结果进行比较。对多个软件的计算结果应加以比较，按规范的要求确认其合理、有效性。风控制时和屋盖超限工程应有风荷载效应与地震效应的比较。

（四）初步设计文件。设计深度深度应符合《建筑工程设计文件编制深度的规定》的要求，设计说明要有建筑安全等级、抗震设防分类、设防烈度、设计基本地震加速度、设计地震分组、结构的抗震等级等内容。

（五）提供抗震试验数据和研究成果。如有提供应有明确的适用范围和结论。

第三章 专项审查的控制条件

第八条 抗震设防专项审查的内容主要包括：

（一）建筑抗震设防依据；

（二）场地勘察成果及地基和基础的设计方案；

（三）建筑结构的抗震概念设计和性能目标；

（四）总体计算和关键部位计算的工程判断；

（五）结构薄弱部位的抗震措施；

（六）可能存在的影响结构安全的其他问题。

对于特殊体型（含屋盖）或风洞试验结果与荷载规范规定相差较大的风荷载取值，以及特殊超限高层建筑工程（规模大、高宽比大等）的隔震、减震设计，宜由相关专业的专家在抗震设防专项审查前进行专门论证。

第九条　抗震设防专项审查的重点是结构抗震安全性和预期的性能目标。为此，超限工程的抗震设计应符合下列最低要求：

（一）严格执行规范、规程的强制性条文，并注意系统掌握、全面理解其准确内涵和相关条文。

（二）对高度超限或规则性超限工程，不应同时具有转换层、加强层、错层、连体和多塔等五种类型中的四种及以上的复杂类型；当房屋高度在《高层混凝土结构规程》B级高度范围内时，比较规则的应按《高层混凝土结构规程》执行，其余应针对其不规则项的多少、程度和薄弱部位，明确提出为达到安全而比现行规范、规程的规定更严格的具体抗震措施或预期性能目标；当房屋高度超过《高层混凝土结构规程》的B级高度以及房屋高度、平面和竖向规则性等三方面均不满足规定时，应提供达到预期性能目标的充分依据，如试验研究成果、所采用的抗震新技术和新措施、以及不同结构体系的对比分析等的详细论证。

（三）对屋盖超限工程，应对关键杆件的长细比、应力比和整体稳定性控制等提出比现行规范、规程的规定更严格的、针对性的具体措施或预期性能目标；当屋盖形式特别复杂时，应提供达到预期性能目标的充分依据。

（四）在现有技术和经济条件下，当结构安全与建筑形体等方面出现矛盾时，应以安全为重；建筑方案（包括局部方案）设计应服从结构安全的需要。

第十条　对超高很多，以及结构体系特别复杂、结构类型（含屋盖形式）特殊的工程，当设计依据不足时，应选择整体结构模型、结构构件、部件或节点模型进行必要的抗震性能试验研究。

第四章　高度超限和规则性超限工程的专项审查内容

第十一条　关于建筑结构抗震概念设计：

（一）各种类型的结构应有其合适的使用高度、单位面积自重和墙体厚度。结构的总体刚度应适当（含两个主轴方向的刚度协调符合规范的要求），变形特征应合理；楼层最大层间位移和扭转位移比符合规范、规程的要求。

（二）应明确多道防线的要求。框架与墙体、筒体共同抗侧力的各类结构中，框架部分地震剪力的调整宜依据其超限程度比规范的规定适当增加；超高的框架-核心筒结构，其混凝土内筒和外框之间的刚度宜有一个合适的比例，框架部分计算分配的楼层地震剪力，除底部个别楼层、加强层及其相邻上下层外，多数不低于基底剪力的8%且最大值不宜低于10%，最小值不宜低于5%。主要抗侧力构件中沿全高不开洞的单肢墙，应针对其延性不足采取相应措施。

（三）超高时应从严掌握建筑结构规则性的要求，明确竖向不规则和水平向不规则的程度，应注意楼板局部开大洞导致较多数量的长短柱共用和细腰形平面可能造成的不利影响，避免过大的地震扭转效应。对不规则建筑的抗震设计要求，可依据抗震设防烈度和高度的不同有所区别。

主楼与裙房间设置防震缝时，缝宽应适当加大或采取其他措施。

（四）应避免软弱层和薄弱层出现在同一楼层。

（五）转换层应严格控制上下刚度比；墙体通过次梁转换和柱顶墙体开洞，应有针对性的加强措施。水平加强层的设置数量、位置、结构形式，应认真分析比较；伸臂的构件内力计算宜采用弹性膜楼板假定，上下弦杆应贯通核心筒的墙体，墙体在伸臂斜腹杆的节点处应采取措施避免应力集中导致破坏。

（六）多塔、连体、错层等复杂体型的结构，应尽量减少不规则的类型和不规则的程度；应注意分析局部区域或沿某个地震作用方向上可能存在的问题，分别采取相应加强措施。对复杂的连体结构，宜根据工程具体情况（包括施工），确定是否补充不同工况下各单塔结构的验算。

（七）当几部分结构的连接薄弱时，应考虑连接部位各构件的实际构造和连接的可靠程度，必要时可取结构整体模型和分开模型计算的不利情况，或要求某部分结构在设防烈度下保持弹性工作状态。

（八）注意加强楼板的整体性，避免楼板的削弱部位在大震下受剪破坏；当楼板开洞较大时，宜进行截面受剪承载力验算。

（九）出屋面结构和装饰构架自身较高或体型相对复杂时，应参与整体结构分析，材料不同时还需适当考虑阻尼比不同的影响，应特别加强其与主体结构的连接部位。

（十）高宽比较大时，应注意复核地震下地基基础的承载力和稳定。

（十一）应合理确定结构的嵌固部位。

第十二条 关丁结构抗震性能目标：

（一）根据结构超限情况、震后损失、修复难易程度和大震不倒等确定抗震性能目标。即在预期水准（如中震、大震或某些重现期的地震）的地震作用下结构、部位或结构构件的承载力、变形、损坏程度及延性的要求。

（二）选择预期水准的地震作用设计参数时，中震和大震可按规范的设计参数采用，当安评的小震加速度峰值大于规范规定较多时，宜按小震加速度放大倍数进行调整。

（三）结构提高抗震承载力目标举例：水平转换构件在大震下受弯、受剪极限承载力复核。竖向构件和关键部位构件在中震下偏压、偏拉、受剪屈服承载力复核，同时受剪截面满足大震下的截面控制条件。竖向构件和关键部位构件中震下偏压、偏拉、受剪承载力设计值复核。

（四）确定所需的延性构造等级。中震时出现小偏心受拉的混凝土构件应采用《高层混凝土结构规程》中规定的特一级构造。中震时双向水平地震下墙肢全截面由轴向力产生的平均名义拉应力超过混凝土抗拉强度标准值时宜设置型钢承担拉力，且平均名义拉应力不宜超过两倍混凝土抗拉强度标准值（可按弹性模量换算考虑型钢和钢板的作用），全截面型钢和钢板的含钢率超过 2.5% 时可按比例适当放松。

（五）按抗震性能目标论证抗震措施（如内力增大系数、配筋率、配箍率和含钢率）的合理可行性。

第十三条 关于结构计算分析模型和计算结果：

（一）正确判断计算结果的合理性和可靠性，注意计算假定与实际受力的差异（包括刚性板、弹性膜、分块刚性板的区别），通过结构各部分受力分布的变化，以及最大层间位移的位置和分布特征，判断结构受力特征的不利情况。

（二）结构总地震剪力以及各层的地震剪力与其以上各层总重力荷载代表值的比值，

应符合抗震规范的要求，Ⅲ、Ⅳ类场地时尚宜适当增加。当结构底部计算的总地震剪力偏小需调整时，其以上各层的剪力、位移也均应适当调整。

基本周期大于 6s 的结构，计算的底部剪力系数比规定值低 20% 以内，基本周期 3.5~5s 的结构比规定值低 15% 以内，即可采用规范关于剪力系数最小值的规定进行设计。基本周期在 5~6s 的结构可以插值采用。

6 度（0.05g）设防且基本周期大于 5s 的结构，当计算的底部剪力系数比规定值低但按底部剪力系数 0.8% 换算的层间位移满足规范要求时，即可采用规范关于剪力系数最小值的规定进行抗震承载力验算。

（三）结构时程分析的嵌固端应与反应谱分析一致，所用的水平、竖向地震时程曲线应符合规范要求，持续时间一般不小于结构基本周期的 5 倍（即结构屋面对应于基本周期的位移反应不少于 5 次往复）；弹性时程分析的结果也应符合规范的要求，即采用三组时程时宜取包络值，采用七组时程时可取平均值。

（四）软弱层地震剪力和不落地构件传给水平转换构件的地震内力的调整系数取值，应依据超限的具体情况大于规范的规定值；楼层刚度比值的控制值仍需符合规范的要求。

（五）上部墙体开设边门洞等的水平转换构件，应根据具体情况加强；必要时，宜采用重力荷载下不考虑墙体共同工作的手算复核。

（六）跨度大于 24m 的连体计算竖向地震作用时，宜参照竖向时程分析结果确定。

（七）对于结构的弹塑性分析，高度超过 200m 或扭转效应明显的结构应采用动力弹塑性分析；高度超过 300m 应做两个独立的动力弹塑性分析。计算应以构件的实际承载力为基础，着重于发现薄弱部位和提出相应加强措施。

（八）必要时（如特别复杂的结构、高度超过 200m 的混合结构、静载下构件竖向压缩变形差异较大的结构等），应有重力荷载下的结构施工模拟分析，当施工方案与施工模拟计算分析不同时，应重新调整相应的计算。

（九）当计算结果有明显疑问时，应另行专项复核。

第十四条 关于结构抗震加强措施：

（一）对抗震等级、内力调整、轴压比、剪压比、钢材的材质选取等方面的加强，应根据烈度、超限程度和构件在结构中所处部位及其破坏影响的不同，区别对待、综合考虑。

（二）根据结构的实际情况，采用增设芯柱、约束边缘构件、型钢混凝土或钢管混凝土构件，以及减震耗能部件等提高延性的措施。

（三）抗震薄弱部位应在承载力和细部构造两方面有相应的综合措施。

第十五条 关于岩土工程勘察成果：

（一）波速测试孔数量和布置应符合规范要求；测量数据的数量应符合规定；波速测试孔深度应满足覆盖层厚度确定的要求。

（二）液化判别孔和砂土、粉土层的标准贯入锤击数据以及粘粒含量分析的数量应符合要求；液化判别水位的确定应合理。

（三）场地类别划分、液化判别和液化等级评定应准确、可靠；脉动测试结果仅作为参考。

（四）覆盖层厚度、波速的确定应可靠，当处于不同场地类别的分界附近时，应要求用内插法确定计算地震作用的特征周期。

第十六条 关于地基和基础的设计方案：

（一）地基基础类型合理，地基持力层选择可靠。

（二）主楼和裙房设置沉降缝的利弊分析正确。

（三）建筑物总沉降量和差异沉降量控制在允许的范围内。

第十七条 关于试验研究成果和工程实例、震害经验：

（一）对按规定需进行抗震试验研究的项目，要明确试验模型与实际结构工程相似的程度以及试验结果可利用的部分。

（二）借鉴国外经验时，应区分抗震设计和非抗震设计，了解是否经过地震考验，并判断是否与该工程项目的具体条件相似。

（三）对超高很多或结构体系特别复杂、结构类型特殊的工程，宜要求进行实际结构工程的动力特性测试。

第五章 屋盖超限工程的专项审查内容

第十八条 关于结构体系和布置：

（一）应明确所采用的结构形式、受力特征和传力特性、下部支承条件的特点，以及具体的结构安全控制荷载和控制目标。

（二）对非常用的屋盖结构形式，应给出所采用的结构形式与常用结构形式的主要不同。

（三）对下部支承结构，其支承约束条件应与屋盖结构受力性能的要求相符。

（四）对桁架、拱架，张弦结构，应明确给出提供平面外稳定的结构支撑布置和构造要求。

第十九条 关于性能目标：

（一）应明确屋盖结构的关键杆件、关键节点和薄弱部位，提出保证结构承载力和稳定的具体措施，并详细论证其技术可行性。

（二）对关键节点、关键杆件及其支承部位（含相关的下部支承结构构件），应提出明确的性能目标。选择预期水准的地震作用设计参数时，中震和大震可仍按规范的设计参数采用。

（三）性能目标举例：关键杆件在大震下拉压极限承载力复核。关键杆件中震下拉压承载力设计值复核。支座环梁中震承载力设计值复核。下部支承部位的竖向构件在中震下屈服承载力复核，同时满足大震截面控制条件。连接和支座满足强连接弱构件的要求。

（四）应按抗震性能目标论证抗震措施（如杆件截面形式、壁厚、节点等）的合理可行性。

第二十条 关于结构计算分析：

（一）作用和作用效应组合：

设防烈度为 7 度（$0.15g$）及以上时，屋盖的竖向地震作用应参照整体结构时程分析结果确定。

屋盖结构的基本风压和基本雪压应按重现期 100 年采用；索结构、膜结构、长悬挑结构、跨度大于 120m 的空间网格结构及屋盖体型复杂时，风载体型系数和风振系数、屋面积雪（含融雪过程中的变化）分布系数，应比规范要求适当增大或通过风洞模型试验或数值模拟研究确定；屋盖坡度较大时尚宜考虑积雪融化可能产生的滑落冲击荷载。尚可依据当地气象资料考虑可能超出荷载规范的风荷载。天沟和内排水屋盖尚应考虑排水不畅引起的附加荷载。

温度作用应按合理的温差值确定。应分别考虑施工、合拢和使用三个不同时期各自的不利温差。

（二）计算模型和设计参数

采用新型构件或新型结构时，计算软件应准确反映构件受力和结构传力特征。计算模型应计入屋盖结构与下部支承结构的协同作用。屋盖结构与下部支承结构的主要连接部位的约束条件、构造应与计算模型相符。

整体结构计算分析时，应考虑下部支承结构与屋盖结构不同阻尼比的影响。若各支承结构单元动力特性不同且彼此连接薄弱，应采用整体模型与分开单独模型进行静载、地震、风荷载和温度作用下各部位相互影响的计算分析的比较，合理取值。

必要时应进行施工安装过程分析。地震作用及使用阶段的结构内力组合，应以施工全过程完成后的静载内力为初始状态。

超长结构（如结构总长度大于300m）应按《抗震规范》的要求考虑行波效应的多点地震输入的分析比较。

对超大跨度（如跨度大于150m）或特别复杂的结构，应进行罕遇地震下考虑几何和材料非线性的弹塑性分析。

（三）应力和变形

对索结构、整体张拉式膜结构、悬挑结构、跨度大于120m的空间网格结构、跨度大于60m的钢筋混凝土薄壳结构、应严格控制屋盖在静载和风、雪荷载共同作用下的应力和变形。

（四）稳定性分析

对单层网壳、厚度小于跨度1/50的双层网壳、拱（实腹式或格构式）、钢筋混凝土薄壳，应进行整体稳定验算；应合理选取结构的初始几何缺陷，并按几何非线性或同时考虑几何和材料非线性进行全过程整体稳定分析。钢筋混凝土薄壳尚应同时考虑混凝土的收缩、徐变对稳定性的影响。

第二十一条 关于屋盖结构构件的抗震措施：

（一）明确主要传力结构杆件，采取加强措施，并检查其刚度的连续性和均匀性。

（二）从严控制关键杆件应力比及稳定要求。在重力和中震组合下以及重力与风荷载、温度作用组合下，关键杆件的应力比控制应比规范的规定适当加严或达到预期性能目标。

（三）特殊连接构造应在罕遇地震下安全可靠，复杂节点应进行详细的有限元分析，必要时应进行试验验证。

（四）对某些复杂结构形式，应考虑个别关键构件失效导致屋盖整体连续倒塌的可能。

第二十二条 关于屋盖的支座、下部支承结构和地基基础：

（一）应严格控制屋盖结构支座由于地基不均匀沉降和下部支承结构变形（含竖向、水平和收缩徐变等）导致的差异沉降。

（二）应确保下部支承结构关键构件的抗震安全，不应先于屋盖破坏；当其不规则性属于超限专项审查范围时，应符合本技术要点的有关要求。

（三）应采取措施使屋盖支座的承载力和构造在罕遇地震下安全可靠，确保屋盖结构的地震作用直接、可靠传递到下部支承结构。当采用叠层橡胶隔震垫作为支座时，应考虑支座的实际刚度与阻尼比，并且应保证支座本身与连接在大震的承载力与位移条件。

（四）场地勘察和地基基础设计应符合本技术要点第十五条和第十六条的要求，对支座水平作用力较大的结构，应注意抗水平力基础的设计。

第六章　专　项　审　查　意　见

第二十三条　抗震设防专项审查意见主要包括下列三方面内容：

（一）总评。对抗震设防标准、建筑体型规则性、结构体系、场地评价、构造措施、计算结果等做简要评定。

（二）问题。对影响结构抗震安全的问题，应进行讨论、研究，主要安全问题应写入书面审查意见中，并提出便于施工图设计文件审查机构审查的主要控制指标（含性能目标）。

（三）结论。分为"通过"、"修改"、"复审"三种。

审查结论"通过"，指抗震设防标准正确，抗震措施和性能设计目标基本符合要求；对专项审查所列举的问题和修改意见，勘察设计单位明确其落实方法。依法办理行政许可手续后，在施工图审查时由施工图审查机构检查落实情况。

审查结论"修改"，指抗震设防标准正确，建筑和结构的布置、计算和构造不尽合理、存在明显缺陷；对专项审查所列举的问题和修改意见，勘察设计单位落实后所能达到的具体指标尚需经原专项审查专家组再次检查。因此，补充修改后提出的书面报告需经原专项审查专家组确认已达到"通过"的要求，依法办理行政许可手续后，方可进行施工图设计并由施工图审查机构检查落实。

审查结论"复审"，指存在明显的抗震安全问题、不符合抗震设防要求、建筑和结构的工程方案均需大调整。修改后提出修改内容的详细报告，由建设单位按申报程序重新申报审查。

审查结论"通过"的工程，当工程项目有重大修改时，应按申报程序重新申报审查。

第二十四条　专项审查结束后，专家组应对质量控制情况和经济合理性进行评价，填写超限高层建筑工程结构设计质量控制信息表。

第七章　附　　则

第二十五条　本技术要点由全国超限高层建筑工程抗震设防审查专家委员会办公室负责解释。

超限高层建筑工程主要范围参照简表

房屋高度（m）超过下列规定的高层建筑工程　　　表1

结构类型		6度	7度 (0.1g)	7度 (0.15g)	8度 (0.20g)	8度 (0.30g)	9度
混凝土结构	框架	60	50	50	40	35	24
	框架-抗震墙	130	120	120	100	80	50
	抗震墙	140	120	120	100	80	60
	部分框支抗震墙	120	100	100	80	50	不应采用
	框架-核心筒	150	130	130	100	90	70
	筒中筒	180	150	150	120	100	80
	板柱-抗震墙	80	70	70	55	40	不应采用
	较多短肢墙	140	100	100	80	60	不应采用
	错层的抗震墙	140	80	80	60	60	不应采用
	错层的框架-抗震墙	130	80	80	60	60	不应采用
混合结构	钢框架-钢筋混凝土筒	200	160	160	120	100	70
	型钢（钢管）混凝土框架-钢筋混凝土筒	220	190	190	150	130	70
	钢外筒-钢筋混凝土内筒	260	210	210	160	140	80
	型钢（钢管）混凝土外筒-钢筋混凝土内筒	280	230	230	170	150	90
钢结构	框架	110	110	110	90	70	50
	框架-中心支撑	220	220	200	180	150	120
	框架-偏心支撑（延性墙板）	240	240	220	200	180	160
	各类筒体和巨型结构	300	300	280	260	240	180

注：平面和竖向均不规则（部分框支结构指框支层以上的楼层不规则），其高度应比表内数值降低至少10%。

同时具有下列三项及三项以上不规则的高层建筑工程（不论高度是否大于表1）　　　表2

序	不规则类型	简要涵义	备注
1a	扭转不规则	考虑偶然偏心的扭转位移比大于1.2	参见 GB 50011—3.4.3
1b	偏心布置	偏心率大于0.15或相邻层质心相差大于相应边长15%	参见 JGJ 99—3.2.2
2a	凹凸不规则	平面凹凸尺寸大于相应边长30%等	参见 GB 50011—3.4.3
2b	组合平面	细腰形或角部重叠形	参见 JGJ 3—3.4.3
3	楼板不连续	有效宽度小于50%，开洞面积大于30%，错层大于梁高	参见 GB 50011—3.4.3
4a	刚度突变	相邻层刚度变化大于70%（按高规考虑层高修正时，数值相应调整）或连续三层变化大于80%	参见 GB 50011—3.4.3，JGJ 3—3.5.2
4b	尺寸突变	竖向构件收进位置高于结构高度20%且收进大于25%，或外挑大于10%和4m，多塔	参见 JGJ 3—3.5.5
5	构件间断	上下墙、柱、支撑不连续，含加强层、连体类	参见 GB 50011—3.4.3

序	不规则类型	简要涵义	备注
6	承载力突变	相邻层受剪承载力变化大于80%	参见 GB 50011—3.4.3
7	局部不规则	如局部的穿层柱、斜柱、夹层、个别构件错层或转换，或个别楼层扭转位移比略大于1.2等	已计入 1～6 项者除外

注：深凹进平面在凹口设置连梁，当连梁刚度较小不足以协调两侧的变形时，仍视为凹凸不规则，不按楼板不连续的开洞对待；序号a、b不重复计算不规则项；局部的不规则，视其位置、数量等对整个结构影响的大小判断是否计入不规则的一项。

具有下列 2 项或同时具有下表和表 2 中某项不规则的高层建筑工程
（不论高度是否大于表1） 表3

序	不规则类型	简要涵义	备注
1	扭转偏大	裙房以上的较多楼层考虑偶然偏心的扭转位移比大于1.4	表二之 1 项不重复计算
2	抗扭刚度弱	扭转周期比大于0.9，超过 A 级高度的结构扭转周期比大于0.85	
3	层刚度偏小	本层侧向刚度小于相邻上层的50%	表二之 4a 项不重复计算
4	塔楼偏置	单塔或多塔与大底盘的质心偏心距大于底盘相应边长20%	表二之 4b 项不重复计算

具有下列某一项不规则的高层建筑工程（不论高度是否大于表1） 表4

序	不规则类型	简要涵义
1	高位转换	框支墙体的转换构件位置：7度超过5层，8度超过3层
2	厚板转换	7～9度设防的厚板转换结构
3	复杂连接	各部分层数、刚度、布置不同的错层，连体两端塔楼高度、体型或沿大底盘某个主轴方向的振动周期显著不同的结构
4	多重复杂	结构同时具有转换层、加强层、错层、连体和多塔等复杂类型的3种

注：仅前后错层或左右错层属于表 2 中的一项不规则，多数楼层同时前后、左右错层属于本表的复杂连接。

其他高层建筑工程 表5

序	简称	简要涵义
1	特殊类型高层建筑	抗震规范、高层混凝土结构规程和高层钢结构规程暂未列入的其他高层建筑结构，特殊形式的大型公共建筑及超长悬挑结构，特大跨度的连体结构等
2	大跨屋盖建筑	空间网格结构或索结构的跨度大于120m或悬挑长度大于40m，钢筋混凝土薄壳跨度大于60m，整体张拉式膜结构跨度大于60m，屋盖结构单元的长度大于300m，屋盖结构形式为常用空间结构形式的多重组合、杂交组合以及屋盖形体特别复杂的大型公共建筑

注：表中大型公共建筑的范围，可参见《建筑工程抗震设防分类标准》GB 50223。

说明：具体工程的界定遇到问题时，可从严考虑或向全国超限高层建筑工程审查专家委员会、工程所在地省超限高层建筑工程审查专家委员会咨询。

超限高层建筑工程抗震设防专项审查申报表项目

超限高层建筑工程抗震设防专项审查申报表应包括以下内容：

一、基本情况。包括：建设单位，工程名称，建设地点，建筑面积，申报日期，勘察单位及资质，设计单位及资质，联系人和方式等。如有咨询论证，应提供相关信息。

二、抗震设防依据。包括：设防烈度或设计地震动参数，抗震设防分类；安全等级、抗震等级等；屋盖超限工程和风荷载控制工程尚包括相应的风荷载、雪荷载、温差等。

三、勘察报告基本数据。包括：场地类别，等效剪切波速和覆盖层厚度，液化判别，持力层名称和埋深，地基承载力和基础方案，不利地段评价，特殊的地基处理方法等。

四、基础设计概况。包括：基础类型，基础埋深，底板或筏板厚度，桩型、桩长和单桩承载力、承台的主要截面等。

五、建筑结构布置和选型。对高度超限和规则性超限工程包括：主屋面结构高度和层数，建筑高度，相连裙房高度和层数；防震缝设置；建筑平面和竖向的规则性；结构类型是否属于复杂类型等。对屋盖超限工程包括：屋盖结构形式；最大跨度，平面尺寸，屋顶高度；屋盖构件连接和支座形式；下部支承结构的类型、布置的规则性等。

六、结构分析主要结果。对高度超限和规则性超限工程包括：控制的作用组合；计算软件；总剪力和周期调整系数，结构总重力和地震剪力系数，竖向地震取值；纵横扭方向的基本周期；最大层位移角和位置、扭转位移比；框架柱、墙体最大轴压比；构件最大剪压比和钢结构应力比；楼层刚度比；框架部分承担的地震作用；时程法采用的地震波和数量，时程法与反应谱法主要结果比较；隔震支座的位移。对屋盖超限工程包括：控制工况和作用组合；计算软件和计算方法；屋盖挠度和支承结构水平位移；屋盖杆件最大应力比，屋盖主要竖向振动周期，支承结构主要水平振动周期；屋盖、整个结构总重力和地震剪力系数；支承构件轴压比、剪压比和应力比；薄壳、网壳和拱的稳定系数；时程法采用的地震波和数量，时程法与反应谱法主要结果比较等。

七、超限设计的抗震构造。包括：①材料强度，如结构构件的混凝土、钢材的最高和最低材料强度等级；②典型构件和关键构件的截面尺寸，如梁柱截面、墙体和简体的厚度、型钢混凝土构件的截面形式、钢构件（或杆件）的截面形式和长细比、薄壳的截面厚度；③薄弱部位的构造，如短柱和穿层柱的分布范围，错层、连体、转换梁、转换桁架和加强层的主要构造，桁架、拱架、张弦构件的面外支撑设置；④关键连接构造，如钢结构杆件的节点形式、楼盖大梁或大跨屋盖与墙、柱的连接构造等。

八、需要附加说明的问题。包括：超限工程设计的主要加强措施，性能设计目标简述；有待解决的问题，试验方案与要求等。

制表人可根据工程项目的具体情况对以上内容进行增减。参考表样见表 6、表 7、表 8。

超限高层建筑工程初步设计抗震设防审查申报表

（高度、规则性超限工程示例）

表6

编号：　　　　　　　　　　　　　　　　　　　　　　　　　　　　　　申报时间：

工程名称		申报人 联系方式	
建设单位		建筑面积	地上　　　　万 m² 地下　　　　万 m²
设计单位		设防烈度	度（　　g），设计　　组
勘察单位		设防类别	类　　　　安全等级
建设地点		房屋高度 和层数	主结构　　m(n=　　)建筑　　m 地下　　m(n=　　)相连裙房　　m
场地类别 液化判别	类，波速　　覆盖层 不液化□液化等级　　液化处理	平面尺寸 和规则性	长宽比
基础持力层	类型　　　　埋深 桩长(或底板厚度) 名称　　　　承载力	竖向规 则性	高宽比
结构类型		抗震等级	框架　　　　墙、筒 框支层　　加强层　　错层
计算软件		材料强度 （范围）	梁　　　　柱 墙　　　　楼板
计算参数	周期折减 楼面刚度(刚□弹□分段□) 地震方向　(单□双□斜□竖□)	梁截面	下部　　　　剪压比 标准层
地上总重 剪力系数 （%）	G_E=　　　　平均重力 X= Y=	柱截面	下部　　　　轴压比 中部　　　　轴压比 顶部　　　　轴压比
自振周期 （s）	X： Y： T：	墙厚	下部　　　　轴压比 中部　　　　轴压比 顶部　　　　轴压比
最大层间 位移角	X=　　　(n=　　)对应扭转比 Y=　　　(n=　　)对应扭转比	钢　梁 柱 支撑	截面形式　　长细比 截面形式　　长细比 截面形式　　长细比
扭转位 移比 (偏心5%)	X=　　　(n=　　)对应位移角 Y=　　　(n=　　)对应位移角	短柱 穿层柱	位置范围　　剪压比 位置范围　　穿层数
时程分析	波形峰值	1　　　2　　　3	转换层 刚度比	位置 n=　转换梁截面 X　　　Y
	剪力比较	X=　(底部)，X=　(顶部) Y=　(底部)，Y=　(顶部)	错层	满布　　局部(位置范围) 错层高度　　平层间距
	位移比较	X=　　(n=　　) Y=　　(n=　　)	连体 (含连廊)	数量　　　支座高度 竖向地震系数　　跨度
弹塑性位 移角	X=　　(n=　　) Y=　　(n=　　)	加强层 刚度比	数量　位置　形式(梁□桁架□) X　　　Y
框架承担 的比例	倾覆力矩 X=　　　Y= 总剪力　X=　　　Y=	多塔 上下偏心	数量　形式(等高□对称□大小不等□) X　　　Y
控制作用	地震 □　　风荷载 □　　二者相当 □ 风荷载控制时增加：总风荷载　　风倾覆力矩　　风载最大层间位移		
超限设计 简要说明	(超限工程设计的主要加强措施，性能设计目标简述；有待解决的问题等等)		

396

编号：　　　　　　　　　　　　　　　　　　　　　　　　申报时间：

工程名称		申报人 联系方式	
建设单位		建筑面积	地上　万m²　地下　　万m²
设计单位		设防烈度	度(　　g)，设计　　组
勘察单位		设防类别	类　　|　安全等级
建设地点		风荷载	基本风压　　　地面粗糙度 体型系数　　　风振系数
场地类别 液化判别	类，波速　　覆盖层 不液化□　液化等级　　液化处理	雪荷载	基本雪压 积雪分布系数
基础 持力层	类型　埋深　　桩长(或底板厚度) 名称　　　　承载力	温度	最高　　　　最低 温升　　　　温降
房屋高度 和层数	屋顶　m 支座　　m(n=　)地下　m(n=　)	平面尺寸	总长　　总宽　　　直径 跨度　　　悬挑长度
结构类型	屋盖： 支承结构	节点和支 座形式	节点： 支座：
计算软件 分析模型	整体□　　　　上下协同□	材料强度 (范围)	屋盖 梁　　　柱　　　墙
计算参数	周期折减　　　阻尼比 地震方向　(单□ 双□ 竖□)	屋盖构件 截面	关键　　　长细比 一般　　　长细比
地上总重 支承结构 剪力系数 (％)	屋盖 $G_E=$ 支承结构 $G_E=$ $X=$　　$Y=$	屋盖杆件 内力和 控制组合	关键　应力比　控制组合 一般　应力比　控制组合 支座反力　　控制组合
自振周期 (s)	X：　　Y：　　Z：　　T：	屋盖整 体稳定	考虑几何非线性 考虑几何和材料非线性
最大位移	屋盖挠度 支承结构水平位移 $X=$　　$Y=$	支承结构 抗震等级	规则性(平面□　竖向□) 框架　　　墙、筒
最大层 间位移	$X=$　(n=　)对应扭转位移比 $Y=$　(n=　)对应扭转位移比	梁截面	支承大梁　　剪压比 其他框架梁　剪压比
时 程 分 析 波形 峰值	1　　　2　　　　3	柱截面	支承部位　　轴压比 其他部位　　轴压比
时 程 分 析 剪力 比较	$X=$　(支座)，$X=$　(底部) $Y=$　(支座)，$Y=$　(底部)	墙厚	支承部位　　轴压比 其他部位　　轴压比
时 程 分 析 位移 比较	屋盖挠度 支承结构水平位移 $X=$　　$Y=$	框架承担 的比例	倾覆力矩 $X=$　　　$Y=$ 总剪力　$X=$　　　$Y=$
超长时多 点输入 比较	屋盖杆件应力： 下部构件内力：	短柱 穿层柱	位置范围　　　剪压比 位置范围　　　穿层数
支承结构 弹塑性位 移角	$X=$　　　(n=　) $Y=$　　　(n=　)	错层	位置范围 错层高度
超限设计 简要说明	(超限工程设计的主要加强措施，性能设计目标简述；有待解决的问题等等)		

注：作用控制组合代号：1、恒＋活，2、恒＋活＋风，3、恒＋活＋温，4、恒＋活＋雪，5、恒＋活＋地＋风。

超限高层建筑工程结构设计咨询、论证信息表		表 8		
工程名称			工程代号	
第一次	主持人		日期	
	咨询专家			
	主要意见			
第二次	主持人		日期	
	咨询专家			
	主要意见			
第三次	主持人		日期	
	咨询专家			
	主要意见			

附件 3

超限高层建筑工程超限情况表

超限高层建筑工程超限情况表		表 9
工程名称		
基本结构体系	框架□ 剪力墙□ 框剪□ 核心筒-外框□ 筒中筒□ 局部框支墙□ 较多短肢墙□ 混凝土内筒-钢外框□ 混凝土内筒-型钢混凝土外框□ 巨型□ 错层结构□ 混凝土内筒-钢外筒□ 混凝土内筒-型钢混凝土外筒□ 钢框架□ 钢中心支撑框架□ 钢偏心支撑框架□ 钢筒体□ 大跨屋盖□其他□	
超高情况	规范适用高度： 本工程结构高度：	
平面不规则	扭转不规则□ 偏心布置□ 凹凸不规则□ 组合平面□ 楼板开大洞□ 错层□	
竖向不规则	刚度突变□ 立面突变□ 多塔□ 构件间断□ 加强层□ 连体□ 承载力突变□	
局部不规则	穿层墙柱□ 斜柱□ 夹层□ 层高突变□ 个别错层□ 个别转换□ 其他□	
显著不规则	扭转比偏大□ 抗扭刚度弱□ 层刚度弱□ 塔楼偏置□ 墙高位转换□ 厚板转换□ 复杂连接□ 多重复杂□	
屋盖超限情况	基本形式：立体桁架□ 平面桁架□ 实腹式拱□ 格构式拱□ 网架□ 双层网壳□ 单层网壳□ 整体张拉式膜结构□ 混凝土薄壳□ 单索□ 索网□索桁架□轮辐式索结构□ 一般组合：张弦拱架□ 张弦桁架□ 弦支穹顶□ 索穹顶□ 斜拉网架□ 斜拉网壳□ 斜拉桁架□ 组合网架□ 其他一般组合□ 非常用组合：多重组合□ 杂交组合□ 开启屋盖□ 其他□ 尺度：跨度超限□ 悬挑超限□ 总长度超限□ 一般□	
超限归类	高度大于 350m□ 高度大于 200m□ 混凝土结构超 B 级高度□ 超规范高度□ 未超高但多项不规则□ 超高且不规则□ 其他□ 屋盖形式复杂□ 屋盖跨度超限□ 屋盖悬挑超限□ 屋盖总长度超限□	
综合描述	（对超限程度的简要说明）	

超限高层建筑工程专项审查情况表

超限高层建筑工程专项审查情况表　　　　　　　　　　**表 10**

工程名称			
审查 主持单位			
审查时间		审查地点	
审查专家组	姓名	职称	单位
组长			
副组长			
审查组成员 （按实际人数增减）			
专家组审查意见	（扫描件）		
审查结论	通过□　　　　　　　修改□　　　　　　　复审□		
主管部门 给建设单 位的复函	（扫描件）		

附件5

超限高层建筑结构设计质量控制信息表

超限高层建筑结构设计质量控制信息表(高度和规则性超限)　　　　　**表11**

工程代号		评价
地上部分重力控制	总重：　　　　单位面积重力： (总高大于350m时)墙占：　柱占：　楼盖占：活载占：	一般□　偏大□　略偏小□
基　　础	类型：　　　底板埋深：　　　埋深率：	一般□　略偏小□
控制作用	风□　　地震□　　二者相当□　上下不同□ 剪力系数计算值与规范最小值之比：	一般□　异常□ 一般□　偏大□　略偏小□
总体刚度	周高比($T1/\sqrt{H}$)：　　　位移与限值比：	适中□　偏大□　略偏小□
多道防线	倾覆力矩分配：　首层剪力分配：最大层剪力分配：	适中□　偏大□　略偏小□
典型墙体控制	最大轴压比：　　界限轴压比高度： 最大平均拉应力及高度：	一般□　偏大□ 一般□　偏大□
典型柱控制	截面：　轴压比：　　配筋率：　　含钢率：	一般□　偏大□　略偏小□
典型钢构	截面：　　长细比：　　应力比：	一般□　偏大□　略偏小□
施工要求	一般□　施工模拟□　　复杂□　　特殊□	一般□　较难□
总体评价	结构布置的复杂性和合理性 综合经济性，必要时含用钢量估计	

注：处于常规范围用"良"或"一般"表示，常规范围以外用"优"或"高"、"低"等表示。

超限高层建筑结构设计质量控制信息表(屋盖超限)　　表 12

工程代号		评价
重力控制	屋盖总重：　单位面积重力： 支承结构总重：　单位面积重力：	一般□　偏大□　略偏小□ 一般□　偏大□　略偏小□
控制作用	风□　地震□　二者相当□	一般□　异常□
总体刚度	周跨比($T1/L$)：　挠度与限值比：	适中□　偏大□　略偏小□
支承结构多道防线	倾覆力矩分配：首层剪力分配：最大层剪力分配：	适中□　偏大□　略偏小□
弦杆控制	最大应力比：　位置：　截面：　长细比： 平均应力比：	一般□　偏大□　略偏小□
腹杆控制	最大应力比：　位置：　截面：　长细比： 平均应力比：	一般□　偏大□　略偏小□
典型支座	柱距：　轴压比：　配筋率：　含钢率：	一般□　偏大□
施工要求	一般□　复杂□　特殊□	一般□　较难□
总体评价	屋盖结构布置的复杂性和合理性 支承结构布置的复杂性和合理性 综合经济性，必要时含用钢量估计	

注：处于常规范围用“良”或“一般”表示，常规范围以外用“优”或“高”、“低”等表示。

附件 6

超限高层建筑抗震设计可行性论证报告参考内容

一　封面（工程名称、建设单位、设计单位、合作或咨询单位）

二　效果图（彩色；可单列，也可置于封面或列于工程简况中）

三　设计名册（设计单位负责人和建筑、结构主要设计人员名单，单位和注册资格章）

四　目录

1　工程简况（地点，周围环境、建筑用途和功能描述，必要时附平、剖面示意图）

2　设计依据（批件、标准和资料，可含咨询意见及回复）

3　设计条件和参数

3.1　设防标准（含设计使用年限、安全等级和抗震设防参数等）

3.2　荷载（含特殊组合）

3.3　主要勘察成果（岩土的分布及描述、地基承载力，剪切波速和覆盖层厚度，不利地段的场地稳定评价等等）

3.4　结构材料强度和主要构件尺寸

4　地基基础设计

5　结构体系和布置（传力途径、抗侧力体系的组成和主要特点等）

6　结构超限类别及程度

6.1　高度超限分析或屋盖尺度超限分析

6.2　不规则情况分析或非常用的屋盖形式分析

6.3　超限情况小结

7　超限设计对策

7.1　超限设计的加强措施（如结构布置措施、抗震等级、特殊内力调整、配筋等）

7.2　关键部位、构件的预期性能目标

8　超限设计的计算及分析论证（以下论证的项目应根据超限情况自行调整）

8.1　计算软件和计算模型

8.2　结构单位面积重力和质量分布分析（后者用于裙房相连、多塔、连体等）

8.3　动力特性分析（对多塔、连体、错层等复杂结构和大跨屋盖，需提供振型）

8.4　位移和扭转位移比分析（用于扭转比大于1.3和分块刚性楼盖、错层等）

8.5　地震剪力系数分析（用于需调整才可满足最小值要求）

8.6　整体稳定性和刚度比分析（后者用于转换、加强层、连体、错层、夹层等）

8.7　多道防线分析（用于框剪、内筒外框、短肢较多等结构）

8.8　轴压比分析（底部加强部位和典型楼层的墙、柱轴压比控制）

8.9　弹性时程分析补充计算结果分析（与反应谱计算结果的对比和需要的调整）

8.10　特殊构件和部位的专门分析（针对超限情况具体化，含性能目标分析）

8.11　屋盖结构、构件的专门分析（挠度、关键杆件稳定和应力比、节点、支座等）

8.12　控制作用组合的分析和材料用量预估（单位面积钢材、钢筋、混凝土用量）

9　总结

9.1　结论

9.2　下一步工作、问题和建议（含试验要求等）

五　论证报告正文（内容不要与专项审查申报表、计算书简单重复，可利用必要的图、表）

六　初步设计建筑图、结构图、计算书（作为附件，可另装订成册）

七　报告及图纸的规格A3（文字分两栏排列，大底盘结构的底盘等宜分两张出图，效果图和典型平、剖面图宜提供电子版）